美容及护肤化妆品
配方手册

李东光 主编

MEIRONG JI HUFU HUAZHUANGPIN
PEIFANG SHOUCE

化学工业出版社
·北京·

内容简介

《美容及护肤化妆品配方手册》精选 340 种美容及护肤化妆品配方，包括美容霜、膏、乳液，祛斑化妆品，祛皱化妆品等美容化妆品以及护肤霜、膏、乳液，护肤用日霜，护肤用晚霜，防晒化妆品等护肤化妆品，对化妆品的原料配比、制备方法、原料介绍、产品应用和产品特性进行了详细介绍，可供从事化妆品研发、生产的技术人员和精细化工专业的师生参考。

图书在版编目（CIP）数据

美容及护肤化妆品配方手册/李东光主编 . —北京：化
学工业出版社，2024.1
ISBN 978-7-122-44509-4

Ⅰ.①美 … Ⅱ.①李 … Ⅲ.①化妆品-配方-手册
Ⅳ.①TQ658-62

中国国家版本馆 CIP 数据核字（2023）第 228524 号

责任编辑：张　艳　　　　　　　　文字编辑：姚子丽　师明远
责任校对：杜杏然　　　　　　　　装帧设计：王晓宇

出版发行：化学工业出版社
　　　　　（北京市东城区青年湖南街 13 号　邮政编码 100011）
印　　装：北京建宏印刷有限公司
710mm×1000mm　1/16　印张 29¼　字数 556 千字　2024 年 2 月北京第 1 版第 1 次印刷

购书咨询：010-64518888　　　　　售后服务：010-64518899
网　　址：http://www.cip.com.cn
凡购买本书，如有缺损质量问题，本社销售中心负责调换。

定　　价：198.00 元

前言

化妆品是对人体面部、皮肤、毛发和口腔起保护、美化和清洁等作用的日常生活用品，通常是以涂敷、揉擦或喷洒等方式施于人体不同部位，有令人愉快的香气，有益于身体健康，使容貌整洁，增加个人魅力。随着科学的日益发展和人们物质、文化生活的不断提高，目前化妆品的品种已数不胜数。洗净用、毛发用、护肤用和美容用化妆品等已各具门类，形成系列，可满足不同需要。

当前国内外化妆品不仅要求能够美容，还极其注重疗效，要求化妆品在确保安全性的同时，力求能在促进皮肤细胞新陈代谢、保持皮肤生机蓬勃、延缓皮肤衰老方面收到一定效果。因此，目前化妆品中竞相加用营养剂，以期取得相应效果。

现代化妆品除具美容、护肤的功效外，同时还要求兼备各种不同特点。供不同年龄用的有儿童化妆品、青年化妆品、老年化妆品。供不同时间使用的有早霜、午霜和晚霜。男女化妆品已泾渭分明，不再混用。旅游化妆品、体育运动用化妆品已应运而生。另外，供粉刺皮肤用、祛黄褐斑和祛狐臭用、止汗用的专用化妆品亦进入市场。在"一切返回自然去"的世界热潮中，化妆品亦热衷采用天然成分，诸如羊毛脂、水解蛋白、各种药草萃取液和浸汁、动物内脏萃取液等已成为热门的天然添加剂，高新技术生物工程开发的生物制品原料亦开始应用于化妆品中。消费者亦热衷于采购天然化妆品，天然化妆品已是目前化妆品百花园中的佼佼者。

国内外化妆品技术发展日新月异，新产品竞争更加激烈，新配方层出不穷。为满足有关单位技术人员的需要，在化学工业出版社组织下，我们编写了《美容及护肤化妆品配方手册》，书中收录了近年的新产品、新配方，详细介绍了原料配比、制备方法、产品特性等。本书可作为从事化妆品科研、生产、销售人员的参考读物。

本书的配方以质量份数表示，在配方中有注明以体积份数表示的情况下，需注意质量份数与体积份数的对应关系，例如质量份数以 g 为单位时，对应的体积份数单位是 mL，质量份数以 kg 为单位时，对应的体积份数单位是 L，以此类推。

需要请读者们注意的是，我们没有也不可能对每个配方进行逐一验证，所以读者在参考本书进行试验时，应根据自己的实际情况本着先小试后中试再放大的原则，小试产品合格后才能往下一步进行，以免造成不必要的损失。

本书由李东光主编，参加编写的还有翟怀凤、李桂芝、吴宪民、吴慧芳、邢胜利、蒋永波、李嘉等。由于作者水平有限，书中不足之处在所难免，敬请广大读者提出宝贵意见。作者 E-mail 为 ldguang@163. com。

编者
2023 年 10 月

目录

4. 防晒化妆品 ……………………………………………… 307

一、美容化妆品

1. 美容霜、膏、乳液

配方 1 白藜芦醇美容养颜化妆品

原料配比

原料		配比(质量份)					
		1#	2#	3#	4#	5#	6#
白藜芦醇分散体	白藜芦醇	6	5	7	8	4	6
	乙醇	93	94	91	90	95	92
	单硬脂酸甘油酯分散剂	1	1	2	2	1	2
纳米级白藜芦醇	白藜芦醇分散体	24	22	27	30	20	25
	水	76	78	73	70	80	75
改性的纳米级白藜芦醇	紫苏醛	9	8	12	15	5	10
	纳米级白藜芦醇	91	92	88	85	95	90
改性的纳米级白藜芦醇		14	13	15	16	12	14
卵磷脂		7	7	9	10	6	8
维生素 E		0.5	0.5	1	1	0.5	1
透明质酸		3	2	3	4	2	3
氧化锌粉		4	4	5	5	3	4
谷胱甘肽过氧化物酶		0.5	0.5	1	1	0.5	1
胶原蛋白		16	16	19	20	15	18
去离子水		55	57	47	43	61	51

制备方法

(1) 将白藜芦醇溶解在乙醇中，接着加入单硬脂酸甘油酯分散剂，加热并分散均匀，制得白藜芦醇分散体；所述加热温度为 70~90℃，分散时间为 2~4h。

(2) 将步骤 (1) 制得的白藜芦醇分散体与水混合，加入均质机中进行均质处理，接着进行喷雾干燥，制得纳米级白藜芦醇。所述均质处理的压力为 30~50MPa，温度为 70~90℃，时间为 15~20h；所述喷雾干燥时间为 1~1.5s，喷孔孔径为 1~3mm。

(3) 将紫苏醛溶于乙醇中制成溶液，喷洒在步骤 (2) 制得的纳米级白藜芦醇的表面，快速干燥除去乙醇，使紫苏醛均匀分散在纳米级白藜芦醇的表面，制得改性的纳米级白藜芦醇；所述快速干燥的温度为 300~500℃，时间为 10~20min。

(4) 将步骤 (3) 制得的改性的纳米级白藜芦醇与卵磷脂、维生素 E、透明质酸、氧化锌粉、谷胱甘肽过氧化物酶、胶原蛋白、去离子水混合，分散均匀，制得白藜芦醇美容养颜化妆品。

原料介绍　白藜芦醇具有溶解于乙醇、不溶于水的特性，本品将白藜芦醇溶解在乙醇中，在单硬脂酸甘油酯的分散下，在水体系中进行均质处理，并喷雾干燥，使白藜芦醇分散生长为纳米级微粒。而紫苏醛具有良好的渗透作用，本品将紫苏醛分散在白藜芦醇纳米微粒的表面，以促进白藜芦醇在皮肤中的渗透和吸收，从而解决了白藜芦醇水溶性差、生物利用度低、在化妆品中活性难以被有效利用的缺陷。

产品特性　本品是将高渗透性的白藜芦醇配合卵磷脂、维生素 E、透明质酸、谷胱甘肽过氧化物酶、胶原蛋白得到的化妆品，其天然活性成分具有安全和稳定性好的优点，同时具有优异的抗衰老、抗氧化、抗紫外线辐射、美白保湿等功效。

配方 2　包含生物活性美容多肽脂质立方晶的化妆品

原料配比

原料			配比（质量份）		
			1# 冻干剂	2# 乳液	3# 巴布贴面膜
生物活性美容多肽脂质立方晶	生物活性美容多肽		0.0001	0.0001	0.0001
	乳化剂	甘油单油酸酯	1	1	1
	稳定剂	普郎尼克 F127	0.2	0.2	0.2
	助乳化剂	无水乙醇	3	3	3
	去离子水		加至 100	加至 100	加至 100
生物活性美容多肽脂质立方晶			20	20	20
海藻糖			3	3	3
积雪草提取物			2	2	2
马齿苋提取物			2	2	2
酵母菌发酵溶胞产物滤液			5	5	5
薏苡仁发酵产物滤液			—	5	5
萝卜根发酵产物滤液			5	5	5
迷迭香提取物			—	2	2
葡萄柚籽提取物			2	2	2
赋形剂	甘露醇		25	—	—
	PEG-6000		12.5	—	—
	PEG-20000		12.5	—	—
橄榄油			—	15	—
棕榈酸异丙酯			—	5	—
辛酸/癸酸甘油三酯			—	5	—
聚氧乙烯壬基酚醚			—	0.5	—
EDTA			—	—	15
甘羟铝			—	—	5
甘油			—	5	5

原料	配比（质量份）		
	1♯冻干剂	2♯乳液	3♯巴布贴面膜
AP-700	—	—	0.5
酒石酸	—	—	5
丁二醇	—	7	—
去离子水	加至100	加至100	加至100

制备方法

生物活性美容多肽脂质立方晶制备方法：

（1）将0.1%～10%（质量分数）的稳定剂、0.1%～20%（质量分数）的乳化剂分散于1%～20%（质量分数）的助乳化剂中得到溶液A；

（2）将溶液A分散于去离子水中，5000～10000r/min高速均质2～5min后加入的生物活性美容多肽搅拌均匀，静置10～30min至反应完全，即得生物活性美容多肽脂质立方晶。

包含生物活性美容多肽脂质立方晶的组合物冻干剂制备方法：按配方量将甘露醇、聚乙二醇PEG-6000、PEG-20000溶解于适量去离子水中，并与海藻糖、积雪草提取物、马齿苋提取物、酵母菌发酵溶胞产物滤液、萝卜根发酵产物滤液、葡萄柚籽提取物、生物活性美容多肽脂质立方晶混匀后，−20℃预冻120min、−80℃预冻30min后，在冻干机中−55℃真空冷冻干燥，即得包含生物活性美容多肽脂质立方晶的组合物冻干剂。

包含生物活性美容多肽脂质立方晶的乳液制备方法：

（1）按配方量将橄榄油、棕榈酸异丙酯、辛酸/癸酸甘油三酯、聚氧乙烯壬基酚醚等混合，加热至75～85℃，完全溶解得到A相；

（2）将甘油、丁二醇溶于部分去离子水中，加热至75～85℃，得到B相；

（3）将A相缓缓加入B相中，乳化完全后搅拌，冷却至40～50℃，得到C相；

（4）将生物活性美容多肽脂质立方晶、海藻糖、积雪草提取物、马齿苋提取物、酵母菌发酵溶胞产物滤液、薏苡仁发酵产物滤液、萝卜根发酵产物滤液、迷迭香提取物、葡萄柚籽提取物溶解于剩余去离子水中，得到D相；

（5）将D相缓缓加入C相中，搅拌均匀，并冷却至室温即得。

包含生物活性美容多肽脂质立方晶的巴布贴面膜制备方法：

（1）将生物活性美容多肽脂质立方晶、海藻糖、积雪草提取物、马齿苋提取物、酵母菌发酵溶胞产物滤液、薏苡仁发酵产物滤液、萝卜根发酵产物滤液、迷迭香提取物、葡萄柚籽提取物、酒石酸溶解于去离子水中，得到A相；

（2）将甘油、EDTA（乙二胺四乙酸）、甘羟铝、AP-700（表面活性剂）加入真空搅拌器中，真空搅拌10～15min，得到B相；

（3）将A相一次性加入B相中，继续真空搅拌15～20min，即得交联的均匀包含生物活性美容多肽脂质立方晶的水凝胶；

（4）将制备所得的水凝胶均匀铺展于无纺布上，盖衬，40℃烘3h后剪裁、密封，即得包含生物活性美容多肽脂质立方晶的巴布贴面膜。

产品应用　本品主要用于激光治疗、果酸换肤术等微整形术后的皮肤修复。

产品特性

（1）本品具有滋润保湿、美白抗衰作用。所述生物活性美容多肽具有调节皮肤微生态平衡、促进皮肤创面修复的作用，可参与皮肤组织细胞的增殖、细胞趋化与迁移、细胞修复与再生、血管形成与重建、色素形成与清除以及蛋白合成与分泌、代谢与调控等，特别适用于微整形术后皮肤创面的修复；生物活性美容多肽脂质立方晶为两亲性脂质和表面活性剂在水中自发形成具有脂质双层"蜂窝状"空间结构聚集体的纳米分散体系，其独特结构将生物活性美容多肽包封后，有效地解决了多肽类成分热稳定性差、难被皮肤吸收等问题。

（2）本品中萝卜根发酵产物滤液为萝卜根与明串球菌发酵后的产物滤液。其具有类胜肽活性以及杀菌、抑菌等多方面有益效果；萝卜根与明串球菌经发酵后，得到的胜肽细菌素具有保湿、紧致肌肤以及抗炎等类胜肽活性；可让细菌 K^+、ATP（三磷酸腺苷）及氨基酸流出细胞核进而达到杀菌效果；可调节微生物周围生存环境的酸碱度，此外通过与酵母菌发酵溶胞产物滤液、海藻糖、积雪草提取物等天然提取物进行复配能够产生协同互补作用，促进皮肤益生菌生长的同时还可抑制表皮葡萄球菌等有害菌群的生长，进而达到调节皮肤表面微生物菌群平衡、促进皮肤创面修复的效果。

配方 3　保湿抗炎美容液

原料配比

原料		配比（质量份）		
		1#	2#	3#
主要功效成分	蜘蛛丝丝心蛋白溶液（丝心蛋白含量为 6g/L）	10	—	—
	蜘蛛丝丝心蛋白溶液（丝心蛋白含量为 10g/L）	—	0.8	8
	玻尿酸（分子量为 $1\times10^6\sim1.6\times10^6$）	0.2	0.15	0.3
	芦荟提取液（芦荟苷≥20%）	5	2	6
增稠剂	海藻酸钠（分子量为 8000）	0.4	0.5	0.3
抗氧化剂	维生素 E	0.4	0.3	0.5
保湿剂	丁二醇	4.2	4	4.5
	甘油	4	4.5	3.5
	聚谷氨酸	0.6	0.75	0.5
防腐剂	羟苯甲酯	0.05	0.02	0.08
溶剂	去离子水	加至100	加至100	加至100

制备方法

（1）将部分溶剂加热至 40～50℃，将除增稠剂以外的其它原料加入溶剂中，搅拌均匀，得到溶液 A；

（2）将增稠剂用 40～50℃的剩余溶剂溶解，分 3～5 次加入溶液 A 中，搅拌均匀，得溶液 B；

（3）溶液 B 冷却后，经过滤，得到美容液。过滤的孔径为 0.45μm，过滤的次数为 2 次。

原料介绍　所述的蜘蛛丝丝心蛋白溶液为蜘蛛丝经酸解处理后获得的蛋白质水解物的混合物，其制备方法如下：

（1）将蜘蛛丝浸泡于质量分数为 80％～90％的硫酸溶液，搅拌 20～40min，缓慢加入去离子水混匀，在 80～90℃水浴加热，水解 100～180min；

（2）水解结束后，加入碳酸钙，边加边搅拌，直至 pH 值为 5～7；

（3）待水解液冷却至室温后，用去离子水对步骤（2）形成的硫酸钙盐沉淀进行洗脱，收集洗脱液；

（4）对洗脱液进行浓缩，过滤。

产品特性

（1）本品的保湿抗炎效果显著优于蜘蛛丝丝心蛋白溶液、玻尿酸、芦荟提取液单独使用的效果，同时也优于两两组合使用的效果。蜘蛛丝丝心蛋白溶液、玻尿酸、芦荟提取液组合使用后，在保湿抗炎方面可起到协同增效作用，保湿抗炎功效能够至少持续 6h。

（2）相较于常规的玻尿酸，本品保湿抗炎美容液具有优异的抗炎、修复效果及人体相容性（即抗过敏性）。

配方 4　草本洋参靓肤美容化妆品

原料配比

洋参靓肤洁面乳

原料		配比（质量份）
草药复方发酵液	西洋参	2.5
	益母草	4.5
	三七	1.5
	白茯苓	1.5
	芦荟	1.6
	水	适量

续表

原料			配比(质量份)
A相	润肤剂	硬脂酸	10
		肉豆蔻酸	10
		月桂酸	5
		棕榈酸	5
		乙二醇二硬脂酸酯	3
	表面活性剂	甲基椰油酰基牛磺酸钠	3
	乳化剂	甘油硬脂酸酯	1
		PEG-100硬脂酸酯	1
B相	水		加至100
	保湿剂	甘油	18
		山梨(糖)醇	2
	pH调节剂	氢氧化钾	2.2
	螯合剂	乙二胺四乙酸二钠	0.1
C相	保湿剂	丁二醇	2
		1,2-己二醇	2
	抗氧化剂	对羟基苯乙酮	0.6
D相	表面活性剂	癸基葡糖苷	5
	皮肤调理剂	聚季铵盐-39	0.9
	水		加至100
	特殊皮肤调理剂	草药复方发酵液	0.2

洋参靓肤面霜

原料			配比(质量份)
草药复方发酵液	西洋参		2.5
	益母草		4.5
	三七		1.5
	白茯苓		1.5
	芦荟		1.6
	水		适量
A相	保湿剂	甘油	10
		丁二醇	5
	皮肤调理剂	PEG/PPG-17/6共聚物	2
		泛醇	0.5
	增稠剂	羟乙基纤维素	0.1
		丙烯酸(酯)类/C_{10}~C_{30}烷醇丙烯酸酯交联聚合物	0.25
	去离子水		加至100
B相	润肤剂	矿脂	5
		异十六烷	5
		鲸蜡硬脂醇	2
		聚二甲基硅氧烷	2
	皮肤调理剂	聚甲基硅倍半氧烷	2
		鲨肝醇	0.3
	助乳化剂	氢化聚癸烯、聚丙烯酸钠和PPG-5-月桂醇聚醚-5	0.6

	原料		配比（质量份）
B 相	乳化剂	鲸蜡硬脂醇橄榄油酸酯和山梨醇酐橄榄油酸酯	0.5
		甘油硬脂酸酯和 PEG-100 硬脂酸酯	0.2
	抗氧化剂	对羟基苯乙酮	0.6
	保湿剂	1,2-己二醇	0.8
	pH 值调节剂	10%氢氧化钾（KOH）水溶液	适量
C 相	保湿剂	乙醇	5
	特殊皮肤调理剂	草药复方发酵液	10

制备方法

洋参靓肤洁面乳制备方法：

（1）取 A 相各组分混合，加热至 80℃，溶解均匀为 A 液，备用。

（2）将 B 相各组分溶于水，溶解均匀为 B 液；在 80℃、800r/min 转速条件下搅拌，缓慢将 B 液加入 A 液中，混合搅拌 1h。

（3）取称好的丁二醇、1,2-己二醇、对羟基苯乙酮加热溶解均匀制成 C 液，在温度 80℃、转速 800r/min 下加入 A 与 B 液的混合液中，搅拌 5min；降温至 60℃，800r/min 转速搅拌下将 D 相加入 A、B 与 C 液的混合液中，搅拌 5min，然后低速搅拌冷却至 35℃，即可。

洋参靓肤面霜制备方法：

（1）取称好的丁二醇、羟乙基纤维素、丙烯酸（酯）类/C_{10}～C_{30} 烷醇丙烯酸酯交联聚合物分散均匀，再加入称好的去离子水、甘油、泛醇、PEG/PPG-17/6 共聚物加热至 85℃分散溶解为 A 液，备用。

（2）取聚二甲基硅氧烷、聚甲基硅倍半氧烷分散均匀，再加入甘油硬脂酸酯、PEG-100 硬脂酸酯、鲸蜡硬脂醇橄榄油酸酯、山梨醇酐橄榄油酸酯、鲸蜡硬脂醇、矿脂、1,2-己二醇、对羟基苯乙酮、鲨肝醇、异十六烷加热至 85℃分散溶解为 B 液；恒温 85℃、转速 2500r/min 搅拌下将 B 液加入 A 液中，均质 5min，温度降至 60℃，加入聚丙烯酸钠、氢化聚癸烯、PPG-5-月桂醇聚醚-5，均质 5min；加入 10%KOH 水溶液，搅拌 5min，中和至 pH 值为 6～7。

（3）温度降至 45℃，加入乙醇、草药复方发酵液（C 液），搅拌 5min，然后低速搅拌冷却至 35℃即可。

原料介绍　所述的草药复方发酵液的制备方法：

按配比称取西洋参、益母草、三七、白茯苓和芦荟，加水适量，混合后于 121℃下灭菌 30min，冷却后接种酵母菌并将其置于 45℃下的培养箱中发酵 48h，经高温高压灭菌后，于 3500r/min 速度下离心 15min，收集 70mL 所获得的上清液即为草药发酵液。

产品特性

（1）本品可显著改善皮肤状况，达到美容护肤的效果；借助于生物发酵技术提取，最大限度地保护了草药的活性成分，使其不被破坏并被充分利用。

（2）草药所含的重金属成分在发酵提取中不会释放，解决了成品重金属易超标问题；生物发酵是全成分提取，多糖、低聚糖、胶质类均可被提取，这些物质外用可起到保湿护肤作用。

配方 5　持续性抗氧化美容化妆品

原料配比

原料	配比（质量份）				
	1#	2#	3#	4#	5#
水	70	90	75	85	80
丁二醇	2	5	3	4	3.5
β-葡聚糖	2	6	3	5	4
维生素 C	0.2	0.8	0.3	0.7	0.5
甜菜碱	1	3	1	2	1.5
海藻糖	0.5	3	1	2	1.5
酵母发酵产物滤液	0.5	1.2	0.8	1	1
烟酰胺	2	5	3	4	3.5
丹参提取物	3	5	3	4	4
泛醇	0.1	1	0.5	1	0.7
己二醇	0.4	0.6	0.4	0.5	0.5
辛酰羟肟酸	0.5	2	0.5	1	0.6
根皮素	0.1	0.5	0.2	0.4	0.3
透明质酸钠	0.2	1	0.4	0.8	0.6
谷胱甘肽	0.2	0.5	0.3	0.5	0.4
γ-聚谷氨酸钠	0.2	0.4	0.2	0.4	0.3
甘露糖醇	0.3	0.7	0.4	0.6	0.5
角鲨烷	8	12	9	11	10
氢化卵磷脂	1.2	1.6	1.3	1.5	1.4
红没药醇	0.3	1.5	0.5	1.2	1
姜根提取物	1	3	1.5	0.5	2
维生素 E	0.5	1	0.5	0.8	0.6
阿魏酸	0.03	0.1	0.05	0.1	0.1
天然左旋虾青素	0.1	0.5	0.2	0.4	0.3
小核菌胶	0.2	3	0.5	2	1
丙烯酰二甲基牛磺酸铵/VP 共聚物	1	3	2	3	2.5

制备方法

（1）将小核菌胶分散在丁二醇中，待用；

（2）把 β-葡聚糖、维生素 C、甜菜碱、海藻糖、烟酰胺、泛醇、己二醇、γ-聚谷氨酸钠、甘露糖醇、氢化卵磷脂加入水中，加热到 80℃，搅拌至溶解、分散充分，搅拌下逐渐加入小核菌胶的丁二醇分散液；

（3）降温到 50℃，加入酵母发酵产物滤液、丹参提取物、根皮素、透明质酸钠、谷胱甘肽、角鲨烷、姜根提取物、天然左旋虾青素、丙烯酰二甲基牛磺酸铵/VP 共聚物；

（4）降温到 45℃，加入红没药醇、辛酰羟肟酸、维生素 E、阿魏酸，搅拌均匀，降至室温后真空脱气。

产品特性　本品通过微分子生物缓释渗透的制药原理，将高活性成分包裹，使用时迅速到达皮肤的目标位置，缓缓释放抗氧化物质，同时改善过程糖化和光老化问题，达到长时间保护皮肤的功能，使皮肤长时间不暗沉，同时有效解决了皮肤过敏、痤疮、色斑问题。

配方 6　多功能美容浓缩液

原料配比

原料		配比（质量份）	
		1#	2#
草药浓缩液	甘草根	5	20
	土茯苓	5	15
	薄荷叶	5	15
	洋甘菊花瓣	15	25
	水	适量	适量
沙棘果汁		50	75
蜂蜜		15	15
草药浓缩液		30	75
人工酵母		0.08	0.1
1% 的食用碱		适量	适量
95% 的食用乙醇		适量	适量

制备方法

（1）发酵：取质量份数为 30～80 份的沙棘果汁，10～15 份的蜂蜜，30～80 份的草药浓缩液，混合后加入 0.05～0.1 份的人工酵母，28℃发酵 3～7 天至发酵完全停止，酵母菌以蜂蜜为营养，产生富含沙棘、草药的酵素原液，酵素足够多时就成了浓缩液，抽滤，滤液加适量浓度为 1% 的食用碱调节 pH 值为 6.8～7.2。

（2）沉淀：在滤液表面喷洒 95% 的食用乙醇，缓慢搅动滤液，调节喷洒乙醇速度和搅动滤液速度让溶液中丝状不溶物出现并下降沉淀，待无丝状沉淀产生后，停止并静置。

（3）提纯：取上清液减压蒸馏，回收乙醇，得到的透明、清澈、金黄色的水溶液即为美容浓缩液。

原料介绍 所述制草药浓缩液的制备过程为：取甘草根和土茯苓洗净、干燥，打成 60～80 目粗粉，加 2～10 倍的水煮沸 30min，再加薄荷叶和洋甘菊花瓣煮沸 10min，冷却过滤得首次滤液和滤渣；再加水至淹没滤渣，煮沸 10min，冷却过滤得到第二次滤液，将两次滤液合并，补充水进滤液，使得总滤液量等于草药原料的总质量，得到草药浓缩液。

产品特性 本产品具有良好的抗过敏、美白淡斑、抗衰老效果，并且功效远远超过了沙棘、洋甘菊、土茯苓、甘草单个原料提取物或几个原料提取物的简单复配。本品浓缩原液性质稳定，2 年内不变质、不变色。

配方 7 复合干细胞因子美容组合物

原料配比

原料		配比（质量份）				
		1#	2#	3#	4#	5#
干细胞因子		0.1	0.5	1	0.1	1
干细胞培养液		5	12.5	20	20	5
胶原蛋白		1	5.5	10	1	10
透明质酸		5	12.5	20	20	5
海藻酸盐		5	12.5	20	5	20
维生素 E		1	3	5	5	1
维生素 A		1	3	5	1	5
维生素 C		1	3	5	5	1
甘油		2	3	4	2	4
抗菌剂	有机硅季铵盐	0.1	—	—	—	—
	有机硅季铵盐和壳聚糖季铵盐的混合物	—	0.8	—	—	—
	聚维酮碘	—	—	1.5	—	—
	壳聚糖季铵盐、聚维酮碘的混合物	—	—	—	1.5	1
	壳聚糖季铵盐	—	2	—	—	—
干细胞因子	表皮生长因子（EGF）	1	1	1	—	1
	成纤维细胞生长因子（FGF）	1	1	1	1	2
	神经生长因子（NGF）	1	1	—	1	2
	干细胞生长因子	1	—	—	2	1

制备方法 将各组分原料混合均匀即可。

原料介绍

所述的干细胞因子为表皮生长因子（EGF）、成纤维细胞生长因子（FGF）、神经生长因子（NGF）、干细胞生长因子中的一种或多种。

所述的抗菌剂为有机硅季铵盐、壳聚糖季铵盐、聚维酮碘中的一种或多种。

所述的干细胞培养液可以通过市售或配制得到，由如下原料组成：复方氨基酸注射液 10%、注射用水溶性维生素 1%、L-谷氨酰胺 0.5%、人血清白蛋白10%、水解蛋白注射液 10%、微量元素注射液 0.5%、勃脉力 A 液 68%；pH 值为 6.8～7.0。

产品特性　本品组分在改善皮肤角质层保水性能以及减少皮肤表面水分散失方面具有显著的协同作用，其优于市场上同类产品，适合制备成美容产品推广应用。

配方 8　富生物硒美容养颜喷雾型化妆品

原料配比

原料		配比（质量份）				
		1#	2#	3#	4#	5#
氨基化修饰的纳米生物硒	富硒酵母	100	100	100	100	100
	三乙醇胺	300	300	300	300	300
共价偶联的生物硒	纳米分子透明质酸	150	150	150	150	150
	氨基化修饰的纳米生物硒	150	200	150	180	210
共价偶联的生物硒		30	50	40	30	50
维生素 C		3	1	2	1	1
乙醇		10	8	10	10	10
丙烯酸/辛基丙烯酰胺共聚物		10	10	10	6	10
水解蚕丝液		10	10	5	10	5
吐温-80		5	3	5	4	3
甘油		10	5	10	10	10
防腐剂		2	1	2	1	1
香精		2	1	1	1	1

制备方法

（1）将富硒酵母与三乙醇胺经均质机破壁处理，得到氨基化修饰的纳米生物硒；

（2）将纳米分子透明质酸共价偶联到生物硒表面；

（3）与水解蚕丝液、乙醇、吐温-80、丙烯酸/辛基丙烯酰胺共聚物、甘油、维生素 C 高速搅拌乳化；

（4）加入防腐剂、香精，经消毒灌装于喷雾剂专用瓶中，得到富生物硒美容养颜喷雾型化妆品。

原料介绍

所述的氨基化修饰的纳米生物硒的制备方法：

（1）按 1 : 3 的比例称量富硒酵母与三乙醇胺；

（2）将称重好的富硒酵母与三乙醇胺混合均匀，然后加热到 60～80℃雾蒸 30min；

（3）雾蒸结束以后进行均质机破壁处理，得到氨基化修饰的纳米生物硒。搅拌时间为 30min，搅拌时采用上下搅拌的方式。

所述的共价偶联的生物硒的制备：

纳米分子透明质酸与氨基化修饰的纳米生物硒的质量比为 1 : （1～1.5）。进行共价偶联时用水浴加热控制温度在 60～65℃。

产品特性 本品通过在富硒酵母破壁过程中氨基化处理，并与纳米分子透明质酸共价偶联，有效防止纳米生物硒的团聚，并借助纳米分子透明质酸的透皮渗透性，有利于穿透皮肤、黏膜或体内生物膜屏障，提升了生物硒的有效吸收；利用吐温-80、丙烯酸/辛基丙烯酰胺共聚物辅助制备成喷雾剂，相比于涂抹霜，喷雾剂利于纳米生物硒的分散，借助手动泵的压力将内容物以雾状等形态释出；其有效成分精确直达人体皮肤细胞，达到紧致肌肤、养颜、抗衰老的效果。

配方9 富硒植物祛斑美容霜

原料配比

富硒灵芝人参防皱美容霜

原料	配比（质量份）	原料	配比（质量份）
富硒灵芝纳米粉	1～3	丹参	3～9
白附子	3～9	麦冬粉	4～12
桃仁	3～9	黄芪	3～9
人参	1.5～4.5	生地黄	3～9
当归	3～9	防腐剂	0.5～1.5
三七	1～3	去离子水	加至100

氧化锌蛇油薏米祛斑除粉刺美容霜

原料	配比（质量份）	原料	配比（质量份）
氧化锌	0.5～1.5	维生素甲酸	0.05～0.15
尼泊金甲酯	0.1～0.3	薏米提取物	1～3
硒酵母纳米粉	0.6～0.9	红霉素	0.04～0.12
十八烷醇	4～12	聚氧乙烯山梨醇酐单月桂酸酯	0.6～1.8
单甘油硬脂酸酯	5～15	香精	0.1～0.3
蛇油	3～9	去离子水	加至100
甘油	6～16		

纳米硒地肤子蛇床子消除粉刺痤疮氧化美容霜

原料	配比(质量份)	原料	配比(质量份)
纳米硒	0.5～1.5	白鲜皮	2～6
蛇床子	3～9	桑白皮	2～6
地肤子	3～9	生石膏	3～9
乳香	2～6	苦参	2～6
赤芍	2～6	首乌藤	2～6
没药	2～6	滑石粉	3～9
虎杖	2～6	去离子水	加至100

富硒螺旋藻蛇油灵芝天花粉防衰抗皱美容霜

原料	配比(质量份)	原料	配比(质量份)
富硒螺旋藻纳米粉	0.5～1.5	羊毛脂	0.4～1.2
蛇油	5～15	黄芪	0.3～0.9
天花粉提取物纳米粉	0.2～0.6	维生素E	0.1～0.3
维生素 B_6	0.1～0.3	防腐剂	4～12
抗氧化剂	0.1～0.3	十八烷醇	2～6
吐温-80	1～3	去离子水	加至100
单硬脂酸甘油酯	2～6		

有机硒蛇皮芦荟果祛斑美容霜

原料	配比(质量份)	原料	配比(质量份)
有机硒纳米粉	0.5～1.5	草果	2～4
香附	2～6	白术	1～3
蛇皮	3～9	黄芪	2～4
人参	1～3	穿山甲	2～6
白及	1～3	三七	2～4
鹿角霜	2～4	白果	2～6
皂角	2～6	水	适量
乳香	2～4	凡士林	10～30
芦荟	2～6	甘油	加至100

生物红硒蛇胆益母草祛斑除痘美容霜

原料		配比(质量份)
生物红硒		0.5～1.5
蛇胆中药	蛇胆	2～6
	山茱萸	3～9
	白附子	3～9
	黄连	1～3
	当归	2～6
	益母草	1～3
	白矾	0.1～0.3
	白及	3～9
	75%乙醇	200～250

续表

原料		配比（质量份）
霜剂基质	硬脂酸	3～9
	凡士林	5～15
	羊毛脂	1～3
	三乙醇胺	2～6
	甘油	67～89

制备方法

富硒灵芝人参防皱美容霜制备方法：将桃仁、当归、丹参、黄芪、白附子、人参、三七、生地黄9味中药烘干，并粉碎成粗末，置于容器内加去离子水煎3次，合并3次煎液过滤，浓缩，加入麦冬粉、富硒灵芝纳米粉、防腐剂，搅匀成软膏，分装即可。

氧化锌蛇油薏米祛斑除粉刺美容霜制备方法：在容器中加入十八烷醇、维生素甲酸、单甘油硬脂酸酯、蛇油，慢慢加热至85℃，使其完全熔融，待用。在另一容器中加入去离子水、甘油、聚氧乙烯山梨醇酐单月桂酸酯、尼泊金甲酯，在不断搅拌下加热至85℃。将以上已制得的溶液同时加至乳化反应罐内，充分搅拌待温度降至50℃时再加入氧化锌、硒酵母纳米粉、薏米提取物、红霉素、香精搅匀，冷却至室温出料包装。在制备过程中，要使各组分充分分散均匀，以发挥药效。在操作和包装过程中，要避免细菌污染，并避光保存。

纳米硒地肤子蛇床子消除粉刺痤疮氧化美容霜制备方法：将配方中的植物药研制成纳米粉过1200目筛得粒径为0.55～2μm的纳米粉，加入去离子水，经乳化成膏状即可。

富硒螺旋藻蛇油灵芝天花粉防衰抗皱美容霜制作方法：十八烷醇、单硬脂酸甘油酯、蛇油、羊毛脂为甲组抗氧剂，富硒螺旋藻纳米粉、天花粉提取物纳米粉、维生素B_6、吐温-80、维生素E、黄芪提取物、去离子水为乙组，两组放入不同的不锈钢桶内均加热至80℃，在此温度下，边搅拌边将乙组徐徐倒入甲组进行不断搅拌乳化，当温度降至40℃左右再加入抗氧化剂、防腐剂，继续搅拌至冷却，放消毒冷却间在消毒车间装瓶分箱打包。

有机硒蛇皮芦荟果祛斑美容霜制备方法：

（1）将黄芪、蛇皮、芦荟、白果、乳香、三七、白及、白术、草果、香附放入高压药釜中，加入水煎熬，烧至沸腾后，文火煎熬4h，将药液倾出装入容器中；

（2）将人参、皂角、穿山甲、鹿角霜研成细末，放入药液的容器中；

（3）再将上述药液文火煎1h，冷却成黏稠膏状药品制剂；

（4）在药品制剂中加入有机硒纳米粉、凡士林、甘油，搅拌均匀即得成品。

生物红硒蛇胆益母草祛斑除痘美容霜制备方法：将蛇胆、山茱萸、白附子、黄连、当归、益母草、白矾、白及粉碎成 20～30 目的粗粉，置于有盖容器中，加入 75％乙醇，密封，每天震摇 3～4 次，室温下浸渍 5d 后，倾取上清液，压榨药渣，合并浸液，静置 24h，过滤，然后向过滤液中加入生物红硒，最后加入霜剂基质，制成软膏。

产品应用

富硒灵芝人参防皱美容霜为外用剂，主要用于消除面部皱纹。使用方法如下：

（1）每天早上先将面部洗净擦干，取少许本品涂擦于面部及皱纹处，按摩 5～10min 后，再复涂一次。

（2）每晚睡前先将面部洗净擦干，取适量本品均匀涂敷于面部及皱纹处，翌晨洗去。20d 为 1 个疗程，直至面部皱纹消失，达到防皱美容效果。

氧化锌蛇油薏米祛斑除粉刺美容霜使用方法：用消过毒的洁净棉花团蘸少许本品，擦抹在长有粉刺部位，经常使用可消除粉刺，并有护肤作用。

纳米硒地肤子蛇床子消除粉刺痤疮氧化美容霜使用方法：将膏状产品直接涂于患处，主要用于粉刺痤疮面部瘙痒。

有机硒蛇皮芦荟果祛斑美容霜使用方法：将本品敷于患处，每日 1～2 次。用于治疗粉刺、酒刺、风刺、酒糟鼻、血丝脸、面部顽固性皮肤瘙痒、面部瘀斑等症。

生物红硒蛇胆益母草祛斑除痘美容霜用于治疗青春痘、黄褐斑、老年斑、雀斑等色素沉着性皮肤病，对日光性皮炎、慢性湿疹等过敏性瘙痒性多种皮肤病也有良好治疗效果，同时还具有增白抗皱、润肤养颜功效。

产品特性

（1）纳米硒地肤子蛇床子消除粉刺痤疮氧化美容霜能使皮肤补充硒锌植物营养元素，促进皮肤营养柔软光滑有弹性，防止皮肤皱纹、松弛、衰老，永葆青春的光辉容颜。

（2）有机硒蛇皮芦荟果祛斑美容霜具有护肤养颜、增白皮肤、消除瘢痕的作用。本品配方合理，使用方便，起效迅速，疗程短，治愈率高，愈后不易复发，无毒副作用。

（3）以从富硒灵芝、螺旋藻中的有机物的形式来补充人体硒元素很安全，吸收利用率高，用霜剂涂擦，经人体皮肤吸收渗透，达到有效补充硒元素的效果。硒是人体、食物、土壤、水中缺少的元素，对人体 80 多种疾病均有很好的预防、辅助治疗的效果。

（4）本系列产品通过皮肤渗透吸收将有机态硒及天然植物中有效微量元素营养活性疗效成分渗入肌肤、皮下毛细血管循环全身，不但营养美白肌肤，祛斑，防皱，消除青春痘，治疗色素沉着、皮炎、湿疹、过敏、瘙痒等多种皮肤病，同时润肤养颜，有效地补充了人体奇缺稀少的硒元素。

配方 10　含胶原蛋白抗氧化肽美容养颜化妆品

原料配比

原料		配比（质量份）		
		1#	2#	3#
胶原蛋白抗氧化肽	分子量300	5.0	—	—
	分子量500	—	8	—
	分子量1000	—	—	10
黄瓜提取物		4.0	6	8
维生素C		1.0	2	3
维生素E		0.5	2	3
卵磷脂		2.0	3	5
单硬脂酸甘油酯		1.0	1.5	2.5
小麦胚芽油		1.0	3	5
杰马BP		0.2	0.8	1
甘油		1.0	3	4
透明质酸		0.4	1	2
纳米二氧化钛	粒径为100nm	0.5	—	—
	粒径为60nm	—	1.5	—
	粒径为30nm	—	—	2
茉莉精油		0.2	0.4	0.5
色素		0.1	0.3	0.5
去离子水		加至100	加至100	加至100

制备方法

（1）制备油相组合物：在容器中按配比加入卵磷脂、维生素C、维生素E、小麦胚芽油和单硬脂酸甘油酯，加热升温到80～95℃，并不断搅拌均匀，待各原料全部熔化，保持熔融状态。

（2）制备水相组合物：在含有去离子水的容器中按配比加入胶原蛋白抗氧化肽、甘油、透明质酸、杰马BP，缓慢搅拌均匀并升温到60～75℃，使各原料全部溶解。

（3）将油相和水相物料混合、均质后，加入纳米二氧化肽，继续搅拌，慢慢冷却。

（4）待物料冷却至40～50℃时，加入黄瓜提取物、茉莉精油、色素，待搅拌、混匀后，灌装即得所述化妆品。

原料介绍

所述的胶原蛋白抗氧化肽，是经过固定化酶解鱼鳞胶原蛋白所得，分子量为

300～1000。

所述的纳米二氧化钛的粒径为30～100nm。

产品特性

（1）本品以酶解鱼鳞中胶原蛋白得到的抗氧化肽为主要功效成分，通过适当的配比制备胶原蛋白抗氧化肽美容养颜化妆品。其制备工艺简单、配方科学，无需大量的设备投入，成本低，适宜工业化大规模生产。

（2）本品性能温和、清爽舒适，具有抗氧化、抗紫外线、抗菌、美白保湿、清除体内自由基、延缓衰老等功效，能够自然地覆盖皮肤表面，使皮肤更加光滑、细腻、嫩白和富有弹性。

配方 11　含有绵花棠双疏粉的修颜美容膏

原料配比

原料		配比（质量份）		
		1#	2#	3#
A相	TI-02FL	6	8	7
	CI 77492	0.1	0.15	0.12
	MIGLYOL840GELB	1.8	2.3	2
	氯氧化铋	2	3	2.5
	澳洲坚果籽油	1	2	1.5
	伯尔硬胡桃籽油	1	2	1.5
	猴面包树籽油	1	2	1.5
	野蔷薇果油	1	2	1.5
	G-162硅弹体	4	5	4.5
B相	可可籽脂	2	3	2.5
	大豆卵磷脂	1	2	1.5
	牛油果树果脂油	1.5	2	1.7
	小冠巴西棕榈蜡	1.5	1.8	1.6
	合成小烛树蜡	1.5	1.8	1.6
	羊毛脂	4.5	5.5	5
	辛基聚甲基硅氧烷	20	22	21
	PEG-8聚二甲基硅氧烷	3	3.5	3.3
C相	甘油	7	9	8
	透明质酸钠	0.03	0.05	0.04
	乙二胺四乙酸二钠	0.08	0.12	0.1
	氯化钠	0.75	0.85	0.8
	尿囊素	0.2	0.3	0.25
	去离子水	31.99	13.03	22.72
D相	聚二甲基硅氧烷/乙烯基聚二甲硅氧烷交联聚合物	6.5	7.5	7
	GC-04	0.5	1	0.7
	香精	0.05	0.1	0.07

制备方法

（1）按所述质量配比称取 A 相的 TI-02FL、CI77492、MIGLYOL840GELB、氯氧化铋、澳洲坚果籽油、伯尔硬胡桃籽油、猴面包树籽油、野蔷薇果油、G-162硅弹体依次加入油相锅混合均质均匀；

（2）按所述质量配比称取 B 相的可可籽脂、大豆卵磷脂、牛油果树果脂油、小冠巴西棕榈蜡、合成小烛树蜡、羊毛脂、辛基聚甲基硅氧烷、PEG-8 聚二甲基硅氧烷依次加入 A 相中混合加热至 80～85℃，直至溶解完全；

（3）按所述质量配比称取 C 相的甘油、透明质酸钠、乙二胺四乙酸二钠、氯化钠、尿囊素、去离子水依次加入水相锅快速搅拌加热至 80～85℃；

（4）将油相锅中物料抽入乳化锅搅拌保持温度 80～85℃，中速搅拌，将水相锅中物料慢慢加入乳化锅，搅拌至料体均匀透明，高速均质乳化 8min 后静置冷却降温；

（5）按所述质量配比称取 D 相的聚二甲基硅氧烷/乙烯基聚二甲硅氧烷交联聚合物、GC-04 和香精，待乳化锅中料体降温至 40℃时将 D 相加入，轻微搅拌均匀即可出料，即制得所述含有绵花棠双疏粉的修颜美容膏。

原料介绍

所述的 TI-02FL，即绵花棠双疏粉，由二氧化钛、全氟辛基三乙氧基硅烷、氢化卵磷脂、氧化铝和硅石经过独特的工艺处理而成。

所述的 MIGLYOL840GELB，由丙二醇二辛酸酯/二癸酸酯、司拉氯铵水辉石、碳酸丙二醇酯组成。

所述的 G-162 硅弹体，其组分是环五聚二甲基硅氧烷、聚二甲基硅氧烷交联聚合物。

所述 GC-04 的成分为辛酰羟肟酸、甘油辛酸酯和对羟基苯乙酮。

本品中的 TI-02FL 能够使本品亲肤保湿，疏水疏油。

本品中的丙二醇二辛酸酯/二癸酸酯作为皮肤调理剂和柔润剂使用，具有优良的乳化、分散、增溶、润滑能力。司拉氯铵水辉石作为悬浮剂、黏度控制剂、凝胶成形剂使用。碳酸丙二醇酯作为溶剂和黏度控制剂使用。

本品中的澳洲坚果籽油能预防心脏病，这种单不饱和脂肪酸含量极高的天然植物油，能调节和控制血糖水平、改善糖尿病患者的脂质代谢，是糖尿病患者好的脂肪补充来源，还能有效保湿护肤，是良好的防晒、护肤产品。

本品中的伯尔硬胡桃籽油具有较强的组织修复能力，可用于头发的调理，改善发质，富含维生素 E，具有强抗氧化性，能显著增强皮肤的水合作用，增强其保湿功能。

本品中的猴面包树籽油可以柔润皮肤，易与乳化剂配伍，可以作为高级的油基材料，还有良好的抗氧性，可用于抗衰化妆品。

本品中的野蔷薇果油，即玫瑰果油，对非雄性激素过高而引起的脱发有防治作用；对 B-16 细胞活性有促进作用，可增加黑色素的分泌，生发的同时，防治白发出现；对血管内皮细胞呈增殖活性，可增强血管的强度，可预防皮肤红血丝；对脑酰胺生成的促进作用表明可增加皮脂中脑酰胺的含量，起柔肤作用；对弹性蛋白酶的抑制，反映抗皱的性能，结合具有 DOD 样活性，可用于抗衰老化妆品。

本品中的环五聚二甲基硅氧烷属于黏度控制剂，无毒性，能赋予产品丝滑感，但这种丝滑感不能长期维持，并且还会降低其他成分的吸收。该成分较为安全，对皮肤和黏膜无刺激，但是对眼睛略有刺激。

本品中的可可籽脂，即氢化可可脂，是优秀基础油脂，能够滋养皮肤，有很好的渗透性，其提取物能促进皮肤新陈代谢，结合其抗氧化性，具有抗衰的作用；能抑制组胺的释放，具有抗敏舒缓的作用；对金属蛋白酶有抑制作用，具有抗炎性。

本品中的大豆卵磷脂，是从大豆中提取的，是构成生物膜的磷脂，容易被人的皮肤和头发吸收，并能促进其他营养物质的渗透，具有很强的保湿性能；同时具有很强的乳化性能，能稳定乳状液。

本品中的牛油果树果脂油皮肤安全性高，含有丰富的维生素、甾醇和卵磷脂等，有良好的营养及渗透作用，给予肌肤充分的滋养，令肌肤白皙细致有光泽，适用于干燥、老化和问题性肌肤，对干燥、热损伤的头发有较好的效果，让头发变得柔顺富有光泽。

本品中的小冠巴西棕榈蜡具有极高的光泽，极易乳化，有着良好的保油性，它最大的优点是具有其他蜡所没有的极高的光泽度和超乎寻常的硬度，此外，它还具有良好的抛光特性。

本品中的辛基聚甲基硅氧烷可以增加产品质感，使其清爽并易于涂抹。

本品中的透明质酸钠属于肌肤调理剂，是一种酸性黏多糖，天然存在于角膜皮中，可吸收其本身质量 1000 倍的水分，以通过保留皮肤水分、阻止水分经表皮流失等，令皮肤使用后不会感到干燥，增加光泽。它可以改善皮肤营养代谢，使皮肤柔嫩、光滑，可以祛皱、增加皮肤弹性、防止衰老，在保湿的同时又是良好的透皮吸收促进剂。与其他营养成分配合使用，可以起到促进营养吸收的更理想效果。

本品中的乙二胺四乙酸二钠在化妆品中起稳定作用，作为矿物质螯合剂，可协同防腐作用，并且对防腐体系和抗氧化体系有一定协同增效作用。

本品中的尿囊素作皮肤调理剂、防护剂使用，能够帮助皮肤抗炎、舒缓并促进细胞修复。尿囊素可降低角质层细胞的黏着力，加速表皮细胞更新，但是尿囊素添加过量亦会引发刺激反应，但尿囊素总体来看是抗敏成分，安全度高。

本品中的 GC-04 含有天然的甘油脂肪酸酯、辛酰羟肟酸和对羟基苯乙酮，其中甘油脂肪酸酯是一种存在于人类母乳中的天然活性成分，能增强新生婴儿疾病抵抗和免疫力，皮肤温和性极好，抑制细菌和酵母增殖活性，也有润肤、乳化、保湿、润湿以及平衡油脂等功效；辛酰羟肟酸是一款无添加防腐剂，它能杀菌抑菌、增溶助溶。香精，给化妆品增加香味。

产品特性

（1）本品不油腻，质感轻薄，具有保湿提亮的功效且无任何防腐剂，还能滋养肌肤，淡斑淡印，抚平细纹，预防红血丝，改善皮肤营养代谢，让肌肤更加光滑有弹性。

（2）本品具有调亮肤色的功效，其中含有一些美白成分，通过调亮肤色，让皮肤美白。此产品属于护肤品，使用过后无需卸妆。

（3）本品具有保湿修复，延缓衰老的功效。还可以有效改善衰老肤质，使老化肌肤恢复年轻光彩，柔软有弹性。

（4）本品具有祛皱、防晒、强化皮肤的功效，具有促进表皮水分保留在皮肤、强化皮肤屏障的保护以及抵抗外部刺激的作用。

配方 12　基于植物小分子肽的美容液

原料配比

原料	配比（质量份）		
	1#	2#	3#
芦荟凝胶	25	35	30
亚麻籽	2	4	3
八角金盘籽油	0.5	1	0.75
茯苓	4	6	5
石斛	0.5	1.5	1
人参	0.5	1.5	1
珍珠粉	0.5	1.5	1
葡萄糖	1	3	2
去离子水	50	60	55
食用酵母	0.2	0.6	0.5
谷胱甘肽	0.5	0.8	0.6

制备方法

（1）将配方量的亚麻籽、茯苓、石斛、人参、珍珠粉粉碎，与配方量的芦荟凝胶、葡萄糖、去离子水和食用酵母于发酵装置中混合均匀。

（2）密封发酵，控制发酵的温度为 25～30℃，时间为 48～72h；密封发酵之前添加发酵液质量 0.2%～0.3% 的抑菌剂。

（3）将发酵后的物料进行固液分离，留取发酵液。

（4）将所述发酵液与配方量的八角金盘籽油和谷胱甘肽混合均匀，进一步过滤、灭菌获得美容液成品。

原料介绍

所述八角金盘籽油的制备方法如下：

（1）八角金盘籽经拣选、去壳、烘干、粉碎、过筛至 40～60 目后，得八角金盘籽粉；

（2）按照八角金盘籽粉质量 1g 对应提取溶剂体积 5～6mL 的料液比向八角金盘籽粉中加入提取溶剂；

（3）超声波辅助处理，处理功率 220～400W，处理温度 40～50℃，处理时间 25～40min，然后减压抽滤、浓缩制得八角金盘籽油。

所述的提取溶剂为正己烷、石油醚、丙酮和无水乙醇中的任意一种。

所述谷胱甘肽经不完全氧化处理，处理后氧化型谷胱甘肽占 20～50 份，余量为还原型谷胱甘肽。

所述谷胱甘肽不完全氧化处理的处理方法：取还原型谷胱甘肽，于 45～55℃溶解，获得 50～60g/L 的还原型谷胱甘肽溶液，测其 pH 值为 A_1；用氢氧化钡调 pH 值至 A_2，$7.0 \leqslant A_2 \leqslant 7.1$；加入一定量双氧水，边加边搅拌，加完后继续搅拌反应 0.2～0.3h；反应结束后，加入一定量二氧化锰，搅拌 5～10min，然后充分滤去二氧化锰；用硫酸调节 pH 值至 A_3，$A_1 - 0.05 \leqslant A_3 \leqslant A_2$；充分滤去硫酸钡沉淀，喷雾干燥，获得不完全氧化处理后的还原型谷胱甘肽。

所述抑菌剂为蜂胶粉。

芦荟具有杀菌消炎，增强免疫功能，清除内毒素和自由基，使皮肤收敛、柔软化、美白等性能，还有解除硬化、角化，改善伤痕、防止皱纹、皮肤松弛等作用，还能保持皮肤湿润。

石斛具有抗衰老、抗氧化、美容养颜、排毒护肤等作用。

亚麻籽使皮肤柔嫩而有光泽。

茯苓具有祛斑、祛痘、美白滋润肌肤等美容功效。

人参促进血液循环，防止肌肤老化与皱纹产生，同时还能提高免疫功能，防止肌肤受到外界环境的有害刺激，加速细胞新陈代谢、防止干燥和老化。

珍珠粉具有美白护肤，消除皱纹，使肌肤光洁的功效。

八角金盘主要成分为油酸、亚油酸、顺-10-十五烯酸、硬脂酸，尤其以油酸为主。油酸抗氧化稳定性好，有助于提高美容液的抗氧化稳定性，另外渗透入皮肤毛细血管中，能够促进血管软化，降低人体血液中低密度脂蛋白胆固醇含量，改善皮肤弹性和色泽。

产品特性

（1）本品应用发酵工艺从芦荟、亚麻籽、石斛、茯苓、珍珠粉中萃取有效成分，通过沉淀、初滤、精滤工艺，制成透明清澈的美容液，具有美白、祛斑、除皱、保湿、紧肤嫩肤、延迟衰老等作用。

（2）本品应用酶解后的小分子多肽蛋白技术美容，其整体美容效果是化学提取的单体蛋白的 3～5 倍。

配方 13 减肥祛斑美容按摩霜

原料配比

负离子远红外线粉美容按摩霜

原料	配比（质量份）	原料	配比（质量份）
负离子粉	2～6	珍珠粉	0.3～0.9
生命素	0.1～0.3	苹果酸	0.2～0.6
蛋白	1～3	水	1～3
远红外线粉	3～9	香精	0.2～0.6
维生素 E	1～3	富锌低钠食用盐粉	加至100
海藻胶	2～6		

蛇胆维生素 E 消炎祛痘按摩霜

原料	配比（质量份）	原料	配比（质量份）
蝮蛇蛇胆	1～3	夜来香油	1～3
麦饭石纳米粉	0.3～0.9	助渗剂	1～3
硬脂酸	2～6	黄瓜萃取油	1～3
甘油	1～3	防腐剂	0.5～1.5
鲸蜡醇	2～6	柠檬萃取油	1～3
维生素 E	0.2～0.6	香精	0.5～1.5
乙酰化羊毛脂	2～6	白凡士林	1～3
乳化剂	1～3	去离子水	加至100

粟米油月见草油祛皱按摩霜

原料		配比（质量份）
油相	十八烷醇	2～6
	单硬脂酸甘油酯	1～3
	鹿脂	1～3
	粟米油	3～9
	凡士林	2.5～7.5
	白矿油	7～21
	硅油	1～3
	尼泊金甲酯	0.1～0.3
	月见草油	1～3
	黄瓜萃取油	1～3
	维生素 E	0.2～0.4
	柠檬萃取油	0.3～0.5

原料		配比（质量份）
水相	AGA 粉	0.7～2.1
	白细胞介素	0.05～0.15
	尼泊金乙酯	0.1～0.2
	甘油	2～6
	柠檬黄	1～3
	香料	0.1～0.2
	去离子水	加至100

天然植物花草通经保健奇冰石按摩霜

原料	配比（质量份）	原料	配比（质量份）
奇冰石纳米粉	1～2	天花粉	2.5～7.5
蒲公英	1.5～4.5	地肤子	1.5～4.5
紫花地丁	1.5～4.5	苍耳子	1.5～4.5
制乳香	0.8～2.4	甘草	1～3
制没药	0.8～2.4	绿豆粉	2.5～7.5
藏红花	0.8～2.4	冰片	1～3
延胡索	0.8～2.4	凡士林	10～30
寒水石	0.8～2.4	水	加至100

老树根油珍珠水解液减肥美白保湿按摩霜

原料	配比（质量份）	原料	配比（质量份）
老树根油	1～3	丹参	1～3
珍珠水解液	1～3	常青藤	1～3
月见草油	1～3	甘油	1～3
蚕丝水解液	1～3	维生素 E	1～3
燃脂油	1.5～4.5	维生素 C	0.5～1.5
透明质酸	1～3	乳化剂	1～3
硬脂酸	2～6	助渗剂	1～3
鲸蜡醇	2～6	防腐剂	0.3～0.9
乙酰化羊毛脂	2～6	香精	0.3～0.9
白凡士林	3～9	去离子水	加至100
当归	1～3		

纯天然植物快速除痤疮不留瘢痕增白按摩霜

原料	配比（质量份）	原料	配比（质量份）
芦荟	3～9	牛黄	0.2～0.6
茯苓	3～9	黄连	3～9
白术	3～9	板蓝根	1～3
白及	3～9	车前草	3～9
黄芩	3～9	蒲公英	8～24
朱砂	0.2～0.6	水	加至100
黄柏	3～9		

天然植物减肥保健益寿按摩霜

原料		配比（质量份）
组分 A	茶叶萃取物	1.2～3.6
	红花萃取物	1.2～3.6
	问荆萃取物	1.2～3.6
	海藻萃取物	1.2～3.6
	柑橘属萃取物	1.2～3.6
	常春藤萃取物	1.2～3.6
	莲子	1.2～3.6
	大豆粉	1.2～3.6
	黑芝麻	1.2～3.6
	香精	0.1～0.3
组分 B	硬脂酸	2～6
	十八烷醇	1.5～4.5
	单硬脂酸甘油酯	1.5～4.5
	液体石蜡	1～3
	甲基硅油	0.5～1.5
	对羟基苯甲酸丙酯	0.1～0.3
	二叔丁基对甲酯	0.1～0.3
	三乙醇胺	0.5～1.5
组分 C	Carbopol 树脂	0.1～0.3
	对羟基苯甲酸甲酯	0.1～0.2
	吐温-40	1.2～3.6
	去离子水	加至 100

制备方法

所述负离子远红外线粉美容按摩霜制备方法：将原料研磨成细粉后混合均匀即为本品。

所述蛇胆维生素 E 消炎祛痘按摩霜制备方法：按配比将去离子水加热至85℃，加入硬脂酸、鲸蜡醇、乙酰化羊毛脂、蝮蛇蛇胆、麦饭石纳米粉、月见草油、黄瓜萃取油、柠檬萃取油、白凡士林、甘油，高速搅拌 20min，冷却至 50℃，加入维生素 E、乳化剂、助渗剂、防腐剂与香精，继续高速搅拌 15min，自然冷却。冷却至 38℃ 以下时装瓶，即为本按摩霜。

所述粟米油月见草油祛皱按摩霜制备方法：将油相和水相中除香料与白细胞介素外的物料加热至 80℃，混合乳化均质 15min，冷却降温至 40℃ 时加入香料、白细胞介素，搅拌均匀即得成品。

所述天然植物花草通经保健奇冰石按摩霜制备方法：将蒲公英、紫花地丁、制乳香、制没药、藏红花、延胡索、寒水石、天花粉、地肤子、苍耳子、甘草加水煎成浓汁，去渣，再加入绿豆粉、奇冰石纳米粉、冰片和凡士林，搅拌混合，即得成品。

　　所述老树根油珍珠水解液减肥美白保湿按摩霜制备方法：按上述组分的质量份将当归、丹参、常春藤用粉碎机粉碎，再研磨成粉末状，混合加入去离子水中加热至85℃，再加入硬脂酸、鲸蜡醇、乙酰化羊毛脂、白凡士林、甘油、维生素E，高速搅拌20min，冷却至50℃，加入老树根油、月见草油、燃脂油、珍珠水解液、蚕丝水解液、透明质酸、维生素C、乳化剂、助渗剂、防腐剂与香精，继续高速搅拌20min，自然冷却。当冷却至38℃以下时，装瓶，即为减肥美白保湿按摩霜。

　　所述纯天然植物快速除痤疮不留瘢痕增白按摩霜制备方法：将上述各味药粉碎至100目，然后采用渗滤法提取药液，将药液用夹层锅煎熬使之浓缩成膏状。

　　所述天然植物减肥保健益寿按摩霜制备方法：将组分B、组分C分别加热至85℃，在搅拌下将组分B加入组分C，乳化15min，冷却至50℃，再加入组分A，混合均匀后冷至室温即可。

　　产品特性　本系列产品利用从天然植物提取的活性成分小分子，通过按摩迅速渗透皮下组织、细胞、血液，达到促循环，增强新陈代谢，提高细胞活力和促进组织再生的效果。本品减肥祛斑，美白祛皱防衰，使皮肤滋润，营养保湿，是纯天然无任何副作用的植物花草按摩霜。

配方 14　晶润亮彩保湿美容粉膏

原料配比

原料	配比（质量份）	原料	配比（质量份）
蜂蜡	3～4	深海两节茅籽油	6～8
羊毛脂	3～4	山梨醇酐油酸酯	2～3
双二甘油多酰基己二酸酯-2	7～8	二氧化钛	12～15
油酸/亚油酸/亚麻酸聚甘油酯	2～3	氧化铁黄	1～1.5
牛油果树果脂油	4～5	氧化铁红	0.4～0.5
植物甾醇	3～4	氧化铁黑	0.05～0.08
伯尔硬胡桃籽油	5～6	二甲基甲硅烷基化硅石	1～2
猴面包树籽油	5～6	辛酸/癸酸甘油三酯	10.92～31.75
澳洲坚果籽油	6～8	甘油辛酸酯	0.8～1
霍霍巴籽油	6～8	维生素E	1～2

制备方法

（1）配制工艺：

① 将B相物料二氧化钛、氧化铁黄、氧化铁红、氧化铁黑、二甲基甲硅烷基化硅石、辛酸/癸酸甘油三酯搅拌均匀，用三辊研磨机研磨三遍，至膏粉浆细腻，待用。

② 将A相物料蜂蜡、羊毛脂、双二甘油多酰基己二酸酯-2、油酸/亚油酸/亚麻酸聚甘油酯、牛油果树果脂油、植物甾醇、伯尔硬胡桃籽油、猴面包树籽油、

澳洲坚果籽油、霍霍巴油、深海两节荠籽油、山梨醇酐油酸酯在乳化锅中搅拌加热到120℃直至物料溶解；降温到85℃加入B相处理好的粉浆，均质20min，然后搅拌降温。

③ 将②中物料降温至60℃，加入C相维生素E、甘油辛酸酯，搅拌5min，出料，得到晶润亮彩保湿美容粉膏半成品。

（2）灌装工艺：

① 把晶润亮彩保湿美容粉膏半成品用搅拌加热灌装桶灌装；

② 半成品料体加入灌装桶内，搅拌加热升温到85℃，控制温度85℃，直到料体全部溶解，然后降温到65℃开始灌装；

③ 控制好灌装桶内温度，按65℃灌装，调好所需质量，灌料至包装盒或铝盘内，待包装盒或铝盘内料体结块时，即可包装入库。

原料介绍

羊毛脂是附着在羊毛上的一种分泌油脂，在本品中起到极其滋润的效果。

双二甘油多酰基己二酸酯-2使植物羊毛脂具有更好的稳定性，它显示持续的柔软作用，与皮肤的黏附性良好，且肤感舒适。

油酸/亚油酸/亚麻酸聚甘油酯来源于植物，亚油酸和油酸，能起到滋润、保湿作用，可防止肌肤水分流失，而且非常容易渗透到皮肤里，亲肤感觉十分明显。可以吸收超过皮肤自身200倍的水分。贴肤性非常好，降低产品油腻感。还可减少透皮失水。

牛油果树果脂油又称乳木果油，提取自乳油木，乳油木是一种具有神奇保养功效的植物，含有丰富的不饱和脂肪酸，能够加强皮肤的保湿能力，对干性皮肤能加以滋润。同时可以调节产品的流动性，改善黏度，提高产品的感官品质和使用肤感。

本品中植物甾醇具有良好的控水特性，起到保湿滋润作用；能够改善屏障功能，有效保湿；具有良好的润肤性，使肌肤柔软；具有优秀的涂展性，再生功效特性；高度兼容其它油、脂成分；具有很好的皮肤护理特性和愉悦的用后肤感；熔化点接近体温，是出色的润肤剂，具有出色的皮肤滋润性，应用于皮肤护理产品中，赋予柔软和丰腴感。

本品中伯尔硬胡桃籽油的功能性组分具有较强的组织修复能力，可用于头发的调理，改善发质，富含维生素E，具有强抗氧化性，能显著增强皮肤的水合作用，增加其保湿功能。

猴面包树籽油可以柔润皮肤，易与乳化剂配伍，可以作为高级的油基材料。猴面包树籽油还有良好的抗氧性，可用于抗衰化妆品。

本品中澳洲坚果籽油可有效保湿护肤，是良好的防晒、护肤产品。

本品中霍霍巴油有良好的稳定性，极易与皮肤融合，具有超凡的抗氧化性。

另外，霍霍巴油还含有丰富的维生素，具有滋养软化肌肤的功效。

本品中深海两节荞籽油富含油类营养成分，能令皮肤均衡保湿及保持健康，能强化纤柔细胞膜，使细胞获得充足滋养，有效地把细胞内的废物予以排除；有很好的分散能力，用作柔润剂。

本品中山梨醇酐油酸酯是让乳液始终保持乳化状态不会分离成几相的表面活性剂。

本产品采用的二氧化钛以及氧化铁类粉是用全氟辛基三乙氧基硅烷、氢化卵磷脂经过独特的工艺处理，称为绵花棠双疏粉，绵花棠双疏粉作粉底膏的产品亲肤保湿、使皮肤润滑有弹性，疏水疏油、能使妆容持久。

二甲基甲硅烷基化硅石具有亲水性，但是其表面经过羟基二甲基硅氧烷（或其他硅烷类如硅氮烷等）处理后，通过硅石表面的硅羟基和羟基二甲基硅氧烷等的硅羟基缩合，从而使二甲基硅烷化的硅石具有疏水性或亲油性，在产品中起到增稠和稳定作用。

辛酸/癸酸甘油三酯和人体皮肤有兼容的特征，它有着不油腻质感，加入乳霜或乳液中可改进其延伸性，有润滑和使肌肤柔软的效果。并有过滤紫外光的功能，为椰子中的提取物，作为柔润剂、溶剂、促渗透剂来使用。

本品中甘油辛酸酯是纯天然甘油酯类多功能替代性防腐剂，是油菜籽油和椰油衍生物，皮肤温和性极好，抑制细菌和酵母增殖活性，也有润肤、乳化、保湿、润湿以及平衡油脂等功效，可称为无添加防腐剂。

产品特性

（1）本品质地细腻，十分易于涂抹，不卡粉，易上妆，使妆容持久，在美妆的同时，也有护肤霜的特点；

（2）本品可以有效美白遮瑕，紧密贴合肌肤，遮盖自然，塑造光亮度，改善肤色。

配方 15　具有消除眼袋功效的美容霜

原料配比

原料		配比（质量份）		
		1#	2#	3#
水相	艾纳香提取物	3	4	5
	卷柏提取物	3	4	6
	仙鹤草提取物	2	3	4
	石榴皮鞣花酸	2	3	4
	月桂醇硫酸酯三乙醇胺盐	12	13	16
	椰油酰胺丙基甜菜碱	15	15	20
	燕麦 β-葡聚糖	6	8	10
	去离子水	适量	适量	适量

续表

原料		配比（质量份）		
		1#	2#	3#
油相	四-(二丁基羟基氢化肉桂酸)季戊四醇酯	0.1	0.2	0.2
	十六烷基二甲基硅氧烷共聚物	2	3	5
	2,6-二叔丁基羟基甲苯	0.02	0.03	0.05
	PEG-40 氢化蓖麻油	0.2	0.3	0.5
	玫瑰香精	0.2	0.3	0.5
	丙二醇	16	16	18
	辛二醇	12	13	15

制备方法

（1）制备水相：按质量份将艾纳香提取物、卷柏提取物、仙鹤草提取物、石榴皮鞣花酸、月桂醇硫酸酯三乙醇胺盐、椰油酰胺丙基甜菜碱和燕麦 β-葡聚糖加入去离子水中，搅拌均匀，加热至 80～85℃；

（2）制备油相：按质量份将四-（二丁基羟基氢化肉桂酸）季戊四醇酯、十六烷基二甲基硅氧烷共聚物、2,6-二叔丁基羟基甲苯、PEG-40 氢化蓖麻油、玫瑰香精、丙二醇和辛二醇混合均匀，加热至 80～85℃；

（3）将水相和油相混合均匀，冷却至室温，即得。

原料介绍

所述艾纳香提取物、卷柏提取物和仙鹤草提取物可以通过本领域常规水提和醇提方法制备。

所述艾纳香提取物的制备方法为：取艾纳香枝叶干燥粉碎，加入石油醚脱脂后用 50%乙醇按料液比 1：（20～30）于 30～40℃提取 1～2h，重复提取 3 次，合并滤液，于 90℃旋转蒸发得稠膏，干燥，粉碎，即得。

所述卷柏提取物的制备方法为：将卷柏干燥全草粉碎过 80 目筛，置于 10～12 倍量的去离子水中，超声提取后过滤，1500r/min 离心 2～3h，浓缩，干燥，即得。

所述仙鹤草提取物的制备方法为：按料液比 1：（12～15）加入 60%乙醇，用超声波辅助提取 3 次，每次 1h，过滤，收集合并滤液，减压浓缩，干燥即得。

产品特性　本品消除眼袋效果显著，对于单纯皮肤松弛型眼袋的有效率高达 88%，对于单纯眼轮匝肌肥厚型眼袋的有效率高达 80%，对于下睑膨隆型眼袋的有效率高达 83%。

配方 16 抗皱美容化妆品

原料配比

原料		配比（质量份）					
		1#	2#	3#	4#	5#	6#
皱波角叉菜提取物		0.6	0.6	0.6	0.6	0.6	0.6
光果甘草根提取物		0.3	0.3	0.3	0.3	0.3	0.3
北美金缕梅提取物		0.4	0.4	0.4	0.4	0.4	0.4
凝胶材料	卡波姆	1	0.5	—	—	—	—
	丝素蛋白	—	0.5	0.5	—	—	—
	黄秋葵提取物	—	—	0.5	—	—	—
	卡波姆、黄秋葵提取物、丝素蛋白按照质量比1:1:1的混合物	—	—	—	1	1	1
乳化剂	单硬脂酸甘油酯	0.04	0.04	0.04	0.04	0.04	0.04
稳定剂	二甲基硅油	0.05	0.05	0.05	0.05	—	—
	金荞麦多酚	—	—	—	—	0.05	—
	二甲基硅油和金荞麦多酚质量比为1:1的混合物	—	—	—	—	—	0.05
	水	加至100	加至100	加至100	加至100	加至100	加至100

制备方法　将乳化剂（如果有）加入水中，在 25～35℃、100～500r/min 条件下搅拌 40～120min，加入皱波角叉菜（Chondrus Crispus）提取物、光果甘草（GLYCYRRHIZA GLABRA）根提取物、北美金缕梅（HAMAMELIS VIRGINIANA）提取物，在 25～35℃、100～500r/min 条件下搅拌 30～90min，加入凝胶材料和稳定剂，在 25～35℃、100～500r/min 条件下搅拌 40～120min，得到所述抗皱美容化妆品。

产品应用

使用方法：可以早晚取适量本品，均匀涂抹于面部、颈部，按摩至吸收即可。

产品特性　本品滋润保湿，可减少细纹、淡化皱纹、起到抗衰老的作用，使得肌肤焕发光彩。

配方 17 抗皱草药美容化妆品

原料配比

原料		配比（质量份）		
		1#	2#	3#
抗皱草药水提物	人参	1	0.5	2
	黄芪	1	2	0.5
	珍珠粉	0.5	0.2	0.8

续表

原料		配比（质量份）		
		1#	2#	3#
抗皱草药水提物	丹参	3	5	1
	厚朴	0.5	0.2	0.8
	白及	0.5	0.8	0.2
	水	适量	适量	适量
基质	抗皱草药水提物	1	3	0.5
	水	55.7	40	70
	甘油	23	30	16
	聚丙烯酸钠	6.5	3	10
	丙二醇	5	2	8
	琼脂	1.5	2	1
	羟乙基纤维素	1.2	0.5	1.8
	酒石酸	0.23	0.15	0.31
	乙二胺四乙酸二钠	0.15	0.1	0.2
	甘羟铝	0.18	0.26	0.1
	防腐剂	0.001	0.001	0.001
	保湿因子	1	1	1
	抗皱因子	0.5	0.5	0.5
保湿因子	水	83.6	90	70
	甘油	6	4	8
	丙二醇	4	3	5
	脱乙酰壳多糖甘醇酸盐	3	2	4
	水溶硅蜡	2	1	3
	水解胶原蛋白	1	0.5	1.5
	尼泊金甲酯	0.08	0.08	0.08
	透明质酸钠	0.25	0.15	0.35
	甲基异噻唑啉酮	0.07	0.05	0.08
抗皱因子	水	82.6	90	70
	甘油	6	4	8
	丙二醇	4	3	5
	脱乙酰壳多糖甘醇酸盐	3	2	4
	棕榈酸三肽	1	0.5	1.5
	水溶硅蜡	2	1	3
	水解胶原蛋白	1	0.5	1.5
	尼泊金甲酯	0.08	0.08	0.08
	透明质酸钠	0.25	0.15	0.35
	甲基异噻唑啉酮	0.07	0.005	0.008

制备方法

（1）制备抗皱草药水提物：将人参、黄芪、丹参、厚朴、白及和珍珠粉混合，加6～10倍量水提取1～2次，过滤，80℃减压浓缩至相对密度为1.20～1.28（25℃），得到抗皱草药水提物。

（2）将酒石酸溶解于水，加入抗皱草药水提物、保湿因子、抗皱因子和防腐剂混匀，得到混合物 a；将甘油、丙二醇、聚丙烯酸钠、琼脂和羟乙基纤维素混匀，再加入乙二胺四乙酸二钠和甘羟铝混匀，得到混合物 b。

（3）将混合物 a 和混合物 b 混匀，真空搅拌 10～20min，得到混合物 c。

（4）将混合物 c 涂布于背衬层上，覆上隔离层，静置，切形，即得。

原料介绍　防腐剂为甲基氯异噻唑啉酮、甲基异噻唑啉酮、氯化镁和硝酸镁的混合物。

产品应用　该面膜贴具体使用方法为：将面膜贴贴敷于面部，每次 1 片，每周 2 次。

产品特性

（1）本品中人参、黄芪补脾益气以生血，使气血生化有源；丹参善通血滞，厚朴行气，两者合用活血行气，具有良好的活血通络作用；珍珠宁心安神；白及消肿生肌。通过健脾益气活血来达到养颜祛皱、延缓衰老的目的。

（2）本品选取水凝胶贴，性质柔软，载药量大，保水性能好，使用方便，安全。

配方 18　美容姜膏

原料配比

原料	配比（质量份）		
	1#	2#	3#
生姜油	20	35	50
肉桂提取物	1	3	5
艾叶提取物	3	5	8
当归提取物	1	6	10
丝氨酸	1	10	20
冰片	0.1	0.6	1
水解透明质酸钠	0.1	0.6	1
川芎提取物	3	6	8
透骨草提取物	1	3	5
鸡血藤提取物	1	10	20
乳香	1	11	20
木香	1	3	5
蜂蜡	0.1	2.5	5
谷胱甘肽	0.5	0.8	1

制备方法

（1）按质量配比准备原料，取生姜油、肉桂提取物、艾叶提取物、当归提取物混合均匀后，依次加入丝氨酸、川芎提取物、透骨草提取物、鸡血藤提取物、乳香、木香、蜂蜡、谷胱甘肽混合均匀，得到第一混合物；

（2）将步骤（1）制得的第一混合物与水解透明质酸钠混合均匀，得到第二混合物；

（3）将第二混合物乳化后，再加入冰片，混合均匀，灭菌，得到第三混合物；

（4）将第三混合物配合量子高能共振器高频共振，得到膏体。

产品特性　本品含有丰富的中药提取物精华成分，其中的生姜油可有效提升细胞的修复自愈能力，有效消退色斑及细纹，且组方科学，配比合理，各组分共同作用，无毒副作用及致敏性。

配方 19　润肤保湿防皱美容霜

原料配比

原料	配比（质量份）	原料	配比（质量份）
鸵鸟精油	0.5～1.5	液状石蜡	2～6
薏仁提取液	1～3	蜂蜜	2～6
硬脂酸	3～9	甘油	4～12
维生素 E	0.2～0.6	蜂王浆	0.3～0.9
单硬脂酸甘油酯	3～9	尼泊金甲酯	0.1～0.3
芦荟提取液	0.5～1.5	二甲基砜	0.1～0.3
十八烷醇	4～12	尼泊金乙酯	0.1～0.3
檀香提取液	0.2～0.6	十二醇硫酸钠	1～3
白凡士林	3～9	去离子水	加至 100
维生素 B_2	0.1～0.3		

制备方法

（1）制备鸵鸟精油：将鸵鸟宰杀后收集新鲜脂肪油；清洗各种浮杂；溶解，控制溶解温度为 60℃；粗过滤除杂；室温静置凝固；低温溶解；细过滤，收集滤液室温静置凝固；在 -10℃ 下冷冻保存。

（2）制备芦荟、薏仁提取液：精选芦荟、薏仁，粉碎后用去离子水浸泡，提取，控温 100℃，时间为 4h；重复提取三次，收集提取液；浓缩，温度控制在 80℃；过滤，收集滤液；用活性炭脱色，得到芦荟、薏仁提取液。

（3）将鸵鸟精油、硬脂酸、单硬脂酸甘油酯、白凡士林、液状石蜡、甘油、十八烷醇、尼泊金甲酯、尼泊金乙酯混合加热到 95℃，为混合液 I。

（4）将维生素 E 溶于二甲基砜中，为混合液 II。

（5）将维生素 B_2 溶于蜂蜜中，为混合液 III。

（6）将十二醇硫酸钠溶于去离子水中，加热到 95℃，为混合液 IV。

（7）取适量混合液Ⅳ，加入蜂王浆，搅拌得混合液Ⅴ。

（8）将95℃混合液Ⅰ加入Ⅳ中，然后倒入混合液Ⅱ、Ⅲ、Ⅴ，搅拌充分混合，乳化，冷却，使之呈乳霜状。

（9）待乳霜搅拌冷却到75℃时，用冷却水冷却到55℃，再加入薏仁萃取液、芦荟提取液、檀香提取液和适量香精，充分搅拌。

（10）待乳霜冷却到45℃时，撤除冷却水，并停止搅拌，使之自然冷却到常温，霜体形成。

产品特性

（1）本品由于使用了天然植物药纳米技术的纳米化液，使其功效营养成分全部得以保留，其有良好的吸收渗透性，安全可靠，无致敏性，无毒副作用，具有促进皮肤表层血液循环，加强细胞营养代谢，增强皮肤活性和弹性的作用，可达到滋润、保湿、美容、消斑、抗衰防老的效果。

（2）本品采用天然原料，组方科学，具有显著的淡化雀斑、排除色素沉着、保持皮肤生肌、防止水分子流失的作用，对各种原因引起的炎症有很强的抗炎作用，并能促进皮肤的新陈代谢，消除皱纹，润肤嫩肌，起美容作用。

配方 20　美容养颜的柚子果醋化妆品

原料配比

原料		配比（质量份）				
		1#	2#	3#	4#	5#
柚子果醋	焦亚硫酸钠（mg/100g）	10	50	30	30	30
	果胶酶（U/100g）	800	400	600	600	600
	纤维素酶（U/100g）	300	600	450	450	450
	柚子花	—	0.01	0.1	0.1	0.1
	防腐剂	0.3	0.5	0.4	0.4	0.4
防腐剂	脱氢乙酸钠	1	1	1	1	1
	鱼精蛋白	3	1	2	2	2
柚子果醋		20	5	0.1	10	3
环五聚二甲基硅氧烷		—	—	5	3	4
十三烷醇偏苯三酸酯		—	—	1	3	2
甘油		10	5	10	5	6
矿油		—	8	—	—	—
甘油聚甲基丙烯酸酯		3	3	—	—	—
聚二甲基硅氧烷		—	3	1	3	2
聚二甲基硅氧烷交联聚合物		—	—	1	3	2
氢化聚异丁烯		—	2	—	—	—
PEG-5甘油硬脂酸酯		—	1	—	—	—
丙二醇		3	5	—	—	—

续表

原料	配比(质量份)				
	1#	2#	3#	4#	5#
PEG-100 硬脂酸酯	—	1	—	—	—
甘油硬脂酸酯	—	1	1	0.5	0.7
鲸蜡硬脂醇	—	0.5	—	—	—
鲸蜡硬脂醇橄榄油酸酯	—	—	2	1	1.5
山梨醇酐橄榄油酸酯	—	—	0.5	1	0.7
聚乙二醇-20	—	0.5	—	—	—
羟苯丙酯	0.05	0.05	—	—	—
PVM/MA(对乙烯甲基醚马来酸酐)共聚物	0.1	—	—	—	—
羟苯甲酯	0.1	0.1	—	—	—
甲基丙二醇	0.2	—	—	—	—
丁二醇	1	—	10	1	5
木糖醇	—	—	0.1	0.5	0.3
脱水木糖醇	—	—	0.5	0.1	0.3
木糖醇基葡糖苷	—	—	0.1	0.5	0.3
β-葡聚糖	—	—	0.1	0.5	0.3
泛醇	—	0.2	—	—	—
丙烯酸钠/丙烯酰二甲基牛磺酸钠共聚物	—	0.2	—	—	—
黄原胶	—	0.1	—	—	—
角鲨烷	—	—	5	1	2.5
尿囊素	—	0.1	0.5	0.1	0.3
生育酚乙酸酯	—	0.1	0.5	0.1	0.3
神经酰胺	—	—	0.01	0.1	0.05
甜菜根提取物	—	—	1	0.1	0.5
假马齿苋提取物	—	—	0.5	0.1	0.3
奥氏海藻提取物	—	—	0.1	0.5	0.3
烟酰胺	—	—	0.5	3	1.5
苯氧乙醇	0.3	0.35	0.5	0.5	0.4
精氨酸	—	—	0.5	0.1	0.3
乙基己基甘油	0.1	0.1	0.03	0.05	0.04
丙烯酸(酯)类/$C_{10}\sim C_{30}$烷醇丙烯酸酯交联聚合物	0.1	—	—	—	—
牛油果树果脂	—	0.5	—	—	—
透明质酸钠	0.05	0.03	0.01	0.05	0.03
卡波姆	—	—	0.5	0.1	0.3
氢氧化钠	0.1	—	—	—	—
去离子水	加至100	加至100	加至100	加至100	加至100

制备方法 将各组分原料混合均匀即可。

原料介绍 所述柚子果醋通过如下方法制备得到：

(1) 将新鲜柚子洗净、晾干、去皮、打浆，得到果浆。

(2) 在果浆中加入焦亚硫酸钠、果胶酶和纤维素酶，慢速搅拌 1～3h，获得酶解果浆。

（3）向酶解果浆中加入食用酒精，使得果浆中酒精的质量分数达到 30％～50％，慢速搅拌，然后进行微波萃取；过滤获得浸提汁，对过滤分离后的果渣进行压榨获得压榨汁，将浸提汁和压榨汁混合，获得混合汁。慢速搅拌时间为 10～30h；所述微波萃取的频率为 15～20kHz，萃取时间为 5～10min。酶解果浆中还可以加入柚子花。所获得的混合汁还可以密闭陈贮 1～6 个月。

（4）向混合汁中加入去离子水，其中去离子水的质量是混合汁的 3～5 倍，混合均匀获得稀释果汁；然后，先将部分稀释果汁倒入一级发酵罐，通入无菌空气，接种醋酸菌发酵，获得一级发酵液；将一级发酵液抽入二级发酵罐，并加入剩余的稀释果汁，加大通气量，进行发酵，获得二级发酵液。一级发酵的培养温度为 30～35℃，培养时间为 2～3 天；二级发酵的培养温度为 35～38℃，培养时间为 1～3 天。

（5）将二级发酵液灭菌，在常温下陈酿，然后冷冻过滤，取滤液即得柚子果醋。陈酿时间为 1～3 个月；所述冷冻过滤的冷冻温度为 2～3℃，冷冻时间为 1～2 天，并采用孔径 1～5μm 的过滤设备加压过滤。

（6）向步骤（5）获得的滤液中加入防腐剂。

产品特性　本品的柚子果醋通过采用果胶酶和纤维素酶处理新鲜榨取的柚子果浆，然后在高酒精浓度下浸提，并配合微波法萃取，最后接种醋酸菌发酵，从而充分提高并释放柚子的活性物质。本品生产工艺简便，易于实现大规模工业生产。

配方 21　美容液

原料配比

原料	配比（质量份）						
	1#	2#	3#	4#	5#	6#	7#
甘草酸二钾	0.2	0.01	0.3	0.3	0.1	0.3	0.1
甘油	13	5	30	30	10	20	10
丙二醇	15	1	20	20	12	18	12
透明质酸钠	0.2	0.01	0.3	0.3	0.1	0.3	0.1
卡波姆	0.25	0.05	1	1	0.1	0.5	0.1
氢化卵磷脂	1	0.1	5	5	0.5	2	0.5
维生素 E	0.5	0.1	3	3	0.1	1	0.1
白池花籽油	2	0.1	10	10	1	4	1
辛酸甘油酯或癸酸甘油酯	4	0.5	10	10	2	6	2
精氨酸	0.25	0.1	3	3	0.1	0.5	0.1
烟酰胺	3	0.5	5	5	1	5	1

续表

原料	配比(质量份)						
	1#	2#	3#	4#	5#	6#	7#
泛醇	0.5	0.1	5	5	0.1	1	0.1
苯氧乙醇	0.5	0.1	1	1	0.3	0.8	0.3
乙基己基甘油	0.2	0.1	0.5	0.5	0.2	0.4	0.2
α-熊果苷	1	—	—	3	0.5	2	0.5
光甘草定	0.2	—	—	—	0.1	0.3	0.1
水	加至100	加至100	加至100	加至100	加至100	加至100	加至100

制备方法

(1) 将甘草酸二钾、甘油、丙二醇、透明质酸钠、卡波姆和水投入乳化锅中边搅拌边升温至80~100℃，并在该温度条件下保温搅拌至少30min，得混合物A；

(2) 取氢化卵磷脂、维生素E、白池花籽油、辛酸甘油酯（或癸酸甘油酯）投入油相锅边搅拌边升温至60~80℃，并在该温度条件下保温搅拌至少30min，得混合物B；

(3) 将混合物B抽入所述乳化锅中与混合物A混合，在80~100℃保温条件下，同时进行均质操作和搅拌操作，持续5min，完毕后继续搅拌10min，再开始降温；

(4) 当乳化锅温度降至50~70℃时，停止降温，加入精氨酸，保温搅拌10min，完毕后开始边搅拌边降温；

(5) 当乳化锅温度降至40~49℃时，加入α-熊果苷、光甘草定、烟酰胺和泛醇搅拌均匀，完毕后加入苯氧乙醇和乙基己基甘油继续搅拌均匀。

原料介绍　仿生的氢化卵磷脂与细胞膜结构类似，易于和细胞膜结合，氢化卵磷脂和烟酰胺、生育酚、透明质酸钠等活性成分混合易对活性成分形成包覆，活性成分经氢化卵磷脂包裹后，更容易进入细胞膜内，为细胞膜提供营养，发挥其功效。

烟酰胺能够抑制黑色素向角质细胞的传递，又能增加表皮屏障脂质神经酰胺以及角蛋白、丝聚合蛋白等的产生，抑制炎症性细胞因子，从而有效改善并增强皮肤的屏障功能，并能通过抑制作用于DNA修复的PARP-1的过度活化所引起的细胞功能紊乱，激活由化学和物理因素导致的DNA损伤的修复，增加角质形成细胞的抵抗能力。长期使用可美白肤色，增加角质层厚度，使皮肤更健康。

维生素E和白池花籽油具有抗氧化作用，能够阻止人体中的自由基从细胞和其他组织上夺取氧原子，有助于提高皮肤免疫力，起到美白肌肤、去除雀斑和滋润皮肤的效果。

精氨酸能有效调节美容液为弱酸性，减少美容液对皮肤的刺激。

甘草酸二钾和泛醇则能起到抗炎的功能。

甘油、丙二醇、透明质酸钠、辛酸甘油酯则能起到协同润肤保湿作用。

产品特性

（1）本品利用氢化卵磷脂与细胞膜结构类似的特点，增加了烟酰胺、精氨酸和透明质酸钠等活性物质的吸收率，确保了各活性物功效的发挥。

（2）本品的主要活性成分烟酰胺、精氨酸、维生素 E 和白池花籽油经氢化卵磷脂包裹顺利进入细胞膜内后，能为细胞提供营养，发挥其功效，使本美容液在长期使用条件下，具有美白抗老化的功效。

配方 22　牡丹籽美容霜

原料配比

原料		配比（质量份）				
		1#	2#	3#	4#	5#
牡丹籽提取物		2.5	3	4	4	2.5
紫茉莉根提取物		6	5	4	6	4
甘油		91.5	92	92	90	93.5
辅料	橄榄油	—	0.92	1.5	—	1.87
	绵羊油	—	—	4	7.2	3

制备方法

（1）牡丹籽提取物的制备：取牡丹籽，清洗，干燥，去壳后，加 6～10 倍量水，在 80～100℃温度下，回流提取 2～3 次，每次 30～120min，过滤，合并滤液，减压浓缩成稠膏，喷雾干燥，过 200 目筛，即得牡丹籽提取物。

（2）紫茉莉根提取物的制备：取紫茉莉根，去除杂质，加 6～10 倍量水，在 80～100℃温度下，回流提取 2～3 次，每次 30～120min，过滤，合并滤液，减压浓缩成稠膏，喷雾干燥，过 200 目筛，即得紫茉莉根提取物。

（3）美容霜的制备：取步骤（1）制得的牡丹籽提取物，按配方量依次加入步骤（2）制得的紫茉莉根提取物和甘油、辅料，混合均匀后，经灭菌处理，得到牡丹籽美容霜。

原料介绍

紫茉莉根提取物具有利尿、泻热、活血散瘀的功效。牡丹籽提取物具有活血化瘀、消炎杀菌、促进细胞再生、激活末梢神经、降血压、降血脂、减肥等作用，外用可以美容养颜，消除色素沉积，减少皱纹，使肌肤细腻光洁，富有弹性；还对口腔溃疡、鼻炎、关节炎、皮肤病有良好疗效。

甘油具有较强的吸湿性。甘油在化妆品中的作用主要是吸收空气中的水分，使皮肤保持湿润。

橄榄油富含与皮肤亲和力极佳的角鲨烯和人体必需脂肪酸，吸收迅速，可有效保持皮肤弹性和润泽；橄榄油中含有丰富的单不饱和脂肪酸和多种维生素及酚类抗氧化物质，能消除面部皱纹，防止肌肤衰老，有护肤护发和防治手足皲裂等功效，另外橄榄油涂抹皮肤能抗击紫外线防止皮肤癌。

绵羊油的作用主要是用于保湿、滋养肌肤，改善肤质，最为适合秋冬干燥肌肤使用。绵羊油拥有滋润却不油腻的效果，是化妆品配方的重要原料之一。

产品特性　本品属纯天然化妆品，营养特殊，具有保健功能，没有任何毒副作用，不含激素，避免了化学成分对人体的伤害以及对皮肤造成的负担。本品具有美白、保湿祛皱、抗衰老、抗辐射、杀菌止痒的功效。

配方 23　皮肤细胞净化美容面膜

原料配比

原料	配比（质量份）				
	1#	2#	3#	4#	5#
水	70	90	75	85	80
肌醇	5	8	6	7	6.5
甘油葡糖苷	0.2	1.2	0.5	1	0.8
肌肽	0.1	0.8	0.2	0.7	0.5
酵母菌多肽	0.2	1	0.3	0.8	0.6
银耳多糖	0.5	5	1	3	2
裂褶菌素	0.5	3	1	2	1.5

制备方法

（1）向乳化锅中加入裂褶菌素、银耳多糖、甘油葡糖苷、肌醇和水，加热至60～80℃，以 1000～2000r/min 的转速混合均匀；

（2）乳化锅降温至 40℃以下，向其中加入酵母菌多肽、肌肽搅拌均匀；

（3）出料，制备得到抗老化、抗糖化面膜料液；

（4）把膜布折叠好装入袋中，进行消毒后，在铝箔袋中充入 20～50mL 的面膜料液后，封口，打码即可。

原料介绍

本品中的肌肽具有抗氧化特性，是一种天然抗氧化剂，在化妆品中使用，可以防止肌肤的衰老及增白肌肤。肌肽可防止出现因吸烟而产生的游离基，而这种游离基比太阳光更伤害皮肤，是人体内活性很强的原子或原子团，能够对人体内其它物质进行氧化。

本品通过对面膜料液配方中的裂褶菌素和肌肽之间质量份的调控，可以显著改善皮肤的抗老化性，美白肌肤，同时促进胶原滋生，净化细胞，消除痘痕，使皮肤状况得到真正的改善。肌肽可通过牺牲自己阻止皮肤上蛋白质的美拉德糖基化，具有强有力的抗糖基化和祛黄的效果，不单单能解决皮肤晒太阳之后的变黑，而且还能使暗黄肌肤、不均匀肤色等真正地变白。同时，角化细胞表面含有大量的 Dection-l 受体分子，裂褶菌素在肌肽的协同作用之下能够与上述受体分子结合，促进角化细胞的增殖、迁移和重建，同时促进成纤维细胞的增殖和血管再生，显著增加胶原蛋白的合成，排除皮肤内表面的坏死细胞和组织，去除毒素，从而有助于消除痘痕、痘坑，消除皱纹、暗黄和斑点等，使面部肌肤平滑有弹性。

本品中的银耳多糖具有提高免疫调节能力、辅助抑制肿瘤、调节血糖血脂、预防血栓、保护胃黏膜、延缓衰老、抗辐射的作用。银耳多糖是植物类提取透明质酸中唯一分子量过百万的多糖，具有很好的润滑性，可抑制细胞脂质的过氧化反应，从而防止皮肤的老化；促进弹性细胞生长；减少紫外线对皮肤的伤害；活化表皮细胞，修复光损皮肤；加快皮肤再生；消皱祛皱，可在皮肤表面形成一层均匀的有一定厚度的薄膜使皮肤具有良好的滑爽感和湿润感，不收缩，不感觉紧绷，对皮肤起到保护作用。

本品中的裂褶菌素能够提高皮肤的免疫力。可用于修复皮肤损伤，具有抗炎、抗过敏作用；可修复皮肤受到紫外线辐射产生的皱纹、日晒斑、灼伤、皮肤老化等；能够极大程度改善皮肤的痘疮。

产品特性　本品通过小分子水渗透，根据正负电荷相互吸附的原理技术，直接穿透细胞膜，净化皮肤细胞，加速代谢糖化沉积，提升细胞免疫力，彻底改善亚洲人皮肤暗黄和老化，保护皮肤细胞以及细胞外基质免受糖基化攻击以免细胞加速老化。

配方 24　杀菌柠檬美容霜

原料配比

原料	配比(质量份)	原料	配比(质量份)
蜂蜡	20	甘油	1
维生素 C	1	白凡士林	30
柠檬油	2	间苯二酚	3
橄榄油	10	防腐剂	1
地蜡	15	精制水	30

制备方法　将各组分原料混合均匀即可。

产品特性　本品含有的柠檬油成分可以起到增加血管壁弹性加快血液循环，促进新陈代谢，保持皮肤光滑细腻的作用，同时添加的间苯二酚不仅可以清洁面部，还能起到杀菌保护的作用。

配方 25　渗透型美容养颜化妆品

原料配比

原料		配比（质量份）					
		1#	2#	3#	4#	5#	6#
纳米结晶纤维素 水分散液	水解微晶纤维素	32	20	25	40	36	30
	水	68	80	75	60	64	70
功能助剂	维生素 A 脂肪酸酯	33	30	31	35	34	32
	卵磷脂	17	15	16	20	19	18
	角鲨烷	20	18	20	25	23	21
	甜菜碱提取物	30	37	33	20	24	29
气凝胶	纳米结晶纤维素水分散液	84	80	82	90	87	85
	功能助剂	16	20	18	10	13	15
气凝胶		43	52	47	29	35	40
单硬脂酸甘油酯		17	15	16	20	19	18
甘油		15	12	14	20	18	16
司盘		4	3	3	5	5	4
尼泊金甲酯		13	12	13	15	14	14
聚二甲基硅氧烷		3	2	2	3	2	2
没食子酸		5	4	5	8	7	6

制备方法

（1）先将微晶纤维素加入硫酸水溶液中，然后升温搅拌进行水解，并过滤，再用去离子水洗涤至 pH＝7，制得水解微晶纤维素；硫酸水溶液的质量分数为 15％～25％。水解温度为 40～50℃，时间为 60～90min。

（2）先将步骤（1）得到的水解微晶纤维素与水混合，然后进行高压均质处理，制得纳米结晶纤维素水分散液；均质处理的压力为 8～12MPa，时间为 20～30h。

（3）向步骤（2）的水分散液中加入功能助剂，并冷冻干燥，使纳米结晶纤维素形成气凝胶并网络化固定功能助剂；冷冻干燥的温度为 −60～−40℃，时间为 48～55h。

（4）向步骤（3）制得的气凝胶中加入单硬脂酸甘油酯、甘油、司盘、尼泊金甲酯、聚二甲基硅氧烷、没食子酸，分散均匀，制得渗透型美容养颜化妆品。

产品特性

（1）本品通过在纳米结晶纤维素形成气凝胶的过程中，将功能助剂网络化固定，使纳米结晶具有优异的吸收自由基功能和渗透促进功能，从而加速了功能助剂的渗透和吸收，制得的化妆品组合物无刺激，皮肤容易吸收。

（2）本品具有抗衰老、抗氧化、抗紫外线辐射、美白养颜等功效，还可以作为添加料用于常规的日霜、晚霜、面膜、防晒霜、润肤霜等。

配方 26　天然植物美容化妆品

原料配比

原料	配比（质量份）	原料	配比（质量份）
黄秋葵提取物	2	甘油	6
葡萄籽提取物	2	丙二醇	4
无患子提取物	1	环糊精	2
十二烷基硫酸钠	2	聚乙二醇	2
十八烷醇	5	乙醇	4
羟乙基纤维素	3	香料	适量
鲸蜡醇	2	去离子水	加至100

制备方法

（1）将黄秋葵提取物、葡萄籽提取物、无患子提取物等混合，加入十二烷基硫酸钠、十八烷醇、羟乙基纤维素和去离子水混合加热至80℃，在加热下进行磁力搅拌、均质及乳化10min；

（2）将鲸蜡醇、甘油、丙二醇、环糊精、聚乙二醇和乙醇混合加热至60℃，混合搅拌均匀；

（3）将步骤（2）所得物料加入步骤（1）所得物料中，继续搅拌混合、均质及乳化，待温度降至40℃时加入香料，继续搅拌至完全溶解及无气泡出现为止，放置至室温得成品。

产品特性　本品所述各原料产生协同作用，从而达到消炎抗菌、美白抗氧化的效果。本品pH值与人体皮肤的pH值接近，对皮肤无刺激性；使用后明显感到舒适、柔润，无油腻感，具有明显的美白护肤、抗皱防衰老的效果。

配方 27　微肽美容液

原料配比

原料	配比（质量份）				
	1#	2#	3#	4#	5#
去离子水	70	100	80	95	88
酵母提取物	4	18	6	16	10
维生素B$_9$发酵产物	0.1	1.8	0.8	1.2	1
微肽混合物	0.2	1.9	0.6	1.3	1
防腐剂	0.1	1	0.2	0.8	0.5

制备方法

（1）将工具清洗消毒；

（2）将去离子水加入搅拌机中，再加入防腐剂，升温至 90℃后保温 20～40min；

（3）将去离子水与防腐剂的混合液降温至 50℃，加入酵母提取物、维生素 B$_9$ 发酵产物和微肽混合物，搅拌；

（4）在充分搅拌均匀后，停止搅拌，45℃的环境下保温，静置 20～80min，再消泡，得到清晰透明的微肽美容液；

（5）将得到的微肽美容液定量灌装至容器中。

原料介绍

所述维生素 B$_9$ 发酵产物为丁二醇、1,2-己二醇、大豆发酵产物提取物、透明质酸钠和叶酸混合发酵制得的产物；所述大豆发酵产物提取物为芽孢杆菌和大豆发酵后产物的提取物。

所述微肽混合物为寡肽-1、寡肽-2、寡肽-3、六肽-11、谷氨酰胺和维生素的混合物。

产品应用　使用时先将微肽美容液加入冻干絮产品中，摇晃至透明的美容液精华后使用。

产品特性　本品美容效果好，制备工艺简单，生产效率高，解决了目前市面上的美容液产品制备工艺复杂、生产效率低、美容效果差、价值低、使用体验感差等问题。

配方 28　持久留香美容精油纳米乳

原料配比

原料	配比（质量份）			
	1#	2#	3#	4#
薰衣草油	0.5	0.6	1	1.5
金黄洋甘菊提取物	0.5	0.6	1	1.5
柠檬香茅叶油	0.5	0.6	1	1.5
玫瑰花油	0.5	0.6	1	1.5
大红橘果皮油	0.5	0.6	1	1.5
蜂蜜	1	2	2	3
珍珠粉	0.2	0.3	0.5	0.8
聚甘油脂肪酸酯	4	5	6	8
三异硬脂酸甘油酯	4	5	6	8
辛酸癸酸聚乙二醇甘油酯	4	5	6	8
胶原蛋白	1	2	2	3
维生素 E	0.1	0.2	0.4	0.8
柠檬酸	0.1	0.2	0.4	0.8
水	加至 100	加至 100	加至 100	加至 100

制备方法

（1）量取油相原料，投入油锅加温至熔融，油相原料包括薰衣草油、金黄洋甘菊提取物、柠檬香茅叶油、玫瑰花油、大红橘果皮油、聚甘油脂肪酸酯、三异硬脂酸甘油酯、辛酸癸酸聚乙二醇甘油酯、维生素 E。

（2）称取水相原料投入水锅加温溶解，水相原料包括蜂蜜、胶原蛋白、柠檬酸、珍珠粉、水；通过加入适量的柠檬酸，控制 pH 值保持在 6～7。

（3）将溶解好的水相原料和油相原料同时放料，分别控制水相和油相的瞬时流量，用管线剪切机在线混合剪切乳化、均质，得到纳米级乳剂。放料温度控制在 60～70℃。

产品特性　本品的功效成分被包裹在纳米乳载体中，因此可以达到缓释效果，使得精油在美容和 SPA 应用中达到了长久留香的效果。本品的制备工艺使物料的每个区域均能混合均匀，所得的乳剂平均粒径小于 100nm、粒径均一且具有更窄的粒径分布，稳定性强，同时，本品可连续性生产，大大提高了生产效率。

配方 29　植物花朵纳米乳祛斑美容自然溢香霜

原料配比

茉莉花红花快速祛斑美容自然溢香霜

原料	配比（质量份）	原料	配比（质量份）
茉莉花	1.5～4.5	甘草	1.5～4.5
蛇油	2～6	蜂蜜	1.5～4.5
红花	1.5～4.5	野菊花	1.5～4.5
硬脂酸	1～3	白凡士林	5～15
木贼	1.5～4.5	十八烷醇	3～9
三乙醇胺	2～6	羊毛脂	2～6
薄荷	1.5～4.5	单硬脂酸甘油酯	3～9
甘油	3～9	吐温	1～3
白及	1.5～4.5	香精	1.5～4.5
冬瓜藤	1.5～4.5	水	加至100
苦瓜藤	1.5～4.5		

桃花金银花柏树精油杀螨祛痘祛斑美容自然溢香霜

原料	配比（质量份）	原料	配比（质量份）
桃花	2～6	金银花	1～3
蛇油	2～6	白凡士林	4～12
硫黄	0.4～1.2	杏仁	0.2～0.6
柏树精油	3～9	十八烷醇	3～9

原料	配比（质量份）	原料	配比（质量份）
黄芪	1～3	甘油	5～15
羊毛脂	2～6	吐温	3～9
薄荷	0.3～0.9	香精	0.1～0.3
单硬脂酸甘油酯	3～9	水	加至100

兰花妞玛维生素祛斑美容自然溢香霜

原料	配比（质量份）	原料	配比（质量份）
杏仁油	0.5～1.5	维生素C	1～3
兰花妞玛提取物	0.5～1.5	蜂蜡	0.5～1.5
白油	1～3	尿囊素	0.2～0.6
甘油	0.5～1.5	失水山梨醇倍半油酸酯	0.5～1.5
十六烷醇	0.2～0.6	防腐剂	0.3～0.9
维生素E	2～6	硬脂酸	1～3
十八烷醇	0.3～0.9	三乙醇胺	0.1～0.3
维生素A	0.2～0.6	熊果苷	0.3～0.9
鲸蜡	0.5～1.5	抗氧剂	0.2～0.6
γ-亚麻酸	0.1～0.3	人参提取液	0.1～0.3
单硬脂酸甘油酯	1～3	去离子水	加至100

玫瑰花黄芩当归抗衰防皱祛斑美容自然溢香霜

原料	配比（质量份）	原料	配比（质量份）
玫瑰花	2～6	黄芩	2～6
白油	2～6	黄原胶	0.3～0.6
当归	2～6	白及	2～6
单硬脂酸甘油酯	2～6	尼泊金乙酯	0.1～0.3
红花	2～6	甘松	2～6
白凡士林	3～9	氮酮	0.1～0.3
白术	2～6	紫草提取物	2～6
甘油	2.5～7.5	香精	0.1～0.3
辛夷	2～6	灵芝提取物	2～6
平平加	0.5～1.5	去离子水	加至100

桂花薏米青黛杀虫抑菌祛斑美容自然溢香霜

原料	配比（质量份）	原料	配比（质量份）
桂花	2～6	白油	2～6
硬脂酸	5～15	黄柏	1～3
黄连	1～3	平平加	0.5～1.5
单硬脂酸甘油酯	1～3	大黄	1～3
青黛	1～3	尼泊金甲酯	0.1～0.3
C_{15}～C_{16}醇	1～3	卵黄油	1～3
药用甘油	3～9	尼泊金丙酯	0.1～0.3

续表

原料	配比（质量份）	原料	配比（质量份）
朱红栓菌	1～3	三七液	1～3
CY-1 防腐剂	0.1～0.3	人参提取液	1～3
薏米液	3～9	百部液	1～3
香精	0.1～0.3	去离子水	加至100

丁香花芦荟白茯苓祛痘祛瘢痕祛斑美容自然溢香霜

原料	配比（质量份）	原料	配比（质量份）
丁香花	2.5～7.5	尼泊金甲酯	0.1～0.3
卡波姆940	1～3	灵芝	2.5～7.5
白茯苓	2.5～7.5	凯松JX-515	0.1～0.3
丙二醇	2.5～7.5	三七粉	2.5～7.5
白蔹	2.5～7.5	尿囊素	0.2～0.6
三乙醇胺	0.5～1.5	去离子水	加至100
白薇	2.5～7.5		

木槿花天门冬银杏叶纳米乳祛斑美容自然溢香霜

原料	配比（质量份）	原料	配比（质量份）
木槿花	2～6	黄芩	3～9
甘草	1～3	维生素E	1～3
茯苓	3～9	硬脂酸	5～15
当归	3～9	香精	0.2～0.6
天门冬	3～9	乙酰化羊毛脂	4～12
川芎	3～9	防腐剂	0.1～0.3
银杏叶	3～9	1,3-丙二醇	2～6
桔梗	3～9	水	加至100

制备方法

茉莉花红花快速祛斑美容自然溢香霜制备方法：

（1）将蛇油、硬脂酸、白凡士林、十八烷醇、羊毛脂和单硬脂酸甘油酯制成油相，加温至85℃；

（2）将天然植物红花、茉莉花、木贼、薄荷、白及、冬瓜藤、甘草、苦瓜藤、野菊花等制成纳米乳液，然后与三乙醇胺、水和甘油、蜂蜜、吐温制成水相，加温至85℃；

（3）将水相加入油相，混匀降温至50～60℃，加入香精，即得祛斑美容霜，分装入瓶即可。

桃花金银花柏树精油杀螨祛痘祛斑美容自然溢香霜制备方法：

（1）将白凡士林、十八烷醇、羊毛脂和单硬脂酸甘油酯、蛇油、柏树精油混合制成油相，加温至85℃；

（2）将水和吐温混合制成水相，加温至 85℃；

（3）将水相加入油相，混匀降温至 50～60℃，加入硫黄、桃花，混匀过磨；

（4）将步骤（3）所得物料降温至 45℃，加入金银花、杏仁、黄芪、薄荷、甘油和香精，搅拌，混匀后降至室温，灌装即可。

兰花妞玛维生素祛斑美容自然溢香霜制备方法：

（1）先将兰花妞玛（即芜菁）块茎洗净、晾干、切块后，再晾干，粉碎，过筛，然后用 50%～95% 的乙醇、丙酮或者乙酸乙酯等回流脱脂 1～5h，纱布或者滤纸过滤，将不溶物晾干后，在 20～80℃ 下，10～100 倍水浸提 2～10h，然后过滤，弃去不溶物，收集滤液，最后浓缩，30～60℃ 下真空干燥，即为兰花妞玛提取物。

（2）用纳米粒径超细微化通用装置将兰花妞玛提取物的大分子进行破碎、乳化、均质、分散，从而粒化成粒径在 30～100nm 的天然兰花妞玛纳米乳液。

（3）将各组分按常规霜剂制备方法制成美容护肤霜。

玫瑰花黄芩当归抗衰防皱祛斑美容自然溢香霜制备方法：

（1）将所述各天然植物药物拣净，用水洗净沥干，制成纳米植物乳液与甘油、平平加、黄原胶、尼泊金乙酯、氮酮、紫草提取物、灵芝提取物、香精、去离子水混合加热。

（2）将白油、单硬脂酸甘油酯、白凡士林混合加热得油相。

（3）将步骤（1）、（2）所得物料乳化、均质化、冷却、储藏、灌装即得成品。

桂花薏米青黛杀虫抑菌祛斑美容自然溢香霜制备方法：

（1）将天然植物制成纳米乳液，与水相物质 C_{15}～C_{16} 醇、药用甘油、平平加、尼泊金甲酯、薏米液、三七液、人参提取液、百部液和去离子水混合加热至 80℃，恒温 20min 灭菌。

（2）将油相物质硬脂酸、单硬脂酸甘油酯、白油加热至 80℃，恒温 20min 灭菌。

（3）先将油相物质放入乳化搅拌锅内，再放入水相物质，以 80r/min 的速度搅拌，搅拌时间为 20min。

（4）将步骤（3）所得物料用冷水冷却降温，温度降至 50℃ 时加入 CY-1 防腐剂、卵黄油、尼泊金丙酯、朱红栓菌，温度降至 40℃ 时加入香精。

（5）停机后出料，其温度为 38℃。

丁香花芦荟白茯苓祛痘祛瘢痕祛斑美容自然溢香霜制备方法：将制备好的天然中药纳米乳液放在真空搅拌锅内再将卡波 940 加入去离子水中，保持温度为 50～60℃，搅拌，直至分散均匀；将尼泊金甲酯、凯松 JX-515、尿囊素、丙二醇、三乙醇胺混合，搅拌均匀后加入真空搅拌锅，搅拌均匀，脱气，分装即可。

木槿花天门冬银杏叶纳米乳祛斑美容自然溢香霜制备方法：

（1）将天然植物木槿花、茯苓、天门冬、银杏叶、黄芩、当归、川芎、甘草、桔梗粉碎成 60 目的粗粉，加入 8 倍的水，制成混悬液，在胶体磨中混匀进行细化处理，细化液再置于均质机中进行混匀细化，进行纳米化粉碎，制成粒径在 30～100nm 的天然植物纳米乳液。

（2）将硬脂酸、乙酰化羊毛脂、1,3-丙二醇、维生素 E、水、香精和防腐剂在 80℃下加热搅拌制成霜体。

（3）将步骤（1）所得纳米乳液边加入步骤（2）所得霜体边搅拌至混合均匀，制得的霜体即为成品。

产品特性　本品是一组含有天然植物成分的化妆品，其中天然植物被制成粒径在 30～100nm 的纳米级粉碎物或纳米化微乳，这种纳米化产品保持了天然营养材料的全部营养成分，所以化妆品中的营养成分更齐全。这种化妆品具有良好的渗透性能，渗透速度较快，吸收效果好。

2. 祛斑化妆品

配方 1　含多种维生素的祛斑霜

原料配比

原料		配比（质量份）		
		1#	2#	3#
乳化剂	十二烷基糖苷	5	—	8
	葡萄糖脂肪酸磷酸酯盐	—	10	—
植物油脂	玫瑰果油	5	—	—
	葡萄籽油	—	30	—
	合成油脂（角鲨烷和脂肪醇混合）	—	—	20
	蜂蜡	1	10	6
保湿剂	甘油	5	—	—
	山梨糖醇	—	10	8
增稠剂	羟乙基纤维素	1	—	—
	甲基羟丙基纤维素	—	2	—
	乙基羟乙基纤维素	—	—	1.5
	熊果苷	1	5	4
	维生素 A	2	4	3
	B 族维生素	1	5	3
	维生素 C	1	5	4
	维生素 D	1	3	2
	维生素 E	1	5	4
防腐剂	苯甲酸钠	0.05	—	—
抗氧化剂	茶多酚	—	1	—
香精	茉莉香精	—	—	0.5
	水	75.95	10	36

制备方法

（1）按比例将植物油脂和乳化剂、增稠剂混合后加热到 75～90℃ 熔解；

（2）将水和保湿剂混合后加热至 75～90℃；

（3）将植物油脂、合成油脂、蜂蜡、乳化剂和增稠剂的混合物加入步骤（2）所得混合物中，均质 5～10min，搅拌乳化 20～30min，冷却至 45～50℃，按照比例加入上述维生素、熊果苷、防腐剂、抗氧化剂、香精，搅拌均匀；

（4）静置陈化 12~48h；

（5）检验合格分装至容器。

产品特性 本品采用维生素和熊果苷复配的乳霜配方，从 4 大机理全方位祛斑，效果更全面，更易吸收，见效更快；祛斑的同时，滋养肌肤、增强肌肤弹性，使肌肤更白嫩细致。

配方 2 苯乙基间苯二酚祛斑霜

原料配比

	原料	配比（质量份）
A 相	水	75~100
	胶原提取物	1.0~5.0
	水解 β-葡聚糖	1.0~3.0
	甘油	1.0~2.0
	丁二醇	1.0~2.0
	甜菜碱	0.1~1.0
	尿囊素	0.1~0.2
	羟苯甲酯	0.1~0.2
B 相	苯乙基间苯二酚	1.0~4.0
	碳酸二辛酯	1.0~4.0
	角鲨烷	1.0~3.0
	十八烷醇	1.0~3.0
	硬酯醇聚醚-2	1.0~2.0
	硬酯醇聚醚-21	1.0~2.0
	维生素 E	0.1~0.5
	红没药醇	0.1~0.2
C 相	咪唑烷基脲	0.1~0.2
	香精	0.1

制备方法

（1）将水、胶原提取物、水解 β-葡聚糖、甘油、丁二醇、甜菜碱、尿囊素、羟苯甲酯倒入反应釜中加热到 85℃，即为 A 相；

（2）将苯乙基间苯二酚、碳酸二辛酯、角鲨烷、十八烷醇、硬酯醇聚醚-2、硬酯醇聚醚-21、维生素 E、红没药醇倒入反应釜中加热到 85℃，即为 B 相；

（3）将咪唑烷基脲、香精倒入反应釜中，搅拌均匀，即为 C 相；

（4）A 相、B 相混合均匀，均质 10min 后冷却至 30℃左右加入 C 相，搅拌均匀后出料，即可得到祛斑霜。

产品特性

（1）本品肤感柔润、易吸收、铺展性好、抗衰老和防晒效果好、冷热稳定性优异。

（2）本品中的多种营养成分和抗氧化的活性成分，使祛斑霜具有抗衰老的功能，并且可改善皮肤弹性。另外，本品制备方法严格控制温度以及各种组分的添加顺序，使祛斑霜产品的稳定性和一致性较好。

配方 3 除皱祛斑霜

原料配比

原料	配比（质量份）	原料	配比（质量份）
乙醇酸	2.1	甘油	10.0
维生素 A 棕榈酸酯	1.0	对羟基苯甲酸甲酯	0.2
维生素 E 乙酸酯	0.5	氯化 3-氯烯丙基氯化六亚甲基四胺	0.1
十六烷酯蜡	8.4	月桂基硫酸钠	2.5
十六烷醇	4.0	去离子水	加至 100
十八烷醇	10.0		

制备方法　将各组分原料混合均匀即可。

产品特性　本品能改善皮肤内部结缔组织的结构和生理功能，可以改变皮肤的外观，达到防止皮肤老化的效果。

配方 4 多重美白祛斑霜

原料配比

原料		配比（质量份）		
		1#	2#	3#
A 相	十八烷醇/十八烷基葡糖苷	1	3	10
	硬脂酸甘油酯/PEG-100 硬脂酸酯	1	1.5	5
	十六烷醇/十八烷醇	1	3	5
	肉豆蔻酸肉豆蔻酯	1	1.5	5
	辛酸/癸酸甘油三酯	1	3	10
	DC200 硅油	1	4	10
	白油	1	5	10
	尼泊金丙酯	0.01	0.05	0.1
B₁ 相	去离子水	加至 100	加至 100	加至 100
	尿囊素	0.1	0.2	0.5
	尼泊金甲酯	0.05	0.1	0.15
	乙二胺四乙酸二钠	0.1	0.2	0.5
	烟酰胺	1	4	5
	甘油	1	5	10

续表

原料		配比（质量份）		
		1#	2#	3#
B₂相	丙二醇	1	2	10
	透明质酸钠	0.1	0.2	1
	黄原胶	0.1	0.5	1
C相	聚丙烯酰胺/聚乙二醇二丙烯酸酯	0.1	0.5	1
D相	抗坏血酸葡糖苷	0.1	0.5	1
	氨甲环酸	1	2	5
	4-甲氧基水杨酸钾	1	4	10
	三花提取物	0.1	3	10
E相	甲基异噻唑啉酮	0.04	0.08	0.12
	香精	0.01	0.05	0.1

制备方法

（1）将 A 相各组分加入油相锅中，加热至 85℃后搅拌均匀；

（2）将 B₁ 相各组分加入水相锅中，升温至 85℃，加入预分散好的 B₂ 相，将 A 相缓慢抽入水相锅中均质 5min，搅拌均匀，－0.1～－0.04MPa 真空保温 20min，搅拌降温；

（3）搅拌降温至 65℃时，加入 C 相，均质 3min；

（4）搅拌降温至 40℃时，加入 D、E 相，搅拌均匀，200 目过滤出料即可。产品 pH 值为 5.5～7.5。

原料介绍　所述的三花提取物为桃花提取物、莲花提取物和甲胄木槿花提取物的混合物。

产品特性

（1）本品所述的三花提取物中桃花提取物富含山柰酚、胡萝卜素、维生素、氨基酸，具有活血美肤、消除黑斑的功效，莲花提取物富含黄酮、氨基酸、矿物质和维生素 C，甲胄木槿花提取物富含黄酮、花色苷、维生素 C、氨基酸。桃花提取物、莲花提取物和木槿花提取物混合，活血散瘀，可以抗氧化，改善肌肤微循环，抑制色斑生成，清除皮肤毒素，营养肌肤，润肤除皱，延缓衰老，提亮肌肤。

（2）本产品采用植物提取物与现有常用美白剂（如抗坏血酸葡糖苷、4-甲氧基水杨酸钾、氨甲环酸、烟酰胺）相结合的方式，实现全方位、深层次、高效安全的抗衰老和祛斑美白。

配方 5　含美白酵素粉的舒缓美白祛斑霜

原料配比

原料	配比（质量份）	原料	配比（质量份）
双丙甘醇	2～3	PLANT 21	3～5
丙二醇	2～3	GL 甘露酯	2～3
甘油	0.5～1	E-Pearl PMF	2～3
SOD 美白酵素粉	2～2.5	AVH 乳化剂	1.5～2
烟酰胺	2～2.5	鲸蜡醇乙基己酸酯	3～4
熊果苷	2～2.5	霍霍巴籽油	3～4
甘草酸二钾	0.4～0.5	角鲨烷	1.5～2
九肽-1	0.2～0.5	澳洲坚果籽油	2～3
乙酰基六肽-1	0.2～0.5	野蔷薇果油	1～1.5
PEG-12 聚二甲基硅氧烷	1～1.5	香精	0.05～0.1
GC-04	0.5～1	水	52.9～67.65
FCP-AK	0.5～1		

制备方法

（1）按质量配比称取双丙甘醇、丙二醇、甘油、SOD 美白酵素粉、烟酰胺、熊果苷、甘草酸二钾、九肽-1、乙酰基六肽-1、PEG-12 聚二甲基硅氧烷、GC-04、FCP-AK、水、PLANT 21、GL 甘露酯、E-Pearl PMF、AVH 乳化剂依次加入水相锅搅拌均匀，得 A 相。

（2）按质量配比称取鲸蜡醇乙基己酸酯、霍霍巴油、角鲨烷、澳洲坚果籽油、野蔷薇果油加入油相锅中，混合搅拌均匀，得 B 相。

（3）将 A 相物料抽入乳化锅中搅拌。

（4）A 相物料持续搅拌中，把 B 相物料抽入 A 相乳化锅中得到料体 C，搅拌3min，高速均质 5min，持续搅拌均匀。

（5）按质量配比将香精加入料体 C，搅拌均匀后即可出料。

原料介绍

所述 SOD 美白酵素粉的成分为：乳酸杆菌/石榴（PUNICA GRANATUM）果发酵产物提取物；

所述 GC-04 的成分为：辛酰羟肟酸/甘油辛酸酯/对羟基苯乙酮；

所述 FCP-AK 的组分为：水解胶原/二肽-1；

所述 PLANT 21 的成分为：丁二醇、金黄洋甘菊提取物、薄荷叶提取物、库拉索芦荟提取物、苦参根提取物、香叶天竺葵提取物；

所述 GL 甘露酯的成分为：三甲基戊二醇/己二酸/甘油交联聚合物；

所述 E-Pearl PMF 的成分为：水/聚甲基倍半硅氧烷/聚二甲基硅氧烷/异十六烷/十六十八烷基甲基硅氧烷/PEG-40 硬脂酸盐酯/硬脂醇聚醚-2/硬脂醇聚醚-21；

所述 AVH 乳化剂的成分为：聚丙烯酸钠/硬脂酸乙基己酯/十三烷醇聚醚-6。

产品特性 本品有极好的嫩肤效果，很适合油性皮肤并有良好的保湿效果。

配方 6　含生物活性成分的美白祛斑霜

原料配比

原料	配比（质量份）		
	1#	2#	3#
鲸蜡硬脂基葡糖苷	2	4.6	8
硬脂酸甘油酯	3	—	5
PEG-100 硬脂酸酯	—	3.8	—
鲸蜡硬脂醇	0.5	3.5	6
甘油三酯	6	7.5	10
棕榈酸乙基己酯	5	8.4	10
氧化聚癸烯	5	7.7	10
白鲜根蒸馏液	1	3.4	5
神经酰胺 3	5	6.6	10
丁二醇	5	7.8	10
去离子水	48	50	53
黄原胶	1	1.4	2
龙舌兰茎蒸馏液	10	13.7	15
乙二胺四乙酸二钠	0.2	0.24	0.3
雪松树皮蒸馏液	15	16.4	18
燕麦蒸馏液	5	8.3	10
黄芩蒸馏液	10	11.6	13
母菊蒸馏液	10	13.6	15
甘草蒸馏液	10	12	15
质量分数为 50% 的三乙醇胺	0.5	0.8	1

制备方法

（1）将鲸蜡硬脂基葡糖苷、硬脂酸甘油酯、PEG-100 硬脂酸酯、鲸蜡硬脂醇、甘油三酯、棕榈酸乙基己酯和氧化聚癸烯混合并且升温至 72～78℃，得到第一混合物，备用。

（2）将丁二醇、去离子水、黄原胶和乙二胺四乙酸二钠混合并且升温至 75～83℃，得到第二混合物，备用。

（3）将第一混合物、白鲜根蒸馏液和神经酰胺 3 加入第二混合物中，高速均质 5min，然后在真空下低速搅拌 12～18min，最后降温至 40℃，得到第三混合物；高速的转速为 3300～3600r/min，低速的转速为 45～75r/min。

（4）将第三混合物、雪松树皮蒸馏液、燕麦蒸馏液、黄芩蒸馏液、母菊蒸馏液、甘草蒸馏液和质量分数为 50％的三乙醇胺混合均匀，即得到成品。

原料介绍

所述甘油三酯采用辛酸甘油三酯或者癸酸甘油三酯，雪松树皮采用北非雪松树皮。

所述白鲜根蒸馏液和龙舌兰茎蒸馏液为白鲜根和龙舌兰茎放入蒸馏瓶中，加入其 5 倍质量的清水蒸煮，至蒸馏瓶中的水蒸干，收集水蒸气得到。

所述雪松树皮蒸馏液和燕麦蒸馏液为雪松树皮和燕麦采用分子蒸馏工艺制得。

所述黄芩蒸馏液、母菊蒸馏液和甘草蒸馏液制备方法：黄芩、母菊和甘草用清水洗净后，用烘烤机将水的质量分数降至 12％～18％，用普通榨汁机压榨制得汁液，向汁液中充入 90～100mg/L 的二氧化硫，加热至 100℃进行杀菌 10～20min，接入其质量 1％～2％的酵母菌进行发酵，将发酵后的汁液放入蒸馏容器内，用武火进行一次蒸馏，蒸馏液为原液的一半即可。

产品特性　本品原料来源广泛，采用了生物活性成分，将不同的原料进行协调作用，制备的成品具有良好的美白祛斑效果，没有毒副作用。

配方 7　含有 β-葡聚糖的补水祛斑霜

原料配比

原料	配比（质量份）				
	1#	2#	3#	4#	5#
水	加至 100	加至 100	加至 100	加至 100	加至 100
氢化聚异丁烯	4	10	1	9	8
1,3-丙二醇	4	8	1	7	3
异硬脂醇异硬脂酸酯	3.5	6	1	5	2
Emulium Kappa2	2.5	5	2	4.5	1
甜菜碱	2.5	5	1	4.5	2
Acticire	2.5	1	3	4.5	5
季戊四醇四(乙基己酸)酯	2	5	1.5	4.5	3
辛酸丙基庚酯	2	5	1	4	4.5
甘油	2	5	1	4.5	4
生物糖胶-1	2	5	1	4.5	3
Polymatrix-12	2	3	1	4.5	5
酵母肽	2	3	1	2	4
覆膜酵母菌发酵产物滤液	2	3	1	4	1.5
稻米发酵产物滤液	2	3	1	4	5
1,2-戊二醇	2	5	1	4.5	3
凝血酸	2	3	2.8	2.5	1.5

续表

原料	配比（质量份）				
	1#	2#	3#	4#	5#
雪莲发酵液	1.5	3	1.2	2.8	2.5
山嵛醇	1.5	2.8	1	2.5	3
聚二甲基硅氧烷	1.5	3	1	2.8	2
烟酰胺	2	1	1.4	2.8	3
GMS/Arlacel170	1	3	1.2	2.8	2
牛油果树果脂	1	3	1.2	2.8	2.5
植物甾醇/辛基十二醇月桂酰谷氨酸酯	1	3	1.2	2.8	2.5
甘油酰胺乙醇甲基丙烯酸酯/硬脂醇甲基丙烯酸酯共聚物	1	3	1.2	2.8	2
药用大黄提取物	0.5	2	0.1	1.5	1.5
纳米包裹神经酰胺	0.5	2	0.1	1.8	1
生育酚乙酸酯	0.3	1	0.1	0.9	0.8
尿囊素	0.2	1	0.1	0.9	0.8
β-葡聚糖	0.05	0.3	0.01	0.25	0.2
银耳子实体提取物	0.05	0.2	0.01	0.18	0.2
聚谷氨酸钠	0.05	0.2	0.01	0.18	0.1
透明质酸钠	0.05	0.2	0.01	0.18	0.1
丙烯酰二甲基牛磺酸铵/VP共聚物	0.08	0.2	0.01	0.18	0.1
硬脂酸	0.05	0.2	0.01	0.18	0.1
防腐剂	0.05	0.2	0.01	0.18	0.1
羧甲基脱乙酰壳多糖	0.1	0.2	0.01	0.18	0.1
对羟基苯乙酮	0.15	0.2	0.01	0.18	0.1
黄原胶	0.1	0.2	0.01	0.18	0.1
香精	0.05	02	0.01	0.18	0.1

制备方法

（1）将配方用量的甜菜碱、甘油、1,2-戊二醇、生物糖胶-1、水、Polyma-trix-12水凝胶凝血酸、烟酰胺、尿囊素、β-葡聚糖、银耳子实体提取物、聚谷氨酸钠、透明质酸钠、丙烯酰二甲基牛磺酸铵/VP共聚物、羧甲基脱乙酰壳多糖、黄原胶和水加入乳化装置中，搅拌均匀，升温至85～95℃，保温搅拌20～40min，得到混合物A；

（2）将配方用量的氢化聚异丁烯、异硬脂醇异硬脂酸酯、Emulium Kappa2 Acticire、季戊四醇四（乙基己酸）酯、辛酸丙基庚酯、山嵛醇、聚二甲基硅氧烷、GMS/ARLACEL170、牛油果树果脂、植物甾醇/辛基十二醇月桂酰谷氨酸酯、甘油酰胺乙醇甲基丙烯酸酯/硬脂醇甲基丙烯酸酯共聚物、生育酚乙酸酯和硬脂酸加入溶解装置升温至80～90℃，使原料溶解并搅拌均匀后，保温10～20min，得到混合物B；

（3）将混合物B转入乳化装置中与混合物A混合，搅拌均匀后，继续保温搅拌 10～30min，降温，得到混合物 C；

（4）当混合物 C 降温至 40～50℃时，将 1,3-丙二醇、防腐剂、对羟基苯乙酮、酵母肽、覆膜酵母菌发酵产物滤液、稻米发酵产物滤液、雪莲发酵液、药用大黄提取物、纳米包裹神经酰胺和香精加入乳化装置中与混合物 C 混合，并搅拌 10～30min，继续降温至 35～40℃，过滤出料，即得到含有 β-葡聚糖的补水祛斑霜成品。

原料介绍

所述的 Emulium Kappa 2 成分为质量比为 30：30：20：20 的小烛树蜡/霍霍巴/米糠聚甘油-3 酯类、甘油硬脂酸酯、鲸蜡硬脂醇和硬脂酰乳酰乳酸钠的混合物；

所述的 Acticire 成分为质量比为 60：4：32：4 的霍霍巴酯类、绿荆树花蜡、向日葵籽蜡和聚甘油-3 的混合物；

所述的雪莲发酵液成分为质量比为 99：1 的酵母菌发酵产物滤液和雪莲花提取物的混合物；

所述的纳米包裹神经酰胺为质量比为 5：40：3：25：15：10：2 的神经酰胺 3、水、辛酸/癸酸甘油三酯、甘油、鲸蜡硬脂醇聚醚-20、聚甘油-10 硬脂酸酯和聚山梨醇酯-20 的混合物；

所述的防腐剂成分为质量比为 92：4：4 的苯氧乙醇、癸二醇和辛甘醇的混合物；

所述的 GMS/Arlacel 170 为质量比为 65：35 的甘油硬脂酸酯和 PEG-100 甘油硬脂酸酯的混合物。

产品特性

（1）本品在面霜中加入了一定含量的天然植物成分牛油果树果胶和银耳子实体提取物，在制备过程中通过控制 β-葡聚糖与银耳子实体提取物的质量比，使制备得到的补水祛斑霜具有优异的补水性能，可以明显改善肌肤暗沉，减淡色斑；

（2）本品通过控制凝血酸与烟酰胺的质量比，使得到的面霜具有较高的稳定性，长期放置不会出现面霜分层或油脂分离的现象，有效延长了面霜的使用年限；

（3）本品中加入了酵母肽、稻米发酵产物滤液以及雪莲发酵液，都是由微生物发酵工艺制备得到的，是天然有机高效健康安全的淡斑成分，产品的安全性高，能够有效对抗皮肤黑色素、暗哑、色斑、粗糙。

配方 8　降真香精油祛斑霜

原料配比

原料			配比(质量份)			
			1#	2#	3#	4#
第一溶液	保湿剂	透明质酸	1	0.5	0.8	0.6
		去离子	20	20	20	20
第二溶液	增稠剂	卡波姆	0.1	0.2	0.15	0.12
		去离子水	10	10	10	10
水相	保湿剂	聚乙二醇-200	6	5	3	3
		神经酰胺	0.1	1	0.2	—
		维生素原 B_5	—	—	2	3
	植物提取物	辣木提取物	0.2	0.4	—	0.1
		木瓜提取	—	—	0.5	—
		葡萄籽提取物	—	—	—	0.2
	抗敏剂	尿囊素	0.1	0.2	0.2	—
		芍药苷	—	—	—	0.1
		去离子水	20	20	20	20
油相	抗氧化剂	茶多酚	1	—	—	0.5
		竹叶黄酮	—	1.5	—	—
		辅酶 Q10	—	—	0.8	0.5
	天然植物油脂	辣木籽油	1	—	—	2.5
		乳木果油	—	3	—	—
		玫瑰果油	1	—	2	—
	蜡质成分	羊毛脂	—	2	1.5	1
		蜂蜡	1	—	—	1
	功能助剂	硬脂酸	3	3	3.5	3
		十八烷醇	3	2	3	2
	乳化剂	单脂肪酸甘油酯	1	1	—	—
		司盘-40	0.5	—	0.5	1
		吐温-40	—	1	0.5	—
	防腐剂	尼泊金丙酯	0.15	0.1	0.1	—
		尼泊金甲酯	—	0.1	—	0.2
		去离子水	30.65	28.7	30.85	30.68
降真香精油			0.2	0.3	0.4	0.5

制备方法

（1）第一溶液配制步骤：按配比将透明质酸加入去离子水中，加热搅拌使其完全溶解，冷却至常温，得到第一溶液。

（2）第二溶液配制步骤：按配比将增稠剂加入去离子水中，加热搅拌使其完全溶解，冷却至常温，得到第二溶液。

（3）水相配制步骤：依次将保湿剂、植物提取物和抗敏剂加入去离子水中，搅拌均匀使其完全溶解，得到水相溶液。

（4）油相配制步骤：依次将抗氧化剂、天然植物油脂、蜡质成分、功能助剂、乳化剂、防腐剂和余量的去离子水加入烧杯中，将烧杯放入水浴锅里加热至70～75℃，搅拌均匀至完全溶解，得到油相溶液。

（5）复配步骤：将第一溶液、第二溶液和水相溶液加入油相溶液中，水浴加热保持70～75℃，搅拌均匀后，冷却至常温，再加入降真香精油，用胶体磨均质30～60min，然后静置24h，即得到降真香精油祛斑霜。

原料介绍　所述降真香精油制备方法如下：将降真香原料去除杂质后放入40～50℃烘箱中烘至恒重，用粉碎机打成粉末后过筛备用；称取降真香粉末放入超临界CO_2流体萃取设备萃取，设置萃取温度为40～50℃，萃取压力为40～60MPa，萃取时间3～6h后得到纯净的降真香精油。

产品特性

（1）本品制备方法针对原料的特性，保证原料不被破坏，使原料的功效最大化地释出，从而得到具有显著的抑痘、淡斑、修复、美白、保湿功能的祛斑霜。

（2）本品将降真香精油应用于祛斑霜中，不仅能有效抑制雀斑、痘痘的生长，还对破损的皮肤、瘢痕具有极佳的治愈修复作用，具有祛除瘢痕、痘印、伤疤的显著效果；另外，降真香精油具有良好的抗氧化作用，能清除自由基，同时还具有很强的抑制酪氨酸酶活性的作用，即能抑制黑色素的形成，是一种天然的美白成分；同时祛斑霜还加入了多种保湿因子和植物精华，可发挥多元保湿作用，令肌肤得到更好的呵护；以天然植物提取物作为活性成分配制的化妆品与传统化妆品相比，安全性能更高，植物天然活性成分更容易被皮肤吸收，使产品的作用效果更显著，扩展了降真香的应用市场。

配方 9　酵素酶蛋白排毒养颜祛斑霜

原料配比

貂油蛇油灵芝酵素酶排毒祛斑霜

原料		配比（质量份）
甲组	貂油	2～6
	白油	2～6
	十八烷醇	1～3
	鲸油	1～3
	单硬脂酸甘油酯	1～3
	失水山梨醇倍半油酸酯	1～3
	维生素 C	0.5～1.5

原料		配比（质量份）
甲组	蒙脱石纳米粉	0.3~0.9
	杏仁油	2~6
	十六烷醇	1~3
	蛇油	1~3
	蜂蜡	1~3
	硬脂酸	1~3
	熊果苷	1~3
	维甲素	0.05~0.15
乙组	灵芝菌丝体纳米粉	1~3
	益母草提取物纳米粉	0.4~1.2
	医用甘油	2~6
	维生素 D	0.3~0.9
	维生素 E	1~3
	维生素 A	0.5~1.5
	果酸	4~12
	防腐剂	0.15~0.45
	三乙醇胺	0.5~1.5
	酵素酶蛋白纳米粉	1~3
	抗氧剂	0.1~0.3
	去离子水	加至100

红花麦电石排毒祛斑霜

原料		配比（质量份）
甲组	硬脂酸	1~3
	医用白凡士林	8~24
	蜂蜡	2~6
	羊毛脂	8~24
	液体石蜡	5~15
	麦饭石纳米粉	1~3
	电气石纳米粉	0.5~1.5
乙组	酵素酶蛋白纳米粉	1~3
	硼砂	0.2~0.6
	红花提取物纳米粉	0.5~1.5
	松花粉	1~3
	三乙醇胺	0.4~1.2
	甜橙油	0.25~0.75
	柠檬油	0.15~0.45
	去离子水	加至100

当归海浮石元素维生素排毒祛斑霜

原料		配比（质量份）
甲组	羊毛酸镁	3～9
	羊毛脂醇	1.5～4.5
	葵籽油	8～24
	医用白凡士林	4～12
	肉豆蔻酸异丙酯	3～9
	对羟基苯甲酸酯	0.3～0.9
	硅藻石纳米粉	1～3
	海浮石纳米粉	1～3
乙组	酵素酶蛋白纳米粉	2～6
	维生素 A	0.25～0.75
	当归提取物纳米粉	1.5～4.5
	维生素 B_6	0.5～1.5
	维生素 E	0.75～2.25
	叶酸	0.25～0.75
	菟丝子提取物纳米粉	0.75～2.25
	维生素 F	0.25～0.75
	香精	0.15～0.45
	去离子水	加至 100

银花海藻碳克螨排毒祛斑霜

原料		配比（质量份）
甲组	松针精油	2～6
	医用白凡士林	4～12
	十八烷醇	3～9
	羊毛脂	2～6
	单硬脂酸甘油酯	3～9
	橄榄油	1～3
	小海浮石纳米粉	1～3
	海藻炭纳米粉	0.5～1.5
乙组	酵素酶蛋白纳米粉	2～6
	氧化锌纳米粉	2～6
	银花提取物纳米粉	0.5～1.5
	硫黄纳米粉	0.3～0.9
	杏仁纳米粉	0.2～0.6
	甘油	5～15
	薄荷纳米粉	0.1～0.3
	香精	0.1～0.3
	去离子水	加至 100

紫草木鱼石祛斑霜

原料		配比（质量份）
甲组	硬脂酸	3～9
	十六烷醇	1～3
	蜂蜡	0.7～2.1
	角鲨烷	3～9
	山梨醇酯	1.5～4.5
	肉豆蔻酸异丙酯	1～3
	木鱼石纳米粉	0.5～1.5
	紫英石纳米粉	0.5～1.5
乙组	酵素酶蛋白纳米粉	2～6
	紫草提取物纳米粉	2～6
	松针系列提取物纳米粉	2～6
	抗氧化剂	0.2～0.6
	防腐剂	0.15～0.45
	香精	0.15～0.45
	去离子水	加至100

制备方法　将甲组和乙组除酵素酶蛋白纳米粉、香精外同时加温至80℃并不断搅拌，然后将乙组加入甲组搅拌至冷却45℃左右，再将酵素酶蛋白纳米粉、香精加入甲乙组混合体中继续搅拌至冷，加入酵素酶蛋白纳米粉温度不能超过48℃，否则易被破坏失去活性。

产品特性

（1）本品能连续不断地补充皮肤毛细血管中血液细胞营养元素，使血管中人体内重金属、血毒、肠毒、自由基及农药残留物等得以吸附、拮抗、排出，清除血管瘀滞阻塞，使微循环畅通，加速代谢产物排泄，增加细胞活力，促进细胞新生，消炎、杀菌、克螨，可增强皮肤弹性、润肤、嫩肤、祛斑、防皱、抗衰，永葆肌肤组织年轻化。

（2）酵素酶蛋白就是酵素。酵素可排毒解毒，提高免疫功能，它是生物体内各种反应的媒介，酵素补充剂能够在短时间内增加7倍的巨噬细胞和3倍的杀伤细胞，酵素广泛地存在于动植物食物中，一旦加热到48℃以上时这些酵素就会被破坏。科学研究表明酵素进入人体30min后，就开始发生作用，分解老化细胞，制造新生细胞，在高倍显微镜下我们可以发现，组织中活细胞数量有大幅度增加，而且老龄化细胞也渐趋于饱满。同时酵素开始分解血液中的废物，使血液保持弱碱性，促进血液循环，人体中的氨基酸会产生阿摩尼亚等毒性有害物质，而体内的酵素还能将这些有害物质转变成低毒性的尿液排出体外。酵素还有消炎杀菌、防感染的防御能力，能有效地抵抗异物侵袭。

配方 10　金花葵美白祛斑霜

原料配比

原料		配比(质量份)		
		1#	2#	3#
金花葵提取物		3	2	4
香根鸢尾提取物		1	0.5	1.5
苹果提取物		0.6	0.3	1
丁二醇		6	4	8
鲸蜡硬脂醇醚-25		1	1	2
鲸蜡硬脂醇醚-6		2	1	2
棕榈酸乙基己酯		3	2	5
辛酸/癸酸甘油三酯		4	5	2
聚甘油-10		4	5	2
异壬酸乙基己酯		2	1	3
聚二甲基硅氧烷		2.5	3	2
PEG-4 橄榄油酸酯		1.5	1	2
鲸蜡硬脂醇		1.5	2	0.5
甜菜碱		0.8	0.2	1
黄原胶		0.5	0.2	0.6
防腐剂	羟苯甲酯	0.1	0.05	0.3
	羟苯丙酯	0.1	0.05	0.1
香精		0.05	0.01	0.05
去离子水		加至100	加至100	加至100

制备方法

（1）金花葵提取物的制备：取干燥的金花葵花朵，加入其质量 4～6 倍量的去离子水，加热回流提取 2～3h，过滤，滤液在真空减压下浓缩至原滤液体积的 1/3，得到浓缩液，即为金花葵提取物，备用；

（2）将鲸蜡硬脂醇醚-6、棕榈酸乙基己酯、辛酸/癸酸甘油三酯、聚二甲基硅氧烷、鲸蜡硬脂醇、鲸蜡硬脂醇醚-25、异壬酸乙基己酯和 PEG-4 橄榄油酸酯置于油相锅中，加热至 80～85℃，搅拌至完全溶解，得到物料 A，保温备用；

（3）将去离子水、丁二醇、聚甘油-10、黄原胶和甜菜碱加入水相锅中，加热至 80～85℃，搅拌至完全溶解后抽入已预热的均质乳化锅中，开启搅拌，再将物料 A 缓慢抽入乳化锅中，均质 5～10min 后降温；

（4）继续降温至 45℃，加入金花葵提取物、香根鸢尾提取物、苹果提取物、香精和防腐剂搅拌至均匀，抽样检测，合格后出料制得金花葵美白祛斑霜。

产品特性

（1）本品易吸收，安全无刺激，能有效淡化黄褐斑、雀斑等色斑，美白肌肤，改善肤色暗黄，令肌肤恢复白嫩光滑。

（2）本品制备方法简单，工艺稳定，便于实施，可工业化生产，有利于推广应用。

配方 11 具有 Bacopa 抗敏修复因子的美白祛斑霜

原料配比

	原料	配比（质量份）				
		1#	2#	3#	4#	5#
油相	Bacopa 萃取物	1	5	3	2	3.5
	植物油	1	5	3	1.5	4
	甘草提取物	1	10	5	3	7
	甘油	70	90	80	75	83
	改性甘油	10	30	20	12	16
	稳定剂	0.01	0.05	0.03	0.02	0.04
	乳化剂	1	5	3	2	4
	三乙醇胺	0.1	0.5	0.3	0.25	0.35
	天冬氨酸混合物	0.1	0.5	0.3	0.15	0.4
水相	透明质酸	0.1	0.5	0.3	0.2～0.4	0.4
	己烯二醇	1	5	3	1.5	3.5
	辛酸/癸酸椰子酯	1	5	3	2	4
	羧甲基纤维素	1	5	3	2	4
	去离子水	50	80	65	60	75

制备方法 将油相成分混合均匀，加热到 70～75℃制成油相，将水相成分混合均匀，加热到 75℃左右制成水相；油相、水相都加入真空均质器中均质乳化，冷却到 45℃，搅拌均匀，无菌罐装即得成品。

原料介绍

所述的 Bacopa 提取物为 Bacopa（假马齿苋）经过低温连续萃取得到的成分，富含抗敏修复因子。

所述的植物油为亚麻籽油、紫苏油或橄榄油。

产品特性

（1）Bacopa 主要分布在热带和亚热带地区，在国内主要分布于台湾、福建、广东、云南及四川等省，全草具有清热凉血、解毒消肿之功效。Bacopa 萃取物含有三菇皂苷化合物，具有镇静、抗炎、镇痛等作用，对皮肤屏障具有修复作用，能有效提高皮肤抵抗力。

（2）亚麻籽油、紫苏油或橄榄油富含不饱和脂肪酸，具有提高超氧化物歧化酶活性，在抗氧化能力和清除自由基方面具有重要作用，还能防止紫外线对肌肤的伤害，防止紫外线照射造成皮肤变黑。

（3）本品含有 Bacopa 抗敏修复因子和其他美白祛斑成分，富含不饱和脂肪酸，各种成分相辅相成，使美白和祛斑效果的发挥得更好；且不含防腐剂和香精，质地轻、涂抹性好，能淡化已有黑色素和防止黑色素的产生，修复皮肤屏障，提高皮肤抵抗外界环境污染的能力，美白祛斑效果明显，适合各种肤质特别是敏感性肤质。

配方 12　具有持久缓释作用的美白祛斑霜

原料配比

原料			配比（质量份）		
			1#	2#	3#
A组分	表面活性剂	吐温-80	140	—	—
		脂肪酸皂	—	40	—
		椰油酰胺基丙基甜菜碱	—	—	90
	维生素 E		36	16	30
	维生素 C		36	12	36
	烟酰胺		72	30	60
	熊果苷		48	20	39
	去离子水		适量	适量	适量
B组分	甘油		100	40	90
	润肤剂	聚乙二醇-400	68	—	—
		DPG	—	30	54
	橄榄油		72	34	60
	甘醇酸		36	—	—
	果酸		—	16	30
	硬脂酸钠盐		52	24	45
C组分	活性成分	六方介孔硅	87	105	75
		麦冬提取物与葡萄籽提取物质量比为2∶1	69	—	60
		麦冬提取物与葡萄籽提取物质量比为3∶1	—	75	—
	30%水杨酸溶液		适量	适量	适量
D组分	助氧化降解剂	酒石酸	9	24	8
	淀粉酶		6	14	5
	可降解树脂		22	50	20
	植物淀粉		36	80	30
	聚乙烯醇		18	40	15
	钛酸丁酯		13	30	9
	黄原胶		18	40	16
	聚乙烯基吡咯烷酮		9	20	8
	去离子水		适量	适量	适量

制备方法

（1）将 A 组分按照物料与水的质量比为 1∶（2～3）的比例加入去离子水中，

同时搅拌升温至 30～40℃，停留 5～30min，得到 A 相。

（2）将 B 组分在搅拌条件下混合，并升温至 70～80℃，停留 20～40min，得到 B 相。

（3）将 A 相混合进 B 相中，同时搅拌 20～30min，再降温至 30～38℃，得到 AB 相混合物，将 AB 相混合物分为两份，备用。

（4）将 C 组分放置于水杨酸溶液中，同时搅拌 2～4h，在 30～38℃条件下，加入步骤（3）所得 AB 相混合物，在 30～38℃条件下搅拌 0.5～2h，得到混合物 C。

（5）将 D 组分中的淀粉酶分散于去离子水中，在 40～45℃糊化，然后加入助氧化降解剂、可降解树脂、聚乙烯醇、钛酸丁酯、黄原胶和聚乙烯基吡咯烷酮搅拌 20～30min，然后降温至 25～30℃，添加淀粉酶，搅拌 20～25min，得到混合物 D，备用；所述植物淀粉与去离子水的添加质量比例为（1～2）：3。

（6）将步骤（4）所得混合物 C 降温至 20～22℃，加入步骤（5）所得混合物 D，搅拌 20～30min 后，分离出固体。

（7）将步骤（6）分离出的固体放入步骤（3）所得的另一份 AB 相混合物中，在 30～38℃条件下搅拌 0.5～2h，得到具有持久缓释作用的美白祛斑霜。

原料介绍　所述活性成分的提取方法为超声波和微波提取，提取条件为先将待提取物于超声频率 50～60kHz 下超声处理 0.3～1h，再于微波频率 2500～2700MHz 下微波处理 20～25min，即得活性成分。

产品特性　本品采用两次负载的方法，将有效的美白祛斑物质负载于介孔硅中，可以有效起到缓释的效果。

配方 13　具有淡化顽固色斑功能的美白祛斑霜

原料配比

原料		配比（质量份）			
		1#	2#	3#	4#
提取液	川芎	15	15	25	20
	白芷	25	25	15	15
	益母草	15	15	15	10
	茯苓	12	15	15	10
	芦荟	15	16	25	15
	山药	20	18	20	20
	50%（体积分数）乙醇	适量	适量	适量	适量
提取液		40	45	45	40

原料	配比（质量份）			
	1#	2#	3#	4#
橄榄油	5	5	3	2
甘油二(辛酸/酸)酯	2	5	3	5
水相尿囊素	0.2	0.5	0.3	0.4
β-甘草亭酸	0.4	0.6	0.8	0.5
凡士林	2	4	5	5
去离子水	加至100	加至100	加至100	加至100

制备方法　将川芎、白芷、益母草、茯苓、山药、芦荟按照相应的质量份称取，置于恒温回流装置中，按（1∶10）～（1∶30）的质量体积比加入相应体积的体积分数为50％的乙醇，在室温下放置浸泡24 h后，在60～65℃恒温回流提取3h，冷却后减压抽滤；滤渣加适量乙醇继续回流3h，过滤后合并滤液，在恒温减压下蒸发浓缩，得膏状提取物。将其余原料加入该膏状提取物中，搅拌均匀，得到具有淡化顽固色斑功能的美白祛斑霜的成品。

产品特性

（1）本品采用先进、高效、安全、无污染的萃取方法，对原材料进行处理，使原料有效成分充分溶出，从而提升产品的效果。

（2）本品运用中药原料具有抑制酪氨酸酶活性的原理，选用特定原料制备出的祛斑霜具有淡化顽固色斑、美白和美容之功效。

配方 14　具有抗过敏功能的高效美白祛斑霜

原料配比

原料	配比（质量份）	原料	配比（质量份）
活性成分提取物	5～30	天然蜂胶提取物	2～3
维生素C	2～10	角鲨烷	1～2
熊果苷	0.5～3	油脂	3～5
三七皂苷	3～8	保湿剂	3～15
烟酰胺	1～4	去离子水	10～85
虾青素	0.5～2		

制备方法

（1）将黄瓜、葡萄籽、山药、芙蓉花、丹参、荆芥、白芷中的活性成分提取物和乙醇按照（1∶5）～（1∶10）的比例浸泡，浸泡时间1～3天；

（2）将浸泡后的溶液过滤，收集滤液，将滤液蒸发浓缩得到活性成分提取物，备用；

（3）将步骤（2）中制得的活性成分提取物、维生素C、保湿剂、去离子水加入水相锅中，加热至 70～80℃，搅拌均匀，备用；

（4）将熊果苷、三七皂苷、烟酰胺、虾青素、天然蜂胶提取物、角鲨烷、油脂加入油相锅内，加热至 70～85℃，分散均匀，备用；

（5）将步骤（3）和（4）中的混合物转移到乳化锅内，均质 10min，降温后，搅拌均匀，即得美白祛斑霜。

原料介绍

所述活性成分提取物的原料质量分数为：黄瓜 2%～20%、葡萄籽 2%～20%、山药 3%～15%、芙蓉花 2%～20%、丹参 2%～10%、荆芥 3%～10%、白芷 5%～10%。

所述油脂为山梨醇酐橄榄油酸酯、硬脂酸、醇苯甲酸酯、聚二甲基硅氧中的两种或两种以上。

所述保湿剂为玻尿酸 2%～4%、甘油 3%～10%、抗坏血酸磷酸酯镁 5%～10% 中的一种或一种以上。

产品特性　本品没有副作用，使用方便。

配方 15　苦水玫瑰祛斑霜

原料配比

原料		配比(质量份)		
		1#	2#	3#
苦水玫瑰精油		6.5	4	10
沙棘果油		12	8	15
葡萄籽油		17.5	15	20
紫苏油		12	8	15
甜杏仁油		10	8	12
迷迭香油		11	8	13
薄荷油		6	4	8
凡士林		35	30	40
药材醇提液	人参	5	2	8
	天冬	4.5	3	6
	黄芪	4.5	3	6
珍珠粉		4.5	0.1	0.3

制备方法

（1）将苦水玫瑰精油、沙棘果油、葡萄籽油、紫苏油、甜杏仁油、迷迭香油、薄荷油在 20～30℃条件下混合，混合后超声分散 5～10min；

（2）将凡士林在 40～60℃条件下热融化，融化后超声分散 5～10min；

（3）向步骤（2）融化后的凡士林中加入珍珠粉，超声分散5～10min；

（4）将药材醇提液加入步骤（1）的混合油中，超声分散5～10min；

（5）将步骤（3）和步骤（4）分散产物合并，超声分散5～10min，静置1～2h，再超声分散3～5min，至完全混合均匀，制成苦水玫瑰祛斑霜。

原料介绍

所述药材醇提液的提取方法是：将药材破碎成粒和段，然后置于砂锅中，在90～100℃条件下，翻炒40～50min，使其含水量低于10%；然后用乙醇提取2次，第一次用药材质量4～10倍的40%～50%乙醇萃取1～3天，第2次用药材质量4～8倍的60%～75%乙醇萃取2～5天，两次萃取液合并；采用回流冷凝方法除去乙醇，得到药材醇提液。

所述的珍珠粉是将珍珠破碎后，磨粉，过30～50目筛，得超细粉。

产品特性　本品由苦水玫瑰精油及沙棘果油、葡萄籽油、紫苏油、甜杏仁油、迷迭香油、薄荷油等纯天然植物精油和人参、天冬、黄芪醇提液组合而成，虽然苦水玫瑰精油的含量大，但通过其他纯天然植物精油的加入，具有活血通经、滋养皮肤、美白抗皱作用。本品具有纯天然、绿色、有机、无毒副作用的优点。

配方 16　磷酸胆碱改性的祛斑霜

原料配比

原料		配比（质量份）		
		1#	2#	3#
草药	白牵牛	100	100	100
	白及	65～75	65～75	65～75
	三七	40～55	40～55	40～55
	杏仁	90～100	90～100	90～100
	枳实	50～70	50～70	50～70
	莲心	30～40	30～40	30～40
草药精华液	草药	100	100	100
	乙醇	400	300	50
油相	单硬脂酸甘油酯	100	100	100
	十八烷醇	28～36	28～36	28～36
	甘油	9～14	9～14	9～14
	草药精华液	30～36	30～36	30～36
水相	丙二醇	100	100	100
	磷酸胆碱	3～5	3～5	3～5
	三乙醇胺	6～10	6～10	6～10
	烷基糖苷	12～18	12～18	12～18
	水	40～50	40～50	40～50

原料	配比(质量份)		
	1#	2#	3#
水相	100	100	100
油相	70～85	70～85	70～85
延命素	2～4	2～4	2～4
粳芯	1.8～2.5	1.8～2.5	1.8～2.5
金盏素	3～6	3～6	3～6

制备方法

(1) 将草药粉碎，接着置于乙醇中煎煮，然后过滤取滤液，最后将滤液蒸馏以去除乙醇而制得草药精华液；粉碎后的草药的平均粒径为 3～8μm。煎煮温度为120～140℃，煎煮时间为 2～4h。蒸馏通过旋转蒸馏的方式进行。

(2) 将单硬脂酸甘油酯、十八烷醇、甘油和草药精华液进行加热形成油相；加热温度为 80～90℃，加热时间为 1.5～2h。

(3) 将丙二醇、磷酸胆碱、三乙醇胺、烷基糖苷和水进行加热形成水相；加热温度为 80～90℃，加热时间为 1.5～2h。

(4) 将水相加入至油相中并搅拌，接着冷却，然后加入延命素、粳芯、金盏素搅拌以制得祛斑霜；冷却采用自然冷却的方式进行，且冷却结束后体系的温度为 15～25℃。

产品特性　该祛斑霜能够改善皮肤锁水能力，具有优异的祛斑效果，同时具有优异的稳定性，能够长期储存，进而使得其具有更有益的实用性。另外，该制备方法具有工序简单和原料易得的优点。

配方 17　芦荟美白祛斑霜

原料配比

	原料	配比(质量份)			
		1#	2#	3#	4#
A相	聚二甲基硅氧烷	3	3	1	5
	甘油硬脂酸酯	2	2	1	3
	鲸蜡硬脂醇	3	3	5	1
	霍霍巴油	3	3	5	1
	辛酸/癸酸甘油三酯 GTCC	5	5	5	6
	氢化聚癸烯	3	3	1	5
	BHT	0.04	0.04	0.06	0.02
B相	双丙二醇	3	3	2	5
	甘油	8	8	6	7
	1,3-丁二醇	3	3	2	1

续表

原料		配比(质量份)			
		1#	2#	3#	4#
B相	D-泛醇	0.5	0.3	0.5	0.6
	橙皮苷	0.2	0.2	0.3	0.1
	水解胶原蛋白	0.050	0.05	0.03	0.02
	透明质酸	0.1	0.1	0.08	0.09
	甘草酸二钾	0.05	0.05	0.03	0.02
	黄原胶	3	3	0.08	0.09
	乙二胺四乙酸二钠	2	2	0.02	0.03
	PEG-100 硬脂酸酯	3	3	1	2
	氮酮	0.1	0.1	0.08	0.09
	钛白粉	0.1	0.1	0.08	0.09
C相	尿囊素	0.2	0.2	0.18	0.19
	烟酰胺	0.5	0.5	0.4	0.3
	甲基水杨酸钾	0.5	0.5	0.4	0.3
	二苯酮-3	0.1	0.1	0.08	0.09
	熊果苷	0.3	0.3	0.2	0.3
	三乙醇胺	0.1	0.1	0.08	0.09
	尼泊金甲酯	0.1	0.1	0.08	0.09
	尼泊金丙酯	0.1	0.1	0.08	0.09
	去离子水	加至100	加至100	加至100	加至100
D相	维生素E	1	1	0.8	0.9
E相	牡丹提取物	2	2	1.8	1.9
	人参提取物	2	2	1.8	1.9
	库拉索芦荟提取物	2	2	1.8	1.9
	海藻提取物	2	2	1.8	1.9
F相	苯氧乙醇	0.2	0.2	0.18	0.19
	植物防腐剂	0.8	0.8	0.6	0.7
	香精	0.04	0.04	0.02	0.03

制备方法

(1) 按比例将 A 相成分称量至烧杯 a 中，通过加热装置将 A 相加热至 75～85℃，并缓慢搅拌至固体物料完全溶解，然后保温备用；

(2) 按比例先称量 B 相中的双丙二醇、甘油、1,3-丁二醇、D-泛醇至烧杯 b 中，并用玻璃棒搅拌 2～3min，随后按比例称量 B 相中剩余成分并依次加入至烧杯 b 中，搅拌至完全溶解备用；

(3) 按比例称量 C 相中的去离子水至烧杯 c 中，并通过加热装置加热至 40～50℃，然后边搅拌边依次加入 C 相中的其他成分，搅拌至完全溶解后将烧杯 b 中待备用的 B 相加入 c 烧杯中与 C 相混合，继续搅拌 5～10min，并升温至 75～85℃；

(4) 将烧杯 a 备用的 A 相缓慢加入步骤（3）中 B 相、C 相混合后的 c 烧杯中，然后用均质机高速剪切，剪切的同时加入 D 相，剪切 5～10min 后即可得膏霜；

（5）将步骤（4）中的膏霜静置降温，降温过程中用刮板缓慢搅拌，降至室温后按比例加入 E 相，搅拌混合均匀后加入 F 相，继续搅拌混合均匀即可。

原料介绍

所述植物防腐剂为紫苏提取物、黄连提取物、丁香提取物、甘草提取物的混合物。

所述香精为芦荟香精。

产品特性　本产品综合性能好，可以有效实现皮肤的补水，使皮肤更加白皙，能有效淡化色斑，且具有明显的防晒功效。

配方 18　芦荟祛斑霜

原料配比

原料	配比（质量份）		
	1#	2#	3#
芦荟汁	10	11	12
硬脂酸	12	13	14
18 号白油	1.5	1.8	1.9
十八烷醇	3	4	5
甘油	7	8	7.5
防腐剂	0.04	0.03	0.05
香精	0.02	0.02	0.018
水	65	68	70

制备方法　先将芦荟去皮，用纱布裹住挤压便得到芦荟汁，再与其它组分混合即可。

产品特性　本产品原料易得，制备方法简单且成本低，长期使用能令面部肌肤光滑白皙，对消除各种斑点有很好的效果。

配方 19　卵黄油祛斑霜

原料配比

原料	配比（质量份）	原料	配比（质量份）
对苯二酚	3.5	十八烷醇	15
维生素 C	0.5	十二醇硫酸钠	2
亚硫酸氢钠	1.5	单硬脂酸甘油酯	2
柠檬酸	0.2	硬脂酸	0.5

原料	配比(质量份)	原料	配比(质量份)
甘油	15	香精	适量
钛白粉	0.5	防腐剂	适量
尼泊金乙酯	0.3	去离子水	加至100
卵黄油	1.5		

制备方法

（1）将甘油置于搪瓷桶内，加入卵黄油及钛白粉充分搅拌均匀；

（2）将十八烷醇、十二醇硫酸钠、单硬脂酸甘油酯、硬脂酸等原料加热至70℃搅拌均匀，加入步骤（1）物料，充分搅拌溶解备用；

（3）将对苯二酚、维生素C、亚硫酸氢钠、柠檬酸、尼泊金乙酯及去离子水等原料加热至70℃，搅拌均匀备用；

（4）将步骤（2）物料和步骤（3）物料混合乳化，当温度降至40℃时加入香精、防腐剂，混合均匀即得成品。

产品应用　本品是一种淡斑祛斑、美容嫩白的祛斑霜。

产品特性　本品对皮肤无刺激性，使用后明显感到舒适、柔软，无油腻感，具有良好的祛斑、保健、养颜的效果。

配方 20　美白嫩肤祛斑霜

原料配比

原料	配比(质量份)		
	1#	2#	3#
百香果	30	24	27
红毛丹	20	26	23
刺梨子	18	24	21
羊奶子	16	24	20
车厘子	14	20	17
败酱草	14	18	16
蛇皮果	12	18	15
蛋黄果	10	18	14
沙棘	10	16	13
太阳果	8	16	12
香蜜果	8	16	12
权杷果	6	14	10
蔓越莓	6	14	10
乙酸乙酯	8	12	10
阿拉伯胶	6	10	8

制备方法

（1）取百香果、红毛丹、蛇皮果和蛋黄果，清洗晾干，取果肉，用搅拌机将上述果肉搅拌成浆液，倒进容器内使用 90℃的水浴加热 20min，再通过挤压法挤压过滤，去除纤维杂质得到第一浆液，备用；

（2）取太阳果和香蜜果洗净晾干，取果肉，用搅拌机将果肉打成泥状，放进烘烤机内烘烤，烘烤温度为 180℃，时间为 12min，烘烤后使用碾磨机碾磨成粉末，备用；

（3）取败酱草洗净切成段，进行热压处理，热压处理温度为 90℃，压力为 0.7MPa，时间为 10min，制得热压料，备用；

（4）取刺梨子、羊奶子、车厘子、沙棘、权杷果和蔓越莓洗净晾干，放进烘烤机内烘烤，烘烤温度为 100℃，时间为 18min，制得干果，备用；

（5）将步骤（1）制得的第一浆液放进容器内，再加入步骤（3）制得的热压料，使用搅拌机搅拌，搅拌速度为 80r/min，搅拌时间为 10min，搅拌完后放进锅内加热，使其温度为 80℃，时间为 7min，制得混合料，备用；

（6）将步骤（4）制得的干果和步骤（5）制得的混合料放进容器内，倒入乙酸乙酯，搅拌均匀后，然后通过蒸馏法提取得到精油，密封备用；

（7）将步骤（2）制得的粉末和步骤（6）制得的精油放进容器内，加入阿拉伯胶，使用搅拌机搅拌，搅拌速度为 50r/min，搅拌时间为 14min，放进冷冻室内降温，使其温度降为 10～16℃，制得冷冻混合料，备用；

（8）将步骤（7）制得的冷冻混合料放进乳化锅内进行乳化，乳化完后将温度降到 45℃，搅拌密封包装，即可使用。

产品特性

（1）百香果中富含的维生素 C、胡萝卜素、SOD 酶能够清除体内自由基，蔓越莓含维生素 C、类黄酮素等抗氧化物质及丰富的果胶，蔓越莓协同百香果起养颜抗衰老作用；刺梨子可淡化黑色素，促进黑色素的排出，使肌肤白皙细致，另外还能促进胶原蛋白生成，增强肌肤真皮层的弹力与张力，败酱草具有活化皮肤细胞，增强皮肤弹性，败酱草协同刺梨子可祛皱消斑；车厘子可以使皮肤红润嫩白，祛皱消斑；蛋黄果可以避免有害物质在皮肤内沉积，红毛丹能补血理气，红毛丹协同蛋黄果可加快有害物质的排出，起到保护皮肤的作用；太阳果中丰富的维生素 A 还可以去除人脸上老化的皮肤，让皮肤更加细嫩和光滑；香蜜果可消除皮肤皱纹及色斑色素。

（2）本品不仅能够美白和祛斑，还具有嫩肤、使皮肤光滑和无刺激性的效果，非常方便人们使用。

配方 21　含勿忘我精油的美白祛斑霜

原料配比

原料		配比（质量份）
润肤剂	甘油	9～11
	棕榈酸乙基己酯	6～10
	辛酸/癸酸甘油三酯	3～5
	异壬酸异壬酯	3～7
	聚二甲基硅氧烷	2～4
	1,2-戊二醇	2～4
	牛油果树果脂	0.45～0.55
	1,2-己二醇	0.18～0.22
	辛甘醇	0.2～0.5
增稠剂	鲸蜡硬脂醇	2～5
	卡波姆	0.36～0.44
	黄原胶	0.18～0.22
皮肤调理剂	烟酰胺	2～4
	精氨酸	0.2～0.5
	勿忘我精油	0.1～0.4
	薄荷提取物	1～2.5
	百香果提取物	1～2.5
	熊果叶提取物	0.2～1
	薰衣草精油	0.2～1
	透明质酸钠	0.01～0.03
	甲基葡糖倍半硬脂酸酯	1.08～1.32
	PEG-20甲基葡糖倍半硬脂酸酯	1.08～1.32
	甘油硬脂酸酯	2～5
防腐剂	苯氧乙醇	0.18～0.22
溶剂	水	40～50

制备方法

（1）将油相料在均质乳化锅的油相锅加热到 72～85℃，搅拌熔化；所述油相料包括棕榈酸乙基己酯、辛酸/癸酸甘油三酯、异壬酸异壬酯、聚二甲基硅氧烷、鲸蜡硬脂醇、甲基葡糖倍半硬脂酸酯、PEG-20甲基葡糖倍半硬脂酸酯、甘油硬脂酸酯和牛油果树果脂。

（2）将水相料在均质乳化锅的水相锅加热到 72～85℃，搅拌溶解；所述水相料包括水、甘油、烟酰胺、1,2-戊二醇、黄原胶、1,2-己二醇、辛甘醇、精氨酸和透明质酸钠。

（3）搅拌下，将油相料加入水相中，真空均质乳化 5～15min，得膏体。

（4）搅拌下加入冷却水，将膏体冷却到 40～50℃，加入卡波姆和苯氧乙醇，充分搅拌均匀。

（5）加入勿忘我精油、薄荷提取物、百香果提取物、熊果叶提取物和薰衣草精油，充分搅拌均匀。

（6）搅拌，冷却到30～40℃，出料。

（7）灌装、包装。

原料介绍

所述的勿忘我精油的制备方法为：采集新鲜的勿忘我花瓣，加入质量为勿忘我花瓣质量10％的氯化钠，腌制，然后水蒸气蒸馏，收集蒸馏液，用分子截留法进行除杂，截留液用乙酸乙酯萃取，减压回收乙酸乙酯，残留液用水蒸气蒸馏收集比水轻的馏分，用无水硫酸钠脱水，过滤，即可。

所述的薰衣草精油的制备方法为：采集新鲜的薰衣草花瓣，加入质量为薰衣草花瓣质量10％的氯化钠，腌制，然后水蒸气蒸馏，收集蒸馏液，用分子截留法进行除杂，截留液用乙酸乙酯萃取，减压回收乙酸乙酯，残留液用水蒸气蒸馏收集比水轻的馏分，用无水硫酸钠脱水，过滤，即可。

所述的薄荷提取物的制备方法：将薄荷粉碎，干燥，得到薄荷粉；然后，将薄荷粉与色拉油的料液按g/mL比为（1∶2）～（1∶4）混合，密封避光，浸提温度为0～10℃，浸提时间为1～3周，用滤布过滤，得到薄荷浸提液，避光密封保存，待用；接着，将与薄荷浸提液相同质量的薄荷粉加入具有内胆和外胆的仪器中，仪器内胆加入薄荷粉，外胆走水浴加热；将薄荷浸提液加入内胆中，充分浸提，并不断流动，外胆用循环水浴槽，水浴温度控制在50～60℃，流动时间为3～4h；放出提取物，用滤布过滤，即得。

所述的熊果叶提取物的制备方法：将熊果叶粉碎，干燥，得到熊果叶粉；然后，将熊果叶粉与色拉油的料液按g/mL比为（1∶3）～（1∶5）混合，密封避光，浸提温度为0～10℃，浸提时间为1～3周，用滤布过滤，得到熊果叶浸提液，避光密封保存，待用；接着，将与熊果叶浸提液相同质量的熊果叶粉加入具有内胆和外胆的仪器中，仪器内胆加入熊果叶粉，外胆走水浴加热；将熊果叶浸提液加入内胆中，充分浸提，并不断流动，外胆用循环水浴槽，水浴温度控制在50～60℃，流动时间为3～4h；放出提取物，用滤布过滤，即得。

所述的百香果提取物的制备方法：取百香果果肉，将百香果果肉与色拉油的料液按g/mL比为（1∶2）～（1∶4）混合，密封避光，浸提温度为0～10℃，浸提时间为1～3周，用滤布过滤，得到百香果浸提液，避光密封保存，待用；接着，将与百香果浸提液相同质量的百香果果肉加入具有内胆和外胆的仪器中，仪器内胆加入百香果果肉，外胆走水浴加热；将百香果浸提液加入内胆中，充分浸提，并不断流动，外胆用循环水浴槽，水浴温度控制在50～60℃，流动时间为3～4h；放出提取物，用滤布过滤，即得。

产品特性　本品配伍合理，将天然植物美白成分制成天然化妆品，直接作用于面部肌肤，让其有效成分渗透到皮肤基底层，还原分解已有的黑色素，活化细胞，淡化面部斑点，使得皮肤白皙滋润、细腻有光泽。

配方 22　含牛油果树果脂美白祛斑霜

原料配比

原料	配比（质量份）				
	1#	2#	3#	4#	5#
水	45.28	41.12	31.47	46.69	51.23
丁二醇	5	10	3	5	6
辛酸/癸酸甘油三酯	5	4	8	4	5
异十六烷	3	6	3	3	5
甘油	3	6	2	6	4
环五聚二甲基硅氧烷	3	8	2	4	3
牛油果树果脂	2	0.5	4	2	2
海藻糖	2	0.5	0.5	3	2
鲸蜡硬脂醇橄榄油酸酯	2	3	1	2	2
山梨醇酐橄榄油酸酯	1	0.5	2	1.5	1
鲸蜡硬脂醇	1.5	3	0.5	2	1.5
鲸蜡硬脂基葡糖苷	2	1	3	2	1
天女木兰提取物	3	5	0.1	2	0.5
柑橘果皮提取物	3	0.5	5	2	1
氢化卵磷脂	0.5	0.01	2	0.5	1
植物甾醇类	1	0.2	3	1.5	0.8
红没药醇	0.5	0.5	1	0.1	0.5
生育酚乙酸酯	0.5	0.1	2	0.5	0.6
光果甘草根提取物	1	1	0.05	0.4	0.5
欧百里香提取物	2	0.2	3	1	0.8
泛醇	0.3	0.5	0.1	1	0.5
扭刺仙人掌茎提取物	0.5	1	0.1	0.3	0.5
麦冬提取物	0.3	0.2	2	0.5	0.6
苦参根提取物	0.5	0.05	1	0.6	0.4
母菊花提取物	1	0.1	1	0.1	0.3
积雪草提取物	2	0.2	5	0.3	3
茶叶提取物	1	0.05	2	0.8	0.5
迷迭香叶提取物	0.3	0.2	0.5	0.2	0.4
虎杖根提取物	1	0.1	2	0.7	1
黄芩根提取物	3	0.05	5	2	0.3
透明质酸钠	0.5	0.01	1	0.3	0.4
丙烯酸钠/丙烯酰二甲基牛磺酸钠共聚物	0.8	0.2	2	0.8	0.5
聚山梨醇酯-80	0.4	1	0.1	0.4	0.2
卡波姆	0.2	0.5	0.05	0.15	0.25

续表

原料	配比（质量份）				
	1#	2#	3#	4#	5#
三乙醇胺	0.2	0.5	0.05	0.15	0.25
羟苯甲酯	0.2	0.05	0.3	0.2	0.2
尿囊素	0.2	0.05	0.3	0.2	0.1
鲸蜡醇磷酸酯钾	0.3	2	0.1	1	0.3
香精	0.2	0.5	0.05	0.2	0.3
羟苯丙酯	0.08	0.1	0.01	0.08	0.1
苯氧乙醇	0.5	1	0.2	0.5	0.5
乙基己基甘油	0.1	0.01	0.5	0.2	0.1
季戊四醇四（双叔丁基羟基氢化肉桂酸）酯	0.04	0.2	0.01	0.03	0.02
乙二胺四乙酸二钠	0.1	0.3	0.01	0.1	0.05

制备方法

（1）将所述质量份的水、丁二醇、甘油、海藻糖、氢化卵磷脂、泛醇、透明质酸钠、乙二胺四乙酸二钠、卡波姆和尿囊素加入乳化锅中，均质搅拌至完全溶解后，升温至80～82℃，搅拌5～10min，搅拌速度为40～50r/min，得第一反应液；

（2）将所述质量份的辛酸/癸酸甘油三酯、异十六烷、环五聚二甲基硅氧烷、牛油果树果脂、鲸蜡硬脂醇橄榄油酸酯、山梨醇酐橄榄油酸酯、鲸蜡硬脂醇、鲸蜡硬脂基葡糖苷、植物甾醇类、红没药醇、生育酚乙酸酯、羟苯甲酯、羟苯丙酯和季戊四醇四（双叔丁基羟基氢化肉桂酸）酯加入油相锅，搅拌升温至78～80℃，搅拌至完全溶解，搅拌3～5min，搅拌速度为40～50r/min，得第二反应液；

（3）将所述步骤（1）处理后的乳化锅抽真空至-0.06～-0.04MPa，向所述第一反应液加入所述第二反应液，并混合均匀，均质3～5min，均质速度3000r/min，均质乳化完全后，加入所述质量份的鲸蜡醇磷酸酯钾、丙烯酸钠/丙烯酰二甲基牛磺酸钠共聚物和聚山梨醇酯-80，搅拌均匀，保湿搅拌20～30min，开始降温；

（4）降温至60℃，加入所述质量份的三乙醇胺，搅拌3～5min，搅拌速度为30～40r/min；

（5）降温至45℃，加入所述质量份的天女木兰提取物、柑橘果皮提取物、光果甘草根提取物、欧百里香提取物、扭刺仙人掌茎提取物、麦冬提取物、苦参根提取物、母菊花提取物、积雪草提取物、茶叶提取物、迷迭香叶提取物、虎杖根提取物、黄芩根提取物、香精、苯氧乙醇和乙基己基甘油，搅拌15～20min，搅拌速度为30～40r/min，即得。

产品特性　本品利用天然花、果类等植物萃取精华，温和、安全地解决皮肤黑色素沉着、晒斑、雀斑等肌肤问题；采用多种不同功效原理成分，可有效清洁皮肤细胞，清除毒素和受损的皮肤细胞，刺激皮肤组织再生，从而达到斑点根除、肌肤平滑、肤色亮白的效果。

配方 23　含有熊果苷的美白祛斑霜

原料配比

原料		配比（质量份）			
		1#	2#	3#	4#
皮肤调理剂	熊果苷	3	5	1	4
	甘油	6	7	6	7
	丁二醇	5	6	5	6
	透明质酸钠	0.03	0.04	0.03	0.04
润肤剂	异壬酸异壬酯	8	6	6	7
	辛酸/癸酸甘油三酯	6	8	5	6
	乙二醇棕榈酸酯	4	6	4	5
	聚二甲基硅氧烷	2	3	3	2
	红没药醇	0.2	0.2	0.1	0.3
增稠剂	鲸蜡硬脂醇	3	3	3	3
	黄原胶	0.25	0.25	0.25	0.25
乳化剂	鲸蜡硬脂醇	1.4	1.4	2	2
	鲸蜡硬脂基葡聚糖	1.4	1.4	1.4	1
	甘油硬脂酸酯	0.8	0.8	1	0.8
防腐剂	苯氧乙醇	0.2256	0.2256	0.2	0.2256
	羟苯甲酯	0.0471	0.05	0.05	0.05
	羟苯丙酯	0.0225	0.0225	0.03	0.0225
	甲基异噻唑啉酮	0.0048	0.006	0.003	0.006
抗氧化剂	生育酚乙酸酯	0.3	0.4	0.4	0.4
溶剂	水	58.17	60	50	55
芳香剂	香精	0.03	0.03	0.03	0.03

制备方法

（1）称取上述质量份的原料，待用；

（2）将水、甘油、丁二醇和黄原胶加入水相锅，搅拌加热至80～90℃，溶解、保温；

（3）将异壬酸异壬酯、辛酸/癸酸甘油三酯、乙二醇棕榈酸酯、鲸蜡硬脂醇、鲸蜡硬脂基葡聚糖、聚二甲基硅氧烷、甘油硬脂酸酯和生育酚乙酸酯加入油相锅，搅拌加热至80～90℃，溶解、保温；

（4）先将油相锅的混合料转入乳化锅中，然后在搅拌下转入水相锅的混合料，高速均质，并缓慢降温；

（5）温度至40～50℃，加入熊果苷、防腐剂、红没药醇、香精和透明质酸钠，搅拌、降温，经检测合格即得美白祛斑霜。

产品特性

（1）本品提供了一种价格适中、客户群体均易接受、性价比较好的美白祛斑霜，所用的原料廉价易得，制备工艺简单，且相对于市场上价格较贵且效果明显的产品，有同等的美白祛斑效果。

（2）本品通过加入具有滋润和美白功效的熊果苷，减轻因年龄、作息不规律等因素而沉积在皮肤下层的黑色素和色斑，并加入特有的调理配方，使得熊果苷等有效成分易被皮肤吸收进入基底层，还原分解黑色素、活化细胞，且不油腻，令肤色清新自然光彩照人。

配方 24　含光果甘草提取物的美白祛斑霜

原料配比

原料	配比（质量份）		
	1#	2#	3#
水	60.39	55.37	52.05
氢化聚癸烯	7.5	8	8.5
丁二醇	5.5	6	5.5
甘油	6.5	6	5.5
棕榈酸乙基己酯	3.5	3	2.5
棕榈酸异丙酯	3.5	3	2.5
鲸蜡硬脂醇聚醚-25	2	2.5	3
鲸蜡硬脂醇聚醚-6	2	2.5	3
$C_{12} \sim C_{15}$ 醇苯甲酸酯	1.5	2	2.5
鲸蜡硬脂醇	1.5	2	2.5
聚二甲基硅氧烷	1.5	2	2.5
抗坏血酸磷酸酯镁	1.5	2	2.5
霍霍巴油	1	1.5	2
防腐剂	0.5	0.8	1
生育酚乙酸酯	0.5	0.8	1
熊果苷	0.5	0.8	1
黄原胶	0.1	0.3	0.5
红没药醇	0.1	0.3	0.5
尿囊素	0.1	0.3	0.5
香精	0.05	0.2	0.3
乙二胺四乙酸二钠	0.05	0.2	0.2
光果甘草根提取物	0.1	0.2	0.2
透明质酸钠	0.1	0.2	0.2
柠檬酸	0.01	0.03	0.05

制备方法

（1）根据上述的质量比称取各原料，分组备用；

（2）将水相料放入均质乳化锅的水相锅内，以 20r/min 的转速搅拌溶解，并加热至 80～85℃；

（3）将油相料放入均质乳化锅的油相锅内，以 20r/min 的转速搅拌溶解，并加热至 80～85℃；

（4）将水相料和油相料混合，均质 5～10min，然后在温度为 80～85℃ 的条件下保温 15～20min；

（5）以 10r/min 的转速搅拌降温至 55℃，然后加入红没药醇和柠檬酸；

（6）继续搅拌降温至 45℃ 以下，依次加入防腐剂、活性添加剂和香精，以 20r/min 的转速搅拌 20～25min；

（7）均质 3～5min，降温至 40℃ 以下出料。

原料介绍

所述水相料包括水、丁二醇、甘油、黄原胶、尿囊素、乙二胺四乙酸二钠和透明质酸钠；

所述油相料包括氢化聚癸烯、棕榈酸乙基己酯、棕榈酸异丙酯、鲸蜡硬脂醇聚醚-25、鲸蜡硬脂醇聚醚-6、C_{12}～C_{15} 醇苯甲酸酯、鲸蜡硬脂醇、聚二甲基硅氧烷、霍霍巴油和生育酚乙酸酯；

所述活性添加剂包括抗坏血酸磷酸酯镁、熊果苷和光果甘草提取物；

所述防腐剂包括苯氧乙醇和乙基己基甘油。

产品特性

（1）本品配方添加有光果甘草提取物、抗坏血酸磷酸酯镁、熊果苷等美白活性成分，能深入肌底，持续抑制黑色素的生成和加速黑色素的分解，从内到外彻底美白肌肤，达到快速美白祛斑的效果。

（2）霍霍巴油有独特的分子结构，与皮肤表面的油脂性质极相近，所以不像一般含甘油的保养品会在皮肤表层形成油膜，霍霍巴油可被皮肤迅速渗透吸收并软化皮肤角质，让皮肤变得柔软有弹性。霍霍巴油对肌肤有十分显著的美容功效，可畅通毛细孔，调节油性或混合性肌肤的油脂分泌，并改善发炎的皮肤，如湿疹、干癣、面疱等。它对过敏性皮肤有相当好的疗效与舒缓作用，对于干性发质及干性皱纹肌肤可使其恢复活力光泽，适用于各种肤质。

（3）本品各种组分相互促进，协同作用，具有抗炎舒敏、增湿保湿、嫩肤抗衰老和美白祛斑等功效。

配方 25　含海藻多糖的美白祛斑霜

原料配比

	原料	配比（质量份）
Ⅰ相	乳化剂 A6	3
	$C_{16}\sim C_{18}$ 混合醇	3
	羟苯丙酯	0.06
	二甲基硅油	1.5
	维生素 E	1.5
	月桂氮卓酮	2
	霍霍巴油	1.5
	A25	2
	BHT	0.02
	液体石蜡	10
	肉豆蔻异丙酯	3
Ⅱ相	丁二醇	4
	羟苯甲酯	0.12
	D-2901	3
	NMF-50	3
	尿囊素	3
	海藻多糖	3
	水	59
Ⅲ相	丙二醇	4
	CM	0.2
	维生素 B$_3$	0.5
	木瓜酶	2
Ⅳ相	杰马 BP	0.3
	香精	0.3

制备方法

（1）称取各组分；

（2）先将Ⅲ相、Ⅳ相组分混合、溶解，加热至 40℃备用；

（3）将Ⅰ相、Ⅱ相分别加热至 80℃，Ⅰ相组分中的维生素 E、月桂氮卓酮在乳化前 75～80℃时加入；

（4）将Ⅰ相加入Ⅱ相中，均质 3min，搅拌降温至 45℃时加入Ⅲ相、Ⅳ相组分，搅拌降温至 36℃，即得成品。

产品特性　本品主要通过抑制酪氨酸酶的活性、抑制氧化反应、减少形成黑色素、抑制黑色素细胞的活性等方面来使皮肤美白，可使皮肤白皙有光泽。

配方 26　含甘草黄酮的美白祛斑霜

原料配比

原料		配比（质量份）
Ⅰ相	GD-9122	7.5
	角鲨烷	6
	羟苯丙酯	0.06
	二甲基硅油	1.5
	月桂氮卓酮	2
	维生素 C 棕榈酸酯	2
	曲酸二棕榈酸酯	2
	BHT	0.02
Ⅱ相	1,3-丁二醇	4
	NMF-50	4
	羟苯甲酯	0.12
	GD-2901	3
	去离子水	65
	甘草黄酮	5
Ⅲ相	丙二醇	3
	CMG	0.2
	肝素	0.2
	去离子水	5
	灵芝提取液	4
Ⅳ相	香精	0.3
	杰马 BP	0.3

制备方法

（1）称取各组分；

（2）先将肝素、丙二醇、CMG 溶解后，加入去离子水，混合均匀后加热至40℃备用；

（3）另取Ⅰ相、Ⅱ相除甘草黄酮外的组分分别加热灭菌至80℃，Ⅰ相、Ⅱ相温度相等时，将Ⅰ相缓慢加入Ⅱ相中，均质 3min 后，降温至 60℃时加入甘草黄酮，50℃时加入Ⅲ相、Ⅳ相组分，缓慢降温至 36℃，即得成品。

产品特性　本品能够有效美白、祛斑、抗皱，有效储存淡斑活性，从源头抑制黑色素的生成，淡化现有斑点，预防潜在斑，真正使肌肤无瑕透亮净白。

配方 27　含雏菊提取物的美白祛斑霜

原料配比

原料		配比（质量份）		
		1#	2#	3#
乳化剂	Montanov 68	1	2	3
	单硬脂酸甘油酯	1.5	2.5	1
	二十二醇	0.5	1.5	1
异壬酸异壬酯		7.5	6	5
硅油	硅油 DC345	4	2.5	3
	硅油 DC350	2	1.5	3.5
	硅油 DC556	1	2	0.5
（金色）霍霍巴油		3	4	2
角鲨烷		4	2.5	3
防腐剂	羟苯甲酯	0.2	0.2	0.2
	对羟基苯甲酸丙酯	0.1	0.1	0.1
	苯氧乙醇	0.4	0.4	0.4
抗氧化剂	2,6-二叔丁基-4-甲基苯酚（BHT）	0.1	0.1	0.1
	维生素 E	0.6	0.3	0.8
甘油		4	3	5
尿囊素		0.15	0.2	0.3
透明质酸钠		0.05	0.02	0.08
糖基海藻糖/氢化淀粉水解物		2	3	1
增稠剂	EMT-10（用 2 份 DC345 分散）	2	1.5	1
皮肤美白剂	雏菊提取物	3	2	2.5
	光甘草定提取物	0.1	0.12	0.15
	黄芩提取物	2	1.5	1.5
抗敏剂	奥亭敏	0.5	0.5	0.5
赋香剂	迪奥香精	0.05	0.05	0.05
无菌水		加至 100	加至 100	加至 100

制备方法

（1）将乳化剂、防腐剂、抗氧化剂、霍霍巴油、角鲨烷溶于硅油，搅拌，加热至 85℃以上，均质 3～5min。

（2）将尿囊素、甘油、透明质酸钠、糖基海藻糖/氢化淀粉水解物溶于无菌水中，加热均质；加热至 85℃以上，均质时间为 3～5min。

（3）将步骤（2）溶解均质至无颗粒的均一体系加入步骤（1）均质得到的体系中，高速搅拌至完全混匀；搅拌速度为 1800r/min。

（4）将步骤（3）所得体系继续搅拌，降温至 45℃以下，加入皮肤美白剂、抗敏剂、赋香剂并搅拌均匀，结膏即得所述美白祛斑霜。

原料介绍 所述黄芩提取物的制备方法：取干燥的黄芩根，按照料液比1:15，添加70%的乙醇溶液，于微波炉中90℃下浸提5min，经过滤、真空抽取残留乙醇，得到黄芩提取液（有效浓度为75%）。

产品特性

（1）本品的关键成分（雏菊提取物、黄芩提取物、光甘草定提取物）均是植物性美白成分，不仅安全有效，并且可以发挥协同作用，从源头击退黑色素，祛斑美白，提亮肤色。

（2）本品在配方中配以植物型抗敏剂奥亭敏，与美白成分黄芩提取物的抗过敏作用协同增效，对于不同的健康肤质及有轻度损伤的激素肤质均能有效抑制过敏现象的发生。

（3）本品中多种活性成分和辅助成分共同发挥协同作用，安全使用4周后，轻度色斑皮肤显示光滑亮白，淡斑效果明显。

配方 28 补水美白祛斑霜

原料配比

原料		配比（质量份）		
		1#	2#	3#
三七		4	5	6
甘草		10	20	30
桑叶		30	35	40
人参		5	10	15
川芎		5	10	15
葡萄籽		5	10	15
补水剂		10	15	20
水		50	75	100
补水剂	抗坏血酸磷酸酯镁	1	1	1
	尿囊素	1	1	1
	透明质酸钠	2	2	2
	牛油果树果脂	6	6	6

制备方法

（1）预处理。将三七、甘草、桑叶、人参、川芎和葡萄籽用净水冲洗5min，净水温度应为20～30℃，然后放在阳光下晾晒1h后放入恒温箱中待用。

（2）制作三七提取物。将三七去皮后倒入破壁料理机中进行破壁处理，处理时间为3min，将三七溶液取出后加入纤维素酶和果胶酶，酶解时间为1～2h，过滤取酶解液。

（3）原料精加工。将甘草加入足量水后搅拌粉碎，加入足量的氢氧化钾，搅拌均匀后过滤得到甘草处理液，将桑叶、人参、川芎和葡萄籽混合后倒入榨汁机中，添加三分之一体积的净水，经搅拌机搅拌后过滤得到混合液。

（4）制备水相。将三七酶解液、甘草处理液和混合液倒入均质机中，加热至72～78℃，搅拌混合均匀，得到水相；原料加入均质机制备水相过程中均质机转速为2000r/min，处理时间为10min。

（5）原料混合。将补水剂搅拌均匀后缓慢地将水相加入其中，水相完全加入以后，停止加热，持续搅拌物料，使物料自然降温至室温；补水剂与水相混合前应将补水剂加热至50～60℃。

（6）乳化成霜。将混合后的物料高压乳化，得到祛斑美容霜。

原料介绍

所述补水剂按以下的方法制作：

（1）原料称重，将抗坏血酸磷酸酯镁、尿囊素、透明质酸钠、牛油果树果脂按质量比1∶1∶2∶6称重。

（2）制取溶液，将抗坏血酸磷酸酯镁、尿囊素和透明质酸钠倒入反应釜中，添加3倍体积净水，充分搅拌后得到混合溶液；反应釜中的净水应加热到60～80℃。

（3）溶液混合，将牛油果树果脂加热到80℃后缓慢向其中加入混合溶液，并且不断搅拌使混合液均匀；混合液在倒入牛油果树果脂前应进行超声处理。

（4）恒温保存，将混合液放入恒温箱中保存待用。

所述的三七、甘草、桑叶、人参、川芎和葡萄籽在晾晒前应用干净的纱布包裹。

所述的甘草处理液混合前应用酒精灯加热，加热时间为5h。

产品特性

（1）本品中含有三七成分，具有祛斑功效好、方便应用、使用效果突出的特点，能够清除自由基，阻断黑色素形成的反应过程，避免黑色素沉积，达到良好的祛斑功效。

（2）本品中含有甘草成分，能够有效地去除祛斑霜中的异味，使祛斑霜具有清新的气味，同时具有抑菌消炎的功能，能够降低在使用过程中出现过敏症状的概率，使祛斑霜的安全性能更高。本品中含有补水剂能够使祛斑霜更加水润易吸收，同时能够对脸部进行补水，避免脸部干燥疼痛。

（3）本品中对原料进行了清洗处理，在晾晒过程中使用干净的纱布包裹，避免了外部环境的污染，使美白祛斑霜不含杂质，保持了美白祛斑霜的质感。本品中的三七经过纤维素酶和果胶酶酶解处理，将三七不容易被吸收的细胞壁酶解成葡萄糖，使得三七的有效成分更容易被皮肤吸收，提高了美白祛斑霜的效果。

（4）本品中的补水剂包含抗坏血酸磷酸酯镁、尿囊素、透明质酸钠和牛油果树果脂，增加了祛斑霜的补水效果，使祛斑霜在使用过程中更加细腻水润。

（5）本品克服了单一组分美白抗敏效果不明显的缺陷，实现美白抗敏的双重突出功效，补水效果好，质感细腻并且更加易于吸收。

配方 29　含辅酶 Q10 的美白祛斑霜

原料配比

原料	配比（质量份）	
	1#	2#
辅酶 Q10	2	4
甘油	9	5
透明质酸	4	6
蚕丝蛋白	4	2
甜杏仁油	1	3
甲基葡糖倍半硬脂酸酯	15	10
甘油硬脂酸酯	8	10
落地生根提取物	5	2
单头紫菀提取物	3	5
木绣球茎提取物	4	2
水	40	50

制备方法　取落地生根、单头紫菀、木锈球茎分别加 10 倍质量的水煎煮 2h，煎煮 2 次，合并煎液，浓缩，加 95％乙醇，24h 后，取上清液，浓缩去除乙醇，分别得落地生根提取物、单头紫菀提取物、木绣球茎提取物，加辅酶 Q10、甘油、透明质酸、甲基葡糖倍半硬脂酸酯、甘油硬脂酸酯、蚕丝蛋白、甜杏仁油和水，真空均质乳化 5～15min，得膏体，冷却到 30～40℃，出料。

产品特性　本品能祛除黄褐斑，使用方便。

配方 30　含人参提取液的美白祛斑霜

原料配比

原料		配比（质量份）		
		1#	2#	3#
油相	硬脂酸	5	3	4
	十八烷醇	5	5	3
	羟苯乙酯	0.1	0.05	0.08
	丁羟甲苯	0.03	0.02	0.01
	矿油	12	10	8

续表

原料		配比（质量份）		
		1#	2#	3#
水相	尿素	14	10	13
	甘油	12	10	9
	三乙醇胺	0.4	0.4	0.3
	维生素 B_6	2	1.5	1
	去离子水	35	47.53	51.61
	珍珠水解液	4	4	3
	人参提取液	7	6	5
	川芎提取液	2	1.5	1
维生素 E		1.37	1	1

制备方法

（1）取硬脂酸、十八烷醇、羟苯乙酯、丁羟甲苯、矿油水浴加热至 70～80℃ 使熔融为液体，构成油相；

（2）取尿素、甘油、三乙醇胺、维生素 B_6、去离子水水浴加热至 70℃，加入珍珠水解液、人参提取液、川芎提取液，继续加热至 70～80℃，构成水相；

（3）边搅拌边将油相缓缓加入水相中，加完油相后继续搅拌 10～20min，停止水浴，自然冷却至 50℃ 以下时，加入维生素 E，继续搅拌 10～20min，冷却，分装，即得美白祛斑霜。

产品应用　本品用于祛除黄褐斑、雀斑、老年斑、日晒斑等，能够满足改善面部肤色暗沉、美白肤色的需求。

产品特性　本品均匀细腻，黏性适宜，无刺激性，易于吸收，能有效促进皮肤微循环，增强新陈代谢，抑制黑色素的形成，从根源上起到美白祛斑的效果。

配方 31　含烟酰胺的美白祛斑霜

原料配比

原料	配比（质量份）	
	1#	2#
水	73.89	73.49
角鲨烷	4	4
辛酸/癸酸甘油三酯	4	4
异壬酸异壬酯	3	3.5
丁二醇	4	5
鲸蜡硬脂醇	1.5	1.5
鲸蜡硬脂基葡萄糖苷	2	2
甘油硬脂酸酯	1	1
聚二甲基硅氧烷	3	3

原料	配比(质量份)	
	1#	2#
烟酰胺	2	1
3-O-乙基抗坏血酸	0.5	0.5
红没药醇	0.5	0.3
黄原胶	0.25	0.25
双羟甲基咪唑烷基脲	0.1	0.2
羟苯甲酯	0.15	0.15
羟苯丙酯	0.1	0.1
香精	0.01	0.01

制备方法

(1) 清洗消毒乳化锅及相关生产工具;

(2) 将水、丁二醇、烟酰胺、3-O-乙基抗坏血酸、黄原胶和羟苯甲酯,投入水相锅中,搅拌升温到85C,至物料溶解均匀,备用;

(3) 将角鲨烷、辛酸/癸酸甘油三酯、异壬酸异壬酯、鲸蜡硬脂醇、鲸蜡硬脂基葡糖苷、甘油硬脂酸酯、聚二甲基硅氧烷、红没药醇和羟苯丙酯,投入油相锅中,搅拌升温到85℃,到物料完全溶解,备用;

(4) 抽真空-0.07MPa,把水相物料抽入乳化锅中,开启搅拌,再把油相物料抽入乳化锅中,均质5min,保温20min,打开降温水,降温;

(5) 降温到45℃时,加入双羟甲基咪唑烷基脲和香精,搅拌均匀;

(6) 降温到40℃时,用200目滤布过滤出料,得半成品;

(7) 半成品静置三天,经理化指标检测、微生物检测合格后,即可灌装。

产品特性 本品加工成本低,美白淡斑功效较好,容易被消费者所接受,适用范围广,实用性更强。

配方 32 含龙胆根提取物的美白祛斑霜

原料配比

原料	配比(质量份)			
	1#	2#	3#	4#
水	55	55	55	60
异壬酸异壬酯	8	10	10	12
丙二醇	6	6	6	8
甘油	6	6	6	8
角鲨烷	6	6	6	8
甘油硬脂酸酯	2	2.5	2.5	3
鲸蜡硬脂基葡糖苷	1	2	2	3
山梨醇酐橄榄油酸酯	1	2	2	3
赤藓醇	1	2	2	3

续表

原料	配比(质量份)			
	1#	2#	3#	4#
硬脂酸	2	2	2	3
龙胆根提取物	1.2	1	1	1.2
牡丹根提取物	0.8	1	1	1.2
甘草根提取物	0.8	1	1	1.2
母菊花提取物	1.2	1	1	1.2
牛油果树果脂油	1.2	1	1	1.2
十六烷基十八烷醇	1.2	1	1	1.2
聚丙烯酰胺	0.6	0.5	0.5	0.6
$C_{13} \sim C_{14}$ 异链烷烃	0.4	0.5	0.5	0.6
月桂醇聚醚-7	0.5	0.5	0.5	0.6
$C_{20} \sim C_{24}$ 烷基聚二甲基硅氧烷	0.5	0.5	0.5	0.6
熊果苷	0.5	0.5	0.5	0.6
霍霍巴脂	0.5	0.5	0.5	0.6
维生素 E	0.5	0.5	0.5	0.6
辛基聚甲基硅氧烷	0.6	0.5	0.5	0.6
烟酰胺	0.6	0.5	0.5	0.6
苯氧乙醇	0.3	0.4	0.4	0.5
卡波姆	0.2	0.2	0.2	0.3
羟苯甲酯	0.2	0.2	0.2	0.3
三乙醇胺	0.2	0.2	0.2	0.3
透明质酸钠	0.2	0.2	0.2	0.3
库拉索芦荟叶提取物	0.1	0.15	0.15	0.2
羟苯丙酯	0.08	0.1	0.1	0.12
香精	0.03	0.03	0.03	0.04
乙二胺四乙酸二钠	0.02	0.02	0.02	0.03

制备方法

(1) 将异壬酸异壬酯、角鲨烷、甘油硬脂酸酯、鲸蜡硬脂基葡糖苷、山梨醇酐橄榄油酸酯、硬脂酸、牛油果树果脂油、十六烷基十八烷醇、$C_{20} \sim C_{24}$ 烷基聚二甲基硅氧烷、霍霍巴脂、维生素 E、辛基聚甲基硅氧烷和羟苯丙酯加入 1 号容器中,加热至熔化,并混合搅拌均匀,得油相;加热的温度为 85～90℃。混合搅拌的速度为 25～30r/min,搅拌的时间为 20～30min。

(2) 将水、丙二醇、甘油、赤藓醇、烟酰胺、卡波姆、羟苯甲酯、透明质酸钠和乙二胺四乙酸二钠加入 2 号容器中,加热至熔化,并混合搅拌均匀,得水相;加热的温度为 80～85℃。混合搅拌的速度为 25～30r/min,搅拌的时间为 20～30min。

(3) 将水相和油相依次抽入乳化锅中,乳化 5min 后,再加入聚丙烯酰胺、$C_{13} \sim C_{14}$ 异链烷烃、月桂醇聚醚-7 混合搅拌均匀,得混合料。

(4) 将混合料降温至 40～45℃,再依次加入龙胆根提取物、牡丹根提取物、甘草根提取物、母菊花提取物、熊果苷、苯氧乙醇、三乙醇胺、库拉索芦荟叶提取物和香精,搅拌混合均匀,得所述美白祛斑霜。混合搅拌的速度为 25～30r/min,搅拌时间为 20～30min。

产品特性　本品将各原料有机地结合在一起，能快速渗入到皮肤内部，加速黑色素的分解，从根本上解决皮肤变黑的问题，并进一步对皮肤进行调理，减少皱纹的产生，延缓衰老，使皮肤由内而外散发出光彩；此外，本品无毒副作用，可保持皮肤湿润不干燥，长期使用可以使皮肤呈现年轻态。

配方 33　含燕麦仁的美白祛斑霜

原料配比

原料		配比（质量份）		
		1#	2#	3#
A 组分		5	6	8
B 组分		6	7	6
C 组分		5	15	23
D 组分		1	2	2
E 组分		5	6	7
A 组分	角鲨烷	4	5	3
	棕榈酸乙基己酯	4	5	7
	$C_{12} \sim C_{18}$ 烷基葡糖苷	2.5	2	1.5
	甘油硬脂酸酯	2	2.3	2.8
	鲸蜡硬脂醇	2	2	2
	聚二甲基硅氧烷	2	1.7	1.7
	异壬酸异壬酯	2	1.8	1.8
	维生素 E	0.5	0.4	0.4
	羟苯甲酯	0.2	0.03	0.15
	羟苯丙酯	0.1	0.25	0.13
B 组分	水	45.19	43.743	43.303
	甘油	5	4	4.7
	丁二醇	4	5	3
	甜菜碱	4	5.5	5.5
	尿囊素	0.4	0.3	0.3
	乙二胺四乙酸二钠	0.1	0.1	0.1
	透明质酸钠	0.1	0.25	0.25
C 组分	聚丙烯酰胺	0.2	0.25	0.16
	水	0.15	0.15	0.24
	$C_{13} \sim C_{14}$ 异链烷烃	0.12	0.1	0.1
	月桂醇聚醚-7	0.03	0.05	0.05
D 组分	牛磺酸	1.98	1.7	2
	谷胱甘肽	0.54	0.35	0.35
	凝血酸	0.477	0.38	0.4
	甲氧基水杨酸钾	0.003	0.04	0.04
	烟酰胺	3	3.5	3.92
	3-O-乙基抗坏血酸	2	2	2
	胶原	2	1.5	1.5
	α-熊果苷	1	1.25	1.25

续表

原料		配比（质量份）		
		1#	2#	3#
E组分	丙二醇	10	10	10
	双咪唑烷基脲	0.3	0.3	0.3
	焦糖色	0.05	0.005	0.005
	燕麦仁	0.05	0.04	0.04
	香精	0.01	0.012	0.012

制备方法

（1）消毒好所用生产工具，待用；

（2）将A组分加入油相锅加热至80～85℃，搅拌混合均匀，保温备用；

（3）预留15%的水，然后将B组分加入乳化锅加热至80～85℃均质分散均匀，然后再抽入A组分均质10min；

（4）降温至60～65℃，加入C组分搅拌均匀；

（5）用15%灭菌好的水混合D组分；

（6）降温至45～50℃，加入预混合好的D组分搅拌均匀；

（7）将E组分预先混合均匀；

（8）降温至38～42℃，加入E组分搅拌均匀；

（9）检验合格后过滤出料；

（10）灌装、包装后进行喷码保存。

原料介绍 所述的燕麦仁为白色粉末状，提取物部位为全株，该原料经水提、浓缩、干燥、粉碎制取。

产品特性 本品配方科学合理，使用安全方便。

配方 34 含苦参提取液的美白祛斑霜

原料配比

原料			配比（质量份）		
			1#	2#	3#
A组分	二苯酮		30.5	31	30.2
	甲氧基肉桂酸乙基己酯		1.5	1	3
	乳化剂		—	—	6
	甘油硬脂酸酯		5	—	—
	柠檬酸脂肪酸甘油酯		—	3	—
	保湿醇	丙二醇	1	3	3
		1,3-丁二醇	1	—	2
		甘油	2	—	—
	油脂	乳木果油	15	—	5
		霍霍巴油	—	12	5

续表

原料			配比（质量份）		
			1#	2#	3#
B组分	水		28.17	30.85	31.6
	烟酰胺		3	5	2.5
	苦参提取液		10	15	8
	保湿增稠剂	透明质酸	0.08	0.15	0.05
		甘油	6	4	5
		黄原胶	0.3	0.4	0.5
C组分	聚丙烯酸酯交联聚合物-6		1	2	1.5
D组分	4-丁基间苯二酚		1	1.5	1.2
	溶剂	1,3-丁二醇	8	10	8
E组分	维生素C乙基醚		1	0.5	1.5
	水		5	3	5
F组分	传明酸		0.5	0.5	1
	水		5	3	5
G组分	乳酸薄荷酯		0.1	0.15	0.15
	水解蚕丝		1.5	1	1.2
	植酸		0.05	0.15	0.1
	抗菌剂	甘油辛酸酯	0.5	0.8	1
		乙基己基甘油	0.5	0.8	0.5
		苯氧乙醇	0.3	0.2	0.5
	植物抗敏剂	芦荟提取物、黄芩提取物、积雪草提取物	11	—	—
		黄芩提取物	—	0.5	—
		芦荟提取物	1	—	1
		绿茶提取物	—	0.5	0.5

制备方法

（1）称取A组分各原料，混合搅拌加热至75～80℃，制成油相，待用。

（2）将B组分中的水加热至50～60℃时，加入烟酰胺和苦参提取液，加热至75～80℃，混入保湿增稠剂，搅拌均匀，得到水相；保湿增稠剂预先混合均匀。

（3）将油相加入水相均质5～10min，混合均匀后真空下搅拌降温。

（4）降温至65℃时加入C组分均质2～3min，混合均匀，成乳霜状。

（5）真空下继续搅拌降温，降温至45℃时加入D组分、E组分、F组分，混合均匀；D组分、E组分、F组分分别预先充分溶解，其中D组分溶解时加热至40～45℃。D组分、E组分、F组分边添加边搅拌，搅拌速度20～30r/min，添加完后均质30s。

（6）降温至40℃时加入G组分，搅拌均匀后用80目滤布过滤出料。出料后室温陈化24h。

产品特性　本品可抑制酪氨酸酶、祛除黄褐斑、抗自由基、提亮肤色，使用安全不刺激，性质稳定，适于推广应用。

配方 35 含库拉索芦荟的美白祛斑霜

原料配比

原料	配比(质量份)	原料	配比(质量份)
水	55.6	聚二甲基硅氧烷	2
氢化聚癸烯	10	抗坏血酸磷酸酯镁	2
丁二醇	6	辛酸/癸酸甘油三酯	2
甘油	6	霍霍巴油	1.5
棕榈酸乙基己酯	3	生育酚乙酸酯	1
棕榈酸异丙酯	3	苯氧乙醇	0.6
PEG-100 硬脂酸酯	1.25	黄原胶	0.25
甘油硬脂酸酯	1.25	红没药醇	0.2
库拉索芦荟叶汁	1.9968	尿囊素	0.15
山梨酸钾	0.002	香精	0.1
苯甲酸钠	0.001	乙二胺四乙酸二钠	0.05
柠檬酸	0.0002	透明质酸钠	0.05
鲸蜡硬脂醇	2		

制备方法

(1) 水、丁二醇、甘油、黄原胶、尿囊素、乙二胺四乙酸二钠用水相锅加热待用；水相锅加热温度为 80～85℃，保温 20min。

(2) 将氢化聚癸烯、棕榈酸乙基己酯、棕榈酸异丙酯、甘油硬脂酸酯、PEG-100 硬脂酸酯、鲸蜡硬脂醇、聚二甲基硅氧烷、辛酸/癸酸甘油三酯、霍霍巴油、生育酚乙酸酯、红没药醇放入油相锅加热待用。

(3) 将步骤 (1) 所得混合物抽到真空乳化锅后将步骤 (2) 所得混合物抽到真空乳化锅，均质 3～5min，充分搅拌均匀；油相锅加热温度为 80～85℃，保温 20min。

(4) 降温至 40～45℃时，加入库拉索芦荟叶汁、山梨酸钾、苯甲酸钠、柠檬酸、用部分水稀释的抗坏血酸磷酸酯镁、苯氧乙醇、香精、透明质酸钠，充分搅拌均匀。

(5) 降温至 35～38℃，出料。

产品应用 本品使用方法：洁面后，取本品涂于面部，按摩至吸收即可。

产品特性 本品将植物提取物与美白剂复合，可有效祛除皮肤黄褐斑、雀斑、物理及化学引起的色素沉着；同时改善粗黄皮肤，实现全方位、深层次、高效安全的祛斑美白。

配方 36 含熊果苷的美白祛斑霜

原料配比

原料	配比(质量份)	原料	配比(质量份)
水	58.529	甘油硬脂酸酯	3
甘油	3	抗坏血酸磷酸酯钠	1
辛酸/癸酸甘油三酯	4	牛油果树果脂	0.5
角鲨烷	1	生育酚乙酸酯	1
鲸蜡硬脂醇	3	黄原胶	0.2
椰油基葡糖苷	3	羟苯甲酯	0.1
聚二甲基硅氧烷	3	羟苯丙酯	0.1
曲酸二棕榈酸酯	2	香精	0.05
熊果苷	2	甲基异噻唑啉酮	0.02
PEG-100 硬脂酸酯	3		

制备方法

(1) 清洗消毒水相锅、油相锅和乳化锅;

(2) 将水、甘油、椰油基葡糖苷、抗坏血酸磷酸酯钠、黄原胶和羟苯甲酯,投入水相锅中,搅拌升温到 85℃,至物料溶解均匀,备用;

(3) 将角鲨烷、辛酸/癸酸甘油三酯、曲酸二棕榈酸酯、鲸蜡硬脂醇、熊果苷、甘油硬脂酸酯、聚二甲基硅氧烷、牛油果树果脂、生育酚乙酸酯、PEG-100 硬脂酸酯和羟苯丙酯,投入油相锅中,搅拌升温到 85℃,到物料完全溶解,备用;

(4) 抽真空-0.08MPa,把水相物料抽入乳化锅中,开启搅拌,再把油相物料抽入乳化锅中,均质 5min,保温 25min,打开降温水,降温;

(5) 物料 (4) 降温至 45℃时,加入甲基异噻唑啉酮和香精,搅拌均匀;

(6) 物料 (5) 降温至 40℃时,用 200 目滤布过滤出料,得半成品;

(7) 半成品静置 3 天,经理化指标检测、微生物检测合格后,即可灌装。

产品应用 使用方法:每天使用两次,早晚清洁皮肤日常护理后,取适量均匀涂于面部,轻柔按摩至吸收。

产品特性 本品采用植物提取物与传统美白成分进行复配,解决了传统美白祛斑活性成分安全性差、刺激性大的问题,同时可以提高美白活性成分耐热、耐氧化、耐紫外线的能力,较其他美白祛斑成分更加安全、稳定、高效。同时本品还具有抗皱、抗衰老的功效,能够减少色素沉积,美白、提亮肤色,淡化色斑,预防炎症后(如紫外线辐射、痤疮、激光术后)的色素沉积,减少皮肤损伤和黑斑,融合微创手术用于预防色素沉积,对皮肤黄气也有提亮效果。

配方 37 含小叶海藻提取物美白祛斑霜

原料配比

	原料	配比（质量份）
混合物 A	甘油	4～6
	丁二醇	3～5
	黄原胶	0.1～0.3
	尿囊素	0.05～0.2
	乙二胺四乙酸二钠	0.05～0.1
	葡聚糖	1～3
	透明质酸钠	0.03～0.1
混合物 B	鲸蜡硬脂醇	1～3
	鲸蜡硬脂基葡糖苷	2～4
	环五聚二甲基硅氧烷	1～3
	环己硅氧烷	0.5～3
	棕榈酸乙基己酯	3～5
	辛酸/癸酸甘油三酯	4～6
	聚二甲基硅氧烷	1～3
	异壬酸异壬酯	4～5
混合物 C	小叶海藻提取物	0.5～3
	神经酰胺	3～8
	芍药根提取物	0.3～1
	甘草酸二甲	0.1～0.5
混合物 D	生育酚乙酸酯	0.3～0.8
	烟酰胺	1～3
	4-丁基间苯二酚	0.5～2
	沙甘多糖类	0.1～2
	3-O-乙基抗坏血酸	0.5～1
混合物 E	双羟甲基咪唑烷基脲	0.01
	碘丙炔醇丁基氨甲酸酯	0.01
水		加至 100

制备方法

（1）将混合物 A、混合物 B 分别加热到 85℃，恒温搅拌 15min；

（2）将混合物 A 加入乳化锅中，在搅拌下，将混合物 B 缓慢加入乳化锅中，均质 8min，恒温搅拌 10min，搅拌速度为 30r/min；

（3）降温到 50℃，加入混合物 C，均质 1min；

（4）继续降温到 45℃，加入混合物 D，搅拌均匀；

（5）继续降温到 40℃，加入混合物 E 和水，搅拌均匀，静置，检测合格后，灌装，包装。

产品特性 本品具有温和快速祛斑的效果，蕴含多种营养修护成分，可滋润缺水肌肤，令肌肤饱满、富有弹性。

配方 38 含维生素 E 的美白祛斑霜

原料配比

原料	配比（质量份）	原料	配比（质量份）
鲸蜡硬脂醇醚-6 和鲸蜡硬脂醇	2	羟苯甲酯	0.15
鲸蜡硬脂醇醚-25	2	甘油	5
鲸蜡硬脂醇	2.5	馨鲜酮	0.5
棕榈酸异辛酯	3	水	37.92
角鲨烷	2	卡波姆	0.25
红没药醇	0.4	D-泛醇	0.5
维生素 E	0.6	黄原胶	0.2
GTCC	5	乙二胺四乙酸二钠	0.05
羟苯丙酯	0.15	透明质酸钠	0.03
1,3-丁二醇	30	三乙醇胺	0.25
丙二醇	3	氮酮	0.3
乙二醇	3	香精	0.1
4-正丁基间苯二酚	1	色素	0.1

制备方法

（1）选取五个 500mL 的烧杯，并将五个烧杯清洗干净，然后杀菌消毒处理，然后将五个杀菌消毒处理后的烧杯分别标号 M_1、M_2、M_3、M_4 和 M_5。

（2）分别称取鲸蜡硬脂醇醚-6 和鲸蜡硬脂醇、鲸蜡硬脂醇醚-25、鲸蜡硬脂醇、棕榈酸异辛酯、角鲨烷、红没药醇、维生素 E、GTCC 和羟苯丙酯，然后依次加入反应釜内，将反应釜温度调节至 85℃，使其均匀溶解在一起，从而制成第一组分，然后将溶解后的第一组分倒入 M_1 烧杯内，以备后续使用。

（3）分别称取 1,3-丁二醇、丙二醇、乙二醇和 4-正丁基间苯二酚，然后依次加入反应釜内，将反应釜温度调节至 85℃，使其均匀溶解在一起，从而制成第二组分，然后将溶解后的第二组分倒入 M_2 烧杯内，以备后续使用。

（4）分别称取羟苯甲酯、甘油和馨鲜酮，然后依次加入反应釜内，将反应釜温度调节至 85℃，使其均匀溶解在一起，从而制成第三组分，然后将溶解后的第三组分倒入 M_3 烧杯内，以备后续使用。

（5）分别称取水、卡波姆、D-泛醇、黄原胶、乙二胺四乙酸二钠和透明质酸钠，然后将依次加入反应釜内，将反应釜温度调节至 85℃，使其均匀溶解在一起，从而制成第四组分，然后将溶解后的第四组分倒入 M_4 烧杯内，以备后续使用。

（6）分别称取三乙醇胺、氮酮、香精和色素，然后依次加入反应釜内，将反应釜温度调节至85℃，使其均匀溶解在一起，从而制成第五组分，然后将溶解后的第五组分倒入 M_5 烧杯内，以备后续使用。

（7）将 M_3 烧杯中的第三组分和 M_4 烧杯中的第四组分依次加入反应釜中，然后将反应釜温度调节至85℃，均匀搅拌混合在一起。

（8）然后依次将 M_1 烧杯中的第一组分和 M_2 烧杯中的第二组分加入（7）中的反应釜中，同时保证反应釜在85℃的温度下均匀搅拌，使第一组分和第二组分均匀地溶解在第三组分和第四组分中。

（9）接着将反应釜的温度调节至45℃，然后将 M_5 烧杯中的第五组分加入反应釜内，并通过反应釜均匀搅拌，使第五组分均匀溶解在第一组分、第二组分、第三组分和第四组分的混合物中，最后将反应釜的温度调节至38℃，并将反应釜内部的混合物取出，出料得到美白祛斑霜。

原料介绍

所述鲸蜡硬脂醇醚-6 和鲸蜡硬脂醇与鲸蜡硬脂醇醚-25 混合物用作乳化剂。

所述鲸蜡硬脂醇为十八烷醇（$C_{18}H_{38}O$）和十六烷醇（$C_{16}H_{34}O$）的固态脂肪醇的混合物。

所述 GTCC 为辛酸/癸酸和甘油酯化而成的高纯度油脂。

所述 1,3-丁二醇用于溶解所述丙二醇、乙二醇和 4-正丁基间苯二酚。

所述卡波姆为丙烯酸键合烯丙基蔗糖与季戊四醇烯丙醚的高分子聚合物。

产品特性　本品通过科学合理的配比，提高了皮肤吸收美白祛斑霜的强度，保证了美白祛斑霜能够被充分吸收。本品中的 4-正丁基间苯二酚是很强的抗氧化剂，也是良好的酪氨酸酶还原剂，能将已经氧化变色的黑色素细胞还原成浅色甚至无色，可提高产品的亮肤作用。

配方 39　含三七提取液的美白祛斑霜

原料配比

原料		配比（质量份）				
		1#	2#	3#	4#	5#
普通乳化剂	C_{12}~C_{20} 烷基葡糖苷	0.5	2.5	1	1	0.5
	硬脂醇聚醚-21	—	—	—	4.5	5.5
增稠乳化剂	聚丙烯酰胺	1.5	2.5	1	3	2
	硅弹体	1	3	3	1	2.5
油脂	牛油果树果脂油	3	5	3	5	5
	异壬酸异壬酯	2	5	4	4	4
水	低氘水	30	60	50	40	50

原料		配比（质量份）				
		1#	2#	3#	4#	5#
丁二醇		5	15	12	—	10
丙二醇		—	—	—	8	—
甘油		5	20	12	8	10
增稠剂	黄原胶	0.03	0.2	0.1	0.15	0.2
	聚丙烯酰胺	0.02	—			
三七提取液		1	8	5	2	2
蛇床子提取液		1	8	5	2	3
丹参提取液		1	8	5	2	2
寡肽-1		0.1	1	0.5	2	0.2
棕榈酰五肽-5		1	8	5	2	1
寡肽-6		0.1	2	5	0.1	0.5
神经酰胺		0.1	2	0.5	0.2	0.4
光甘草定		0.01	1	0.1	0.001	0.5
传明酸		1	8	5	1	0.5
烟酰胺		0.1	2	2	0.5	5
4-正丁基苯二酚		—	0.5	—	—	—
防腐剂	1,2-己二醇	0.1	0.1	0.4	0.2	0.5
	辛酰羟肟酸	0.1	0.2	0.4	0.2	0.5

制备方法

（1）将水、丁二醇、丙二醇、甘油和增稠剂混合，加热到80～85℃并搅拌10～20min，得到乳化液A；

（2）将普通乳化剂、硅弹体、油脂加入油锅中，加热到80～85℃并搅拌10～20min，得到油相B；

（3）将乳化液A抽往油相B中，均质10～30min，加入增稠乳化剂，均质1～3min，降温；均质采用高速均质机；

（4）降到40～45℃时加入三七提取液、蛇床子提取液、丹参提取液、寡肽-1、棕榈酰五肽-5、寡肽-6、神经酰胺、烟酰胺、光甘草定和传明酸；

（5）继续降温至36～39℃，加入1,2-己二醇和辛酰羟肟酸，搅拌10～15min，出料，陈化15～30min，检验合格后，即得美白淡斑霜。

原料介绍

所述水是D/H比值为3×10^{-5}～5×10^{-5}的低氘水。

所述防腐剂包括辛酰羟肟酸和1,2-己二醇，且二者的比例为（1～2）:1。

所述乳化剂包括：普通乳化剂和增稠乳化剂，且普通乳化剂为C_{12}～C_{20}烷基葡糖苷、硬脂醇聚醚-21、鲸蜡硬脂基葡糖苷、聚氧乙烯羊毛脂中的一种或多种，增稠乳化剂为聚丙烯酰胺。

所述的油脂为牛油果树果脂油、异壬酸异壬酯和可可油脂中异构16烷烃中的一种或几种。

所述增稠剂为黄原胶、聚丙烯酰胺中的一种或多种。

产品特性

（1）本品具有补水保湿、多肽修复及多种植物提取液的活血化瘀和清热燥湿的功效，使得整个体系的功效作用显著。

（2）本品采用了 D/H 比值为 $3 \times 10^{-5} \sim 5 \times 10^{-5}$ 的低氘水，通过减小 D/H 比值，能够有效减少所述美白祛斑霜中的毒性，提高了产品的安全性。

（3）本品含有多种寡肽和多种植物提取物，在补充肌肤水分的同时，又能及时修复受损的肌肤，让皮肤呈现白里透红，还能祛除斑纹。

配方 40　含龙头竹提取液的美白祛斑霜

原料		配比（质量份）
美白祛斑组合物	抗坏血酸四异棕榈酸酯	2
	传明酸	0.5
	烟酰胺	1.0
	龙头竹提取液	2.0
	黄瓜提取液	2.0
美白祛斑组合物		1
聚山梨醇酯-60		1.5
山梨醇酐硬脂酸酯		1.5
PEG-100 硬脂酸酯		0.75
甘油硬脂酸酯		0.75
鲸蜡硬脂醇		3
硬脂酸		0.5
辛酸/癸酸甘油三酯		4
角鲨烷		4
聚二甲基硅氧烷		2
羟苯甲酯		0.1
羟苯丙酯		0.1
丁二醇		5
甘油		5
黄原胶		0.3
海藻糖		1.0
苯氧乙醇		0.6
香精		0.2
水		68.7

制备方法

（1）将聚山梨醇酯-60、山梨醇酐硬脂酸酯、PEG-100 硬脂酸酯、甘油硬脂酸酯、鲸蜡硬脂醇、硬脂酸、辛酸/癸酸甘油三酯、角鲨烷、聚二甲基硅氧烷、羟苯甲酯和羟苯丙酯加入油相锅中，加热至75～80℃；

（2）再将丁二醇、甘油、黄原胶、海藻糖和水加入水相锅，分散均匀后，加热至75～80℃；

（3）将步骤（1）和步骤（2）的混合物料均转移至乳化锅中，均质5min，降温至45℃，再加入美白祛斑组合物、苯氧乙醇和香精，继续降温至35℃，搅拌均匀，即得美白祛斑霜。

原料介绍

所述的龙头竹提取液的提取工艺为：取龙头竹竹叶进行两次醇提，第一次加入其8倍质量的70%乙醇，第二次加入其6倍质量的70%乙醇，经过滤、浓缩至无醇味，继续浓缩至相对密度为1.2，再加入浓缩膏质量的5倍去离子水、10倍丁二醇和其质量1%的苯氧乙醇，搅拌均匀。

所述的黄瓜提取液的提取工艺为：取黄瓜清洗、切成1cm薄片，再加入其10倍质量的去离子水，20kHz超声30min后浸泡提取30min，再重复超声提取两次，过滤后，加入去离子水至提取液质量为投料量的11倍，加入苯甲酸钠为投料量的5%，搅拌至苯甲酸钠完全溶解。

产品特性

（1）本品采用植物提取物与传统美白成分进行复配，解决了传统美白祛斑活性成分安全性差、刺激性大的问题，同时可以提高美白活性成分耐热、耐氧化、耐紫外线的能力，较其他美白祛斑成分更加安全、稳定、高效，同时该组合物还具有抗皱、抗衰老的功效。

（2）本品美白祛斑效果强，安全无刺激，无细胞毒性，同时从黑色素生成以及代谢的全过程进行全方位的美白祛斑，不易反弹。

配方 41　纳米金祛斑霜

原料配比

原料	配比（质量份）		
	1#	2#	3#
魅力蜂	2	2	2
聚二甲基硅氧烷	5	5	5
霍霍巴油	3	3	3
鲸蜡硬脂醇	3	3	3
乳木果油	5	5	5
氢化卵磷脂	0.1	0.1	0.1
维生素E	0.5	0.5	0.5

续表

原料	配比（质量份）		
	1#	2#	3#
乙二胺四乙酸二钠	0.05	0.05	0.05
烟酰胺	3	3	3
甘草酸二钾	0.1	0.1	0.1
丁二醇	5	5	5
甘油	2	2	2
透明质酸钠	0.1	0.1	0.1
卡波姆	0.3	0.3	0.3
黄原胶	0.15	0.15	0.15
苯乙基间苯二酚	2	2	2
三乙醇胺	0.25	0.25	0.25
对羟基苯乙酮	0.5	0.5	0.5
己二醇	0.5	0.5	0.5
丁二醇	2	2	2
纳米金	0.01	0.1	0.3
银耳多糖	2	2	2
千叶玫瑰花水	63.44	63.35	63.15

制备方法

（1）将乙二胺四乙酸二钠、烟酰胺、甘草酸二钾、丁二醇、甘油、透明质酸钠、卡波姆、黄原胶、苯乙基间苯二酚、千叶玫瑰花水混合后放入乳化锅中加热至 70～80℃，搅拌至溶解完全。

（2）将魅力蜂、聚二甲基硅氧烷、霍霍巴油、鲸蜡硬脂醇、乳木果油、氢化卵磷脂、维生素 E 混合后加热至 70～80℃，搅拌溶解混合均匀后，倒入乳化锅中，开启均质 5min 后降温；均质速度为 600～1000r/min。

（3）降温至 45～50℃，加入三乙醇胺调节 pH 值至 6.0～7.0。

（4）将对羟基苯乙酮、己二醇、丁二醇混合搅拌溶解后加入乳化锅中搅拌均匀；搅拌的速度为 40～300r/min。

（5）将纳米金、银耳多糖依次加入乳化锅中，搅拌 30min，得到成品。搅拌的速度为 40～300r/min。

原料介绍　所述魅力蜂由聚甘油-6 二硬脂酸酯、霍霍巴酯类、聚甘油-3 蜂蜡酸酯、鲸蜡醇组成。

产品特性　本品能有效祛除色斑，效果良好。

配方 42　皮膜焕颜修护美白祛斑霜

原料配比

原料		配比（质量份）		
		1#	2#	3#
A相	C$_{20}$～C$_{22}$ 醇磷酸酯/C$_{20}$～C$_{22}$ 醇	3	2	2.5
	鲸蜡硬脂醇	2.5	1.5	2
	橄榄果油	5	3	4
	牛油果树果脂	1	3	2
	霍霍巴油	7	5	6
	硅藻土	0.5	0.5	1
	聚二甲基硅氧烷	3	1	2
	聚丙烯酸酯交联聚合物-6	0.8	0.4	0.6
B相	丁二醇	7	5	6
	海藻酸钠	0.1	0.5	0.3
	活性炭	8	12	10
	三乙醇胺	0.25	0.5	0.35
C相	当归提取物	1.5	0.5	1
	大豆提取物	0.5	1.5	1
	人参提取物	1.5	0.5	1
	灵芝提取物	1.5	0.5	1
	六肽-1	0.5	1.5	0.8
	棕榈酰五肽-5	0.5	1.5	0.5～1.5
	苯氧乙醇/乙基己基甘油	0.6	1	0.8
	香料	0.01	0.05	0.03
	水	加至100	加至100	58.42

制备方法

（1）将 A 相加热至 80～90℃，保温；

（2）将 B 相加热至 80～90℃，保温；

（3）将加热后的 A 相加入 B 相中，并加入水，搅拌分散均匀；

（4）均质 5～10min；

（5）降温并搅拌至 40～50℃形成中间混合物；

（6）向所述中间混合物中加入 C 相，搅拌均匀；

（7）降温并搅拌至室温，即得皮膜焕颜修护美白祛斑霜。

产品特性

（1）本品能够有效祛斑美白，使用效果好，且无副作用。

（2）本品制备方法简单，操作简便，且所需设备简单。

配方 43　含丝氨酸祛斑霜

原料配比

原料	配比（质量份）		
	1#	2#	3#
硫酸软骨素	10	20	30
聚丙烯酸	10	20	30
乙醇	5	13	20
蜂胶	10	20	30
丝氨酸	10	20	30
三乙醇胺	2	3	5
二甲基硅油	3	9	15
透明质酸	10	20	30
对羟基苯乙酸甲酯	0.5	2	3

制备方法

（1）将称好的硫酸软骨素、聚丙烯酸、蜂胶、丝氨酸、透明质酸、三乙醇胺置于恒温回流装置中，搅拌溶解，加入称好的乙醇，在室温下放置浸泡 10～30h；

（2）将步骤（1）所得溶液，在 60～70℃恒温回流提取 3h，冷却后减压抽滤，滤渣加适量二甲基硅油、对羟基苯乙酸甲酯继续回流 3～5h 后，过滤后合并滤液，在恒温减压下蒸发浓缩，得膏状提取物即为成品。

产品特性　本品长期使用可有效祛除面部的色斑，且能补充皮肤表面水分，起到保湿、美白的效果，且制备方法简单、安全、无任何有害的添加剂，对皮肤温和不刺激。

配方 44　含中药液祛斑霜

原料配比

原料	配比（质量份）		
	1#	2#	3#
祛斑中药液	20	35	28
阿魏酸异辛酯	0.1	10	5
维生素 C 乙基醚	0.1	5	2.5
烟酰胺	0.05	3	2
油脂	10	40	25
乳化剂	1	6	3
香精	0.1	0.5	0.3
护肤液	加至 100	加至 100	加至 100

原料		配比(质量份)		
		1#	2#	3#
祛斑中药液	冬虫夏草	1	2	1.5
	银露梅叶	3	8	6
	栀子根	2	6	4
	铁冬青树皮	1	5	3
	月季花叶	2	7	4
	榔榆皮	2	8	5
	葡萄籽	5	25	15
	川芎	5	25	16
	牡丹花	5	25	18
	桑白皮	5	30	20
	芙蓉花	5	35	25
	光果甘草	5	25	14
护肤液	荔枝水	35	45	40
	去离子水	10	20	15
	甘油	5	15	10
	土豆汁	5	15	10
	橘子汁	15	25	20
	枸杞提取液	3	7	5
油脂	矿油	6	10	8
	辛酸/癸酸甘油三酯	3	10	7
	环聚二甲基硅氧烷	4	10	7
	生育酚乙酸酯	0.5	1	0.8
	氢化聚异丁烯	2	5	4
	棕榈酸异丙酯	1～8	8	5

制备方法

(1) 将所述祛斑中药液和护肤液加入水相锅中,加热升温至 35～50℃,搅拌混合,为水相;

(2) 将阿魏酸异辛酯、维生素 C 乙基醚、烟酰胺、油脂和乳化剂加入油相锅,搅拌加热至 80～85℃,分散完全后抽入乳化锅,为油相;

(3) 把水相锅中的物料经过滤网缓慢抽入乳化锅内进行乳化,乳化 15～40min,开循环水降温,保持搅拌和抽真空消泡;

(4) 降温至 45℃,加入香精,搅拌均匀,继续降温至 38℃时,出料,即得所述祛斑霜。

原料介绍

所述祛斑中药液的制备方法为:将所述原料混合均匀后粉碎成细末放入煎药器具内,加入洁净水(加水量超过药面 2～3cm);浸泡 0.5h,使其充分湿润;用武火煮沸后改用文火煎熬 30min,除去药渣,取药液即得所述祛斑中药液。

所述枸杞提取液的制备方法为：将新鲜的枸杞用清水洗净，用纱布包裹，浸入去离子水和体积分数为52％的白酒混合液中，其中枸杞、去离子水和乙醇的质量比为1：2：2，浸泡48h后将包裹枸杞的纱布取出，即得所述枸杞提取液。

所述护肤液的制备方法为：按所需的质量份将荔枝水、去离子水、甘油、土豆汁、橘子汁和枸杞提取液在常温下混合均匀后，静置3h，取上清液即得所述护肤液。

产品特性 本品应用中西医结合的理论，在祛斑霜中添加了多种中药材提取的植物活性成分，使祛斑霜具有很强的抗氧化作用，且为小分子物质，更容易渗入皮肤而被皮肤所吸收，不仅可以提高皮肤代谢、促进皮肤血液循环、增加皮肤营养，而且可有效地去除自由基，消除色素沉淀，淡化皮肤出现的皱纹和色斑，使皮肤更加细腻、光滑、嫩白和富有弹性。同时能够调节人体的内分泌系统，修复由于激素等化学成分对皮肤造成的损伤，从而达到全面快速、标本兼治的效果。采用的护肤液为纯天然产品，制备工艺简单，配方科学合理，原料易得，能协助消除雀斑和美白肌肤，使皮肤更加水润有弹性，防止雀斑的再次产生。本品不含对人体有毒有害的物质，安全有效。

配方 45 含有机锗祛斑霜

原料配比

原料	配比（质量份）		
	1#	2#	3#
有机锗	20	30	35
维生素 C	8	11	14
维生素 E	6	12	15
甘油	6	8	10
白凡士林	10	15	20
液体石蜡	5	8	12
三乙醇胺	4	12	18
丙二醇	6	8	10
羊毛脂	2	6	8
尼泊金甲酯	3	5	7
硬脂酸	8	12	15
去离子水	30	35	40
香精	1	3	5

制备方法 先将有机锗溶于去离子水中，用40％的NaOH溶液调至中性后，加甘油、维生素C、三乙醇胺、丙二醇、尼泊金甲酯，搅拌均匀，然后加温至80℃后，慢慢转入同温的硬脂酸、白凡士林、液体石蜡、羊毛脂、维生素E的混合液中，最后加入香精，不断搅拌，乳化后慢慢冷却至室温即可。

产品特性　本品以有机锗为主要原料，便于人体皮肤吸收，具有祛斑、增白效果，色泽乳白，香气纯正，是一款具有实用价值的护肤品。

配方 46　含黄芩根提取物祛斑霜

原料配比

原料	配比（质量份）				
	1#	2#	3#	4#	5#
黄芩根提取物	0.01	0.04	0.08	0.01	0.1
甘草根提取物	0.005	0.007	0.1	1	0.8
葡萄籽提取物	0.005	0.1	0.2	0.05	0.1
辅酶	0.001	0.0005	0.0008	0.001	0.002
油橄榄果油	3	6	4	2	8
生育酚乙酸酯	0.05	0.08	1	0.5	0.06
熊果苷	2	7	4	5	3
抗坏血酸磷酸酯镁	2	4	6	7	4
霍霍巴油	1	4	2	1	3
棕榈酸异丙酯	4	8	2	6	5
甘油	5	2	8	4	5
环聚二甲基硅氧烷	5	5	3	2	3
丙二醇	3	5	9	7	4
甘油硬脂酸酯	4.8	2	5	6	7
双咪唑烷基脲	0.3	0.1	0.5	0.2	0.3
羟苯甲酯	0.2	0.1	0.2	0.4	0.3
羟苯丙酯	0.1	0.14	0.05	0.12	0.1
硬脂酸	3	5	2	3	4
十八烷醇	3.5	5	2	4	6
$C_9 \sim C_{15}$ 醇磷酸酯钾	3	2	5	4	6
香精	0.2	0.5	0.8	1	0.1
去离子水	加至 100	加至 100	加至 100	加至 100	加至 100

制备方法

（1）将去离子水、甘油、丙二醇、$C_9 \sim C_{15}$ 醇磷酸酯钾和羟苯甲酯混合，得 A 相，将 A 相加热至 80℃。

（2）将环聚二甲基硅氧烷、甘油硬脂酸酯、棕榈酸异丙酯、十八烷醇、油橄榄果油、霍霍巴油、硬脂酸、羟苯丙酯和生育酚乙酸酯混合，得 B 相，将 B 相加热至 80℃。

（3）将步骤（2）中加热后的 B 相加入步骤（1）中的 A 相中，均质 5min，然后再保温搅拌 20min，冷却至 40℃；然后加入熊果苷、抗坏血酸磷酸酯镁、双咪唑烷基脲、香精、黄芩根提取物、甘草根提取物、葡萄籽提取物和辅酶，搅拌均匀，冷却至35℃，即得。

原料介绍

所述的黄芩根提取物由以下提取所得：将黄芩根清洗粉碎，然后加入水中浸泡1.5h，过滤，得第一过滤液；将黄芩根再次浸泡在水中1.5h，过滤，得第二过滤液；将第一过滤液和第二过滤液混合，减压浓缩，喷雾干燥；将所得粉末粉碎过80目筛，得黄芩根提取物。

所述的甘草根提取物由以下提取所得：将甘草根清洗粉碎，然后加入水中浸泡1.5h，过滤，得第一过滤液；将甘草根再次浸泡在水中1.5h，过滤，得第二过滤液；将第一过滤液和第二过滤液混合，减压浓缩，喷雾干燥；将所得粉末粉碎过80目筛，得甘草根提取物。

所述的葡萄籽提取物由以下提取所得：将葡萄籽磨粉，然后加入水中浸泡1.5h，过滤，得第一过滤液；将葡萄籽再次浸泡在水中1.5h，过滤，得第二过滤液；将第一过滤液和第二过滤液混合，减压浓缩，喷雾干燥；将所得粉末粉碎过80目筛，得葡萄籽提取物。

产品应用　使用时，每日早晚均匀涂抹于面部及颈部。

产品特性

（1）根据东方人肤质特性，选择具有抑制酪氨酸酶活性、淡化色斑功效的植物为原料，制备过程中，常温浸泡，不会破坏有效成分。所含的植物萃取精华，一方面能够减缓黑色素细胞的活性，修复受损肌肤，去除表皮色素沉着，淡化色斑；另一方面，能补充肌肤所需能量，养护肌肤，令肌肤由内而外地得到改善。

（2）本品无副作用，在祛斑的同时，可以作为护肤品长期使用。

配方 47　含红花与栀子提取物祛斑霜

原料配比

	原料	配比（质量份）
Ⅰ相	乳化剂 OW340B	5
	自乳化单硬脂酸甘油酯	5
	十八烷醇	2.5
	乳化剂 E-Inspire	2
	羟苯丙酯	0.06
	硬脂酸	2.5
	硅油	1.5
	霍霍巴油	1
	维生素 E	1.5

原料		配比（质量份）
Ⅰ相	月桂氮卓酮	2
	抗氧化剂 BHT	0.02
	液体石蜡	8
	肉豆蔻异丙酯	4
Ⅱ相	丁二醇	5
	NMF-50	5
	羟苯甲酯	0.12
	乙二胺四乙酸二钠	0.05
	尿囊素	0.3
	红花与栀子提取物	10
	枸橼酸	0.05
	水	29.6
Ⅲ相	水溶维生素 C 磷酸酯	0.2
	氢醌	2
	丙二醇	5
	亚硫酸氢钠	0.5
	灵芝提取液	5
	甘草黄酮	5
Ⅳ相	香精	0.3
	杰马 BP	0.3

制备方法

（1）称取各组分；

（2）将Ⅰ相、Ⅱ相分别加热至 80℃，将Ⅰ相组分加入Ⅱ相组分中，均质 3min；

（3）搅拌下降温至 60℃时加入甘草黄酮，降温至 45℃时，加入Ⅲ相其余组分和Ⅳ相组分，继续搅拌至 36℃，即得成品。

产品应用　本品能用于黄褐斑、色素沉着斑等的祛除。

产品特性　本品能够抑制酪氨酸酶的合成，进而减少黑色素形成，有效祛斑、美白。

配方 48　含草药精华液祛斑霜

原料配比

原料		配比（质量份）
草药	人参花	100
	白茯苓	65～75
	牡丹花	40～55
	杏仁	90～100
	白芷	50～70
	莲心	30～40

续表

原料		配比(质量份)
草药精华液	草药	100
	乙醇	400
油相	辛酸/癸酸甘油三酯	100
	环聚二甲基硅氧烷	28～36
	甘油	9～14
	草药精华液	30～36
水相	1,3-丁二醇	100
	磷酸胆碱	3～5
	三乙醇胺	6～10
	烷基糖苷	12～18
	水	40～50
水相		100
油相		70～85
延命素		2～4
粳芯		1.8～2.5
金盏素		3～6

制备方法

(1) 将草药粉碎,接着置于乙醇中煎煮,然后过滤取滤液,最后将滤液蒸馏以去除乙醇而制得草药精华液;煎煮温度为 120～140℃,煎煮时间为 2～4h。蒸馏通过旋转蒸馏的方式进行。

(2) 将辛酸/癸酸甘油三酯、环聚二甲基硅氧烷、甘油和草药精华液进行加热形成油相;加热温度为 80～90℃,加热时间为 1.5～2h。

(3) 将 1,3-丁二醇、磷酸胆碱、三乙醇胺、烷基糖苷和水进行加热形成水相;加热温度为 80～90℃,加热时间为 1.5～2h。

(4) 将水相加入至油相中并搅拌,接着冷却,然后加入延命素、粳芯、金盏素搅拌以制得祛斑霜;冷却采用自然冷却的方式进行,且冷却结束后体系的温度为 15～25℃。

产品特性　该祛斑霜能够改善皮肤锁水能力,具有优异的祛斑效果,同时祛斑霜具有优异的稳定性,能够长期储存,进而使得其具有更有益的实用性。另外,该制备方法具有工序简单和原料易得的优点。

配方 49　含草药祛斑霜

原料配比

原料		配比(质量份)
草药	金银花	100
	合欢花	65～75
	当归	40～55

原料		配比（质量份）
草药	杏仁	90～100
	白芷	50～70
	莲心	30～40
草药精华液	草药	100
	乙醇	400
油相	辛酸/癸酸甘油三酯	100
	鲸蜡硬脂醇	28～36
	蓝蓟油	9～14
	草药精华液	30～36
水相	1,3-丁二醇	100
	磷酸胆碱	3～5
	三乙醇胺	6～10
	烷基糖苷	12～18
	水	40～50
水相		100
油相		70～85
延命素		2～4
粳芯		1.8～2.5
金盏素		3～6

制备方法

（1）将草药粉碎，接着置于乙醇中煎煮，然后过滤取滤液，最后将滤液蒸馏以去除乙醇而制得草药精华液；粉碎后的草药平均粒径为 3～8μm。煎煮温度为 120～140℃，煎煮时间为 2～4h。

（2）将辛酸/癸酸甘油三酯、鲸蜡硬脂醇、蓝蓟油和草药精华液进行加热形成油相；加热温度为 80～90℃，加热时间为 1.5～2h。

（3）将 1,3-丁二醇、磷酸胆碱、三乙醇胺、烷基糖苷和水进行加热形成水相；加热温度为 80～90℃，加热时间为 1.5～2h。

（4）将水相加入至油相中并搅拌，接着冷却，然后加入延命素、粳芯、金盏素搅拌以制得祛斑霜；冷却采用自然冷却的方式进行，且冷却结束后体系的温度为 15～25℃。

产品特性　该祛斑霜能够改善皮肤锁水能力，具有优异的稳定性，能够长期储存。

配方 50　含银杏提取物祛斑霜

原料配比

原料	配比（质量份）		
	1#	2#	3#
甘油	4	8	6

原料	配比（质量份）		
	1#	2#	3#
丙二醇	1.5	5	3
矿油	1	5	3
辛酸/癸酸甘油三酯	4	8	6
α-熊果苷	0.5	1.5	1
烟酰胺	0.2	0.8	0.5
鲸蜡硬脂醇	1	3	2
山梨醇酐硬脂酸酯	0.2	0.6	0.5
甘油硬脂酸酯	0.5	1.5	1
PEG-100 硬脂酸酯	1	2	1.5
异十六烷	3	6	5
丙烯酸钠/丙烯酰二甲基牛磺酸钠共聚物	1	1.8	1.5
甜菜碱	2	4	3
维生素 E	0.1	0.3	0.2
透明质酸钠	0.02	0.1	0.06
水	80	53	66
羟苯甲酯	0.01	0.01	0.01
双(羟甲基)咪唑烷基脲	0.05	0.05	0.05
香精	0.001	0.001	0.001
着色剂(CI19140)	0.0001	0.0001	0.0001
银杏提取物	0.5	1.5	1
蛇婆子提取物	0.5	1.5	1
洋甘菊提取物	0.5	1.5	1
黄芩提取物	0.5	1.5	1

制备方法

（1）将水、甘油、丙二醇、甜菜碱、透明质酸钠混合后，搅拌并升温至 80～90℃，得到水相。

（2）将矿油、辛酸/癸酸甘油三酯、鲸蜡硬脂醇、山梨醇酐硬脂酸酯、甘油硬脂酸酯、PEG-100 硬脂酸酯、异十六烷、丙烯酸钠/丙烯酰二甲基牛磺酸钠共聚物、维生素 E 混合后，搅拌并升温至 80～90℃，得到油相。

（3）真空下，将所述油相加入所述水相，均质，得到乳状物；均质的速度为 3000～4000r/min，均质的时间为 4～6min。所述均质完毕后，再以 10～15r/min 的转速搅拌 10～20min。

（4）将所述乳状物降温至 40℃以下，然后依次加入 α-熊果苷、烟酰胺、银杏提取物、蛇婆子提取物、洋甘菊提取物、黄芩提取物、防腐剂、香精和着色剂，搅拌均匀，即得所述祛斑霜。

原料介绍　所述防腐剂为羟苯甲酯和双（羟甲基）咪唑烷基脲的混合物。

产品特性

（1）本品能够作用于黑色素形成过程中多个位点上的反应链，从而达到有效祛斑的作用。

（2）本品成分天然，安全无刺激，兼具保湿作用。

配方 51 紧肤祛斑霜

原料配比

原料	配比（质量份）		
	1#	2#	3#
人参	5	7	8
斑茅	8	9	10
熊果苷	5	12	15
红景天	7	10	14
白茯苓	7	9	10
胶原蛋白	5	7	8
透明质酸钠	6	8	10
维生素 E	5	6	7
蓝蓟油	5	6	7
氨基酸保湿剂	5	6	7
70%～95%的乙醇	适量	适量	适量
去离子水	适量	适量	适量

制备方法 首先按质量份计称取人参 5～8 份、斑茅 8～10 份、熊果苷 5～15 份、红景天 7～14 份、白茯苓 7～10 份，装在同一个容器内，加一定体积的质量分数为 70%～95% 的乙醇密封，浸泡 3～4 天后，过滤，取过滤液；然后再加适量去离子水于容器内，其中去离子水与草药的体积质量比为（2∶1）～（4∶1），先用武火煮沸，然后再用文火煎 10～30min，冷却至常温，过滤取过滤液；接着合并两次过滤液，混合均匀，浓缩为原体积的 1/3 后，将浓缩液加入真空乳化锅，搅拌的同时将 5～8 份胶原蛋白、6～10 份透明质酸钠、5～7 份维生素 E、5～7 份蓝蓟油、5～7 份氨基酸保湿剂加入真空乳化锅，均质 2～7min，在 65～75℃ 保温搅拌 10～30min 消泡；最后杀菌、密封包装即可。

原料介绍

所述乙醇与草药的体积质量比为 10∶1。

所述去离子水与草药的体积质量比为 3∶1。

产品特性 本品不仅具有较好的祛斑效果，而且能够紧致皮肤、使皮肤充满弹性、促进肌肤新生。

配方 52 含甘草黄酮祛斑霜

原料配比

原料	配比（质量份）			
	1#	2#	3#	4#
水	64	65	64.53	64.53
甘油	4.9	5.1	5	5
辛酸/癸酸甘油三酯	3.9	4.1	4	4
鲸蜡硬脂醇	3.9	4.1	4	4
壬二酰二甘氨酸钾	2.9	3.1	3	3
棕榈酸异丙酯	2.9	3.1	3	3
丙二醇	2.9	3.1	3	3
霍霍巴油	1.9	2.1	2	2
曲酸二棕榈酸酯	1.9	2.1	2	2
鲸蜡硬脂醇聚醚-21	1.9	2.1	2	2
鲸蜡硬脂醇聚醚-2	1.5	1.5	1.5	1.5
矿脂	1.5	1.5	1.5	1.5
3-O-乙基抗坏血酸	1	1	1	1
牛油果树果脂油	0.5	0.5	0.5	0.5
乙二胺四乙酸二钠	0.5	0.5	0.5	0.5
甘草黄酮	0.5	0.5	0.5	0.5
生育酚乙酸酯	0.3	0.3	0.3	0.3
黄芩提取物	0.2	0.2	0.2	0.2
pH 调节剂	0.7	0.7	0.7	0.7
羟苯甲酯	0.15	0.15	0.15	0.15
羟苯丙酯	0.15	0.15	0.15	0.15
亚硫酸氢钠	0.15	0.15	0.15	0.15
白花春黄菊花油	0.02	0.02	0.02	0.02
防腐剂	0.3	0.3	0.3	0.3

制备方法

（1）分别称取矿脂、鲸蜡硬脂醇、辛酸/癸酸甘油三酯、棕榈酸异丙酯、霍霍巴油、牛油果树果脂油、鲸蜡硬脂醇聚醚-21、鲸蜡硬脂醇聚醚-2、羟苯甲酯以及羟苯丙酯依次加入油相锅中，升温至75℃，混合搅拌熔化均匀，加入曲酸二棕榈酸酯，继续搅拌溶解均匀，得油相A；

（2）分别称取水和丙二醇，然后在水相锅中加入大部分水和部分丙二醇，再加入甘油、pH 调节剂和乙二胺四乙酸二钠，升温至80℃，搅拌溶解均匀，加入壬二酰二甘氨酸钾、3-O-乙基抗坏血酸和黄芩提取物，搅拌溶解均匀，得水相B；

（3）依次将步骤（1）得到的油相A与步骤（2）得到的水相B抽入乳化锅中，均质，搅拌，得混合料C；

（4）按照质量份称取亚硫酸氢钠并用步骤（2）中剩余的水进行溶解，得亚硫酸氢钠溶液，备用；

（5）按照质量份称取甘草黄酮并用步骤（2）中剩余的丙二醇进行溶解，得甘草黄酮溶液，备用；

（6）待乳化锅温度降至50℃时，依次加入生育酚乙酸酯、步骤（4）得到的亚硫酸氢钠溶液、步骤（5）得到的甘草黄酮溶液、防腐剂和白花春黄菊花油，搅拌混合均匀，得混合料D；

（7）将步骤（6）得到的混合料D继续搅拌至40℃，即得。

原料介绍

所述pH调节剂为柠檬酸钠与柠檬酸的混合物，且柠檬酸钠与柠檬酸按照质量比为5∶2的比例混合；通过采用柠檬酸钠与柠檬酸的混合物作为pH调节剂，添加后可使产品的pH值更接近皮肤。

所述防腐剂可以选用丙二醇、双（羟甲基）咪唑烷基脲以及羟苯甲酯。

产品特性

（1）本品可以起到全效祛斑美白作用，对黑色素沉积与增生造成的皮肤黑斑、雀斑、黄褐斑、晒斑、色沉、暗黄等具有显著的祛除功效；

（2）本品采用全方位的配方组合，发挥多组分美白祛斑活性成分的多功效作用，从外部对紫外线进行防护，到内部抑制黑色素的生成、提高细胞更新能力、降低色素沉积和促进表皮细胞脱落，直至增强皮肤细胞自身免疫力、提高皮肤弹性及新陈代谢等，使肌肤健康自然白皙。

配方 53　人参美白祛斑霜

原料配比

原料	配比（质量份）	原料	配比（质量份）
人参提取物	15	卡波树脂	0.3
竹叶提取物	15	三乙醇胺	0.8
槐角提取物	20	表皮生长因子	2
角鲨烷	6	去离子水	65
异辛酸异辛酯	5	香精	0.3
维生素E	3	防腐剂	0.4
霍霍巴油	3	色素	0.02
甘油	10		

制备方法

（1）将人参提取物、竹叶提取物、槐角提取物原料经粉碎、浸泡、过滤、脱色和浓缩处理，加入去离子水加热至75℃使其溶解；

（2）将角鲨烷、异辛酸异辛酯、维生素 E、霍霍巴油、甘油混合拌匀后，放入油相罐内加热至 75～80℃，恒温灭菌 20min±5min；

（3）将卡波树脂、三乙醇胺、表皮生长因子原料混合加入去离子水中溶解；

（4）将步骤（1）、步骤（2）和步骤（3）的物料在乳化器中混合乳化，当温度降至 45℃时加入香精、防腐剂和色素，进行调色和调香，分装即可。

产品应用　本品用于面部的美白祛斑。

产品特性　本品对皮肤无刺激性，使用后明显感到舒适、柔软，无油腻感，具有明显的养颜抗衰老、淡化祛斑的效果。

配方 54　天然祛斑霜

原料配比

原料	配比（质量份）		
	1#	2#	3#
僵蚕	20	35	50
白术	30	45	60
白醋	40	60	80
茯苓	26	37	48
山柰	10	15	20
白丁香	21	30	38
硼砂	15	21	27
石膏	12	19	26
滑石	16	22	26
冰片	10	13	16
牛乳	20	27	34
乙醇	8	12	16
珍珠粉	13	20	29
冬瓜	5	8	11
去离子水	适量	适量	适量

制备方法

（1）取僵蚕 20～50 份并挑选个体较大的放入碾磨机内，通过碾磨机将其碾磨成 50 目的粉末，备用；

（2）取白术 30～60 份和白醋 40～80 份，先将白术洗干净，并将根茎切成薄片状，然后将白醋倒入白术薄片内浸泡 1 天，备用；

（3）将步骤（2）制得的醋制白术取出，然后通过自然晾干，在太阳和通风的情况下干燥僵硬，然后通过碾磨机将其碾磨成 50 目的粉末，备用；

（4）取茯苓 26～48 份、山柰 10～20 份和白丁香 21～38 份，将茯苓和山柰洗净并将外皮刮去，白丁香洗净截断，然后通过捣药器将其捣成沫状，并通过萃取装置将茯苓、山柰和白丁香的精华分别萃取出来，加入硼砂15～27份，石膏12～26份和滑石16～26份去除杂质，然后通过碾磨机将其碾磨成50目的粉末，备用；

（5）取冰片10～16份、牛乳20～34份、乙醇8～16份和珍珠粉13～29份，将冰片、珍珠粉混合加入牛乳中，并搅拌均匀，然后添加乙醇缓慢搅拌，使得乙醇渗入牛乳混合物中，备用；

（6）取冬瓜5～11份，将冬瓜内的瓤取出，去除冬瓜子并清洗干净，然后将冬瓜瓤制成积液，备用；

（7）将步骤（1）、步骤（3）、步骤（4）、步骤（5）和步骤（6）制得的材料添加适量的去离子水混合搅拌，使得各种材料皆均匀相融制得祛斑成品，备用；

（8）将步骤（7）制得祛斑成品放入冰箱，通过冰箱的制冷作用将祛斑霜凝结在一起形成祛斑乳霜，即可使用。

产品特性　通过天然的中药植物和天然辅助材料制成的祛斑霜，能够有效地对皮肤进行消毒祛斑，清爽皮肤的同时又能促进皮肤的新陈代谢，此外，在祛斑的同时还能美白养颜，起到祛斑美白合一的作用。

配方 55　无水祛斑霜

原料配比

原料	配比（质量份）		
	1#	2#	3#
环五聚二甲基硅氧烷	8	8	8
角鲨烷	5	5	5
PEG-10 聚二甲基硅氧烷	1.5	1.5	1.5
维生素 E	1	1	1
异壬酸异壬酯	5	5	5
光甘草定	0.5	0.5	0.5
玫瑰花水	55.7	54.9	50.9
纳米金	0.2	1	5
苦参提取物	5	5	5
烟酰胺	3	3	3
甘油	6	6	6
银耳提取物	3	3	3
马齿苋提取物	1	1	1
甘草酸二钾	0.3	0.3	0.3
氯化钠	0.8	0.8	0.8
丁二醇	3	3	3
对羟基苯乙酮	0.5	0.5	0.5
辛酰羟肟酸	0.5	0.5	0.5

制备方法

（1）将环五聚二甲基硅氧烷、角鲨烷、PEG-10 聚二甲基硅氧烷、维生素 E、异壬酸异壬酯、光甘草定加入乳化锅中，搅拌均匀得到第一混合物；搅拌速度为 50～80r/min，搅拌时间为 15min。

（2）将玫瑰花水、纳米金、苦参提取物、烟酰胺、甘油、银耳提取物、马齿苋提取物、甘草酸二钾、氯化钠加入水相锅中，搅拌至完全均匀得到第二混合物；搅拌速度为 45～60r/min，搅拌时间为 15min。

（3）将丁二醇加入器具中，加热至 70℃，加入对羟基苯乙酮，搅拌至完全溶解，降温至 40℃，加入辛酰羟肟酸，搅拌均匀得到第三混合物；搅拌速度均为 45～60r/min，搅拌时间均为 20min。

（4）将第三混合物加至第二混合物中，搅拌均匀得到第四混合物；搅拌速度为 45～60r/min，搅拌时间为 15min。

（5）将第四混合物缓慢加至乳化锅中与第一混合物混合，以 100～200r/min 的速度搅拌至包裹完全，包裹完全后将搅拌速度调至 500～1000r/min，搅拌 20min，均质乳化完成，得到成品。

产品特性　本品具有祛斑效果及稳定性良好、刺激性小的优点。

配方 56　虾青素和茶皂素复合的祛斑霜

原料配比

原料		配比（质量份）					
		1#	2#	3#	4#	5#	6#
虾青素		15	10	20	15	10	20
茶皂素		15	10	20	15	10	20
维生素	维生素 E	0.5	—	0.4	0.5	0.2	0.4
	维生素 A	0.5	—	0.4	0.5	0.2	0.4
	维生素 C	0.5	0.2	0.4	0.5	—	0.4
	维生素 D	—	0.2	0.4	—	—	0.4
	维生素 B_1	—	0.2	0.4	—	0.2	0.4
	维生素 B_{12}	—	0.2	—	—	0.2	—
氨基酸或其衍生物	甘氨酸	1	—	—	1	—	—
	聚谷氨酸	—	1	—	—	1	—
	谷氨酸	1	—	—	—	—	—
	谷胱甘肽	—	—	3	—	—	3
	青金石粉末	—	—	—	1	—	—
	海南假韶子	—	—	—	—	30	—
	平当树	—	—	—	—	—	80
益母草		60	40	80	60	40	80

续表

原料		配比（质量份）					
		1#	2#	3#	4#	5#	6#
仙茅		40	30	50	40	30	50
灰岩紫地榆		40	30	50	40	30	50
医用凡士林		300	150	450	300	150	450
植物油	大豆油	150	—	—	150	—	—
	花生油	—	40	—	—	40	—
	火麻油	—	40	—	—	40	—
	玉米胚芽油	—	—	100	—	—	100
	芝麻油	—	—	100	—	—	100
去离子水		700	500	800	700	500	800

制备方法

（1）取益母草新鲜叶片 40～80 份，仙茅新鲜根茎 30～50 份，灰岩紫地榆新鲜叶片 30～50 份，清洗干净，放入液氮中冻干，捞出，研磨，加入 300～800 份水混匀，300r/min 离心 15min，取上清液，活性炭过滤脱色，蒸干，得白色粉末备用；

（2）将步骤（1）制备的白色粉末加入 80～200 份植物油中，搅拌均匀，升温至 40～50℃，加入医用凡士林 150～450 份，搅拌均匀；

（3）降温至 20～25℃，加入虾青素 10～20 份，茶皂素 10～20 份，维生素 0.8～2 份，氨基酸或其衍生物 1～3 份，搅拌均匀，制成祛斑霜。

产品特性　本品对于黄褐斑的祛除有很好的疗效，治愈率高，且治愈后复发率低，无任何毒副作用。本品制备方法简单，保存时间长，适合大规模化量产。

配方 57　仙人掌美白祛斑霜

原料配比

原料	配比（质量份）			
	1#	2#	3#	4#
百利	2	4	5	7
泽泻	2	4	5	7
白茯苓	2	4	5	7
白蔹	2	4	5	7
赤芍	2	4	5	7
川芎	2	4	5	7
牡丹皮	2	4	5	7
珍珠粉	2	4	5	7
乳化剂	5	7	9	10
白醋	15	20	25	30

原料	配比(质量份)			
	1#	2#	3#	4#
离子抗菌剂	5	7	9	10
玻尿酸	5	7	9	10
核桃油	10	17	23	3
仙人掌滤液	5	10	15	20
百合花纯露	10	30	45	60
矿泉水	10	30	45	60

制备方法

(1) 将百利、泽泻、白茯苓、白蔹、赤芍、川芎、牡丹皮分别研磨至粉末状态，其中加入 5 倍等份的矿泉水并经 200 目过滤网过滤，所得混合过滤液搅至均匀后加入白醋，加热温度到 25～40℃，析出蛋白沉淀，然后加入玻尿酸、百合花纯露、仙人掌滤液、离子抗菌剂，调节 pH 至 6.5～7.5，冷却至常温后即可得到祛斑组合液。

(2) 加热祛斑组合液至 30～50℃并放入乳化剂，继续加热，同时加热核桃油至 30～50℃，待乳化剂完全融化后将核桃油慢慢倒入其中并进行顺时针搅拌，离开热源搅拌 2～5min 后加入珍珠粉，继续搅拌至成为绵密的奶油状即停止，冷却至常温后灌装，即可得到仙人掌美白祛斑霜。

原料介绍

所述的仙人掌滤液由仙人掌去刺并用去离子水洗净擦干，加入 5 倍等份的矿泉水一起粉碎用 300 目过滤网过滤所得。

所述矿泉水是硬度达到 100mg/L（以 $CaCO_3$ 计）以上的水。

所述离子抗菌剂为银离子抗菌剂。

产品特性 本品制备方法简单方便，且快速实用。本品可有效缓解色斑，美白祛斑效果显著，且安全无刺激无残留。

配方 58　营养护肤祛斑霜

原料配比

原料	配比(质量份)	原料	配比(质量份)
聚乙二醇-400	67.3	去离子水	10
对苯二酚	2	亚硫酸氢钠	2
维生素 C	2	SM 凝胶	8
维生素 E	0.5	N,N-二甲氨基乙酸月桂醇酯	5
二氧化钛	3	防腐剂	0.2

制备方法 取聚乙二醇-400溶剂，水浴加热至100℃，在搅拌状态下依次加入对苯二酚、维生素C、维生素E和二氧化钛；将亚硫酸氢钠溶入去离子水中，然后将水溶液加入聚乙二醇-400溶剂中，搅拌均匀；在搅拌均匀的溶液内加入SM凝胶，强力搅拌1~1.5h，使凝胶完全化开；将溶液冷却至25℃下，加入N,N-二甲氨基乙酸月桂醇酯和防腐剂，高速强力搅拌30~45min后，即获得产品。

原料介绍 所述的防腐剂由尼泊金甲酯、尼泊金乙酯、尼泊金丙酯和尼泊金丁酯按70:10:10:10的比例混合配制而成。

产品应用

使用方法：取少量护肤祛斑霜涂抹于患处，充分揉搓，使局部皮肤发热，0.5h后，再涂抹一次，每日3~4次。儿童慎用。

产品特性 本品用N,N-二甲氨基乙酸月桂醇酯与维生素C、维生素E、对苯二酚及二氧化钛等生物活性成分配合，形成了新型的护肤祛斑制剂，它能够以高于传统用剂5~6倍的速度通过上皮屏障到达作用部位，其药物配方使用安全方便、效果明显、无毒副作用、无皮肤刺激和过敏现象发生。

配方 59　植物酸美白祛斑霜

原料配比

原料	配比（质量份）			
	1#	2#	3#	4#
PEG-20甲基葡萄糖苷倍半硬脂酸酯	0.5	1	1.5	2
甲基葡萄糖聚氧乙烯醚倍半硬脂酸酯	0.5	0.6	0.8	1
辛酸/癸酸甘油三酯	0.5	0.7	0.9	1
十六十八醇	0.5	1	1.5	2
异构二十烷	4	5	7	8
角鲨烷	4	6	7	8
牛油果树果脂油	3	3.5	4	5
鲸蜡硬脂醇	2	2.2	2.4	2.5
维生素E	0.5	0.7	0.9	1
透明质酸钠	0.05	0.06	0.09	0.1
甘油	3	3.5	4.5	5
甘醇酸	2	2.4	2.8	5
α-熊果苷	3	4	4.5	5
白术粉	0.5	0.6	0.8	1
氯化钠	0.4	0.5	0.7	0.8
青梅提取物	8	8.5	9	10
北美金缕梅提取物	10	12	14	15

续表

原料	配比(质量份)			
	1#	2#	3#	4#
金黄洋甘菊提取物	10	11	13	15
库拉索芦荟提取物	5	6	7	8
辛酰羟肟酸	0.4	0.5	0.7	0.8
去离子水	加至100	加至100	加至100	加至100

制备方法 将 PEG-20 甲基葡萄糖苷倍半硬脂酸酯、甲基葡萄糖聚氧乙烯醚倍半硬脂酸酯、辛酸/癸酸甘油三酯、十六十八醇、异构二十烷、角鲨烷、牛油果树果脂油、鲸蜡硬脂醇和维生素 E 归类为油相,将透明质酸钠、甘油、甘醇酸、α-熊果苷、白术粉、氯化钠、青梅提取物、北美金缕梅提取物、金黄洋甘菊提取物、库拉索芦荟提取物和去离子水归类为水相。油相和水相在不同的加热锅中搅拌加热至 80~85℃ 并保持 30~35min(该步骤的目的是溶解固化物及杀菌,固化物溶解后可与液态原料更好地结合),搅拌速度为 20~25r/min;将油相溶解液抽入水相中均质乳化,均质乳化时间为 4~6min,均质乳化速度为 32~36r/min(均质乳化的目的是将油相和水相中的小分子产物结合在一起);均质乳化后以 10~15r/min 的速度搅拌,待温度降至 42~48℃ 时加入辛酰羟肟酸(将辛酰羟肟酸均匀混合在混合液中,可起到防腐抗菌抑菌作用),继续以 10~15r/min 的速度搅拌4~6min 即可出料。

产品特性 本品以青梅提取物作为主要美白祛斑成分,配合其余植物美白祛斑精华,美白祛斑修复效果极佳;本品不添加任何有害化学物质,美白祛斑的同时达到保湿、抗皱抗衰老和促进细胞代谢的效果;本品安全稳定无刺激,适合各种肤质的人群使用,性价比高、绿色环保。

配方 60 草药美白祛斑霜

原料配比

原料		配比(质量份)			
		1#	2#	3#	4#
草药提取液		50	20	30	50
乳化剂		5	15	7	5
保湿剂		10	10	8	10
滋补剂		15	20	15	15
增稠剂	氯化钠	0.5	0.5	1	0.5
珠光剂		9	3	3	9
香精		0.5	0.2	0.5	0.5
水		10	41.3	35.5	10

原料		配比（质量份）			
		1#	2#	3#	4#
草药提取液	新鲜白及块茎	10	6	10	10
	白术根茎	7	9	7	7
	白芷根茎	6	10	6	6
	白茯苓根茎	12	7	12	12
	白蔹根茎	6	9	6	6
	白豆蔻	7	10	15	7
	白附子块茎	7	8	7	7
	积雪草	4	5	4	4
	溶剂	适量	适量	适量	适量
乳化剂	甘油脂肪酸酯	3	3	3	3
	月桂酸单甘油酯	2	2	2	2
	山梨醇酐单棕榈酸酯	2	2	2	2
保湿剂	甘油	1	1	1	1
	果糖	2	2	2	2
	聚谷氨酸	2	2	2	2
滋补剂	蜂蜜	2	2	2	2
	超氧化物歧化酶	1	1	1	1
	维生素 E	1	1	1	1
珠光剂	珍珠粉	5	5	5	5
	硬脂酸乙二醇双酯	1	1	1	1

制备方法 将草药提取液、乳化剂、保湿剂、滋补剂、增稠剂、珠光剂、香精和水加入匀质机中，在温度为 50～80℃，压力为 2～45MPa 条件下至少匀质一次，所得匀质物即为中草药美白祛斑霜。

原料介绍

所述草药提取液，按照以下步骤进行：

（1）配制草药组合物：按照质量份数称取白及 5～20 份、白术 5～20 份、白芷 5～20 份、白茯苓 5～20 份、白蔹 5～20 份、白豆蔻 5～20 份、白附子 5～20 份和积雪草 2～10 份，得到草药组合物。

（2）制备产品 A：将草药组合物加入榨汁机中榨汁，所得汁液即为产品 A。

（3）制备产品 B：将榨完汁的残渣加入搅拌釜中，并加入溶剂，残渣和溶剂的质量比为 1∶（2～15），在温度为 60～100℃，压力为 0～5MPa 条件下，搅拌煎煮 20～120min，得到产品 B。

（4）制备产品 C：合并产品 A 和 B，并在 70～120℃、0～10MPa 条件下灭菌 20～60min，得到产品 C。

（5）制备草药提取液：将产品 C 加入匀质机中，在温度为 50～80℃ 条件下，至少匀质一次，匀质后所得悬浮液即为草药提取液；或者对产品 C 进行过滤，所得滤液即为草药提取液；所述匀质机中匀质都为两次，其中第一次匀质压力为 15～35MPa，匀质时间为 10～60min；第二次匀质压力为 2～8MPa，匀质时间为 10～60min。

所述溶剂是水、乙醇、山梨醇、司盘-80 和甘油中的一种或任意比例的两种以上。

产品特性

（1）本品采用压榨和水煮两种方式结合提取，不加任何有害化学成分，最大限度地保证提取物的天然性。

（2）本品采用匀质机对提取物进行匀质，使悬浮液稳定，不会发生沉淀，且匀质后的草药残渣颗粒小，容易清洗。

（3）本品采用八种草药复配，美白祛斑效果突出，且无副作用。

（4）本品中的积雪草可刺激深层皮肤细胞的更替，具有较好的美白祛斑效果。

配方 61 草药祛斑霜

原料配比

原料		配比（质量份）		
		1#	2#	3#
油相	角鲨烷	4	5	4.5
	牛油树脂	4	5	4.5
	辅酶 Q10	1	2	4.5
	维生素 E	1	2	4.5
水相	1,3-丁二醇	3	5	6
	川芎提取物	5	7	6
	当归提取物	5	7	3.5
	防风提取物	3	4	3.5
	藁本提取物	3	4	4.5
	甘草黄酮	4	5	4.5
	芦荟凝胶冻干粉	4	5	4.5
	内皮素拮抗剂	1	2	1.5
	丙二醇	2	3	2.5
	水溶曲酸酯	1	2	1.5
	水溶维生素 C 酯	0.5	1	0.8
	果酸	0.5	1	0.8
	乙二胺四乙酸二钠	0.5	1	0.8
	水	加至 100	加至 100	加至 100

制备方法

（1）川芎提取物的制备：选取市场购置的合格川芎切片，粉碎成粒径为 100μm 的粉末，按料液比 1：10 浸泡于乙醇溶液中 20min，微波提取 2 次，合并提取液，趁热过滤，减压浓缩成浸膏，加水溶解，配制成 0.5g/mL 的生药，以生药和干树脂比 8:1 的比例，进行 HPD-100 树脂柱吸附，共吸附 3 次，水洗 3 次、30%乙醇洗 6 次，收集 30%乙醇洗脱液，减压浓缩成浸膏，60℃干燥 12h 得粉末状川芎提取物，备用；乙醇溶液浓度为 70%~90%。微波提取功率为 400~500W，温度为 50~60℃，提取时间为 10~20min。

（2）当归提取物的制备：选取市场购置的合格当归切片，粉碎成粒径为 100μm 的粉末，按料液比 1:8 浸泡于乙醇溶液中 30min，微波提取 3 次，合并提取液，趁热过滤，减压浓缩成浸膏，加水溶解，配制成 1g/mL 的生药，以生药和干树脂比 4:1 的比例，进行 AB-8 树脂柱吸附，共吸附 2 次，静置 15min，依次用水、30%乙醇洗，收集 30%乙醇洗脱液，减压浓缩至浸膏，70℃干燥 12h 得粉末状当归提取物，备用；乙醇溶液浓度为 20%~50%。微波提取功率为 250~400W，温度为 50~70℃，时间为 40~60min。

（3）防风提取物的制备：选取市场购置的合格防风切片，按料液比 1:20 浸泡于乙醇溶液中 30min，超声提取 2 次，合并提取液，趁热过滤，减压浓缩成浸膏，70℃干燥 12h 得防风提取物，备用；乙醇溶液浓度为 70%~90%。超声提取温度为 50~65℃，时间为 30~40min，提取频率为 90~100Hz。

（4）藁本提取物的制备：选取市场购置的合格藁本切片，按料液比 1:8 浸泡于浓度为 70%~90%的乙醇溶液中 1h，90℃下回流提取 90min，提取 3 次，合并提取液，趁热过滤，减压浓缩成浸膏，70℃干燥 12h 得藁本提取物，备用。

（5）混合工艺：将油相成分混合，水浴加热至 80℃，充分搅拌均匀，作为油相；将水相成分混合，水浴加热至 80℃，充分搅拌溶解，作为水相；保持水浴温度为 80℃，不断搅拌水相，将油相缓慢加入水相中，沿同一方向不断搅拌，均质乳化 3min，搅拌降温至 50℃，将混合样品倒入灌装机内，分装，即得草药祛斑霜。

产品特性

（1）原料便宜易得：采用川芎、防风、藁本、当归等市场常见药材为主要原料进行配方研究，价格便宜，来源较多，原料成本低。

（2）提取方法合理：川芎和当归均采用微波提取、大孔树脂纯化方法制备提取物，所得产物有效成分含量高，作用好，并且该提取方法提取时间短、溶剂用量少、提取率高、成本低；防风采用超声提取法制备提取物，超声波独具的物理特性促使植物细胞组织破壁或变形，使中药有效成分提取更充分；藁本采用回流提取的方法，操作简单易行，工艺运行成本低。

（3）祛斑功效好：该配方安全无毒，具有活肤养肤功效，有助于细胞活力的恢复，使深层色斑逐步迁移到皮肤表面，并及时排出体外，达到色斑逐渐淡化直至清除的效果；采用具有抑制酪氨酸酶功效的天然提取物，可防晒、防止色素的过度生成。

3. 祛皱化妆品

配方 1　含茶多酚祛皱润肤眼霜

原料配比

原料	配比（质量份）		
	1#	2#	3#
去离子水	84.59	88.545	86.823
甘油	6	5	5.5
肉豆蔻酸异丙酯	2.5	2	2.2
辛酸/癸酸甘油三酯	2.0	1.5	1.8
聚氧乙烯失水山梨醇月桂酸酯	1.5	1	1.2
维生素 E	0.8	0.5	0.6
茶多酚	0.8	0.5	0.6
卡波姆 940	0.8	0.5	0.6
三乙醇胺	0.5	0.2	0.3
透明质酸	0.2	0.1	0.15
2,6-二叔丁基-4-甲基苯酚	0.2	0.1	0.15
香精	0.1	0.05	0.07
甲基异噻唑啉酮	0.01	0.005	0.007

制备方法

（1）取 2/3 的去离子水加热到 80～85℃，按比例加入甘油、肉豆蔻酸异丙酯、辛酸/癸酸甘油三酯、聚氧乙烯失水山梨醇月桂酸酯、维生素 E 于均质乳化锅中，均质搅拌 3～5min，然后冷却到 50～60℃待用；

（2）取 1/3 的去离子水加入茶多酚、透明质酸、2,6-二叔丁基-4-甲基苯酚、卡波姆 940，常温正反交替搅拌下加入三乙醇胺，搅拌均匀后待用；

（3）将第（2）步的料加入第（1）步的均质乳化锅中，搅拌均匀；

（4）最后加入香精、甲基异噻唑啉酮，搅拌均匀后出料；

（5）按标准检测合格，定量包装后即为含茶多酚祛皱润肤眼霜。

产品特性　本品中的茶多酚类具有很强的抗氧化性和生理活性，是人体自由基的清除剂。茶多酚的抗衰老效果要比维生素 E 强 18 倍，有助于延缓衰老，与现有技术相比，祛皱润肤效果好，能缓解眼睛的疲劳，可改善黑眼圈的明显程度。

配方 2　活肤补水祛皱的美容产品

原料配比

原料	配比（质量份）		
	1#	2#	3#
玻尿酸	0.06	0.07	0.07
乙二醇	2	2	2
甲基葡糖醇聚醚	3	3	4
黄瓜汁	5	4	6
霍霍巴油	0.04	0.05	0.03
玫瑰精油	0.15	0.13	0.15
红石榴精油	0.3	0.28	0.3
甲基氯异噻咪唑酮	0.1	0.09	0.05
羟丙基瓜儿胶	0.13	0.12	0.12
二硬脂酸酯	0.26	0.25	0.25
维生素 C	0.18	0.2	0.2
蜂蜜	0.6	0.7	0.6
水	83	85	85

制备方法

（1）按照玻尿酸 0.05～0.08 份，乙二醇 1～3 份，甲基葡糖醇聚醚 2～4 份，黄瓜汁 3～6 份，霍霍巴油 0.03～0.06 份，玫瑰精油 0.1～0.2 份，红石榴精油 0.2～0.4 份，甲基氯异噻咪唑酮 0.05～0.15 份，羟丙基瓜儿胶 0.1～0.15 份，二硬脂酸酯 0.2～0.3 份，维生素 C 0.15～0.25 份，蜂蜜 0.5～0.8 份，水 80～90 份称取各原料，备用；

（2）使用步骤（1）中称取的水的 40%～60% 溶解步骤（1）中称取的乙二醇，混合均匀后再加入步骤（1）称取的蜂蜜和黄瓜汁，搅拌溶解得混合物 A，备用；

（3）使用剩余的水溶解步骤（1）中称取的甲基葡糖醇聚醚、甲基氯异噻咪唑酮和二硬脂酸酯，得混合物 B，备用；

（4）将混合物 A 和混合物 B 相混合，再依次加入步骤（1）中称取的玻尿酸、霍霍巴油、玫瑰精油、红石榴精油、维生素 C 和羟丙基瓜儿胶，搅拌均匀即得活肤补水祛皱的美容产品。

原料介绍

所述黄瓜汁中黄瓜和水的质量比为（1.2～1.8）∶1，且黄瓜汁在使用前进行过筛处理，过筛时筛网的尺寸为 200 目。

所述玫瑰精油和红石榴精油的质量比为 1∶（1.7～2.3）。

产品特性　本品具有优异的活肤、补水和祛皱效果，在美容产品的配方中加入合理比例的玫瑰精油和红石榴精油，不但具有优良的净化皮肤、抗氧化、抗皱的功效，同时还能在不使用香精的前提下保证美容产品的气味，让使用者在使用时心旷神怡。本品不但能给肌肤补充充足的水分，同时玻尿酸、霍霍巴油的相互配合能使水分被锁住在肌肤内，使受损肌肤重新充满活力，进而增强补水和祛皱的效果。

配方 3 即时祛皱眼霜

原料配比

		原料	配比（质量份）
A	乳化剂	聚甘油-10 硬脂酸酯	0.16
		聚甘油-6 二硬脂酸酯	0.4
		硬脂酰乳酰乳酸钠、甘油硬脂酸酯	0.16
	润肤剂	鲨肝醇	0.2
		肉豆蔻醇肉豆蔻酸酯	0.8
		椰油醇-辛酸酯/癸酸酯	0.8
		植物甾醇类	0.2
B		去离子水	35.65
B_1	增稠剂	丙烯酸(酯)类/C_{10}～C_{30} 烷醇丙烯酸酯交联聚合物	0.15
B_2	皮肤调理剂	泛醇	2
	保湿剂	赤藓醇	1
		聚甘油-10	2
		海藻糖	0.5
C	增稠剂	聚丙烯酸钠	0.43
D	填充剂	己二酸/新戊二醇/偏苯三酸酐共聚物	50
	控油助滑剂	聚二甲基硅氧烷/乙烯基聚二甲基硅氧烷交联聚合物	2
E	芳香剂	香精	0.05
F	防腐剂	苯氧乙醇、辛甘醇、氯苯甘醚	0.3
	皮肤调理剂	石竹素、绿花恩南番荔枝提取物	3
		积雪草提取物	0.2

制备方法

（1）备料：按配方用量准备即时祛皱眼霜的原料。

（2）配制：

① 将 A 中乳化剂、润肤剂加入油相锅，升温至 78～80℃，搅拌至完全溶解，得油相。

② 将去离子水、B_2 保湿剂、B_2 皮肤调理剂和 B_1 增稠剂加入水相锅，升温至 78～82℃，搅拌至完全溶解，得水相。

③ 将步骤②得到的水相抽取至乳化锅，混匀后，在乳化锅中加入步骤①得到的油相，混匀；开始降温，降温至 65～72℃时加入 C 增稠剂，混匀后加入 D 填充剂、D 控油助滑剂，混匀；继续降温至 42～47℃，加入 F 皮肤调理剂、F 防腐剂、E 芳

香剂，搅拌均匀；继续降温至38±2℃时，经品控初检合格后用100目滤网出料。

产品特性 该眼霜即时祛皱效果好，易清洗，不会增加皮肤负担，同时还可改善皮肤状态、细致毛孔、抑制皮脂分泌、消炎祛痘等。

配方 4 祛皱紧肤液

原料配比

原料	配比（质量份）		
	1#	2#	3#
维生素原 B_5	5	8	8
维生素 B_3	1	2	2
乳木果油-PEG	3	4	5
甘油	2	2	2
异山梨醇二甲醚	2	3	3
β-葡聚糖	0.5	0.5	0.5
聚乳酸微粒（100%聚左旋乳酸微粒）	0.1	00.1	0.1
PHL（抗菌剂）	1	1	1
去离子水	加至100	加至100	加至100

制备方法

（1）将去离子水加热到80～90℃，在搅拌状态下向水中加入乳木果油-PEG，搅拌至均匀分散状，得溶液Ⅰ备用；

（2）将步骤（1）所得溶液Ⅰ冷却至40～50℃，在搅拌状态下向其内加入甘油、异山梨醇二甲醚、抗菌剂，恒温匀质搅拌，得溶液Ⅱ备用；

（3）将步骤（2）所得溶液Ⅱ冷却至室温，在搅拌状态下向其内加入聚乳酸微粒、β-葡聚糖、维生素原 B_5、维生素 B_3，匀质搅拌，出料，即得成品；

（4）装瓶。

所述的祛皱紧肤液为透明或有微弱蓝色的接近透明液体，有微弱的特殊香气，pH值为5.5～7.4，该产品应于阴凉干燥处密封保存，可稳定存放1年以上。该祛皱紧肤液还可进一步通过冷冻干燥等手段制成冻干品，并通过溶于水溶液复原为液体状态使用，也可制成面霜、乳液、精华素和面膜等产品。

原料介绍

所述抗菌剂包括多元醇类、苯氧乙醇中的一种或几种。

所述聚乳酸微粒的粒径尺寸为 $0.05\mu m$～$100\mu m$。

所述 β-葡聚糖为酵母 β-葡聚糖、燕麦 β-葡聚糖中的一种或二者混合物。

产品特性

（1）本品能够在较短时间内显效。

（2）本品为容易涂抹的液体剂型，无须注射，适合日常使用。

（3）本品不含有任何违禁成分（如重金属、激素、毒素、非允许化学物质等），所以无毒副作用、安全、可靠。

（4）本品可明显减少皮肤表面的动态皱纹、静态皱纹及妊娠纹等。

配方 5 祛皱抗衰的膏霜

原料配比

原料			配比（质量份）	
			1#	2#
含复合祛皱抗衰剂的纳米结构脂质载体	复合脂质材料	单硬脂酸甘油酯	10	10
		维生素 E 醋酸酯	5	5
		芦巴胶油	5	5
		泊洛沙姆 407	4	4
	乳化剂	六聚甘油单硬脂酸酯	9	9
	去离子水		60	60
	复合祛皱抗衰剂		10	10
	复合祛皱抗衰剂	白附子提取物	1	1
		维生素 C	1	1
		辛夷提取物	1	1
		白芷提取物	1	1
		白术提取物	1	1
		白僵蚕提取物	1	1
		藿香提取物	1	1
		桃仁提取物	1	1
		羊脂	1	1
		虾青素油	1	1
含复合祛皱抗衰剂的纳米结构脂质载体			10	10
甘油			2	5
丙二醇			2	8
透明质酸			4	3
聚二甲基硅氧烷			5	2
霍霍巴油			5	3
棕榈酸乙基己酯			5	3
硬脂酸			5	3
羟甲基脱乙酰壳聚糖			2	1
对羟基苯甲酸甲酯			0.1	0.1
去离子水			60	50

制备方法 先将含复合祛皱抗衰剂的纳米结构脂质载体之外的组分加热至60～90℃，搅拌均匀后，乳化均质 5～20min，消泡后降温至 30～50℃，再加入上述含复合祛皱抗衰纳米结构脂质载体，搅拌均匀即可。

原料介绍

所述的含复合祛皱抗衰的结构脂质载体的方法，包括以下几个步骤：

（1）称取乳化剂和去离子水作为水相，称取复合脂质材料作为油相，水相和油相分别在同温水浴中搅拌融化；水浴温度为50～80℃。

（2）称取复合祛皱抗衰剂在水浴条件下加入融化的油相中，搅拌融化得到均一体系；水浴温度为50～80℃。

（3）在水浴条件下将融化的水相和油相混合后搅拌至完全乳化；所述的油相和水相混合时采用的加入顺序是将水相加入油相中，水浴温度是50～80℃。

（4）将乳化后的样品进行高压均质，冷却后得到含复合祛皱抗衰剂的纳米结构脂质载体。所述的高压均质工艺参数为：均质温度50～80℃，均质压力30MPa～120MPa，均质循环3～10次。

产品特性　本品提出了全新的复合祛皱抗衰剂的成分和组分关系，能够提高祛皱抗衰剂的稳定性、祛皱效果和抗衰老性能，通过各成分之间的相互协同增效作用达到更好、稳定性更强、水溶性更高的效果。

配方 6　芒果玻尿酸祛皱免洗面膜

原料配比

原料	配比（质量份）	原料	配比（质量份）
去离子水	35～45	玻尿酸	5～8
甘油	15～25	熊果苷	1～3
鸡蛋清	10～15	红景天	3～5
芒果精华液	2～4		

制备方法　将各组分原料混合均匀即可。

产品特性　本品不含有害化学成分，对皮肤无刺激，祛皱效果明显。

配方 7　薏仁玻尿酸祛皱免洗面膜

原料配比

原料	配比（质量份）		
	1#	2#	3#
去离子水	70	80	90
枸杞	1	2	3
益母草	2	3	4
醋	10	15	20

原料	配比（质量份）		
	1#	2#	3#
玻尿酸	4	5	6
人参精华	2	3	4
蜂王浆	4	5	6
薏仁提取物	4	5	6
鸡蛋清	10	15	20
红景天	4	5	6

制备方法　将各组分原料混合均匀即可。

产品特性　该祛皱免洗面膜不含化学成分，对皮肤无刺激，祛皱效果好。

配方 8　红景天祛皱免洗面膜

原料配比

原料	配比（质量份）		
	1#	2#	3#
去离子水	70	80	90
纤维素	1	2	3
黄瓜	10	11	12
枸杞	1	2	3
甘油	4	5	6
蜂蜜	2	3	4
鸡蛋清	10	11	12
玻尿酸	5	6	7
米醋	4	5	6
红景天	3	4	5

制备方法　将各组分原料混合均匀即可。

产品特性　该祛皱免洗面膜对皮肤无刺激，祛皱效果好。

配方 9　蚕丝蛋白祛皱免洗面膜

原料配比

原料	配比（质量份）		
	1#	2#	3#
去离子水	70	80	90
蚕丝蛋白	1	2	3
胶原蛋白	1	2	3

原料	配比（质量份）		
	1#	2#	3#
甲基乙二醇	10	15	20
硬脂酸钠	6	7	8
芦荟萃取液	4	5	6
甘油	4	5	6
芒果精华液	5	6	7
尼泊金甲醇	10	15	20
天然海藻糖	4	5	6

制备方法　将各组分原料混合均匀即可。

产品特性　该祛皱免洗面膜对皮肤无刺激，祛皱效果好。

配方 10　天然海藻糖祛皱免洗面膜

原料配比

原料	配比（质量份）		
	1#	2#	3#
去离子水	70	80	90
十六烷醇	3	4	5
硬脂酸钠	4	5	6
天然海藻糖	10	15	20
芦荟萃取液	8	9	10
尼泊金甲醇	2	3	4
胶原蛋白	4	5	6
芒果精华液	3	4	5
蚕丝蛋白	10	15	20
牛奶	20	25	30

制备方法　将各组分原料混合均匀即可。

产品特性　该祛皱免洗面膜对皮肤无刺激，祛皱效果好。

配方 11　柠檬精油祛皱面膜

原料配比

原料	配比（质量份）	原料	配比（质量份）
当归	5	柚子精油	5
樱花提取液	7	珍珠粉	8
柠檬精油	12	牛奶	12
皂角	13		

制备方法　将各组分原料混合均匀即可。

产品特性　本品原料价格低廉，制作简单，祛皱效果好。

配方 12　祛皱滋养面膜

原料配比

原料	配比（质量份）		
	1#	2#	3#
陈皮粉	20	15	25
甘草粉	15	13	18
丝瓜藤茎的汁液	18	20	10
葡萄籽油	2	1	3
香蕉干粉	7	5	10
白及粉末	—	—	5

制备方法　将各组分原料混合均匀即可。

原料介绍　所述的原料中各粉末细度不低于 400 目。

产品特性　本品采用多种天然物质从多种途径上有效滋养皮肤，达到祛皱功效，同时还具有美白祛痘等功效。

配方 13　纳豆精华祛皱面霜

原料配比

原料	配比（质量份）		
	1#	2#	3#
霍霍巴油	3	4	6
角鲨烷	2	3	4
乳化剂硬脂酰乳酸钠	0.5	1.5	4
乳木果油	2	7	8
甜杏仁油	5	6	8
对羟基苯甲酸乙酯	0.5	1.5	3
尼泊金甲酯	0.2	0.3	0.5
乳化剂赛比克 305	1	2	5
羧甲基纤维素钠	0.5	1	1.5
乙酰化二淀粉磷酸酯	0.5	1	1.5
维生素 E	1	3	8
纳豆精华	0.5	2	3
桃仁提取液	0.5	2	3

原料	配比(质量份)		
	1#	2#	3#
藏红花提取液	0.5	2	3
灵芝粉(300目)	0.5	2	3
西洋参粉(300目)	0.5	2	3
薰衣草精油	0.5	2	3
去离子水	加至100	加至100	加至100

制备方法　将各组分原料混合均匀即可。

产品特性　本品配方合理、效果显著,可长时间保持皮肤水润,同时提亮肤色,有效去除皱纹,紧致肌肤。

配方 14　祛皱免洗面膜

原料配比

原料	配比(质量份)		
	1#	2#	3#
去离子水	70	80	90
十六烷醇	2	3	4
绿茶粉	10	15	20
苹果醋	5	6	7
尼泊金甲醇	2	3	4
黄原胶	10	15	20
芒果精华液	6	7	8
芦荟	10	11	12
增韧剂	6	7	8
甲基乙二醇	5	7.5	8

制备方法　将各组分原料混合均匀即可。

产品特性　该祛皱免洗面膜对皮肤无刺激,祛皱效果好。

配方 15　祛皱养颜美容膏

原料配比

原料	配比(质量份)		
	1#	2#	3#
青木香	8	8	21
白附子	8	8	21
川芎	8	8	21

原料	配比(质量份)		
	1#	2#	3#
白蜡	8	8	21
零陵香	8	8	21
香附子	8	8	21
白芷	8	8	21
茯苓	2	5	2.8
甘松	2	5	22.5
羊髓	15	20	22.5
冬瓜仁	8	12	21.5
辛夷	8	12	21.5
当归	8	12	21.5
蜂蜜	适量	适量	适量
去离子水	适量	适量	适量

制备方法

（1）选择原料：按配方称取青木香、白附子、川芎、白蜡、零陵香、香附子、白芷、茯苓、甘松、羊髓、冬瓜仁、辛夷、当归备用。

（2）泡制：将上药切碎，放入容器中用水备 100 份浸渍 24h。

（3）煎熬：在容器中大火煎熬到沸腾后，再用文火煎熬 1～3h，停火放置，直至冷到常温；这样经过反复三次，最后熬成黏度比较大、快成膏后，去渣，收液。

（4）将（3）收液再熬成膏，放入蜂蜜，加入量视黏度而定，搅拌均匀。

（5）将膏装瓶、装箱、打包入库。

产品特性　本品祛皱祛瘢痕，养颜美容。

配方 16　润肤祛皱的草药面膜

原料配比

原料	配比(质量份)	原料	配比(质量份)
柠檬	8～12	天门冬粉	3～5
青橄榄	5～8	冬瓜仁	3～6
杏仁油	8～12	白术	3～4
红花	3～6	蜂蜜	9～15
当归	2～4	珍珠粉	8～12
甘草	2～4		

制备方法　将各组分原料混合均匀即可。

产品特性　本品含有各种维生素和矿物质，有良好的抗氧化稳定性，能有效改善皮肤营养状况，促进皮肤新陈代谢，恢复皮肤活力和弹力，修复皮肤锁水功能，防止皮肤干燥缺水，具有良好的润肤去皱和抗衰老效果。

配方 17　越橘祛皱眼霜

原料配比

原料	配比（质量份）	原料	配比（质量份）
越橘提取物	5	透明质酸	2
乙二胺四乙酸二钠	0.5	氢化蓖麻油	2
甘油	5	三乙醇胺	0.5
维生素 B_3	1	防腐剂	适量
维生素 E	1	香精	适量
聚丙烯酸	2	去离子水	加至 100

制备方法

（1）将乙二胺四乙酸二钠、维生素 B_3、维生素 E、聚丙烯酸和氢化蓖麻油等置于容器中，加热至 80℃，搅拌至全部溶解；

（2）将甘油、越橘提取物、透明质酸和防腐剂等原料溶于去离子水中，置于另一容器中加热至 80℃，搅拌至全部溶解；

（3）将步骤（1）所得物加入步骤（2）所得物中，均质机 6500r/min 搅拌 1min，混合均匀，自然冷却至 40℃ 时加入三乙醇胺和香精调节其酸碱度和香味，以 100r/min 搅拌 10min 至混合均匀，自然冷却至室温即可得成品，灭菌，装瓶。

产品应用　本品是一种温和补水、祛皱抗衰老的越橘祛皱眼霜。

产品特性　本品对皮肤无刺激性，使用后明显感到舒适、柔软，无油腻感，对眼周皮肤具有明显的祛黑淡皱、补水润肤的效果。

二、 护肤化妆品

1. 护肤霜、膏、乳液

配方 1 保湿护肤霜

原料配比

原料		配比（质量份）		
		1#	2#	3#
去离子水		400	450	500
辛酸/癸酸甘油三酯		60	70	80
蔗糖月桂酸酯		3	3.5	4
甘油		5	6.5	8
乳木果油		3	3.5	4
洋甘菊精油		1	1.5	2
鲸蜡硬脂醇		10	15	20
泛醇		10	15	20
纯植物萃取物		20	25	30
甘油硬脂酸酯		3	2.5	4
天然维生素 E		2	3.5	5
己二酸		30	35	40
丙二醇		30	32.5	35
木糖醇		20	25	30
玻尿酸		5	7.5	10
纯植物萃取物	油柑叶	5	7.5	10
	刺藜	5	7.5	10
	对叶豆	5	7.5	10
	防风草	2	3.5	5
	岗松	2	3.5	5
柠檬酸调节 pH 值为		4.5	5	5.5

制备方法

（1）油相制备：将辛酸/癸酸甘油三酯、蔗糖月桂酸酯、乳木果油、鲸蜡硬脂醇和甘油硬脂酸酯加入制备油相的夹层锅内，开启蒸汽加热，在不断搅拌的条件下加热至 75～80℃，保温 15～30min，使其充分熔化均匀备用。

（2）水相制备：将去离子水装入制备水相的夹层锅中，再将甘油加入去离子水中搅拌均匀并加热至 80～85℃，维持 20min 灭菌，待冷却至 25～30℃后加入纯植物萃取物。

（3）乳化和冷却：将制备的水相原料通过过滤器加入乳化锅内，乳化锅内的温度控制在 80～85℃，缓慢抽入保温熔化均匀的油相，并加入己二酸，在乳化锅内温度为 75～80℃ 的条件下，进行一定时间的搅拌和乳化，乳化后冷却至 30～40℃，再加入丙二醇、木糖醇、洋甘菊精油、泛醇、天然维生素 E 和玻尿酸进行一定时间的搅拌和乳化；用柠檬酸调节 pH 值。

（4）陈化和包装：将最终乳化后的原料贮存 1～2 天后使用灌装机灌装，灌装前需对产品进行质量检测，质量合格后进行灌装。

产品特性　本品富含防晒剂，能抵御紫外线对皮肤的伤害，防止皮肤晒伤和红肿；富含天然植物油、多种美白和保湿成分，可以减少由于紫外线引起的衰老和色素沉着，帮助皮肤抵抗外界刺激，缓解热敏引起的疼痛，降低表皮温度，舒缓和修护肌肤损伤。本品使用纯植物萃取物，如油柑叶、刺藜、对叶豆、防风草和岗松，具有良好的预防和治疗湿疹、皮炎、水肿和蚊虫叮咬的功效，通过萃取的植物精油替换传统的日化香精，不仅赋予了护肤品植物清香，还能减少添加合成香精引起的皮肤过敏风险。

配方 2　保湿美白的护肤珍珠水

原料配比

原料		配比（质量份）		
		1#	2#	3#
保湿剂	丙二醇	5	5	6
	丁二醇	5	5	4
	甘油	3	4	4
	透明质酸钠	0.1	0.1	0.1
皮肤调理剂	水解珍珠液	1	1	2
	蜂蜜提取物	0.5	1	1
	珍珠粉	0.5	0.5	0.5
	蜗牛分泌物滤液	1.5	1	1
防腐剂	氯苯甘醚	0.2	0.2	0.2
	羟苯甲酯	0.1	0.1	0.1
增溶剂	聚甘油-4 癸酸酯	0.02	0.02	0.02
芳香剂	香精	0.005	0.005	0.005
水		加至 100	加至 100	加至 100

制备方法

（1）将水、保湿剂、防腐剂加入搅拌锅内升温至 85～90℃，均质分散均匀，保温 20min，得到物料 A；

（2）将物料 A 降温至 45℃以下，加入皮肤调理剂，搅拌均匀，得到物料 B；

（3）将芳香剂与增溶剂混合增溶好后，加入物料 B 中，搅拌均匀得到保湿美白的护肤珍珠水。

产品特性

（1）蜂蜜提取物在皮肤角质层能起到长效保湿作用，锁住皮肤水分，同时无封闭性效果，不影响皮肤的正常呼吸，还具有较好的水分调节功效和吸湿性，可以补充皮肤流失的天然保湿因子，增强皮肤角质层的吸水性，有效调节皮肤中的水分平衡；蜂蜜提取物还能渗入角质层中，使脂质保持液晶结构，构成皮肤保护层。

（2）蜗牛分泌物滤液可以促进肌肤再生和伤口恢复，可以增强皮肤弹性，让肌肤恢复柔软和细腻，长期使用还能给皮肤强效保湿补水。

（3）水解珍珠液比起普通的珍珠粉更易被人体所吸收，能够减少细胞内黑色素的形成，珍珠粉可以通过增强 SOD 活性起抗衰老作用，二者起协同增效作用，抑制酪氨酸酶活性，美白保湿的同时还能增加皮肤弹性，利于皮肤对营养物质的吸收与利用，从内而外地养护肌肤。

配方 3　保湿美白护肤霜

原料配比

原料		配比（质量份）						
		1#	2#	3#	4#	5#	6#	7#
中药组合物		3	3	3	3	3	3	3
甘油硬脂酸酯		6	6	6	6	6	6	6
单硬脂酸甘油酯		1	1	1	1	1	1	1
丙二醇		5	5	5	5	5	5	5
尿囊素		0.02	0.02	0.02	0.02	0.02	0.02	0.02
硬脂醇聚醚-21		1	1	1	1	1	1	1
薄荷醇		0.8	0.8	0.8	0.8	0.8	0.8	0.8
羟苯甲酯		0.01	0.01	0.01	0.01	0.01	0.01	0.01
甲基异噻唑啉酮		0.01	0.01	0.01	0.01	0.01	0.01	0.01
水		80	80	80	80	80	80	80
中药组合物	白鲜皮	6	6	6	6	6	6	6
	厚朴	5	5	5	5	5	5	5
	苦参	5	5	5	5	5	5	5
	甘草	4	4	4	4	4	4	4
	柴胡	5	5	5	5	5	5	5
	灵芝	5	5	5	5	5	5	5
	芒果叶提取物	0.5	0.5	0.5	0.5	0.5	0.5	0.5

续表

原料		配比（质量份）						
		1#	2#	3#	4#	5#	6#	7#
芒果叶提取物	干燥粉碎后的芒果叶	1	1	1	1	1	1	1
	95％乙醇溶液	10	10	10	10	10	10	10
	α-环糊精	—	0.01	—	—	0.0075	0.0075	—
	β-环糊精	—	—	0.01	—	0.0025	—	0.0075
	γ-环糊精	—	—	—	0.01	—	0.0025	0.0025

制备方法

（1）将丙二醇和硬脂醇聚醚-21混合并搅拌均匀，然后加入水，搅拌下加热到80～90℃，加热10～15min，形成水相；

（2）将中药组合物、甘油硬脂酸酯、单硬脂酸甘油酯、尿囊素、薄荷醇混合并搅拌均匀，加热到70～80℃，加热10～15min，形成油相；

（3）将步骤（2）中的油相加入步骤（1）的水相中，搅拌20～30min；

（4）降温至45～55℃时，加入羟苯甲酯和甲基异噻唑啉酮，搅拌5～10min，降至室温；

（5）检验合格后灌装、包装、喷码；

（6）检验合格后入库。

原料介绍

所述芒果叶提取物制备方法，包括以下步骤：

（1）选取无虫、无病害的新鲜芒果叶，洗净后置于干燥箱中70～80℃烘干后粉碎，备用；

（2）称取干燥粉碎后的芒果叶按固液比1g：（10～30）mL加入95％乙醇溶液中，然后加入环糊精，超声提取30～60min，得芒果叶提取液；

（3）将所述芒果叶提取液冷却至20～30℃，用100～200目滤布过滤，收集滤液，减压蒸馏除去溶剂，即得所述芒果叶提取物。

所述超声提取温度为30～60℃，超声功率为300～500W。

所述环糊精的加入量为芒果叶质量的0.01～0.02倍。

所述环糊精为α-环糊精、β-环糊精、γ-环糊精中的一种或两种及两种以上混合物。

所述中药组合物的制备方法，包括以下步骤：

（1）按所述配比称取白鲜皮、厚朴、苦参、甘草、柴胡、灵芝，粉碎混匀；

（2）将粉碎混匀后的粉末按固液比1g：（50～100）mL加入水中，在60～100℃下提取1～5h，得提取液；

（3）将提取液冷却至20～30℃，100～200目滤布过滤，滤出药渣后真空抽滤，收集滤液，减压蒸馏除去溶剂，加入芒果叶提取物，混匀后，即得所述中药组合物。

产品特性

（1）本品对酪氨酸酶的活性具有明显抑制作用，具有美白功效。

（2）本品对皮肤无刺激、无过敏等不适反应，对皮肤水分含量的增加和皮肤水分流失的减少具有明显的改善效果，具有良好的保湿效果。

配方 4　保湿组合物护肤品

原料配比

原料	配比（质量份）			
	1#	2#	3#	4#
去离子水	27	27	—	—
甘油	22	22	22	—
矿油	—	—	—	22
橄榄油	15	—	—	—
尿囊素	—	15	—	—
卡波姆	—	—	15	—
鲸蜡硬脂醇	—	—	—	15
芦荟液提取液	13	—	—	13
凡士林	—	13	—	—
丙二醇	—	—	13	—
珍珠粉	10	—	—	—
乳木果油	—	10	—	—
牛奶	—	—	10	—
蜂蜜	—	—	—	10
人参	8	—	—	—
薄荷	—	8	—	—
山梨醇	—	—	8	—
甘草酸二钾	—	—	—	8
玉竹	6	—	—	—
烟酰胺	—	6	—	—
羊毛脂	—	—	6	—
椰子提取物	—	—	—	6
添加剂	5	5	5	—
香精	—	—	—	5

制备方法

（1）配比混合处理：按照上述比例将去离子水、甘油、矿油、尿囊素、卡波姆、鲸蜡硬脂醇、凡士林、丙二醇、乳木果油、牛奶、蜂蜜、薄荷、山梨醇、甘草酸二钾、烟酰胺、羊毛脂、橄榄油、芦荟液提取液、珍珠粉、人参、玉竹、香精依次加入混合容器内进行预混合处理，然后将混合液置入到孔径为 5～7mm 的筛网中进行过滤处理，过滤后移入混合容器内加热并搅拌混合，混合容器的加热温度为 70～90℃，搅拌杆的转速为 150～280r/min，混合时间为 30～50min，得到半成品；

（2）除湿膏状处理：将混合物移入孔径为 0.8～1.2mm 的筛网中进行脱水处理，将脱水后的混合物放置在滚动式干燥机内进行滚动式干燥处理，加热温度为 50～80℃，滚动速度为 200～300r/min，干燥时间为 1～1.5h，直至将混合物搅拌成膏状为止；

（3）灭菌罐装处理：将成品进行灭菌罐装处理，并放置于干燥无阳光的场地，环境温度控制在 20℃为佳。

原料介绍

所述添加剂选取硬脂酸、尿囊素、柠檬酸、橙皮精华、薄荷和香精的两种或两种以上。

所述人参选用野生人参且年数在 2 年以上的为佳。将人参进行切片干燥后进行磨粉处理，并通过孔径为 3～6nm 的筛网进行过滤得出精粉。

所述珍珠粉选用天然珍珠并进行干燥、磨粉和过滤处理得珍珠粉，并通过孔径为 2～5nm 的筛网进行过滤得出精粉。

所述玉竹除去杂质，洗净，润透，切厚片或段，干燥，干燥时使得外表皮呈黄白色至淡黄棕色，半透明状，并进行磨粉处理。

产品特性

（1）本品对现有的保湿组合物护肤品成分进行了改进，在保留具有较好保湿效果的甘油、橄榄油和芦荟液提取液的基础上，添加了有利于对皮肤进行保护和防刺激的珍珠粉、人参和玉竹，能够在对皮肤进行保湿的同时滋养皮肤并修复皮肤的内部组织，减小皮肤过敏的可能性。

（2）本品在制备过程中，进行多次过滤加热处理，一方面有利于减少成品杂质，另一方面可以提高各组成成分的融合率和融合效果。此外在加工后期采用加压和注入橄榄油和芦荟液提取液的方式，将加工过程中减少的主要成分进行重新注入，并将上述成分压入护肤品的表面可以提高护肤品的锁水和保湿的效果。

配方 5　补水滋养促吸收作用的护肤品

原料配比

原料	配比（质量份）		
	1#	2#	3#
去离子水	40	40	40
甘油	4	4	4
海藻寡糖素	3	3	3

原料	配比（质量份）		
	1#	2#	3#
夏威夷果油	10	8	12
十八烷醇	7	7	7
2-异辛基-2-氰基-3	6	6	6
3-二苯基丙烯酸酯	15	15	15
维生素 E	5	5	5
甘油基硬脂酸酯	10	10	10

制备方法

（1）准备原料：原料包括去离子水、甘油、海藻寡糖素、夏威夷果油、十八烷醇、2-异辛基-2-氰基-3、3-二苯基丙烯酸酯、维生素 E 和甘油基硬脂酸酯。

（2）溶解：将原料中的去离子水、甘油、海藻寡糖素进行溶解，同时剩下的原料混合在一起进行溶解；两种原料溶解时的温度控制在 75℃。

（3）过滤：原料溶解后产生两种原液，将这两种原液冷却到 30℃时进行离心，离心后将两种溶液进行过滤。

（4）乳化：将离心过滤后的两种溶液注入乳化锅之中进行乳化，同时将乳化的温度控制在 85℃，搅拌加热时间为 20min；乳化锅在使用时先要对乳化锅进行预热，预热的温度为 80℃。

（5）初次冷却：乳化后的乳化液自然冷却至 50℃时加入香精，加入香精时再次进行加热搅拌，将温度加热至 65℃，保持 5min。

（6）二次冷却：加入香精后的乳化液盛装在密封的容器中，然后将容器置于冷水中进行冷却；通过水冷进行快速冷却，可防止油脂内发生氧化。

（7）检验包装：将二次冷却后的乳化液取出进行检验，合格后进行包装出厂，不合格的进行回收再利用。检验时是检验各种成分在乳化液中的占比。

原料介绍　所述的夏威夷果油为通过萃取夏威夷果所得到的油液。

产品特性　本品在原料中加入的夏威夷果油含有棕榈烯酸及多种脂肪酸，有极佳的渗透性和滋润效果，并能延缓脂肪老化，保护细胞膜。

配方 6　促进皮肤新陈代谢的绿膜护肤品

原料配比

原料	配比（质量份）	原料	配比（质量份）
杏仁	11～16	红花	14～21
地榆	12～16	桑叶	11～16
冬虫夏草	10～13	牛黄	6.1～6.3

续表

原料	配比（质量份）	原料	配比（质量份）
玫瑰花	12～16	芹菜	16～26
没药	7～12	维生素 E	14～16
牡丹皮	7～13	绿豆粉	36～46
葛根	10～12	黄豆粉	46～66
茯神	12～13	橄榄油	11～16
天花粉	13～20	蜂蜜	11～14
白僵蚕	11～26	鸡蛋	31～56
龙眼肉	16～21		

制备方法

（1）将杏仁、地榆、冬虫夏草、红花、桑叶、牛黄、玫瑰花、没药、牡丹皮、葛根、茯神、天花粉、白僵蚕干燥，干燥后放入粉碎机粉碎，粉碎过筛，罐装备用；

（2）将龙眼肉、芹菜分别粉碎榨成浆汁，分别罐装备用；

（3）将维生素 E、绿豆粉、黄豆粉、橄榄油、蜂蜜、鸡蛋分别罐装备用；

（4）将物料（1）加入浆汁（2）再加入物料（3），充分调和即可。

产品特性　本品原料广泛，配比科学，工艺简单；以纯天然果蔬食物、中药为原料，使用效果显著，能够促进皮肤新陈代谢，使皮肤红润有光泽，并且无任何毒副作用，对皮肤无刺激。

配方 7　淡化瘢痕的护肤霜

原料配比

原料	配比（质量份）				
	1#	2#	3#	4#	5#
鲸蜡硬脂醇和鲸蜡硬脂基葡糖苷混合物	1	2	2.5	3	4
硬脂酸甘油酯	3	3.2	3.5	3.7	4
三辛酸和癸酸甘油酯混合物	2	3	3.5	4	5
棕榈酸异辛酯	2	4	5	6	8
柠檬酸	4	6	7	8	10
地黄根提取物	10	17	20	22	30
磷硅酸钠钙	20	23	25	27	30
积雪草苷	1	1.5	2	2.5	3
十六烷醇和十八烷醇的混合物	2	2.3	2.5	2.8	3
氮酮	0.1	0.3	0.5	0.7	1
甘油	3	3.5	4	4.5	5
丙二醇	3	3.5	4	4.5	5
三乙醇胺	0.1	0.15	0.2	0.25	0.3

原料		配比（质量份）				
		1#	2#	3#	4#	5#
十肽-4		3	3.5	4	4.5	5
糖蛋白		1	1.3	1.5	1.7	2
防腐剂		0.1	0.15	0.2	0.25	0.3
去离子水		30	35	37	40	45
鲸蜡硬脂醇和鲸蜡硬脂基葡糖苷混合物	鲸蜡硬脂醇	1	1	1	1	1
	鲸蜡硬脂基葡糖苷	1	1	1	1	1
三辛酸和癸酸甘油酯混合物	三辛酸	1	1	1	1	1
	癸酸甘油酯	1	1	1	1	1
十六烷醇和十八烷醇的混合物	十六烷醇	7	7	7	7	7
	十八烷醇	13	13	13	13	13

制备方法

（1）将鲸蜡硬脂醇和鲸蜡硬脂基葡糖苷混合物、硬脂酸甘油酯、三辛酸和癸酸甘油酯混合物、棕榈酸异辛酯、柠檬酸、地黄根提取物、磷硅酸钠钙、积雪草苷、十六烷醇和十八烷醇的混合物和氮酮称取适量后升温至75℃待用；

（2）将三乙醇胺和十肽-4加入去离子水中，升温至80℃待用；

（3）将步骤（1）的混合物加入步骤（2）的混合物中，以3500r/min的转速均质5min；

（4）以转速60r/min真空搅拌15min；

（5）以1℃/min的降温速度降温至40℃，保持转速为40r/min；

（6）加入剩余物料，搅拌均匀后出料。

原料介绍

所述鲸蜡硬脂醇和鲸蜡硬脂基葡糖苷混合物中鲸蜡硬脂醇和鲸蜡硬脂基葡糖苷的质量比为1∶1。

所述三辛酸和癸酸甘油酯混合物中三辛酸和癸酸甘油酯的质量比为1∶1。

所述十六烷醇和十八烷醇混合物中十六烷醇和十八烷醇的质量比为7∶13。

产品特性　本品原料成本较低，且对人体没有伤害，加工方法简单。

配方 8　多效抗衰护肤品

原料配比

原料		配比（质量份）					
		1#	2#	3#	4#	5#	6#
A 相	聚二甲基硅氧烷	4.5	4.5	4.5	4.5	4.5	4.5
	辛酸/癸酸甘油三酯	2.5	2.5	2.5	2.5	2.5	2.5

续表

原料		配比（质量份）					
		1#	2#	3#	4#	5#	6#
A 相	氢化聚异丁烯	5.5	5.5	5.5	5.5	5.5	5.5
	环五聚二甲基硅氧烷	3.5	3.5	3.5	3.5	3.5	3.5
	聚二甲基硅氧烷及 $C_{16} \sim C_{18}$ 烷基聚二甲基硅氧烷交联聚合物	2.0	2.0	2.0	2.0	2.0	2.0
	Biobase S 乳化剂	5	5	5	5	5	5
	2,6-二叔丁基-4-甲基苯酚	0.02	0.02	0.02	0.02	0.02	0.02
B 相	甘油	5	5	5	5	5	5
	甜菜碱	2	2	2	2	2	2
	卡波 2020	0.2	0.2	0.2	0.2	0.2	0.2
	乙二胺四乙酸二钠	0.05	0.05	0.05	0.05	0.05	0.05
	丙二醇	3	3	3	3	3	3
	蒸馏水	加至 100	加至 100	加至 100	加至 100	加至 100	加至 100
C 相	桦褐孔菌醇提液	—	—	10	10	10	10
	三乙醇胺	0.2	0.2	0.2	0.2	0.2	0.2
D 相	透明质酸钠	—	0.1	0.1	0.1	0.1	0.1
	泛醇	—	0.5	0.5	0.5	0.5	0.5
	维生素 C 乙基醚	—	0.5	0.5	0.5	0.5	0.5
	维生素 E 醋酸酯	—	0.5	0.5	0.5	0.5	0.5
	烟酰胺	—	0.5	0.5	0.5	0.5	0.5
	水	20	20	20	20	20	20
E 相	六味臻白	—	—	—	2	2	2
	透皮纤连蛋白	—	—	—	—	1	1
	聚多糖紧肤剂	—	—	—	—	—	2
	PCG	1	1	1	1	1	1

制备方法

（1）将所述 A 相原料混合后加热搅拌熔融，得到油相混合料 A；将 B 相原料中的卡波 2020 在水中预先分散均匀后再加入 B 相其它原料中，然后置于 75～80℃水浴锅中搅拌 25～30min，使固状物溶解，得到混合料 B。

（2）将所述桦褐孔菌醇提液和三乙醇胺混合得混合料 C；将所述 D 相原料混合得到混合料 D；将所述 E 相原料混合得到混合料 E。

（3）将混合料 B、混合料 C 加到混合料 A 中，在 75～80℃下快速搅拌乳化 25～30min，随后开始减速搅拌降温，在降温至 40～45℃时加入混合料 D 和混合料 E，搅拌均匀，继续降温至 30～35℃时停止搅拌。

原料介绍 所述桦褐孔菌醇提液，每升提取液中含 100g 原药材。

产品特性

（1）本品是水包油型乳化体系，采用温和的 Biobase S 乳化剂（甘油硬脂酸酯/鲸蜡硬脂醇/硬脂酰乳酸钠），其中甘油硬脂酸酯 50%～70%、鲸蜡硬脂醇

20％～30％、硬脂酰乳酸钠 5％～15％。Biobase S 乳化剂所含成分与皮肤相似，硬脂酰乳酸钠在化学上是模仿皮肤中高 HLB 的溶胀剂，如胆固醇硫酸盐和磷脂，而鲸蜡硬脂醇和甘油硬脂酸酯是模仿疏水的游离脂肪酸、胆固醇和神经酰胺。几种成分以适当的比例结合，有重建皮肤角质层功能，可提高皮肤的保湿性、抗水性，可赋予产品极佳的使用感觉。Biobase S 乳化剂极为有效，使用量比传统的乳化系统要低 25％～50％，在不用增稠剂的情况下，仅用 2％～5％的用量就可以配制出在 45℃下稳定的产品。

（2）本产品以桦褐孔菌醇提液作为主要功效成分，复配六味臻白、聚多糖紧肤剂、透皮纤连蛋白、泛醇、烟酰胺、维生素 C 乙基醚、维生素 E 醋酸酯、透明质酸钠等功效成分，以增强其保湿、抗氧化、美白、抗炎、抗糖化等功效。桦褐孔菌又称桦树茸、白桦茸，是一种生长在白桦树上的食药两用型真菌。

（3）本产品通过深入剖析衰老产生的原因，将中药提取液、生物技术制剂、维生素衍生物等多种功效成分合理复配，从有效清除自由基、抑制非酶糖基化反应、抑制酪氨酸酶活性、减少皮肤暗沉、色斑，到深层保湿、修复皮肤屏障、抗菌消炎，补充营养，增强皮肤免疫功能，刺激细胞产生胶原蛋白、透明质酸、小分子肽等物质，促进细胞新陈代谢，多维度、多环节、多靶点应对衰老产生的多种机制，以达到紧致肌肤、延缓衰老的目的。

（4）本品易于涂抹、滑爽、不黏腻，易于被皮肤吸收，且温和、无刺激性。

配方 9 防手脚皲裂的复合护肤霜

原料配比

原料	配比（质量份）	原料	配比（质量份）
玻尿酸	1.5	薰衣草精油	4
杜仲提取物	6	纯水	7
维生素 E	5		

制备方法

（1）先将玻尿酸、杜仲提取物混合均匀，再加入维生素 E 和薰衣草精油，混合均匀，最后加入纯水，混合均匀，得到混合物；

（2）将混合物放入均质机中，在转速为 400～500r/min、温度为 55～60℃的条件下均质处理 10～20min，得到防手脚皲裂的复合护肤霜。

原料介绍 所述的杜仲提取物的制备方法，按以下步骤进行：

（1）选取杜仲的树皮、树叶烘干后，粉碎至粒径小于 50 目，得到杜仲粉；

（2）向杜仲粉中加入水，其中水的质量占杜仲粉质量的 15％～20％，混合均匀后进行蒸汽灭菌，然后按杜仲粉质量的 1％～2％接种米曲霉，接种完毕后在温度为 28～37℃、相对湿度为 80%～90% 的条件下发酵 5～18h，得到杜仲发酵物；

（3）将杜仲发酵物加入乙醇中，加热至 65～75℃ 搅拌 20～30min，然后过滤，滤液旋转蒸发后，烘干，得到杜仲提取物。

产品应用 本品主要用作皮肤保健防护用品或劳动保护用品。

本品的施用方式为：每日早、中、晚清洗皲裂处皮肤后，将本品均匀涂于皲裂处。治疗后，皮肤柔软、裂口愈合为治愈；皮肤柔软、止痛、止血为有效。

产品特性

（1）本品膏体细腻，流动性好，涂于皮肤表面，吸收快，同时能使皮肤柔软润滑。各组分相溶性好，稳定性高，不易产生油水分离。

（2）本品的成分为植物或植物提取成分，活性高，可促进细胞分裂增殖，还可以改善微循环，在皲裂伤口表面形成一层保护膜，防止水分过度蒸发，并能有效地将受损皮肤与外界污染源相隔离。玻尿酸与杜仲提取物及其他组分协同作用，可快速渗透、抑菌消炎并促进细胞生长，滋润并修复受损肌肤。本品无毒副作用，可长期使用，并适于各类人群，包括老人与儿童。

配方 10　分解抑制黑色素生成的护肤液

原料配比

原料	配比（质量份）					
	1#	2#	3#	4#	5#	6#
银杏叶	7	4	10	6	8	9
桑叶	7	4	10	6	8	9
白术	7	4	10	6	8	9
沙棘	7	4	10	6	8	9
当归	7	4	10	6	8	9
甘草	7	4	10	6	8	9
猕猴桃	7	4	10	6	8	9
芦荟	23	20	25	21	23	24
珍珠粉	10	8	12	9	10	11
白藜芦醇	7	4	10	6	8	9
覆盆子酮葡糖苷	22	20	25	22	25	24
氢化卵磷脂	20	10	30	15	23	22
溶剂	200	100	300	130	210	280

制备方法

（1）备料：按照成分组成来进行备料。

（2）将步骤（1）中的银杏叶、桑叶、白术、沙棘、当归、甘草、猕猴桃、芦荟进行粉碎，过 100～200 目筛，得到粉碎物。

（3）超临界萃取：将步骤（2）中的粉碎物和步骤（1）中的珍珠粉搅拌混合均匀，得到待萃取物，加入溶剂作为夹带剂，用甲醛进行熏蒸 3～4h；然后混合均匀后放入到萃取釜中，进行静态萃取，加压到 40MPa，升温至 35～40℃，萃取 4～6h；动态萃取：减压到 20MPa，升温至 45～50℃，动态萃取 1～2h。超临界流体为二氧化碳。

（4）静置分离：将步骤（3）所得产物进行静置分离，收集滤液，得到混合原液 A。

（5）将步骤（1）中的白藜芦醇、覆盆子酮葡糖苷和氢化卵磷脂与水混合升温至 80～90℃搅拌 1～1.5h 后降至室温，得到混合原液 B。

（6）将步骤（4）中的混合原液 A 和步骤（5）中的混合原液 B 混合加热至 50～60℃，强烈搅拌使其混匀后降温至室温，分装即得产品。

原料介绍　所述的溶剂为去离子水。

产品应用　本品使用方法：每天使用本产品涂抹于面部和手部，早晚各一次。

产品特性　本品中各有益成分之间发挥协同增效作用，具有很强的抑制酪氨酸酶活性的作用，能够很好地抑制黑色素的生成，为肌肤注入营养，从而可祛斑美白、延缓衰老、补水保湿，使肌肤光泽富有弹性。

配方 11　富硒护肤品

原料配比

原料	配比（质量份）		
	1#	2#	3#
人参	50	70	60
白术	30	35	33
当归	20	35	28
白茯苓	30	40	35
沙棘	150	180	170
芦荟	40	50	45
白果仁	8	10	9
白及	10	15	13
丁二醇	100	120	110
丙二醇	15	20	18
烟酰胺	10	12	11
甘草酸二钾	5	8	7
黄原胶	2	5	4
羟苯甲酯	10	12	11

续表

原料	配比（质量份）		
	1#	2#	3#
透明质酸钠	3	5	4
焦糖色	1	1.8	1.6
熊果苷	15	18	17
薄荷醇	5	8	6
蓖麻油	0.5	1.3	0.9
花香提取物	15	18	17
富硒提取物	25	28	27
去离子水	300	350	330
凝胶剂	15	20	18

制备方法

（1）人参、白术、当归、白茯苓、沙棘、芦荟、白果仁、白及和去离子水按配比加入搅拌器中，转动速度为 200～250r/min，搅拌完成后通过 40 目的过滤筛，筛取下层过滤液 A；

（2）将过滤液 A 加入离心机中进行离心分离，离心机转速为 1500～2000r/min，离心时间为 15～20min，离心完成后静置 1.5～2h 分层，提取下层清液 B；

（3）将下层清液 B 放入混合容器内，不分顺序按照组分添加丁二醇、丙二醇、烟酰胺、甘草酸二钾、黄原胶、羟苯甲酯、透明质酸钠、焦糖色、熊果苷、薄荷醇、蓖麻油、花香提取物和富硒提取物，然后在室温下搅拌 35～40min，搅拌均匀后得到混合液 C；

（4）在混合液 C 中加入凝胶剂，加热蒸发至凝胶状态，存放在容器中进行分装，即可得到护肤品，使用时可以将基底面膜浸泡在上述护肤品中 20min 吸收有效成分，用作使用者的面膜。

原料介绍

所述花香提取物的制备方法：分别提取玫瑰花、百合花、丁香花和兰花精油等比例进行组合搅拌至均匀，得到花香提取物。

所述富硒提取物的制备方法：将纯硒同硫代硫酸按质量比 158：426 均匀混合，在隔绝空气的密闭容器中加热，温度为 280℃，使其发生化学反应。将发生反应后的物质冷却后溶于水中，通过 400 目过滤筛过滤，制成具有游离态硒的水溶液即为富硒提取物。

产品特性　本品通过各组分的搭配使用，具有舒缓消炎、紧致嫩肤、水润保湿、提高细胞活性、帮助肌肤细胞恢复活力等多重功效；其中富硒提取物具有较强的抗氧化能力，对于牛皮癣、皮炎、青春痘、色斑等皮肤问题具有良好的效果，可单独使用亦可以作为添加成分添加至其它剂型中使用。

配方 12　高保湿护肤水

原料配比

原料	配比（质量份）		
	1#	2#	3#
水	1	50	25.5
薰衣草花水	2	5	3.5
积雪草提取物	1	3	2
虎杖根提取物	1	4	2.5
黄芩根提取物	1	2	1.5
甘草根提取物	1.2	1.5	1.35
母菊花提取物	1	2	1.5
迷迭香叶提取物	1	4	2.5
乳酸杆菌/豆浆发酵产物	1.2	1.6	1.4
乳酸杆菌/黑麦细粉发酵产物	1	1.3	1.15
芽孢杆菌/大豆发酵产物	1.3	1.9	1.6
丁二醇	0.3	7	3.8
甘油	1	3	2
海藻糖	3	9	6
甜菜碱	0.5	3	2
对羟基苯乙酮	1	7	5
水解葡糖氨基聚糖	0.2	0.8	0.5
1,2-己二醇	0.2	0.3	0.25
1,3-丙二醇	0.1	0.8	0.45
甘草酸二钾	0.1	1	0.55
乙二胺四乙酸二钠	0.1	0.5	0.3
透明质酸钠	0.2	0.8	0.5
柠檬酸钠	0.1	0.3	0.2

制备方法　将丁二醇、甘油、甜菜碱、海藻糖、1,3-丙二醇、1,2-己二醇、透明质酸钠、甘草酸二钾和水混合后依次进行搅拌、均质，得到均质后原料；向所述均质后原料中加入剩余原料后搅拌均匀、分装、均质，即得所述高保湿护肤水。所述两次均质时间均为 70～110s。

原料介绍

所述乳酸杆菌/豆浆发酵产物采用如下方法制备得到：取大豆依次进行除杂、清洗、干燥、粉碎，加水混合研磨，再加入乳酸杆菌进行发酵，微孔过滤后得滤液，即为所述乳酸杆菌/豆浆发酵产物。

所述加水的质量为大豆质量的 10～15 倍，乳酸杆菌的加入量为大豆质量的 8%～15%，发酵的温度为 40～42℃，发酵时间为 3～5 天，微孔过滤使用的是孔径为 0.4～0.5μm 的过滤器。

所述乳酸杆菌/黑麦细粉发酵产物的制备方法与乳酸杆菌/豆浆发酵产物的制备方法相同。

所述芽孢杆菌/大豆发酵产物采用如下方法制备得到：取大豆依次进行除杂、清洗、干燥、粉碎，加水混合研磨，再加入芽孢杆菌进行发酵，微孔过滤后得滤液，即为所述芽孢杆菌/豆浆发酵产物。

所述加水的质量为大豆质量的 $8\sim12$ 倍，乳酸杆菌的加入量为大豆质量的 $10\%\sim14\%$，发酵的温度为 $30\sim40℃$，发酵时间为 $2\sim3$ 天，微孔过滤使用的是孔径为 $0.4\sim0.5\mu m$ 的过滤器。

所述迷迭香叶提取物采用如下方法制备得到：

（1）取迷迭香叶，经干燥、粉碎，得到迷迭香叶细粉。

（2）向步骤（1）中的迷迭香叶细粉中第一次加入乙醇，并在 $80\sim85℃$ 进行回流提取 $2\sim3h$，离心、过滤，得到第一滤液和第一滤渣；向所述第一滤渣中第二次加入乙醇并在 $60\sim70℃$ 进行保温提取 $3\sim5h$，离心、过滤，得到第二滤液和第二滤渣；将所述第一滤液与第二滤液合并，浓缩除去乙醇后进行过滤，即得所述迷迭香叶提取物。

步骤（1）中，两次添加乙醇的体积分数均为 $70\%\sim80\%$；所述迷迭香叶细粉的质量与第一次添加乙醇的体积之比为 1g：（ $6\sim8$ ）mL，所述第一滤渣的质量与第二次添加乙醇的体积之比为 1g：（ $6\sim8$ ）mL；所述浓缩为水浴浓缩，浓缩的温度为 $48\sim52℃$。

所述积雪草提取物和母菊花提取物的制备方法与所述迷迭香叶提取物的制备方法相同。

所述甘草根提取物采用如下方法制备得到：

（1）取甘草根依次进行除杂、清洗、干燥、粉碎，加入甘草根质量 $2\sim3$ 倍的水混合研磨，再加入甘草根质量 $10\%\sim30\%$ 的苹果酸酸化 $6\sim7h$，得到酸化后原料；

（2）向所述酸化后原料中加入甘草根质量 $1\%\sim3\%$ 的酵母菌，在 $36\sim38℃$ 下发酵 $20\sim30$ 天，过滤后得滤液，即为所述甘草根提取物。

所述黄芩根提取物、薰衣草花水和虎杖根提取物的制备方法与所述甘草根提取物的制备方法相同。

产品应用　本品适合任何肌肤使用，尤其适用于眼周肌肤。

使用方法：洁肤后，取适量本品均匀涂抹于面部及颈部，轻柔按摩至吸收。

产品特性　本品能够有效补充皮肤缺失的水分，且能保持较长时间的保湿功效。本品添加多种植物提取物能够增强保湿补水效果，且安全、纯天然、无添加，对皮肤柔和无刺激。

配方 13　高品质的澳洲坚果护肤霜

原料配比

原料	配比(质量份)	原料	配比(质量份)
澳洲坚果油	10.3	乳化剂	6.89
甘油	8.56	澳洲坚果青皮多酚提取物	3.45
葡萄籽油	8	抗菌剂	1.7
维生素 E	4.2	蜗牛原液	5.2
去离子水	51.7		

制备方法

（1）取澳洲坚果青皮，按照以下提取流程：澳洲坚果青皮→干燥→粉碎→过筛→提取→离心→提取物，制备得到澳洲坚果青皮多酚提取物，备用。

（2）将澳洲坚果油、甘油、葡萄籽油混合，加热搅拌混匀；所述加热搅拌混匀是于 60℃水浴中进行。

（3）待冷却后，向步骤（2）所得物中加入维生素 E，然后加入去离子水和乳化剂，进行均质搅拌；所述均质搅拌采用均质搅拌机进行。

（4）将步骤（1）的澳洲坚果青皮多酚提取物加入步骤（3）的混合物中，进行均质搅拌，使得液体分散溶解均匀。

（5）向步骤（4）所得物中加入抗菌剂和蜗牛原液，均质搅拌进行溶解完全，静置后，分装入容器，即得成品。

均质搅拌的速度均为 18～20r/min。

原料介绍

所述澳洲坚果青皮多酚提取物的提取方法具体为：新鲜澳洲坚果青皮经干燥、粉碎，过 40 目筛，保存于－20℃冰箱；称取一定量澳洲坚果青皮粉，在提取温度为50℃、提取时间为 90min、澳洲坚果青皮粉与乙醇的料液比为 1g∶50mL、乙醇体积分数为 40％的条件下进行提取；提取结束后，在 8000r/min 条件下离心 15min，取上清液用冷凝回流法除去乙醇溶液，得到的澄清液保存于 4℃冰箱待用。

所述乳化剂为聚丙烯酰胺-305。

所述抗菌剂为双羟甲基咪唑烷基脲。

所述蜗牛原液是从蜗牛黏液中过滤萃取的精华物。

产品特性

（1）本品颜色呈淡黄色，味道清香，产品的黏稠度适中，滋润效果较佳，可以作为护眼霜和护手霜使用。

（2）本品以澳洲坚果油为主要原料，在其中添加了澳洲坚果青皮多酚提取物，获得了具有抗氧化性能的澳洲坚果护肤霜产品，同时所得产品的稳定性好，膏体的挑起度好，黏稠度适中，产品容易涂抹，铺展性好。

配方 14 高效防晒护肤化妆乳液

原料配比

原料		配比（质量份）		
		1#	2#	3#
A相	乙基己基三嗪酮	0.01	0.01	0.01
	二乙氨羟苯甲酰基苯甲酸己酯	0.5	0.5	0.5
	双乙基己氧苯酚甲氧基三嗪	0.5	0.5	0.5
	甲氧基肉桂酸乙基己酯	5	5	5
	奥克立林	1	1	1
	吐温-60	0.5	0.5	0.5
	辛基聚甲基硅氧烷	2	2	2
B相	水	18～20	18～20	18～20
C相	水	49.19	49.19	49.19
	卡波姆	0.2	0.2	0.2
	精氨酸	0.2	0.2	0.2
	透明质酸钠	0.1	0.1	0.1
	尿囊素	0.1	0.1	0.1
	乙二胺四乙酸二钠	0.05	0.05	0.05
D相	水	5	5	5
	亚甲基双苯并三唑基四甲基丁基酚	0.5	0.5	0.5
E相	防腐剂	0.1	0.1	0.1
	香精	0.05	0.05	0.05
F相	水	10	10	10
	氧化锌@氧化钛颗粒	5	6	7

制备方法

（1）将 A 相中乙基己基三嗪酮、二乙氨羟苯甲酰基甲酸己酯、双乙基己基苯酚甲氧苯基三嗪酮、甲氧基肉桂酸乙基己基酯、奥克立林加热搅拌，溶解后加入吐温-60 和辛基聚甲基硅氧烷，温度保持到 70～90℃，保持到 80～85℃最佳，搅拌均匀；同时将 B 相加热到 70～90℃，加热到 80～85℃最佳；

（2）将 A 相加入 B 相中，搅拌均匀得 AB 混合液；

（3）转移 AB 混合液至超声波细胞破碎仪中处理，使悬浊液状态的物料在379.2MPa 的压力作用下，高速流过高压均质腔，循环 5 次，得到乳液预制体；

（4）将 C 相中卡波姆充分搅拌分散于水中后，加入透明质酸钠、尿囊素、乙二胺四乙酸二钠，搅拌均匀后，用精氨酸水溶液中和；

（5）依次将 C、D、E、F 相加入步骤（3）制备的乳液预制体中，搅拌均质均匀即可。

原料介绍

所述氧化锌@氧化钛颗粒的制备过程如下：

（1）选用 $10\sim12\mu m$ 的微球 Zn 颗粒，所述 Zn 颗粒经过表面清洁处理。

（2）将经过表面清洁处理的微球 Zn 颗粒置于 O_2/N_2 混合气中，加热处理，在表面形成 $2\sim3\mu m$ 的均匀氧化保护层；O_2/N_2 混合气中氧气的体积比例为 5%，加热温度为 $120\sim175℃$，时间为 $10\sim12min$。

（3）将 $0.03\sim0.08g$ 的硫酸氧钛溶解于 100mL $3\%\sim5\%$ 的 H_2SO_4 水溶液中，然后溶液中添加 $0.2\sim0.4g$ 经过步骤（2）处理的微球 Zn 颗粒，进行核壳包覆处理；核壳包覆处理参数：温度为 $20\pm2℃$，搅拌速度 $100\sim200r/min$，反应时间 $5\sim6h$。

（4）将经过步骤（3）处理的微球 Zn 颗粒进行过滤→洗涤→干燥；所述洗涤为丙酮洗涤，所述干燥为 $50\sim100℃$ 真空干燥，时间为 $1\sim2h$。

（5）将经过步骤（4）处理的微球 Zn 颗粒置于马弗炉中，进行程序升温焙烧，然后自然冷却，获得防晒护肤化妆乳液用防晒核壳氧化锌@氧化钛颗粒。所述程序升温：由常温以 $3℃/min$ 升至 $400\sim450℃$，恒温保持 $30\sim50min$，然后 $1℃/min$ 升至 $650\sim700℃$，恒温保持 $2\sim3h$。

所述 B 相和 F 相在防晒护肤化妆乳液中的含量为 35%。

所述表面清洁处理包括有机溶液浸泡—碱洗—酸洗—去离子水洗涤—真空干燥，所述有机溶液为丙酮，所述碱洗：碳酸钠 5g/L，NaOH 5g/L，温度 70℃，时间 $20\sim30s$，所述酸洗：$1\%H_2SO_4$，时间 $30\sim40s$。

所述的高效防晒护肤化妆乳液的 SPF 值大于 39，PA 值大于 17。

所述的氧化锌@氧化钛颗粒粒径集中分布于 $10\sim12\mu m$。

产品特性

（1）制备核壳氧化锌@氧化钛颗粒的工艺简单，操作方便、反应可控。

（2）获得的物理防晒颗粒的稳定性强，在皮肤表面的铺展性强，无刺激性，安全绿色。

配方 15　高滋润型芦荟护肤霜

原料配比

原料	配比（质量份）		
	1#	2#	3#
尿囊素	6	4	3
乙酰化透明质酸钠	6	4	3
黄原胶	0.1	0.1	0.1

续表

原料	配比(质量份)		
	1#	2#	3#
甘油	5	5	3
芦荟提取物	20	16	12
水解蚕丝蛋白	4	4	4
卵磷脂	4	2	4
角鲨烷和甘油葡糖苷	0.3	0.3	0.2
丙二醇溶液	6	6	4
鲸蜡醇	0.3	0.3	0.2
聚乙二醇-40	0.05	0.05	0.05
聚山梨醇酯-60	0.1	0.1	0.1
抗坏血酸磷酸酯钠	0.1	0.1	0.1
鳄梨油	5	5	3
油橄榄果油	5	5	3
去离子水	适量	适量	适量

制备方法

(1)将尿囊素、乙酰化透明质酸钠溶于去离子水中,加入黄原胶和甘油并加热搅拌,然后加入芦荟提取物、水解蚕丝蛋白,混合均匀,并将其试液命名为 L_1,备用;所述的加热搅拌为在 70～85℃区间内,加热 10～20min。

(2)将卵磷脂、角鲨烷和甘油葡糖苷溶于丙二醇溶液中,超声分散 10～20min,然后加入 L_1,搅拌 5～15min,再加入鲸蜡醇、聚乙二醇-40、聚山梨醇酯-60 和维生素 C 磷酸酯钠,搅拌均匀并将其试液命名为 L_2,备用;所述的超声分散为在 60～120kHz 频率下超声。

(3)将鳄梨油、油橄榄果油混合均匀,然后在低温条件下加入 L_2,搅拌均匀即可。所述的低温为 35～44℃。

产品特性

(1)本品可深层次滋润肌肤,使皮肤、肌肉细胞收缩,保护水分,增加皮肤弹性,并且具有良好的抗痤疮、粉刺的功效。

(2)本品具有优异的保湿滋润效果以及抗痘效果,可满足肌肤保养的基本日常需求,尤其对没有美白及其它要求的男性来说,这是一种非常实用的护肤霜。

配方 16　含 N-乙酰神经氨酸保湿护肤品

原料配比

原料	配比(质量份)				
	1#	2#	3#	4#	5#
N-乙酰神经氨酸	5	5	5	5	5

原料		配比（质量份）				
		1#	2#	3#	4#	5#
保湿剂	丙二醇	5	—	—	—	—
	1,3-丁二醇	5	8	6.25	3.6	6.6
	甘草酸二钾	—	0.8	0.25	2.4	—
	甘油	2.5	—	—	—	—
	D-泛醇	2	—	—	—	—
防腐剂	对羟基苯乙酮	0.7	0.6	0.7	—	0.4
	维生素C棕榈酸酯	—	—	—	0.2	—
乳化剂	PEG/PPG-17/6共聚物	0.5	0.4	0.4	0.6	0.6
皮肤调理剂	合成角鲨烷	0.1	0.2	0.2	0.45	0.15
	氢化蓖麻油	0.1	0.1	0.1	0.3	—
	尿囊素	0.1	0.2	0.1	0.45	—
	甘草酸二钾	—	0.4	0.1	—	—
增稠剂	黄原胶	0.6	0.4	0.4	—	0.3
	羟丙基甲基纤维素	0.4	—	—	0.2	—
螯合剂	乙二胺四乙酸二钠	—	0.1	0.04	—	0.04
PH调节剂	磷酸氢二钠/磷酸二氢钠	适量	适量	适量	适量	适量
	去离子水	78	84	86	87	87

制备方法

（1）将称量好的保湿剂、皮肤调理剂和乳化剂以及去离子水在75℃的恒温水浴中加热；

（2）使用高速分散均质机进行搅拌混合1h，乳化均匀，之后加入防腐剂和增稠剂继续在75℃下采用高速分散均质搅拌机搅拌28～30min，搅拌完成后静置12h；

（3）将混合液放置40℃的恒温水浴中，加入N-乙酰神经氨酸和螯合剂，搅拌30min；

（4）搅拌完成后，一边添加pH调节剂，一边搅拌混合至整个混合液体的pH值为6～7；

（5）灌装灭菌后制得N-乙酰神经氨酸保湿护肤品。

产品特性　本品能够有效锁住水分，在干燥环境中保湿效果好，并且长期保湿效果显著，制备方法简单方便。

配方 17 含艾考糊精的保湿护肤液

原料配比

原料	配比（质量份）			
	1#	2#	3#	4#
艾考糊精	5	0.003	8	1
透明质酸	2	0.5	1	1

续表

原料	配比(质量份)			
	1#	2#	3#	4#
玉米谷蛋白氨基酸类	5	2	3	3
小核菌胶	0.3	0.1	0.5	0.5
甘油	0.3	0.1	3	3
丙二醇	2	3	5	5
苯氧乙醇	0.2	0.3	0.5	0.5
1,2-己二醇	0.1	0.3	0.5	0.5
纯化水	适量	适量	适量	适量

制备方法 称取艾考糊精、透明质酸、小核菌胶、甘油、丙二醇,将各组分在搅拌的条件下溶于适量的纯化水中为 A 组分。将玉米谷蛋白氨基酸类和适量纯化水加入主锅,加入提前分散好的 A 组分,加热至 80~85℃,保温 10min,20~35r/min 真空搅拌,溶解混合均匀后降温至 45~50℃,加入苯氧乙醇和 1,2-己二醇,保温 10min,降温至 35℃以下灌装、包装,检测合格后即得成品。

产品特性 本品可以在皮肤表面形成一层保护膜,减少水分的流失。

配方 18　含萱草花多糖的护肤乳液

原料配比

原料		配比(质量份)			
		1#	2#	3#	4#
A 相	液体石蜡	2.0	2	3	3
	辛酸甘油三酯	3.0	3	2	2
	聚二甲基硅氧烷	4.0	4	6	6
	角鲨烷	3.0	3	3	3
	橄榄油	—	2	2	2
	司盘-60	1.5	1.5	1.5	1.5
	蔗糖椰油酸酯	1.5	1.5	1.5	1.5
	羟苯丙酯	0.1	0.1	0.1	0.1
	维生素 E	2.0	—	2	2
B 相	卡波姆	0.3	0.3	0.3	0.3
	透明质酸钠	0.5	0.5	1	1
	丁二醇	5.0	—	—	5
	甘油	8.0	8	6	6
	羟苯甲酯	0.1	0.1	0.1	0.1
	阿拉伯胶	1.0	1	1	1
	去离子水	62.6	67.6	65.1	60.1
C 相	萱草花多糖	5.0	5	5	5
	香精	0.05	0.05	0.05	0.05
	三乙醇胺	0.3	0.3	0.3	0.3
	PEG-40 氢化蓖麻油	0.05	0.05	0.05	0.05

制备方法

（1）将液体石蜡、辛酸甘油三酯、聚二甲基硅氧烷、角鲨烷、橄榄油、司盘-60、蔗糖椰油酸酯、羟苯丙酯、维生素 E 放入容器中混合，加热至 80℃，得到 A 相；

（2）将卡波姆、透明质酸钠、丁二醇、甘油、羟苯甲酯、阿拉伯胶、去离子水放入另一容器中混合，加热至 80℃，得到 B 相；

（3）在 B 相中加入 A 相，乳化，均质，搅拌均匀，降温至 50℃；

（4）加入剩余原料，搅拌均匀后，出料。

原料介绍

所述萱草花多糖通过以下步骤制得：

（1）将新鲜采摘的萱草花花苞洗净、干燥、粉碎，在萱草花花苞粉末中加入纯净水使液面没过萱草花苞粉末，加热浸提；加热的温度为 90℃，浸提的时间为 4h。

（2）将步骤（1）得到的水提物用多层纱布挤压过滤，去除残渣后得到萱草花多糖粗提液。

（3）将步骤（2）得到的粗提液浓缩后，用乙醇醇析得到萱草花多糖粗提物，离心，使用无水乙醇、丙酮、无水乙醚交替洗涤 3 次以完全去除杂质和色素。乙醇的体积分数为 85％；离心的转速为 4000r/min，时间为 20min。

（4）将步骤（3）得到的沉淀经真空冷冻干燥得到萱草花多糖。

产品特性

（1）本品具有清新淡雅的萱草花香，有易吸收、抗氧化等优点，能促进皮肤细胞的新陈代谢、有效清除 DPPH 自由基，使皮肤光洁、细嫩、滋润且富有弹性，配方中不含酒精，对皮肤温和无刺激性。

（2）本品具有润滑性能、抗紫外线作用以及良好的透气性和明显的防尘功能，涂抹在皮肤上有顺滑清爽之感。

（3）本品中有较强的保湿剂，安全无毒，对人体皮肤无任何刺激性。

配方 19 含有复合维生素 A 的美白抗老护肤品

原料配比

原料	配比（质量份）		
	1#	2#	3#
添加剂	8	9	10
胶原蛋白	5	6	7

续表

原料		配比(质量份)		
		1#	2#	3#
保湿剂	丙二醇	2	—	—
	丙二醇和山梨醇	—	3	—
	透明质酸	—	—	4
防腐剂	山梨酸钾	0.4	—	—
	山梨酸钾和咪唑烷基脲	—	0.6	—
	乙内酰脲	—	—	0.8
乳化剂	丙二醇脂肪酸酯	1	—	—
	丙二醇脂肪酸酯和氢化卵磷脂	—	2	—
	单硬脂酸甘油酯	—	—	3
	复合维生素 A	3	4	5
	烟酰胺	1	1.2	1.5
	水	90	96	100
添加剂	葡萄籽	4	6	7
	燕麦仁	2	4	5
	石榴籽	3	5	6
	清水	50	55	60
复合维生素 A	维 A 醇	30	36	40
	维 A 醇的丙酸酯	4	6	7
	维 A 醇的棕榈酸酯	2	4	5
	维 A 醇的亚油酸酯	3	7	8

制备方法

(1) 添加剂制备:将葡萄籽、燕麦仁、石榴籽共同混合,投入清水中,加热沸煮处理 2~2.5h 后过滤,将滤液浓缩至原体积的 15%~20%后得添加剂备用。

(2) 原料称取:按对应质量份称取下列原料:8~10 份步骤 (1) 制得的添加剂、5~7 份胶原蛋白、2~4 份保湿剂、0.4~0.8 份防腐剂、1~3 份乳化剂、3~5 份复合维生素 A、1~1.5 份烟酰胺、90~100 份水。

(3) 混合制备:

① 先将步骤 (2) 称取的水加热至 45~48℃,然后将添加剂、胶原蛋白、保湿剂、防腐剂、乳化剂混合加入,搅拌均匀备用。

② 待操作①处理后的物质的整体温度降至常温后,再将复合维生素 A、烟酰胺共同加入,超声分散均匀后即可。所述的超声分散处理时控制超声波的频率为 500~550kHz。

产品特性 本品能够促进血液循环,并具有美白、抗皱的功效,能够改善复合维生素 A 的使用刺激性,协同增强了复合维生素 A 和烟酰胺的使用效果;添加的复合维生素 A 和烟酰胺共同使用,可促进胶原蛋白的生长,加强抗衰老的效果,并能加速皮肤代谢,抑制黑色转运,起到美白亮肤的效果;此外本品还能起到控油祛痘、修复肌肤屏障的作用,增强肌肤的耐受性。

配方 20　含有绞股蓝提取物的抗皱护肤品

原料配比

原料	配比（质量份）				
	1#	2#	3#	4#	5#
绞股蓝提取物	1	4	5	3.5	4.5
甘油	5	5.5	6	6	6
1,2-戊二醇	2	2.5	3	3	3
辛酸/癸酸甘油三酯	5	6	7	7	7
合成角鲨烷	2	3	4	4	4
生育酚乙酸酯	1	4	5	5	5
鲸蜡硬脂醇	1	2	3	3	3
椰油醇	0.5	0.8	1	1	1
甘油硬脂酸酯	0.5	1.5	2	2	2
透明质酸钠	0.1	0.5	1	1	1
去离子水	100	105	110	110	110

制备方法

（1）取去离子水、甘油放入水锅中，并加热至 75～80℃，制成第一混合液；

（2）取辛酸/癸酸甘油三酯、合成角鲨烷、生育酚乙酸酯、鲸蜡硬脂醇、椰油醇和甘油硬脂酸酯放入油锅中，并加热至 75～80℃，制成第二混合液；

（3）将第一混合液和第二混合液在乳化锅中混合，并均质乳化 10～15min，然后降温至 35～40℃，加入绞股蓝提取物、1,2-戊二醇和透明质酸钠，搅拌均匀后出料、静置，即得到含有绞股蓝提取物的抗皱护肤品。

原料介绍　所述绞股蓝提取物的制备方法包括以下步骤：

（1）在 9 月下旬和 10 月上中旬绞股蓝成熟时（这个阶段收获的绞股蓝中有效成分含量最高），离地 5cm 将绞股蓝草割下来，剔除杂草和烂叶，切成 5～10cm 的节，洗净放在摊凉架上晾干水分至含水量 15%～20%；

（2）将晾干的绞股蓝放进双螺旋压榨机里压榨，收集绞股蓝汁液，得到不含叶绿素的淡褐色清液；

（3）将步骤（2）得到的淡褐色清液放进冷冻干燥机里进行冷冻干燥，收集干燥粉，过 200 目筛，得到绞股蓝粉状固体；

（4）将步骤（3）的绞股蓝粉状固体放进低温植物细胞破壁机里破壁超微，粉碎细度为 1800 目，即得到绞股蓝提取物。

产品特性　本品天然环保，使用后可使皮肤更加滋润，具有弹性，美容抗衰老功能显著。

配方 21　含有芦荟活性物的美白抗衰保湿护肤品

原料配比

原料		配比（质量份）				
		1#	2#	3#	4#	5#
A相	去离子水	加至100	加至100	加至100	加至100	加至100
	丙二醇	8	8	8	8	8
	甘油聚醚-26	5	5	5	5	5
	甘油	5	5	5	5	5
	卡波姆	0.2	0.2	0.2	0.2	0.2
	羟乙基纤维素	—	0.15	0.15	0.15	0.15
	甘草酸二钾	—	0.1	0.1	0.1	0.1
	乙二胺四乙酸二钠	0.05	0.05	0.05	0.05	0.05
	透明质酸钠	0.05	0.05	0.05	0.05	0.05
	羟苯甲酯	—	0.15	0.15	0.15	0.15
B相	β-葡聚糖	0.1	—	0.1	0.1	0.1
	泛醇	0.1	—	0.1	0.1	0.1
	芦荟活性物	2	2	2	—	2
	氨甲基丙醇	0.15	—	0.15	0.15	0.15
	苯氧乙醇	0.3	—	0.3	0.3	0.3
C相	香精	0.05	0.05	—	0.05	0.05
	PEG-35 蓖麻油	0.3	0.3	—	0.3	0.3
芦荟活性物	库拉索芦荟叶水	74.438	74.438	74.438	74.438	74.438
	丙二醇	24.812	24.812	24.812	24.812	24.812
	PE9010	0.25	0.25	0.25	0.25	0.25
	库拉索芦荟提取物	0.5	0.5	0.5	0.5	0.5

制备方法

（1）将 A 相原料依次加入主锅，开启搅拌，分散均匀至无不溶物，开始加热，加热至 80~85℃，保温 20min，开始降温；

（2）主锅降温至 45℃时，依次加入 B 相原料，搅拌至均匀无不溶物；

（3）预混 C 相原料，搅拌至均匀透明，然后缓慢加入主锅，搅拌至均匀，降温至 38℃，使用 400 目以上滤布过滤，出料。

原料介绍　所述的芦荟活性物的制备方法为：

（1）按配比称取各原料，将丙二醇放入一号烧杯中，然后加入 PE9010，搅拌均匀，得溶液 1；

（2）将库拉索芦荟提取物加入溶液 1 中，用玻璃棒缓慢搅拌使库拉索芦荟提取物全部分散溶解，得溶液 2；

（3）将库拉索芦荟叶水加入溶液 2 中，用玻璃棒缓慢搅拌均匀，过滤即得芦荟活性物。

产品特性　本品有明显改善细纹的功效。芦荟活性物具有明显的提亮及抗衰老作用，协同 B 相中 β-葡聚糖对表皮细胞的活性作用，其提亮肤色及抗衰老的效果更显优势。本品中各个组分在配方中充分发挥作用，且相互之间协同作用，使配方功效更加合理有效，整体具有极好的提亮保湿、抗衰老功效，产品质量安全有效，同时具有良好的使用体验效果。

配方 22　护肤膏霜

原料配比

原料	配比（质量份）	
	1#	2#
甘油	17	19
辛酸/癸酸甘油三酯	5	7
油橄榄果油	2	4
山茶籽油	2	4
向日葵籽油	1	3
柠檬粉	1	3
氢化甜杏仁油	0.5	1.5
海藻糖	0.5	1.5
维生素 E	0.5	0.5
苯氧乙醇/乙基己基甘油	0.6	0.6
香精	0.06	0.06
乙二胺四乙酸二钠	0.05	0.05
去离子水	加至 100	加至 100

制备方法

（1）将去离子水、甘油、柠檬粉、海藻糖、乙二胺四乙酸二钠加入水相锅中，加热到 80～85℃，溶解均匀，降温至 40～45℃；

（2）将辛酸/癸酸甘油三酯、油橄榄果油、山茶籽油、向日葵籽油、氢化甜杏仁油、维生素 E 加入油相锅中，搅拌均匀；

（3）当水相锅温度到 40～45℃时，将油相锅内的物料投入水相锅中，均质 3min；

（4）45℃时，加入防腐剂、香精，检测合格后出料。

原料介绍　所述的防腐剂包括苯氧乙醇和乙基己基甘油中的一种或两种。

产品特性　本品中含有多种天然植物来源原料，油橄榄果油、山茶籽油、向日葵籽油、氢化甜杏仁油作为重要润肤养肤成分，有非常优异的保湿性，对皮肤有调理功效；柠檬粉具有去除老化角质、促进表皮细胞再生、保持肌肤水分、改善皮肤质地、增强皮肤弹性等作用；海藻糖是一种安全、可靠的天然糖类，更是保持细胞活性的重要成分；维生素 E 具有增加细胞抗氧化的作用。

配方 23　护肤面霜

原料配比

原料	配比（质量份）		
	1#	2#	3#
鲸蜡硬脂醇和/或鲸蜡硬脂基葡糖苷	6	5	8
乳化剂 Dracorin CE	6	5	7
肉豆蔻酸异丙酯	6	5	8
鲸蜡硬脂醇	3	2	4
辛酸/癸酸甘油三酯	6	5	7
聚二甲基硅氧烷	3	3	4
乳木果油	3	3	3
白蜂蜡	3	3	4
乙基葵醇	0.8	0.8	0.6
红没药醇	6	8	7
丁基甲氧基二苯甲酰甲烷	3	3	4
甘油	7	12	9
丁二醇	3	3	4
乙二胺四乙酸二钠	0.7	0.8	0.6
对羟基苯乙酮	0.7	0.8	0.6
1,2-己二醇	0.7	0.8	0.6
水溶性维生素 E	0.7	0.8	0.6
黄原胶	0.7	0.8	0.6
聚丙烯酸	0.7	0.8	0.6
L-精氨酸	0.6	0.8	0.6
香精	0.6	0.8	0.6
去离子水	加至 100	加至 100	加至 100

制备方法

（1）通过自动称取装置分别称取鲸蜡硬脂醇和/或鲸蜡硬脂基葡糖苷、Dracorin CE、肉豆蔻酸异丙酯、鲸蜡硬脂醇、辛酸/癸酸甘油三酯、聚二甲基硅氧烷、乳木果油、白蜂蜡、乙基葵醇、红没药醇、丁基甲氧基二苯甲酰甲烷、甘油、丁二醇、乙二胺四乙酸二钠、对羟基苯乙酮、1,2-己二醇、水溶性维生素 E、黄原胶、聚丙烯酸、L-精氨酸、香精；

（2）在温度 81～90℃下，将步骤（1）中称量获取的鲸蜡硬脂醇和/或鲸蜡硬脂基葡糖苷、肉豆蔻酸异丙酯、鲸蜡硬脂醇、辛酸/癸酸甘油三酯、聚二甲基硅氧烷、白蜂蜡、乙基葵醇、丁基甲氧基二苯甲酰甲烷通过自动称取装置的下料管道注入至油相锅中，搅拌混合至全部溶解，再通过自动称取装置的下料管道将 Dracorin CE、乳木果油、红没药醇注入至油相锅中，得到 A 相物料混合物；

（3）将步骤（1）中称量获取的甘油、丁二醇、乙二胺四乙酸二钠、对羟基苯乙酮、1,2-己二醇、水溶性维生素 E、黄原胶、聚丙烯酸通过自动称取装置的下料管道注入定量的去离子水中，加热至 81～90℃并搅拌，制得 B 相物料混合物；

（4）在搅拌条件下将步骤（2）得到的 A 相物料混合物加入至步骤（3）制得的 B 相物料混合物中，加热至 81～90℃，再通过自动称取装置的下料管道将 L-精氨酸加入其中，继续搅拌至完全溶解；

（5）将步骤（4）获得的混合物在均质机中以均质速度 3000～3500r/min、温度 80～90℃的条件均质 5min 后，将温度自然降低至 30～40℃，再通过自动称取装置的下料管道将香精加入其中并搅拌均匀；

（6）将步骤（5）得到的混合物的温度降低至 30℃以下，再用去离子水补充至 100 质量份，继续使用均质机在均质速度 3000～3500r/min 的条件下均质 5～10min，然后将其温度降至室温，得到所述的护肤面霜。

产品特性　本品通过调整各成分在护肤面霜中的含量，合理配比，提升护肤面霜对肌肤的美白、保湿、抗敏、退黄等保健效果，可有效补水保湿，给肌肤补给营养，且具有消炎抗菌作用。

配方 24　含天然成分的护肤面霜

原料配比

原料		配比（质量份）		
		1#	2#	3#
A 相	轻质液状石蜡	3	5	4
	白凡士林	4	6	5
	鲸蜡硬脂醇	3	1	2
	二甲基硅氧烷	1	2	1.5
	聚氧乙烯-21 硬脂醇醚	1.5	2.5	2
	聚氧乙烯-2 硬脂醇醚	1.5	2.5	2
B 相	甘油	3	6	5
	卡波姆	0.3	0.5	0.4
	黄原胶	0.3	0.2	0.25
	苯氧乙醇	0.5	0.8	0.8
	对羟基苯甲酸甲酯	0.5	0.4	0.4
	去离子水	53.65	48.65	51.05
C 相	尿素	6	4	5
	川芎提取液	2	4	3
	珍珠提取液	4	6	5
	玫瑰纯露	15	10	12

原料		配比（质量份）		
		1#	2#	3#
D相	茶多酚	0.4	0.2	0.3
	透明质酸钠	0.2	0.05	0.1
	三乙醇胺	0.15	0.2	0.2

制备方法

（1）按照各原料的配比分别称取备用。

（2）将 A 相、B 相所有物料分别混合置于水浴锅中，边搅拌边升温至所有物料完全溶解，保温；水浴锅加热温度为 70～80℃，保温 20～30min。

（3）将 A 相混合物料加入 B 相中，在 70～80℃水浴中加热混合均匀，降温至 40～50℃。

（4）将降温后的原料加入 C 相和 D 相，混合均匀，缓慢降温至室温，均质乳化搅拌，得到护肤面霜。控制搅拌速率为 800～1200r/min，搅拌 30～60min。

产品特性　本品面霜加入了川芎、珍珠、茶多酚等多种天然来源有效成分，通过对各组分的合理使用与搭配，设计出一款温和、多效的天然护肤面霜，具有保湿、抗衰、提亮、修复等作用，且安全、有效，无刺激性，无副作用；各成分之间协同增效，能够更有效的发挥护肤效果。

配方 25　含天然成分的护肤凝胶

原料配比

原料	配比（质量份）		
	1#	2#	3#
透明质酸钠	1	10	5
甘油	5	20	13
燕麦 β-葡聚糖	5	10	7
卡波姆	0.5	1	0.8
羟乙基纤维素	0.1	0.5	0.3
1,2-己二醇	0.1	0.3	0.2
对羟基苯乙酮	0.1	0.8	0.5
三乙醇胺	0.1	0.5	0.3
沙棘果提取物	3	8	5
苦参根提取物	5	10	7
红景天提取物	2	6	4
银杏提取物	1	3	2
野大豆芽提取物	1	5	3
谷氨酸	0.5	2	1
蛋氨酸	0.5	2	1

原料	配比（质量份）		
	1#	2#	3#
酵母菌多肽类	8	23	13
人生长激素	25	35	30
水	适量	适量	适量

制备方法

（1）将水、透明质酸钠、甘油、燕麦 β-葡聚糖加入反应釜中，开启搅拌，加热至 75～80℃，得混合物 A；

（2）将水、卡波姆、羟乙基纤维素、1,2-己二醇、对羟基苯乙酮、三乙醇胺加入反应釜中，开启搅拌，加热至 75～80℃，得混合物 B；

（3）将混合物 A 和混合物 B 混合，10000～12000r/min 的转速下均质 5min，降温至 40～45℃，加入沙棘果提取物、苦参根提取物、红景天提取物、银杏提取物、野大豆芽提取物、谷氨酸、蛋氨酸、酵母菌多肽类和预处理人生长激素，3000～5000r/min 均质 1min；

（4）继续降温至 25～30℃即可。

产品特性

（1）安全性高无副作用；

（2）质地清透，利于肌肤吸收；

（3）可减轻细胞过氧化的程度并抑制Ⅰ型胶原的降解，有修复皮肤细胞损伤的功效；

（4）可促进成纤维细胞和胶原蛋白的生成，有效修复细胞，增强皮肤弹性，改善干纹、粗糙；

（5）保湿功能好，使皮肤角质层含水量具有很大的提高，并且在使用后能得到较好的维持；

（6）有效保持了人生长激素强大的生物活性和生物利用度，增强了稳定性。

配方 26　护肤凝胶

原料配比

原料			配比（质量份）		
			1#	2#	3#
A剂	溶剂	去离子水	加至100	加至100	加至100
	保湿剂	甘油	10	7	—
		丙二醇	—	7	10

原料			配比（质量份）		
			1#	2#	3#
A剂	凝胶剂a	Gcnugcl CG-130	0.5	1.5	0.5
		Gcnuvisco CG-131	1.5	0.5	0.5
		海藻酸钠	0.5	0.8	1
	润肤剂	辛酸甘油三酯	5	2	3
		聚二甲基硅氧烷	2	5	3
	乳化剂	甘油硬脂酸酯或PEG-100硬脂酸酯	0.8	0.8	0.8
	赋色剂	二氧化肽	0.5	0.5	0.5
	活性功效剂	烟酰胺	2	—	—
		维生素A丙酸酯	—	0.05	—
		神经酰胺	—	—	0.01
	防腐剂	苯氧乙醇	0.5	0.5	0.5
B剂	溶剂	去离子水	加至100	加至100	加至100
	保湿剂	甘油	10	7	—
		丙二醇	—	7	10
	凝胶剂b	琼脂糖	0.5	—	0.2
		低酰基结冷胶	—	0.5	0.2
		黄原胶	0.1	0.05	0.08
		苯并三唑基丁苯酚磺酸钠	0.03	—	0.015
		三(四甲基羟基哌啶醇)柠檬酸盐	—	0.03	0.015
	防腐剂	苯氧乙醇	0.5	0.5	0.5
	A剂		10	10	10
	B剂		20	20	20
C剂	质量分数为0.5%的氯化钙溶液		100	—	—
	质量分数为0.8%的氯化钙溶液		—	150	—
	质量分数为1%的氯化钙溶液		—	—	200

制备方法

（1）A剂的制备具体过程为：将保湿剂与凝胶剂a混合，加入去离子水中，搅拌升温至80～85℃，保温搅拌15～20min，此组混合物以下称水相；将润肤剂与乳化剂混合，搅拌升温至80～85℃，此组混合物以下称油相；将油相加入水相中，高速均质分散3～5min，开始降温，降温至40～45℃，加入赋色剂、活性功效剂、防腐剂，搅拌均匀，保温，制得A剂。

（2）B剂的制备具体过程为：将保湿剂与凝胶剂b混合，加入去离子水中，搅拌升温至80～85℃，保温搅拌15～20min，开始降温，搅拌降温至40～45℃，加入防腐剂，搅拌均匀，继续降温至35～40℃，保温，制得B剂。

（3）灌装：将A剂注模成型，然后将成型的A剂浸入C剂的溶液中，第一次静置，再取出成型的A剂，置于容器中，将B剂倒入容器中，第二次静置，制得所述护肤凝胶。将A剂注模成型的过程为将A剂倒入模具中，冷藏成型，取出成型的A剂。所述冷藏成型的温度为−20～−5℃；所述冷藏成型的时间为20～

40min；所述第一次静置的时间为 25～45min；所述第二次静置的时间为 1.2～2.5h。

产品特性

（1）本品利用 K 型或 I 型卡拉胶提供一定的成型和悬浮能力，配合海藻酸钠与二价金属盐的凝胶化作用，获得较为坚韧的外壳，使得内层的 A 剂结构稳定。

（2）本品中的各类赋色剂，可使产品外观新颖。

（3）本品外层的 B 剂的凝胶剂为硬脆性透明凝胶，搭配抗氧化剂（光、热保护剂）等助剂的防护作用，既能进一步固定内层 A 剂，保证其在运输摇晃途中的稳定，又能使成品具有晶莹剔透的外观，还能隔绝内层活性成分与外界空气等氧化成分的接触，从而使得护肤凝胶外观新颖，形态稳定，不易变色，不易变味，适合存储、运输。

配方 27　护肤化妆品

原料配比

原料		配比（质量份）								
		1#	2#	3#	4#	5#	6#	7#	8#	9#
保湿成分	透明质酸钠	10	—	—	—	—	—	—	—	—
	透明质酸钠和石莼多糖	—	30	—	—	—	—	—	—	—
	芦荟提取物	—	—	15	20	—	—	—	—	—
	神经酰胺和胶原蛋白	—	—	—	—	11	—	—	—	—
	神经酰胺	—	—	—	—	—	10	—	—	—
	石莼多糖	—	—	—	—	—	—	11	28	—
	复合氨基酸和神经酰胺	—	—	—	—	—	—	—	—	29
美白成分	熊果苷	10	—	—	—	—	—	—	19	29
	熊果苷和传明酸	—	30	—	—	—	—	—	—	—
	维生素 C 衍生物、曲酸、熊果苷以及传明酸	—	—	15	—	—	—	—	—	—
	传明酸	—	—	—	12	—	30	—	—	—
	维生素 C 衍生物	—	—	—	—	28	—	—	—	—
	维生素 C 衍生物和熊果苷	—	—	—	—	—	—	13	—	—
营养成分	氨基酸	10	—	—	—	—	—	—	—	27
	维生素和植物萃取物	—	30	—	—	—	—	—	—	—
	氨基酸、维生素、植物萃取物	—	—	15	—	—	—	—	—	—
	微生物发酵物	—	—	—	18	—	—	—	10	—
	维生素、微生物发酵物	—	—	—	—	19	—	19	—	—
	维生素	—	—	—	—	—	26	—	—	—
添加剂	芦芭油、助交联剂、木糖醇葡萄糖苷、糖类同分异构体、多元醇、酪氨酸酶抑制剂以及富氢水	3	30	15	22	6	30	6	2	20

原料		配比（质量份）								
		1#	2#	3#	4#	5#	6#	7#	8#	9#
硬性颗粒	粒径为 80nm 的锶的精铁氧体以及粒径为 30nm 碎玉石	0.001	—	—	—	—	—	—	—	—
	粒径为 100nm 的锶的精铁氧体以及粒径为 35nm 碎玉石	—	1.5	—	—	—	—	—	—	—
	粒径为 550nm 的钡的精铁氧体以及粒径为 40nm 碎玉石	—	—	1	—	—	—	—	—	—
	粒径为 200nm 的锶的精铁氧体以及粒径为 34nm 碎玉石	—	—	—	1.2	—	—	—	—	—
	粒径为 350nm 的钡的精铁氧体以及粒径为 40nm 碎玉石	—	—	—	—	0.5	—	—	—	—
	粒径为 80nm 的锶的精铁氧体以及粒径为 40nm 碎玉石	—	—	—	—	—	0.06	—	—	—
	粒径为 400nm 的锶的精铁氧体以及粒径为 31nm 碎玉石	—	—	—	—	—	—	1.4	—	—
	粒径为 450nm 的钡的精铁氧体以及粒径为 31nm 碎玉石	—	—	—	—	—	—	—	1.2	—
	粒径为 85nm 的锶的精铁氧体以及粒径为 35nm 碎玉石	—	—	—	—	—	—	—	—	0.9
增稠剂	甘油	0.5	—	—	—	—	—	—	—	—
	甘油、交联聚合物、纤维素衍生物、黄原胶、瓜尔胶、淀粉及其衍生物、海藻酸盐及其衍生物、寒天、聚丙烯酸钠、羧基乙烯基聚合物以及膨润土的混合物	—	10	—	—	—	—	—	—	—
	甘油和聚丙烯酸钠的混合物	—	—	5	—	—	—	—	—	—
	交联聚合物和淀粉的混合物	—	—	—	8	—	—	—	—	—
	海藻酸盐及其衍生物	—	—	—	—	1	—	—	—	—
	寒天	—	—	—	—	—	2	—	—	—
	聚丙烯酸钠和羧基乙烯基聚合物的混合物	—	—	—	—	—	—	9	—	—
	甘油、黄原胶、瓜尔胶、寒天、聚丙烯酸钠、羧基乙烯基聚合物、膨润土的混合物	—	—	—	—	—	—	—	7	—
	交联聚合物	—	—	—	—	—	—	—	—	0.9

制备方法

（1）称取 10～30 份的保湿成分、10～30 份的美白成分、10～30 份的营养成分、1～30 份的添加剂、0.001～1.5 份的硬性颗粒以及 0.5～10 份的增稠剂；

（2）将步骤（1）的硬性颗粒和添加剂混合，得混合物；

（3）将步骤（2）的混合物和步骤（1）的保湿成分、美白成分、营养成分在 28～42℃ 的温度范围下混合均匀，之后加入增稠剂，得护肤品。

原料介绍

所述助交联剂为三羟甲基丙烷三甲基丙烯酸酯，所述多元醇为 1,3-丙二醇、甘油、丁二醇、二丙二醇、甲基丙二醇中的一种或者两种以上的组合物。

所述酪氨酸酶抑制剂为熊果苷、曲酸、甘草提取物、烟酰胺、石莼提取物、维生素 C 及其衍生物中的一种或者两种以上的组合物。

所述富氢水中氢气的含量为 0.3～2.5mg/kg。

所述磁性颗粒包括钡和锶的精铁氧体以及碎玉石；其中，所述钡和锶的精铁氧体的粒径为 80～550nm，矫顽力为 80000～1600000A/m；所述碎玉石的粒径为 30～40nm。

产品特性

（1）本品通过将硬性颗粒添加到护肤品中，刺激了血液的循环，使护肤品的其他成分可以更易被皮肤吸收，并且更进一步地除去了皮肤组织中的代谢物；另外，本品添加了美白成分、保湿成分和营养成分，同时具有美白、保湿以及修复的作用，相较于传统的护肤品，本品具有更多的功能。

（2）富氢水能够很好地促进新陈代谢，使细胞保持健康的状态，从而延缓衰老；而酪氨酸酶抑制剂能够抑制酪氨酸酶的活性，二者协同作用，进一步抑制黑色素的产生，达到美白的效果。

配方 28　护肤霜

原料配比

原料		配比（质量份）		
		1#	2#	3#
A 相	鲸蜡硬脂醇	8	1	1
	甘油硬脂酸酯	0.5	1	1
	聚二甲基硅氧烷	5	0.1	0.1
	维生素 E	0.1	1	1
	二辛基醚	10	1	1
	霍霍巴油	0.1	8	8
	棕榈酸乙基己酯	10	0.1	0.1
B 相	羟苯甲酯	0.01	0.1	0.1
	对羟基苯乙酮	0.1	0.5	0.5
	丁二醇	8	1～8	1～8
	甘油聚醚-26	1	1	1
	卡波姆	0.6	0.6	0.6
	丙烯酸类/C_{10}～C_{30} 烷醇丙烯酸酯交联聚合物	0.6	0.6	0.6
	透明质酸钠	0.01	0.01	0.01
	乙二胺四乙酸二钠	0.1	0.1	0.1
	鲸蜡醇磷酸酯钾	0.1	0.1	2

原料		配比(质量份)		
		1#	2#	3#
C相	草药提取物	15	10	10
D相	苯氧乙醇和乙基己基甘油的混合物	0.1	0.8	0.8
E相	精氨酸	0.1	0.6	0.6
	水	6	1	1
水		加至100	加至100	加至100

制备方法

(1) 将 A 相中所有的原料均加入油锅中，搅拌加热至 78～82℃，使 A 相中所有的原料完全溶解至无颗粒，混合均匀形成 A 相混合物，保温备用。

(2) 将 B 相中所有的原料均加入水锅中，搅拌加热至 75～80℃，使 B 相中所有的原料完全溶解至无颗粒，再加入 C 相原料，混合均匀形成 B 相与 C 相的混合物，保温备用。

(3) 将步骤 (2) 得到的 B 相与 C 相的混合物抽入到乳化锅中，加入 A 相混合物，乳化均质 8～12min，可以分别乳化两至三次，搅拌均匀，形成 A 相、B 相和 C 相的混合物；降温至 55～65℃，加入 D 相的所有原料，搅拌均匀，降温到 35～45℃加入 E 相的所有原料，搅拌均匀，同时抽真空三次，即得成品。

原料介绍

所述草药提取物包括以下组分：防风根提取物、羌活提取物、荆芥提取物、栝楼提取物和五倍子提取物。

所述草药提取物的制备方法：将五倍子磨成粗粉浸泡在米醋中，24h 后取出，装入瓜蒌中蒸制 35～45min，然后取出烘干磨成粗粉与防风根提取物、羌活提取物、荆芥提取物混合在一起提取即可。

所述五倍子与米醋的添加量为每 100 克五倍子浸泡在 200～250mL 的米醋中。

所述粗粉的粒径均为 80～100 目。

产品特性

(1) 本品与传统的配方不同，采用多种草药，按照中医的配伍原则将多种提取物进行混合，具有较好保湿作用，并对湿疹、皮炎、皮肤瘙痒等有较好的治疗效果。

(2) 本品采用草药的复方并提取有效成分和其他原料混合而成，具有修复肌肤屏障，使肌肤更加柔软的功效。

配方 29　护肤水乳

原料配比

原料	配比（质量份）		
	1#	2#	3#
丙二醇	40	30	70
芋根江蓠多糖	15	25	4
虾青素	5	12	0.8
谷胱甘肽	3	15	0.8
肌肽	4	0.8	25
维生素 A	2	6	0.4
生物素	2	10	0.3
甘草提取物	6	3	15
水	6	3	10
烟酰胺	2	3	0.9
聚乙二醇	2	1	5

制备方法　将虾青素、谷胱甘肽和肌肽混合得到混合物 A；将维生素 A、生物素、烟酰胺和甘草提取物加入混合物 A 中搅拌均匀，并将丙二醇和聚乙二醇在搅拌的过程中分批次添加，得到混合物 C；将芋根江蓠多糖溶解于水中得到液体 B；最后将混合物 C 和液体 B 混匀后得到所述护肤水乳。

原料介绍

所述的芋根江蓠多糖通过以下步骤制得：

（1）将芋根江蓠粉加入至溶剂中进行提取，固液分离，得到第一沉淀，所述溶剂的组分包括甲醇、二氯甲烷和水。

（2）将第一沉淀干燥后加水进行提取，过滤得到滤液，在滤液中添加乙醇静置 8h 以上，固液分离，得到第二沉淀，干燥得到芋根江蓠多糖。提取温度为 65～75℃，时间为 1.5～2.5h。

（3）将步骤（2）得到的芋根江蓠多糖进行纯化、洗脱、透析和干燥，得到目标产物；目标产物即为纯度更高的芋根江蓠多糖。采用 DEAE 离子交换树脂进行纯化；采用浓度为 0.15～0.25mol/L 的氯化钠溶液进行洗脱；采用分子量为 4000～6000 的透析袋进行透析。

所述芋根江蓠粉与溶剂的比例为 1g：（8～12）mL。

所述第一沉淀与水的比例为 1g：（28～35）mL。

所述溶剂中的甲醇、二氯甲烷和水的体积比为（3～5）：（1～3）：（1～2）。

所述乙醇为 95％乙醇，滤液与乙醇的体积比为 1：3。

产品特性 本品采用天然材料作为原料，大大提高了使用安全性，适合更广泛的人群，同时特别添加了芋根江蓠多糖进行复配，并最大化地发挥出了多糖的功效，使本品具备保湿、抗衰老和改善皮肤状况等多种功效。

配方 30 金银花去褶皱护肤液

原料配比

原料	配比（质量份）	
	1#	2#
金银花	15	13
野菊花	12	10
芦荟	12	10
灵芝	6	4
人参	6	4
石斛	8	6
当归	8	6
珍珠粉	10	9
冰片	6	5
维生素 C	6	5
维生素 D	6	5
去离子水	500	400

制备方法

（1）取 10～15 质量份的金银花、8～12 质量份的野菊花、8～12 质量份的芦荟、3～6 质量份的灵芝、3～6 质量份的人参、5～8 质量份的石斛和 5～8 质量份的当归，利用活水冲洗 10～20min，去除污泥和污渍。

（2）将金银花、野菊花、芦荟、灵芝、人参、石斛和当归进行分切；在金银花、野菊花、芦荟、灵芝、人参、石斛和当归分切时需保持药物的粒径小于 0.5cm。

（3）将切碎后的金银花、野菊花、芦荟、灵芝、人参、石斛和当归放置在纱网中，并置于砂锅内，加入 200～250 质量份的去离子水，大火煎熬 30min 后，转至小火继续煎熬，煎熬时间为 5～7h。

（4）关火取出纱网所制成的药包，对药液进行收集后，再次将药包放置在砂锅中，加入 150～200 质量份的去离子水进行再次煎熬，先大火煎熬 30min，转至小火继续煎熬 3～5h，并取出药包，对第二次所得药液进行储存。

（5）将纱网所制的药包放置在渗漉筒中，从上部添加 100 质量份的去离子水，去离子水在压力下流经药包，随后对液体进行储存。

（6）将第一次和第二次煎熬所得的药液和渗漉后的去离子水一起混合，加入

8～10 质量份的珍珠粉和 4～6 质量份的冰片，搅拌 30～50min 后，加入 3～6 质量份的维生素 C 和 3～6 质量份的维生素 D，再次搅拌 60～80min；加入珍珠粉和冰片进行混合时，需要保持混合装置的温度为 80～90℃，加入维生素 C 和维生素 D 时，需要将混合装置的温度降至 60℃。

（7）将上述液体取出，并通过滤网进行过滤。

（8）过滤后的产品进行灌装包装。

产品特性　本品以金银花为主要原料，同时搭配芦荟、灵芝、人参、石斛、当归、珍珠粉和冰片等材料，可以有效地起到对皮肤的保护作用，使本品具有抗皱抗老的作用。

配方 31　具有淡褪色斑功效的护肤水

原料配比

原料	配比（质量份）			
	1#	2#	3#	4#
水	40	45	50	60
烟酰胺	8	10	12	15
丝瓜	10	12	15	20
透明质酸钠	5	7	8.5	10
甘草根	8	9	11	15
乙酰酪氨酸	6	8	12	14
丁二醇	10	15	20	30
甘油	3	4	5	7
熊果苷	0.3	0.4	0.5	0.8
柠檬酸钠	4	6	7.5	9
迷迭香提取物	1	2	3.2	5
水解樱桃李	0.1	0.2	0.35	0.5
甘草酸二钾	0.5	0.7	0.82	1

制备方法

（1）将准备好的丝瓜原料经过除杂、清洗、干燥杀菌后，加水进行研磨处理，所加水的质量为丝瓜质量的 3 倍，将研磨后得到的混合物进行收集，存放于消毒后的存储罐中。

（2）对甘草根进行筛选、除杂、清洗、干燥后，加水进行研磨，所加水的质量为甘草根质量的 3 倍，将研磨后的甘草根与水的混合物进行收集，存放于消毒后的存储罐中。

（3）将纯化水放入反应罐中，接着将烟酰胺、丝瓜粉混合物、透明质酸钠、甘草根粉混合物、乙酰酪氨酸、熊果苷和柠檬酸钠一起放置于反应罐中。

（4）开启反应罐，使所加入的配料开始搅拌混合，反应罐的转速为 40～60r/min，搅拌时间为 2min。

（5）搅拌的同时，对反应罐进行加热，加热温度为 60～70℃。

（6）将丁二醇、甘油、迷迭香提取物、水解樱桃李和甘草酸二钾一起放置于反应罐中。

（7）再次使反应罐进行搅拌，反应罐的转速为 40～60r/min，搅拌时间为 90s。

（8）搅拌的同时，对反应罐进行加热，加热温度为 30～40℃。

（9）搅拌结束后，使反应罐在自然状态下进行冷却。

（10）冷却好后，将反应罐中的护肤水倒出，且在反应罐的出料口处进行微过滤，滤液即为成品。

原料介绍　所述水为纯化水。所述丝瓜和甘草根均为粉末状。

产品特性

（1）在护肤水制备的过程中加入了烟酰胺、熊果苷、柠檬酸钠和水解樱桃李，这些物质均具有抑制黑色素的功效，从而可以使该护肤水具有淡斑美白的功效，同时不影响该护肤水本身具有的保湿效果，不仅增加了该护肤水的使用效率和功效性，也为使用人员带来极大的便利；

（2）该护肤水中加入了丝瓜、甘草酸二钾，所以在使用时具有温和不刺激的效果，使该护肤水可以适用于各种肤质的人群，增加了该护肤水的实用性。

配方 32　具有即时紧致和抗衰老功效的护肤膏霜

原料配比

原料		配比（质量份）		
		1#	2#	3#
乳化剂	聚甘油-3 甲基葡糖二硬脂酸酯	2.5	2	1.5
	氢化卵磷脂	0.5	1	1.5
	鲸蜡硬脂醇	1.5	1.0	2
油脂	辛酸/癸酸甘油三酯	2.5	2.2	1.5
	硬脂醇庚酸酯	1.5	1.8	2
	氢化葵花籽油	2.5	3.5	2.5
	环五聚二甲基硅氧烷	3	2.5	2.5
	碳酸二乙基己酯	2	2.5	2.5
	婆罗双树树脂	2	2.2	2
	辛基甲基硅氧烷	1.5	1.3	1
	聚二甲基硅氧烷	2.5	2.5	3
	维生素 E	0.05	0.05	0.05

原料		配比(质量份)		
		1#	2#	3#
肝素钠		0.2	0.15	0.2
保湿剂	甘油	4	5	3
	1,3-丁二醇	4	3	5
	海藻糖	1	1	1
	透明质酸钠	0.05	0.05	0.08
螯合剂	乙二胺四乙酸二钠	0.05	0.05	0.05
增稠剂	聚丙烯酸钠	0.15	0.15	0.2
	羟乙基纤维素	0.15	0.15	0.1
防腐剂	1,2-己二醇	0.5	0.5	0.5
	羟苯甲酯	0.15	0.15	0.15
神经酰胺复合物		2	0.5	5
葡萄糖酸镁		0.002	0.001	0.005
葡萄糖酸铜		0.003	0.005	0.001
褐藻提取物		2	5	0.1
红藻门藻提取物		3	0.1	5
羟丙基四氢吡喃三醇		0.5	5	3
维生素A		1	0.1	8
精氨酸/赖氨酸多肽		0.1	0.05	0.2
水		加至100	加至100	加至100

制备方法

(1) 往油相锅中加入聚甘油-3甲基葡糖二硬脂酸酯、氢化卵磷脂、硬脂醇庚酸酯、辛酸/癸酸甘油三酯、鲸蜡硬脂醇、氢化葵花籽油、环五聚二甲基硅氧烷、碳酸二乙基己酯、婆罗双树树脂、辛基甲基硅氧烷、聚二甲基硅氧烷、维生素E,在300r/min的搅拌速度下搅拌加热至85℃,搅拌至物料完全溶解,得到物料A;

(2) 往水相锅中加入水、肝素钠、甘油、1,3-丁二醇、海藻糖、乙二胺四乙酸二钠、透明质酸钠、聚丙烯酸钠、羟乙基纤维素、羟苯甲酯,在500r/min的搅拌速度下搅拌加热至80℃,搅拌至物料完全溶解,得到物料B;

(3) 在乳化锅中将物料B和物料A混合,以6000r/min的转速均质3min至乳化均匀;

(4) 乳化完毕后,加入1,2-己二醇,500r/min搅拌分散均匀,降温;

(5) 温度降至40℃以下时,加入神经酰胺复合物、葡萄糖酸镁、葡萄糖酸铜、褐藻提取物、红藻门藻提取物、羟丙基四氢吡喃三醇、维生素A、精氨酸/赖氨酸多肽,500r/min搅拌均匀,降温至室温,抽样检查,合格后出料,即得即时紧致和抗衰老功效膏霜。

原料介绍

所述的神经酰胺复合物含有神经酰胺3、神经酰胺611、神经酰胺1、植物甾醇。

所述的红藻门藻提取物具体为：皱波角叉菜提取物、钩沙菜提取物、拟石花菜提取物中的一种或多种混合物；褐藻提取物具体的为：齿缘墨角藻提取物、钝马尾藻提取物中的一种或多种混合物。

产品特性

（1）该膏霜性质稳定、对皮肤亲和性优良、皮肤吸收快，既能实现肌肤的即时紧致，又能长效抗衰老，显著解决皮肤老化问题。

（2）本品不仅能够实现即时紧致效果，长期使用还能够减少皱纹，减轻肌肤老化状态，使皮肤更加充盈饱满。通过添加多种抗衰老成分，针对解决不同原因引起的肌肤老化（如自然老化、光老化等），起到更加有效的抗衰老效果。本品中的神经酰胺与人类皮肤中神经酰胺结构相同，亲肤性好，可通过修复皮肤屏障来防止水分流失和减少外部环境的影响，保持肌肤水润。本品中的褐藻提取物、红藻门藻提取物与皮肤有很好的亲和力，能在皮肤表面形成亲水膜，具有非常高效的保湿效果，同时葡萄糖酸镁向皮肤提供镁离子，用以对抗钙离子对皮肤的收缩作用，从而能在较短时间内提高皮肤的弹性和厚度。

配方 33　具有抗氧化作用的护肤乳液

原料配比

原料	配比（质量份）		
	1#	2#	3#
甜杏仁油	5	9	6
十八烷醇	14	14	10
二甲基硅油	4	7	6
辛酸甘油三酯	2	6	4
番茄红抗氧剂	1	4	3
水解蛋白	3	3	4
甘油	10	15	12
乙二胺四乙酸二钠	0.1	0.5	0.3
去离子水	加至 100	加至 100	加至 100

制备方法

（1）油相的制备：将甜杏仁油、十八烷醇、二甲基硅油、辛酸甘油三酯加入到计量罐 A 中，搅拌均匀后，将计量罐 A 放入温度为 80℃ 的热水中，待完全溶解后，充分搅拌至各组分完全分散后，升温至 90～95℃，保温杀菌 10min，即得到油相。

（2）水相的制备：将水解蛋白、甘油、乙二胺四乙酸二钠、去离子水加入计量罐 B 中，将计量罐 B 放入温度为 70℃ 的热水中，待完全溶解后，升温至 90～95℃，保温杀菌 10min，补齐蒸发水分，即得到水相。

（3）均质乳化：将油相和水相冷却至 50℃，边搅拌边将油相加入至水相中，混合均匀后移至均质机中，在 12000r/min 转速下均质 3～5min，加入番茄红抗氧剂，继续均质 1min 后冷却即得到护肤乳液。

原料介绍

番茄红抗氧剂的制备具体为：称取 1g 透明质酸，加入去离子水，配制成 1% 的透明质酸溶液，在溶液中加入 3.0g 强酸性阳离子交换树脂，搅拌 5h 后过滤除去强酸性阳离子交换树脂，滤液用 20% 的三甲基吡啶调节 pH 至 7.5～8.0，冷冻干燥得到透明质酸的三甲基吡啶盐；称取 1.5mmol 番茄红素中间体酸溶于 10mLDMF 中，搅拌至完全溶解后加入 0.5mmol 4-二甲氨基吡啶，在 60℃ 下搅拌 2h 活化羧基，接着加入 1mmol 透明质酸的三甲基吡啶盐，在 60℃ 下进行酯化反应 7～10h，反应结束后，经纯化即得番茄红抗氧剂。

所述的纯化具体为：抽滤除去不溶物，用丙酮进行沉淀、离心，此过程重复两次；离心所得固体用 10～15mL DMF 溶解，转移至透析袋，透析袋截留分子量为 3100，用 NaCl 溶液透析 24h，再用去离子水透析以除去未反应的单体和杂质，冷冻干燥后即得番茄红抗氧剂。

产品特性　本品配方组分及配比科学，质地均匀，使用肤感好，温和不刺激，添加了具有高亲水性的番茄红抗氧剂，解决了番茄红素中间体水溶性差和难吸收的问题，而番茄红素中间体具有较强的抗氧化作用，从而解决了透明质酸遇到自由基发生降解的问题，这样抗氧剂进入皮肤可对多余自由基进行清除，使得皮肤可长久地维持饱满有弹性的状态，防止皱纹的产生。

配方 34　具有美白祛斑功效的草药护肤液

原料配比

原料	配比（质量份）			
	1#	2#	3#	4#
甘草提取液	10	8	5	10
素馨花提取液	8	7	5	8
儿茶提取液	8	7	5	8
茯苓提取液	8	6	5	8
岗梅提取液	7	6	7	7
昆布提取液	6	7	7	6
白芷提取液	6	7	8	6
小构树提取液	6	4	6	6

原料	配比（质量份）			
	1#	2#	3#	4#
浮萍提取液	5	6	6	5
木蝴蝶提取液	4	5	6	4
金沙藤提取液	4	5	4	4
太子参提取液	4	5	4	4
淡竹叶提取液	4	4	4	4
桑白皮提取液	3	4	6	3
桃花提取液	3	4	5	3
紫菀提取液	2	3	5	2
丙二醇	1	1	1	1
透明质酸钠	1.8	1.8	1.8	1.8
甘油	1.15	1.15	1.15	1.15
虾青素	1	1	1	1
乙氧基化羊毛脂（羊毛脂聚氧乙烯醚）	1	1	1	1
生育酚乙酸酯	1	1	1	1
新鲜芦荟汁	5	5	5	5
香精	0.05	0.05	0.05	0.05

制备方法

（1）分别将甘草、素馨花、儿茶、茯苓、岗梅、昆布、白芷、小构树、浮萍、木蝴蝶、金沙藤、太子参、淡竹叶、桑白皮、桃花、紫菀等药材清洗过后，用1g药材对应12~14mL水的比例加去离子水（95~100℃）反复提取2~4次，每次2~4h，过滤，合并，得到每味草药的水提取液；

（2）每味草药过滤后的药渣都分别加入95%乙醇，料液比为1g药渣对应7~10mL乙醇，温浸（40~70℃）24~48h后过滤，所得乙醇滤液分别再与步骤（1）中的水提取液合并；

（3）将合并后的提取液分别加入大孔树脂吸附柱中进行吸附洗脱，洗脱剂为体积分数为20%~30%的乙醇溶液，洗脱流速为2mL/min，收集洗脱后的提取液；

（4）将每味草药洗脱后的提取液按配方的比例加入无菌罐中，同时将丙二醇、透明质酸钠、甘油、虾青素、乙氧基化羊毛脂（羊毛脂聚氧乙烯醚）、生育酚乙酸酯、新鲜芦荟汁、香精一同加入无菌罐中，陈化24~48h；

（5）陈化后的草药护肤液采用超滤膜过滤设备进行过滤，所用的超滤膜过滤设备为BestRiver UF-BRT-380，过滤方式为内压式，操作压力0.3MPa，工作温度35℃，过滤精度为6~50nm，对肉眼不可见的大分子杂质分离彻底，经检验合格后装瓶。

产品特性　本品的制备方法操作简单、便捷，料液过滤过程以内压式运行方式，不添加助滤剂，且过滤过程为纯物理常温运行，无化学反应，不破坏热敏性成分，提高了草药纯度。本品澄清透亮，易被皮肤吸收，可通过多种途径抑制黑色素生成及促进黑色素排出，从而达到美白祛斑的效果。

配方 35 具有皮肤修复抗衰作用的护肤品

原料配比

原料		配比（质量份）
水相	去离子水	50
	甘油	5
	海藻寡糖素	3
	柠檬酸	适量
油相	椰油	8
	霍霍巴油	3
	十八烷醇	7.5
	十六酸十六酯	5
	聚二甲基硅氧烷	10
	维生素 E	2
	乳木果油	8
	甘油基硬脂酸酯	3
香精		适量

制备方法

（1）溶解：准备水相锅和油相锅，分别将两种原料注入对应的锅中，然后将水相锅加热至80℃，油相锅加热至85℃，并且搅拌让原料充分溶解，注意控制加热的时间防止长时间加热导致原料氧化。水相锅中先将去离子水加入锅中加热至100℃维持20min进行杀菌，然后将水冷却至80℃再加入其它原料进行溶解搅拌，同时温度维持在80℃。油相锅中将油和酯注入锅中进行蒸汽加热，同时对其进行搅拌，蒸汽加热至70℃左右，并搅拌均匀。两种溶解后的原料先进行过滤再注入乳化锅中，防止原料中夹杂残渣进入乳化锅。

（2）乳化：准备好乳化锅，先将乳化锅预热至55℃，抽成真空后将两种溶解后的原料注入乳化锅中进行乳化，乳化时注意控制乳化中的温度，同时进行均匀搅拌，使其充分融合。

（3）冷却：将乳化完成的乳化液冷却至40℃左右，向乳化液中加入香精，然后就可以出料；在冷却时选择自然冷却，风冷时可能会导致乳化液蒸发过快，进而导致酯类氧化。

（4）检测包装：对乳化的原料进行检测试验，试验合格的进行包装出厂，不合格的进行回炉再利用。检测试验是通过检测仪器检测乳化液中的各种原料的占比。

产品特性　本品中添加的乳木果油含有植物固醇、脂肪酸及天然维生素 E 等不皂化成分，可在改进皮肤光滑性的同时防止皱纹形成。本品可使干燥干裂的皮肤重新焕发光泽，促进表皮细胞再生，降低刺激和紫外线对皮肤的伤害，解决了现有的护肤品对皮肤修复效果差的问题。

配方 36　具有祛痘保湿功效的护肤水

原料配比

原料	配比（质量份）			
	1#	2#	3#	4#
去离子水	70	80	90	100
透明质酸	3	4	5	6
泛醇	0.2	0.5	0.9	1.2
缓冲剂	2	3	4	5
流变剂	2	3	4	5
马栗树籽提取物	9	10	11	12
牛蒡提取物	5	6	7	8
薰衣草纯露	5	6	7	8
金缕梅纯露	4	5	6	7
七叶树提取物	4	5	6	7
海藻提取液	5	6	7	8
山竹提取物	4	5	6	7
枸杞子提取物	2	3	4	5
虎杖提取液	2	3	4	5
山药提取物	2	3	4	5
木瓜提取物	3	4	5	6
积雪草提取物	4	5	6	7
车前草提取物	2	3	4	5

制备方法

（1）首先将马栗树籽、牛蒡、薰衣草、金缕梅、七叶树、海藻、山竹、枸杞子、山药、虎杖、木瓜、积雪草和车前草等原液进行筛选，再对各个原液进行全方位的清洗和消毒，并利用萃取装置对处理过后的原液进行萃取，再将各个原液的提取物进行保存。

（2）将马栗树籽提取物、牛蒡提取物、薰衣草纯露、金缕梅纯露、七叶树提取物、海藻提取液、山竹提取物、枸杞子提取物、虎杖提取液、山药提取物、木瓜提取物、积雪草提取物和车前草提取物按比例依次注入搅拌装置中，并逐步添加对应分量的去离子水、透明质酸、泛醇和流变剂，搅拌装置对各种原液进行加热搅拌，从而得到混合溶液；所述搅拌装置的搅拌温度设置为 70～85℃，搅拌时间设置为 3～4h。

（3）将混合溶液进行降温冷却处理，并调配出对应分量比例的缓冲剂，混合溶液的温度下降到 15～20℃时，再将缓冲剂缓慢地添加至盛有混合溶液的搅拌装置中，进行搅拌，调节 pH 值为 5.0～5.6；利用 pH 计监测混合溶液的 pH 值。

（4）将搅拌好的混合溶液转至静置容器中进行沉淀，静置 8～12h，利用过滤装置对静置沉淀后的混合溶液进行过滤，从而得到护肤水。

原料介绍　所述缓冲剂为乳酸钠。所述流变剂为水溶性聚合物。

产品特性

（1）本品在对肌肤进行补水保湿的同时，可对痤疮进行有效处理，帮助缓解痤疮。其中马栗树籽提取物等原液可以提高肌肤的抗炎能力，具有舒缓镇定的功能，能有效抑制病菌的生长，并修复发炎组织，同时提高皮肤营养吸收能力，增强皮肤营养，恢复活力，从而改善皮肤状态。

（2）本品通过透明质酸和泛醇对肌肤进行补水保湿。透明质酸具有特殊的保水能力，也是人体中的一种成分，能够改善肌肤营养代谢，而泛醇的性质稳定，渗透力强，可以深入更深层皮肤组织中发挥保养功效，增强护肤水的保湿功效，搭配海藻提取液和山药提取物等原液可增强护肤水的保湿能力。

（3）本品中的虎杖提取液可以有效地消炎、抗菌，对肌肤有舒缓镇定作用，搭配金缕梅纯露可对油脂分泌进行抑制，促进肌肤水油平衡；积雪草提取物等原液可对发炎组织进行修复，促进血液循环，促进痤疮伤口愈合；木瓜提取物能够使皮肤表面得到更新，继而重新构建新的表皮层，并配合薰衣草纯露来增强皮肤弹性，提高皮肤营养吸收能力，使皮肤滋润有光泽、清爽细滑；牛蒡提取物可针对青春痘加强调理，改善肤色。

配方 37　具有祛黑眼圈功效的护肤霜

原料配比

原料	配比（质量份）	
	1#	2#
去离子水	55	55
辛酸/癸酸甘油三酯	12	12
C_{10}～C_{18} 脂酸甘油三酯	3	3
蔗糖月桂酸酯	2	2
神经酰胺	2	2
角鲨烷	5	5
天然乳化剂	3	3
胆固醇	1	1

续表

原料		配比(质量份)	
		1#	2#
草药提取物		8	8
改性碳酸钙		9	9
天然乳化剂	卵磷脂	30	30
	辛酸/癸酸甘油酯类聚甘油10酯类	40	40
	氢化卵磷脂	30	30
草药提取物	乳香油	35	35
	红花油	35	35
	益母草汁液	30	30

制备方法 将去离子水与辛酸/癸酸甘油三酯混合，并加入天然乳化剂、$C_{10} \sim C_{18}$ 硼酸甘油三酯、蔗糖月桂酸酯、神经酰胺、角鲨烷、胆固醇、草药提取物和改性碳酸钙，搅拌混合均匀后，得具有祛黑眼圈功效的护肤霜。

原料介绍

所述改性碳酸钙制备方法如下。

(1) 将层状纳米碳酸钙与水按质量比(1∶40)～(1∶50)混合，并加入层状纳米碳酸钙2～3倍质量的质量分数为2%～10%的己二酸溶液，搅拌反应后，过滤，得预处理纳米碳酸钙坯料，将预处理纳米碳酸钙坯料于温度为80℃的条件下干燥3～5h，得预处理纳米碳酸钙；

(2) 将步骤 (1) 所得预处理纳米碳酸钙与水按质量比1∶10混合，并加入预处理纳米碳酸钙2～8倍质量的茶多酚纳米脂质体分散液和质量分数为10%的壳聚糖乙酸溶液，搅拌反应后，过滤，得滤饼，将滤饼冷冻干燥，得改性碳酸钙。

所述层状纳米碳酸钙的制备方法：将碳酸钠与质量分数为30%的乙醇溶液按质量比1∶30混合，得碳酸钠分散液；将硝酸钙与质量分数为30%的乙醇溶液按质量比1∶30混合，并加入硝酸钙0.2～0.4倍质量的十二烷基苯磺酸钠，搅拌混合后，得硝酸钙分散液；将硝酸钙分散液2～3倍质量的碳酸钠分散液以10～20mL/min的速率滴入硝酸钙分散液中，回流反应2h后，静置2天，过滤，干燥，得层状纳米碳酸钙。

所述茶多酚纳米脂质体分散液的制备方法：将磷脂、胆固醇、吐温-80和茶多酚按质量比8∶1.3∶2.4∶1混合，得混合物；将混合物与无水乙醇按质量比1∶15混合，待充分溶解后，再加入与无水乙醇等体积的 pH 为6的磷酸盐缓冲溶液，搅拌混合后，得混合乳液；将混合乳液于温度为45℃的条件下旋蒸，去除乙醇，得预处理混合乳液；将预处理混合乳液利用动态高压微射流，于120MPa的条件下处理1h后，得茶多酚纳米脂质体分散液。

产品特性 本品中添加的草药提取物含有乳香油、红花油和益母草汁液，乳香油可改善皮肤光老化和皮肤色素的问题，红花油中含有红花黄酮，红花黄酮为酪氨酸酶抑制剂，可有效阻止皮肤色素沉积，益母草汁液可加快皮肤新陈代谢，因此草药提取物的加入可有效提高产品祛黑眼圈的效果。本品中还加入了改性碳酸钙，一方面由于改性碳酸钙中碳酸钙为纳米片层结构，层状纳米碳酸钙可分布于皮肤表面，并形成阻隔遮盖层，从而使产品具有遮瑕和保护皮肤的效果；另一方面，碳酸钙在经过改性后，层状纳米碳酸钙表面在壳聚糖的作用下固定有茶多酚纳米脂质体，茶多酚纳米脂质体具有优异的抗氧化作用，在改性碳酸钙进行遮盖保护皮肤的同时，防止皮肤氧化，可提高产品祛黑眼圈的效果。由于壳聚糖在将茶多酚纳米脂质体包覆于层状纳米碳酸钙表面时形成了三维网络结构，因此可将产品中的草药产品吸附于层状纳米碳酸钙表面，进一步提高产品的使用效果。

配方 38　具有抑菌锁水功效的护肤乳液

原料配比

原料		配比（质量份）				
		1#	2#	3#	4#	5#
抑菌液		40	60	45	55	50
乳化剂		2	5	3	4	3.5
润肤剂	乳酸月桂酯	15	—	—	—	—
	棕榈酸异丙酯	—	5	—	—	—
	辛基十二醇	—	—	12	—	—
	甘油	—	—	—	8	—
	凡士林	—	—	—	—	10
乳化剂	烷基糖苷乳化剂	10	—	—	—	—
	失水山梨醇单脂肪酸酯	1	—	—	—	—
	乙氧基化甲基葡萄糖苷硬脂酸酯	—	10	—	—	—
	脂肪酸甘油酯	—	4	10	—	—
	脂肪酸柠檬酸甘油酯	—	—	2	—	2.5
	蔗糖脂肪酸酯	—	—	—	10	—
	卵磷脂	—	—	—	3	—
	聚乙二醇硬脂酸酯	—	—	—	—	10
水		80	100	85	95	90
活性吸附壳聚糖		4	10	6	8	7
稳定剂	卵磷脂	2	—	—	—	1.5
	大豆卵磷脂	—	1	1.7	1.3	—
钙盐	氯化钙	2	1	—	—	—
	乳酸钙	—	—	1.7	—	—
	磷酸氢钙	—	—	—	1.3	—
	葡萄糖酸钙	—	—	—	—	1.5
抑菌液	去胚白果	20	10	17	13	15
	水	40	80	50	70	60

续表

原料		配比（质量份）				
		1#	2#	3#	4#	5#
活性吸附壳聚糖	质量分数为 1.5% 的醋酸水溶液	50	—	—	—	—
	质量分数为 2.5% 的醋酸水溶液	—	30	—	—	—
	质量分数为 1.8% 的醋酸水溶液	—	—	45	—	—
	质量分数为 2.2% 的醋酸水溶液	—	—	—	35	—
	质量分数为 2% 的醋酸水溶液	—	—	—	—	40
	壳聚糖	8	4	7	5	6
	聚乙二醇	0.1	1	0.3	0.7	0.5
	液体石蜡	15	10	14	12	13
	司盘-80	1	2	1.3	1.7	1.5
	戊二醛	0.5	0.1	0.4	0.2	0.3

制备方法

（1）将抑菌液升温至 80～90℃，搅拌状态下依次加入乳化剂、润肤剂，继续搅拌 1～2h，搅拌速度为 1000～1500r/min，得到预混料 a；

（2）将水升温至 95～100℃，搅拌状态下加入活性吸附壳聚糖、稳定剂，继续搅拌 1～2h，搅拌速度为 100～200r/min，得到预混料 b；

（3）氮气保护下，将预混料 a、预混料 b 真空抽至温度为 80～90℃乳化锅内，超声处理 1～2h，超声功率为 200～400W，加入钙盐均质处理 30～50min，均质速度为 10000～12000r/min，降速至 200～400r/min，空冷至室温，得到具有抑菌锁水功效的护肤乳液。

原料介绍

所述的活性吸附壳聚糖采用如下工艺制备：向醋酸水溶液中加入壳聚糖混合均匀，加入聚乙二醇混合均匀得到预混壳聚糖；将液体石蜡、司盘-80 搅拌得到预混液体石蜡；在搅拌状态下向预混壳聚糖中加入预混液体石蜡，再滴加戊二醛继续搅拌，离心分离，依次采用无水乙醇、水洗涤，离心后干燥，得到活性吸附壳聚糖。

所述的壳聚糖、聚乙二醇、液体石蜡、司盘-80、戊二醛的质量比为（4～8）∶（0.1～1）∶（10～15）∶（1～2）∶（0.1～0.5）。

所述的抑菌液采用如下工艺制备：将去胚白果干燥 2～4h，干燥温度为 90～100℃，冷却后研磨过 100 目筛，加入水中常温浸泡 10～20h，调节体系 pH 值为 6～6.5，加入比活力为 1500～2500U/g 的复合酶，常温酶解 2～6h，高温灭活，过滤去除固体物，得到抑菌液。

产品特性

（1）将乳液轻柔涂抹至皮肤表层后，由于皮肤表层呈弱酸环境，脱去甲基的果胶更易于形成凝胶，从而促使护肤乳液更有效地黏附在皮肤上，不仅可有效锁住护肤乳液内的水分，而且可在皮肤表层形成锁水层，减少皮肤表层水分的散失。

（2）本品不易分层沉降，有较高的水溶性与穿透性，能够快速进入皮肤深层，使有效成分渗透到皮肤内，并可有效减缓抑菌成分的散失，延长抑菌时间，达到持续抑菌的效果，提高了使用安全性。

配方 39 抗蓝光缓衰类护肤化妆品

原料配比

原料	配比（质量份）		
	1#	2#	3#
维生素组合物	7	5	10
植物多酚	7	5	10
植物多糖	15	10	20
中药组合物	15	10	20
香蜂花叶提取物	3	2	5
芸香亭基硫酸二钠	2	1	3
牛油果树果脂	3	2	5
丁二醇	4	5	3
异丙二醇	4	5	3
二丙二醇甘油	4	5	3
磷酸多肽	2	3	1
卡波姆	4	5	3
氢化卵磷脂	3	4	2
黄原胶	4	5	3
精氨酸	2	3	1
去离子水	4	5	3

制备方法

（1）原料的量取：首先通过称量设备分别称取所需质量份的维生素组合物、植物多酚、植物多糖、中药组合物、香蜂花叶提取物、芸香亭基硫酸二钠、牛油果树果脂、丁二醇、异丙二醇、二丙二醇甘油、磷酸多肽、卡波姆、氢化卵磷脂、黄原胶、精氨酸和去离子水。

（2）功效混液 A 的制备：将步骤（1）称取的维生素组合物、植物多酚和植物多糖依次倒入混合搅拌设备中，然后加入相应质量份的丁二醇、芸香亭基硫酸二钠、牛油果树果脂，通过混合搅拌设备在转速为 400～500r/min，温度为 35～45℃的条件下搅拌 30～40min，从而得到功效混液 A。

（3）功效混液 B 的制备：将步骤（1）称取的中药组合物、异丙二醇、二丙二醇甘油、磷酸多肽、氢化卵磷脂和精氨酸依次加入混合搅拌设备中，然后加入相应质量份的去离子水，以 500～600r/min 的转速搅拌 30～40min，即可制得功效混液 B。

(4) 原料的混合：将步骤 (2) 制得的功效混液 A 和步骤 (3) 制备的功效混液 B 分别加入混合搅拌设备中，然后将步骤 (1) 称取的卡波姆和黄原胶依次加入混合搅拌设备中，以 700～900r/min 的转速搅拌 1～2h，使混合液呈如乳膏状，从而制得抗蓝光缓衰化妆品。

(5) 后加工：通过灌装设备将步骤 (4) 制得的抗蓝光缓衰化妆品进行灌装处理，然后通过包装设备进行打包，经过安全检查合格后，即可进行入库保存或出售。

原料介绍

所述维生素组合物是由异维 A 酸、维生素 A、维生素 C 和维生素 E 组成。

所述植物多酚是由茶多酚、黄酮、木樨草素和花色苷组成。

所述植物多糖是由枸杞多糖、灵芝多糖、石斛多糖、芦荟多糖、槟榔多糖、绿茶多糖和雪莲多糖组成。

所述中药组合物为绞股蓝提取物，刺五加提取物、五味子提取物、细辛提取物、杏仁提取物、川芎提取物、银耳提取物或珍珠提取物中的一种或多种的组合物。

产品特性　本品能够在皮肤表面形成一个养分膜，来避免皮肤细胞直接遭受蓝光侵害，大大增强了抗蓝光效果，可减缓皮肤的衰老。

配方 40　抗皮肤衰老的海洋蛋白护肤液

原料配比

原料	配比(质量份)	原料	配比(质量份)
海洋蛋白提取液	75.56	角鲨烷	5
透明质酸钠	0.04	生育酚乙酸酯	0.5
甘油	10	三乙醇胺	0.2
聚乙二醇-400	3	凝血酸	2
甘油聚甲基丙烯酸酯	2	卡波姆	0.2
月桂醇聚醚	1.5		

制备方法

(1) 混合：将海洋蛋白提取液、透明质酸钠、甘油、角鲨烷、生育酚乙酸酯、三乙醇胺、凝血酸混合均匀。

(2) 增稠：向混合均匀的原料中加入月桂醇聚醚和卡波姆。

(3) 乳化：加入聚乙二醇-400 和甘油聚甲基丙烯酸酯，在 30～40℃ 条件下保温 30min 进行乳化。

(4) 均质：在均质机上均质 10～20min。

(5) 分装：将均质后的护肤液分装即得海洋蛋白护肤液。

原料介绍　所述海洋蛋白提取液通过如下步骤制备：

（1）清洗：将加工的新鲜海参内脏用自来水清洗干净，再用纯净水洗净沥干待用。

（2）匀浆：将步骤（1）所得海参内脏加入高速匀浆机，加入纯净水，进行高速匀浆，直至全部能够通过 2mm 孔径圆筛；匀浆过程中加入海参内脏质量 2％ 的虾青素。

（3）灭菌：将匀浆后的海参内脏通过高压蒸锅灭菌，冷却后待用。

（4）复合酶解：向灭菌后的浆液中加入质量分数为 2％ 的复合酶制剂，在 40～60℃ 条件下搅拌酶解 30min。

（5）好氧发酵：向酶解后的酶解液中加入酶解液质量 3％ 的复合微生物菌剂，在 28～35℃ 条件下好氧发酵 8h；好氧发酵过程在发酵罐中进行时通风量为 0.2～0.3m³/（m³·min）。

（6）过滤：过滤除去发酵菌体。

（7）灭酶：在 100℃ 条件下灭酶 10min。

（8）离心：以 10000r/min 速率离心分离，上清液即为海洋蛋白提取液。

所述复合蛋白酶为胰蛋白酶、菠萝蛋白酶和风味蛋白酶的组合物，其质量比为 2:2:1。

所述复合微生物菌剂为枯草芽孢杆菌和地衣芽孢杆菌的混合菌剂，其质量比为 3:1。

产品特性　本品可以显著增加皮肤透明质酸、羟脯氨酸（Hyp）、总胶原蛋白和弹性蛋白的含量，增加皮肤含水量，提高皮肤组织中超氧化物歧化酶（SOD）、谷胱甘肽过氧化物酶（GSH-Px）、丙二醛（MDA）等的含量，可以显著提高皮肤的抗衰老功效，是一种基于海洋废弃物资源化再利用的新型护肤品。

配方 41　抗衰老护肤品

原料配比

原料		配比（质量份）		
		1#	2#	3#
保湿剂		2	5	3
防腐剂		0.1	0.1	0.1
增溶剂		0.4	0.8	1.2
增稠剂	羟丙基瓜尔胶	0.15	0.15	0.15
	皮肤调理剂	2.5	4	5
螯合剂	乙二胺四乙酸二钠	0.2	0.2	0.2
	抗氧化剂	6	10	8

原料		配比(质量份)		
		1#	2#	3#
芳香剂	玉兰水提物	0.1	—	—
	芦荟水提物	—	0.1	—
	玫瑰水提物	—	—	0.1
抗敏剂	甘草酸二钾	0.1	0.1	0.1
	水	加至100	加至100	加至100
保湿剂	透明质酸钠	1	2	1
	聚谷氨酸	1	3	2
防腐剂	羟苯丙酯	0.05	0.05	0.05
	2-苯氧基乙醇	0.05	0.05	0.05
增溶剂	PEG-60 氢化蓖麻油	0.1	0.2	0.3
	PEG-60 甘油异硬脂酸酯	0.1	0.2	0.3
	聚甘油-10 硬脂酸酯	0.1	0.2	0.3
	PEG/PPG-17/6 共聚物	0.1	0.2	0.3
皮肤调理剂	小麦神经酰胺	0.5	1	2
	蜂胶提取物	0.5	0.5	1
	酵母提取物	0.5	0.5	1
	人参根提取物	1	1	1
抗氧化剂	甘草黄酮	0.5	1	1
	白藜芦醇	0.5	1	1
	虾青素	0.5	1	1
	茶多酚	0.5	3	2
	红花提取物	2	3	1
	蔓越莓提取物	2	—	1
	紫叶小檗提取物	—	2	1

制备方法

(1) 将增溶剂溶于水中,加入具有脂溶性的抗氧化剂(甘草黄酮、白藜芦醇、虾青素),制备混合物 A;将透明质酸钠、聚谷氨酸混合,制备成保湿剂;将螯合剂、增稠剂混合,加热至85～95℃,充分溶解,保温15～20min,制得混合物 B。

(2) 将步骤(1)中制得的混合物 B 降温至40～45℃,加入皮肤调理剂、抗敏剂、芳香剂、剩余的抗氧化剂,搅拌溶解,得到混合物 C。

(3) 保持温度在40～45℃,往混合物 C 中加入防腐剂、步骤(1)中制得的混合物 A 和保湿剂,补水,搅拌,降至室温,得到抗衰老护肤品。

产品应用 本品是一种肤感好、对人体刺激性小、安全高效的抗衰老护肤品。

产品特性

(1) 本品既可以保护皮肤表层由辐射导致的光损伤,也可以进入深层机体循环,保护深层皮肤的光损伤;同时本品可以使皮肤光滑、细嫩,具有抗衰老的功能,且安全性高。

（2）本品使用的原料安全无毒无副作用，具有改善肌肤细胞新陈代谢、调理细胞微循环、活化衰老肌肤的作用。

（3）本品实现了抗衰老成分由皮肤表层至深层皮肤的同时抗氧化，表现出高效的多级皮肤抗衰老功能。

配方 42　控油抑菌的保湿护肤液

原料配比

原料		配比（质量份）		
		1#	2#	3#
草药添加料		5	7	8
护肤颗粒		4	6	8
维生素 C		2	2.5	3
乙二胺四乙酸二钠		5	7	8
卡波姆		4	5	6
甘油		15	20	25
1,2-戊二醇		10	15	20
水		80	85	90
聚乙烯醇		3	4	5
明胶		3	4	5
草药添加料	甘草	6	8	10
	姜黄	10	11	12
	丹参	6	7	8
	黄芩	8	9	10
	苦参	8	9	10
	黄柏	10	12	15
护肤颗粒	改性颗粒	10	11	12
	四丁基碘化铵	8	9	10
	二甲亚砜	10	15	20
	二甲基一氯硅烷	5	6	7
	三乙胺	适量	适量	适量
	乙酸乙酯	适量	适量	适量
改性颗粒	壳聚糖	10	15	20
	甘草酸二铵	3	5	7
	琥珀辛酯磺酸钠	4	6	8
	环氧氯丙烷	2	2.5	3
	透明质酸钠	8	9	10
	PBS（磷酸盐）缓冲液	10	12	15
	三聚磷酸钠	1	1.5	2
	表皮生长因子	5	7	8
	乙酸	适量	适量	适量
	蒸馏水	适量	适量	适量
	氢氧化钠	适量	适量	适量

制备方法

（1）准备物料。

（2）草药添加料的制备：

① 取甘草、姜黄、丹参、黄芩、苦参和黄柏，粉碎过筛，再置于 95％的乙醇溶液中浸泡 24～28h，再以 95％的乙醇溶液为溶剂缓慢渗漉，收集浸出液并过滤，得到一次滤液和一次滤渣；取一次滤液，离心过滤，60～65℃下减压浓缩，得到第一提取液；离心速率均为 2000～2200r/min，离心时间为 5～10min。

② 取一次滤渣，置于 75％的乙醇溶液中浸泡 6～8h，再以 75％的乙醇溶液为溶剂缓慢渗漉，收集浸出液并过滤，得到二次滤液和二次滤渣；取二次滤渣，置于 50％的乙醇溶液中浸泡 6～8h，再以 50％的乙醇溶液为溶剂缓慢渗漉，收集浸出液并过滤，得到三次滤液。

③ 取二次滤液和三次滤液，混合搅拌 10～15min，离心过滤，60～65℃下减压浓缩，得到第二提取液；离心速率为 2000～2200r/min，离心时间为 5～10min。

④ 将第一提取液和第二提取液按质量比 1：（1～1.5）混合，即为中药添加料。

（3）护肤颗粒的制备：

① 取壳聚糖用乙酸溶解，搅拌 10～20min，得到壳聚糖溶液；取琥珀辛酯磺酸钠用蒸馏水溶解，搅拌 10～20min，得到琥珀辛酯磺酸钠水溶液；

② 取透明质酸钠用 PBS 缓冲液溶解，搅拌 10～20min，再加入三聚磷酸钠和表皮生长因子，混合搅拌 10～12min，得到溶液 A；

③ 取壳聚糖溶液，用氢氧化钠调节 pH 至 4～5，加入溶液 A，搅拌反应 2～3h，再加入甘草酸二铵，搅拌反应 15～25min，接着加入琥珀辛酯磺酸钠水溶液，混合搅拌 30～40min，静置 20～24h，调节 pH 值至 8～9，加入环氧氯丙烷，交联反应 2～3h，反应温度为 48～50℃，反应结束后蒸馏水透析 10 天，冷冻干燥 48h，得到改性颗粒；

④ 取改性颗粒，加入四丁基碘化铵和二甲亚砜，避光超声分散 10～15min，再在 0～5℃下继续搅拌，氮气保护下加入二甲基一氯硅烷和二甲亚砜的三乙胺溶液，搅拌反应 48～50h，反应温度为 25～28℃，过滤，乙酸乙酯沉淀，继续过滤，冷冻干燥，粉碎研磨，过 200 目筛，得到护肤颗粒。

（4）取维生素 C 用异丙醇溶解，搅拌 10～15min，得到溶液 B；取乙二胺四乙酸二钠和水，加入卡波姆，加热升温至 80～85℃，再加入甘油，超声分散 5～10min，接着加入中药添加料，继续搅拌 10～15min，再加入 1,2-戊二醇和护肤颗粒，超声分散 5～8min，继续加入溶液 B、聚乙烯醇和明胶，25～30℃下搅拌 2～2.5h，调节 pH 值 6.5～7，得到护肤液。

产品特性 本品制备工艺设计合理，操作简单，具有优异的保湿、美白效果，可有效对皮肤表面进行抑菌杀菌，避免痤疮、粉刺等情况的发生，同时还能够对皮肤进行修复，具有优异的祛痘效果，实用性较高。

配方 43 利用灵芝材料制备的护肤霜

原料配比

原料	配比（质量份）		
	1#	2#	3#
灵芝发酵液	40	50	45
乳木果油	10	20	15
氢化椰油	5	9	7
改性硅藻泥	4	8	6
保湿剂	1	2	1.5
增稠剂	1	5	3
矿物元素	1	4	2.5
乳化剂	3	6	4.5
纯化水	30	50	40

制备方法

（1）按要求称量各组分原料；

（2）将步骤（1）中的原料依次加入乳化机中进行乳化处理，乳化转速为100～500r/min，乳化时间为10～20min，然后均化20～30min，均化转速为100r/min，得到护肤霜。

原料介绍

所述灵芝发酵液的制备方法为：将灵芝先洗净，然后用去离子水清理，粉碎过100～200目筛，置于密封罐中进行磁化处理，磁化强度为1～5A/m，磁化时间为10～20min，随后进行发酵处理，发酵过程中与蜂蜜按照质量比7：1混合，然后接种乳酸菌，发酵时间为10～15d，发酵温度为32～38℃，发酵结束，得到灵芝发酵液。

所述改性硅藻泥的制备方法为：硅藻泥先采用研磨机进行研磨，研磨时加入研磨剂，研磨过100目筛，然后置于煅烧炉中进行煅烧，煅烧时先通入氮气将煅烧炉中杂质气体排出，煅烧温度为400～500℃，煅烧时间为10～20min，煅烧结束后采用海藻酸钠溶液进行分散，分散转速为200～300r/min，分散时间为20～30min，得到改性硅藻泥。

所述研磨剂为硅烷偶联剂、氧化铝按照质量比2：5混配而成。

所述增稠剂为卡拉胶。

所述乳化剂为甘油单硬脂酸酯。

所述保湿剂为维生素 E。

所述矿物元素为硒元素、锌元素、铜元素、锰元素中的一种。

产品特性　本品选择的原料绿色环保、对皮肤无伤害，具有高效的护肤效果。

配方 44　灵芝复方护肤品

原料配比

原料	配比（质量份）		
	1#	2#	3#
灵芝提取物	1.7	0.8	1.7
红景天提取物	1.5	0.6	1.2
银耳提取物	1.2	0.5	1.5
甜杏仁油	2	—	2
二甲基硅油	5	—	3
霍霍巴油	3	—	1
橄榄油	1	—	—
椰子油	1	—	1.5
司盘-60	3	—	4
羟苯甲基	—	—	0.2
单硬脂酸甘油酯	1	—	1
硬脂酸	1	—	1
抗坏血酸棕榈酸酯	0.5	—	—
L-抗坏血酸棕榈酸酯	—	—	0.5
鲸蜡硬脂醇	0.3	—	—
甘油	7	—	7
玫瑰纯露	2	2	2
尿囊素	0.2	—	0.2
吐温-60	3	—	4
乙二胺四乙酸二钠	0.05	0.05	0.05
透明质酸钠	0.5	—	0.5
卡波 U20	—	—	0.6
氨基酸保湿剂	—	—	5
维生素 C	—	—	0.6
氢氧化钠	0.2	—	—
苯氧乙醇	0.3	0.3	0.3
香精	0.1	适量	适量
去离子水	64.45	加至 100	加至 100

制备方法

灵芝护肤乳液的制备方法：

（1）将所述去离子水、玫瑰纯露、尿囊素、吐温-60、乙二胺四乙酸二钠、透明质酸钠、氢氧化钠以及甘油混合后放入水锅中，加热到 80～83℃，搅拌至溶解均匀，保温 20min，得到 A 相物料；

（2）将所述甜杏仁油、二甲基硅油、霍霍巴油、橄榄油、椰子油、斯潘-60、单硬脂酸甘油酯、硬脂酸、抗坏血酸棕榈酸酯以及鲸蜡硬脂醇混合后放入油锅中，加热到 80～83℃，搅拌至溶解均匀，保温 20min，得到 B 相物料；

（3）将所述 A 相物料与 B 相物料抽入均质锅内混合，锅内转速为 2000r/min，均质 5～10min，分散均匀，运用搅拌器进行搅拌降温；

（4）待均质锅内 A 相物料与 B 相物料温度降至 37～40℃时，加入所述灵芝提取物、红景天提取物、银耳提取物、苯氧乙醇以及香精混合并搅拌 10～15min，得灵芝护肤乳液。

灵芝护肤水的制备方法：

（1）将所述去离子水、玫瑰纯露、乙二胺四乙酸二钠以及苯氧乙醇混合后于 76～80℃水浴锅中搅拌均匀，得混合介质；

（2）将混合介质搅拌降温，待温度降至 37～40℃时，加入所述灵芝提取物、红景天提取物、银耳提取物和香精混合并搅拌 10～15min，得灵芝护肤水。

灵芝护肤霜的制备方法：

将甜杏仁油、二甲基硅油、霍霍巴油、椰子油、司盘-60、羟苯甲基、单硬脂酸甘油酯、硬脂酸、L-抗坏血酸棕榈酸酯加热至 90℃完全融化得到 A 相物料，将甘油、玫瑰纯露、吐温-60、尿囊素、乙二胺四乙酸二钠、透明质酸钠、卡波 U20、氨基酸保湿剂、维生素 C、银耳提取物、灵芝提取物、红景天提取物、去离子水加热至 85℃搅拌溶解得到 B 相物料；将 B 组相物料倒入 A 组相物料中均质 5min，均质完全后，降温搅拌 30min，降温过程中加入苯氧乙醇及香精，得到灵芝护肤霜。

原料介绍　所述灵芝提取物是灵芝超微细粉经水提得到的灵芝水提液，制备方法为：将成熟的新鲜灵芝子实体采收、烘干后，粉碎成 300～500 目的超微细粉，采用 65～85℃热水，通过浸提、浓缩、冷冻干燥工艺，得到灵芝提取物。

产品特性　本品具有良好的美白保湿、抗衰老、抗氧化的护肤功效，并可抑制皮肤中黑色素的形成和沉淀，清除色斑，减少紫外线对皮肤的伤害，活化表皮细胞，修复光损伤皮肤，加快皮肤再生，消皱祛皱，恢复皮肤弹性，使皮肤湿润、细腻。

配方 45 芦荟防冻防裂护肤霜

原料配比

原料	配比(质量份)	原料	配比(质量份)
纯化水	65.3	卡波姆	0.1
甘油	10	尿素	3
液体石蜡	10	尿囊素	1
鲸蜡硬脂醇	1.79	芦荟提取物	0.1
甘油硬脂酸酯	5	香精	0.1
硬脂酸	2.5	羟苯乙酯	0.1
聚山梨醇酯-80	0.5	甲基异噻唑啉酮	0.1
PEG-80 失水山梨醇月桂酸酯	0.5		

制备方法

（1）制备水相：将卡波姆放入盛有纯化水的水相锅内不断搅拌，制成卡波姆胶浆，备用。将纯化水在加热箱中预热至80～100℃后，输送至有卡波姆浆的水相锅内，然后将甘油、聚山梨醇酯-80、尿素、尿囊素按配方量称量后投入水相锅内进行加热，温度达到 70～80℃ 时，开启搅拌机（转速 1400r/min），搅拌 4～6min，使甘油、聚山梨醇酯-80 与水互溶，使加热物料的温度均匀；当温度达95℃以上时停止加热，然后在 95℃以上的条件下保温 10～15min，备用。

（2）制备油相：将 PEG-80 失水山梨醇月桂酸酯、液体石蜡、甘油硬脂酸酯、硬脂酸、鲸蜡硬脂醇按配方量称量后投入油相锅内进行加热，温度达到78～95℃时，开启搅拌机（转速 1400r/min），搅拌 4～6min，使加热物料的温度均匀；加热至 114～120℃时，加入配方量的羟苯乙酯搅拌 4～6min，备用。

（3）乳化、均质、冷却：开启真空泵，真空度保持在 −0.06～−0.035MPa，促使水相和油相成分能从水相锅、油相锅中被快速吸入乳化罐内，关闭真空泵，开启搅拌机开始搅拌（搅拌至出料结束），搅拌电机转速为 500r/min，再将水相成分经 100 目筛过滤后抽入乳化罐内，当水相放入约三分之二时，再抽入经 100 目筛过滤的油相成分，油相抽入完毕再抽入剩余的水相成分，乳化温度为 78～95℃，乳化搅拌时间 25～30min，使其形成水包油乳化体；加入配方量的芦荟提取物，搅拌电机转速调整为 950r/min，重新开启真空泵，在压力为 −0.06～−0.035MPa 的条件下，开启均质机进行均质，均质时间为 8min，均质完毕，搅拌电机转速调整为 500r/min，开启冷却水进行冷却。

（4）加香精和防腐剂：温度降至 58～62℃ 时，加入香精、甲基异噻唑啉酮搅拌均匀。

（5）出料：温度降至 40～45℃ 时出料，盛装于已用酒精擦拭的塑料袋中，扎紧袋口，称量，得到半成品。

（6）半成品存放、检验：将制备好的半成品存放于半成品存放室储存间，悬挂标明产品信息的质量状态标识，存放环境温度不高于26℃，贮存期不超过15天，期间对其进行取样分析、质量检测。

（7）灌装前消毒：将软管及盖子放置于臭氧发生器中消毒，时间为30min。

（8）灌装：将合格产品灌装于软管内。

（9）成品检验：按照产品质量标准对成品进行检测。

原料介绍　所述甘油硬脂酸酯为单、双硬脂酸甘油酯。

产品特性　本品气味清爽、淡雅，膏体细腻、均匀，可解决冬天面部皮肤紧缩、缺乏滋润感的问题。

配方 46　绿色健康护肤霜

原料配比

原料	配比（质量份）				
	1#	2#	3#	4#	5#
木姜子油	0.1	3	1	0.2	2
丁香油	0.1	3	0.5	1	0.2
芝麻油	0.1	3	1	0.1	2
玉米油	8	18	12	15	10
大豆油	0.1	3	0.5	0.1	1.5
甘油	7	4	5.5	6	5
辛烯基琥珀酸淀粉钠	4	1	2.5	2	3
肉豆蔻酰谷氨酸钠	1	4	2.5	3	2
角鲨烷	5	3	3.5	3	4
水解牛奶蛋白	3	5	3.5	4	3
山梨糖醇	5	3	4.5	4	5
木糖醇	3	5	4.5	5	4
神经酰胺	2	1	1.3	1	1.5
丝氨酸	1	2	1.5	1.8	1
三甲基甘氨酸	2	1	1.3	1	1.5
植物甾醇	3	6	4.5	5	4
白蜂蜡	6	3	4.5	4	5
维生素E	0.2	0.3	0.23	0.25	0.2
透明质酸钠	0.05	0.02	0.03	0.02	0.04
泛醇	0.2	0.3	0.26	0.25	0.2
水	加至100	加至100	加至100	加至100	加至100

制备方法

（1）将白蜂蜡、玉米油、甘油、植物甾醇和角鲨烷进行混合，加热至80～

85℃，保温搅拌均匀，得到 A 液体；

（2）将辛烯基琥珀酸淀粉钠、肉豆蔻酰谷氨酸钠、神经酰胺、透明质酸钠、水解牛奶蛋白、丝氨酸、三甲基甘氨酸、山梨糖醇和木糖醇加入水中，搅拌均匀，得到 B 液体；

（3）A 液体降温至 55～60℃时与 B 液体混合，进行剪切乳化，得到乳化液；

（4）待乳化液降温至室温时，加入泛醇、维生素 E，木姜子油、丁香油、芝麻油和大豆油并搅拌均匀，即得绿色健康护肤霜。

原料介绍

所述木姜子油通过如下方法制备：

（1）将木姜子果实干燥粉碎，过 80～100 目筛；

（2）取木姜子果实粉末加入相当于原料质量 0.3%～0.6% 的复合酶（质量比 1：1 的木瓜蛋白酶和果胶酶），再加入原料 0.1～0.5 倍质量的 pH 为 4.0～4.5 的柠檬酸或柠檬酸钠缓冲溶液，密封，薄膜包裹，于 40～55℃发酵 7～10d；

（3）将发酵好的原料和迷迭香提取物加入超临界 CO_2 萃取仪的萃取釜中，所述迷迭香提取物的添加量为发酵好的原料质量的 0.05～0.12 倍，设置萃取压力 40～55MPa、萃取温度 50～55℃、萃取剂 CO_2 流速 25～45kg/h，萃取 4～7h，从温度 30～35℃、压力 15～30MPa 的分离釜中得木姜子粗油；

（4）将所得的木姜子粗油再经乙醚萃取、无水硫酸钠干燥、减压浓缩等步骤，即得木姜子油。

所述丁香油通过如下方法制备：

（1）将丁香叶干燥粉碎，过 80～100 目筛；

（2）取丁香叶粉末加入相当于原料质量 0.3%～0.8% 的复合酶（质量比 1：3 的木瓜蛋白酶和果胶酶），再加入原料 0.1～0.4 倍质量的 pH 为 4.0～4.5 的柠檬酸或柠檬酸钠缓冲溶液，密封，薄膜包裹，于 40～55℃发酵 5～8d；

（3）将发酵好的原料和迷迭香提取物加入超临界 CO_2 萃取仪的萃取釜中，所述迷迭香提取物的添加量为发酵好的原料质量的 0.2～0.28 倍，设置萃取压力 40～55MPa、萃取温度 50～55℃、萃取剂 CO_2 流速 25～45kg/h，萃取 3～5h，从温度 30～35℃、压力 15～30MPa 的分离釜中得丁香粗油；

（4）将所得的丁香粗油再经乙醚萃取、无水硫酸钠干燥、减压浓缩等步骤，即得丁香油。

所述芝麻油通过如下方法制备：

（1）将芝麻干燥粉碎，过 80～100 目筛；

（2）取芝麻粉末加入相当于原料质量 0.5%～1% 的复合酶（质量比 1：2 的木瓜蛋白酶和果胶酶），再加入原料 0.3～0.5 倍质量的 pH 为 4.0～4.5 的柠檬酸或柠檬酸钠缓冲溶液，密封，薄膜包裹，于 45～50℃发酵 3～6d；

（3）将发酵好的原料和迷迭香提取物加入超临界 CO_2 萃取仪的萃取釜中，所述迷迭香提取物的添加量为发酵好的原料质量的 0.08～0.15 倍，设置萃取压力 40～45MPa、萃取温度 45～55℃、萃取剂 CO_2 流速 25～35kg/h，萃取 3～4h，从温度 25～35℃、压力 15～20MPa 的分离釜中得芝麻粗油；

（4）将所得的芝麻粗油再经乙醚萃取、无水硫酸钠干燥、减压浓缩等步骤，即得芝麻油。

所述玉米油通过如下方法制备：

（1）将玉米胚芽干燥粉碎，过 80～100 目筛；

（2）取玉米胚芽粉末加入相当于原料质量 1.5%～2.5% 的复合酶（质量比 1∶1 的木瓜蛋白酶和果胶酶），再加入原料 0.3～0.8 倍质量的 pH 为 4.0～4.5 的柠檬酸或柠檬酸钠缓冲溶液，密封，薄膜包裹，于 45～50℃发酵 3～6d；

（3）将发酵好的原料和迷迭香提取物加入超临界 CO_2 萃取仪的萃取釜中，所述迷迭香提取物的添加量为发酵好的原料质量的 0.1～0.3 倍，设置萃取压力 40～45MPa、萃取温度 45～55℃、萃取剂 CO_2 流速 25～35kg/h，萃取 3～4h，从温度 25～35℃、压力 15～20MPa 的分离釜中得玉米粗油；

（4）将所得的玉米粗油再经乙醚萃取、无水硫酸钠干燥、减压浓缩等步骤，即得玉米油。

所述大豆油通过如下方法制备：

（1）将大豆干燥粉碎，过 80～100 目筛；

（2）取大豆粉末加入相当于原料质量 1%～3% 的复合酶（质量比 2∶1 的木瓜蛋白酶和果胶酶），再加入原料 0.5～0.8 倍质量的 pH 为 4.0～4.5 的柠檬酸或柠檬酸钠缓冲溶液，密封，薄膜包裹，于 45～50℃发酵 8～10d；

（3）将发酵好的原料和迷迭香提取物加入到超临界 CO_2 萃取仪的萃取釜中，所述迷迭香提取物的添加量为发酵好的原料质量的 0.3～0.5 倍，设置萃取压力 40～45MPa、萃取温度 45～55℃、萃取剂 CO_2 流速 25～35kg/h，萃取 3～4h，从温度 25～35℃、压力 15～20MPa 的分离釜中得大豆粗油；

（4）将所得的大豆粗油再经乙醚萃取、无水硫酸钠干燥、减压浓缩等步骤，即得大豆油。

产品应用　本品主要适用于孕妇、婴儿、敏感肌人群。

产品特性　本品不含对环境和人体健康有争议物质的成分，添加的天然植物精油中，木姜子油、丁香油、芝麻油、玉米油和大豆油联用，具有滋润、营养、润滑、亮泽肌肤和祛斑的作用，尤其是祛除老年斑，并且具有天然植物芳香，可避免因添加合成香料导致的皮肤过敏，同时具有较好的防腐杀菌功效，能够避免因额外添加防腐剂导致的刺激过敏等。

配方 47 玫瑰花护肤乳液

原料配比

原料		配比（质量份）				
		1#	2#	3#	4#	5#
主料	含水量不超过7%的葛根	3	20	7.5	28	25
	三七	8	7.5	20	28	25
	五倍子	8	7.5	20	28	20
	白及	3	20	7.5	18	30
	玫瑰花	2	10	5	18	12
	血竭	5	7.5	12.5	22	20
	水苎麻	3	15	7.5	22	25
	丹参	—	7.5	15	22	20
	铁皮石斛	—	7.5	20	28	20
	米糠	—	12.5	7.5	22	18
	小檗皮	—	12.5	7.5	22	15
	去离子水①	240	500	600	1000	1000
	乙醇①	1.6	4	2.5	6	5
	去离子水②	120	300	250	550	550
	乙醇②	0.4	2	1	3	4
辅料	辅料Ⅰ 硬脂酸	6	15	25	35	25
	单硬脂酸甘油酯	3	7.5	12.5	22	20
	羊毛脂	3	7.5	6	12	12
	液体石蜡	16	75	40	10	100
	N-乙酰基乙醇胺	0.3	0.5	0.75	1.2	1.2
	十二烷基硫酸钠	0.6	1.5	1	2.5	2.5
	辅料Ⅱ 防腐剂	0.002	0.005	0.05	0.05	0.05
	香精	0.07	0.175	0.1	0.3	0.3
	α-红没药醇	0.4	4	1	6	3
	丙二醇	1.6	1	4	5	3

制备方法

（1）所述主料的制备：按照所述质量份称取各组分，加入不锈钢提取罐中，加入去离子水①和乙醇①浸泡 0.5～1h，加热至沸腾，维持沸腾 1～2h，过 600 目过滤器得滤液Ⅰ和滤渣；向滤渣中加入去离子水②和乙醇②，加热至沸腾，维持沸腾 0.5～1h，过 600 目过滤器得滤液Ⅱ；合并滤液Ⅰ和滤液Ⅱ，浓缩至添加水总量的 1/5～1/4，即得所述主料。

（2）所述辅料Ⅰ和辅料Ⅱ的制备：按照所述质量份称取各组分并混合均匀，加热至 80～90℃即得所述辅料Ⅰ；按照所述质量份称取各组分并混合均匀，加热至 30～45℃使固体成分溶解，即得所述辅料Ⅱ。

（3）所述玫瑰花护肤乳液的制备：将步骤（1）所得到的主料和步骤（2）所

得到的辅料Ⅰ都加热至80～90℃并保温20min，再将二者混合，保持温度80～90℃搅拌均质5～10min，再冷却至30～45℃，加入步骤（2）所得到的辅料Ⅱ，保持温度30～45℃搅拌均质15～20min，即得所述玫瑰花护肤乳液。

产品特性　本产品无毒副作用，可令肌肤持久保湿，改善肤色，使皮肤紧致柔嫩、保持弹性、延缓皮肤老化，提亮肤色，同时还具有抗紫外线等射线辐射、修复受损肌肤的功效。

配方 48　美白保湿护肤霜

原料配比

原料	配比（质量份）		
	1#	2#	3#
紫花地丁提取物	0.6	0.3	—
莫狄兜兰花提取物	—	0.3	0.6
角鲨烷	0.6	0.6	0.6
L-精氨酸	0.5	0.5	0.5
PEG-7甘油椰油酸酯	0.5	0.5	0.5
传明酸	0.4	0.4	0.4
4-羟基苯甲酸丁酯	0.05	0.05	0.05
2-苯氧基乙醇	0.05	0.05	0.05
透明质酸钠	1	1	1
1,2-丙二醇	13	13	13
二丙二醇	4	4	4
1,3-丁二醇	9	9	9
鲸蜡硬脂醇	5	5	5
山梨糖醇	5	5	5
2-羟基-4-甲氧基二苯甲酮	3	3	3
去离子水	60	60	60

制备方法　按原料配方将1,2-丙二醇、二丙二醇、1,3-丁二醇、鲸蜡硬脂醇、山梨糖醇、2-羟基-4-甲氧基二苯甲酮加入去离子水中搅拌10～30min，设定温度80～90℃，设定转速300～500r/min；再依次加入紫花地丁提取物、莫狄兜兰花提取物、角鲨烷、L-精氨酸、PEG-7甘油椰油酸酯、传明酸、4-羟基苯甲酸丁酯、2-苯氧基乙醇、透明质酸钠继续搅拌30～60min，设定温度80～90℃，设定转速300～500r/min；均质乳化5～30min，检验合格，出料，得到美白保湿护肤霜。

原料介绍

所述莫狄兜兰花提取物采用下述方法制备而成：

（1）取清洗、干燥后的莫狄兜兰花（含水量为1.0％～5.0％），粉碎后过100～

300目筛。

（2）将莫狄兜兰花粉末加入蒸馏水中，所述莫狄兜兰花粉末与蒸馏水的质量比为（1～10）：105，80～120℃加热0.5～2h，过滤后得到第一次滤液与第一次滤渣。

（3）将第一次滤渣加入蒸馏水中，所述第一次滤渣与蒸馏水的质量比为（1～10）：80，80～120℃加热0.5～1h，过滤后得到第二次滤液与第二次滤渣。

（4）合并第一次滤液与第二次滤液，减压浓缩，真空干燥，研磨得到粉末D_1。

（5）将第二次滤渣放入萃取罐进行超临界萃取50～70min，萃取压力为30～50MPa，萃取温度为50～60℃，主溶剂为CO_2流体，CO_2流体流量为10～20kg/h，并加入夹带剂，夹带剂流量为0.1～1g/min，得到萃取物；将萃取物离心过滤，真空干燥，研磨得到粉末D_2；将粉末D_1与粉末D_2混合得到莫狄兜兰花提取物；所述夹带剂的用量为第二次滤渣的3.0%～5.0%，所述夹带剂为80%～90%乙醇水溶液与80%～90%丙酮水溶液按质量比（1～10）：1混合。

所述紫花地丁提取物的提取方法包括如下步骤：

（1）将紫花地丁粉末加入蒸馏水中混合均匀，所述紫花地丁粉末与蒸馏水的质量比为（5～15）：（5～10）；升温至32～52℃接种发酵菌，所述发酵菌与紫花地丁粉末的质量比为（0.5～2.0）：100；在32～52℃下发酵12～72h，得到预处理的紫花地丁粉末；所述发酵菌为枯草芽孢杆菌与黑曲霉按质量比1：1混合。

（2）将预处理的紫花地丁粉末加入蒸馏水中，所述预处理的紫花地丁粉末与蒸馏水的质量比为（10～25）：（100～120），加热至95～125℃煮沸0.5～2.5h，过滤后得到滤液A_1与滤渣B_1；将滤渣B_1加入蒸馏水中，所述滤渣B_1与蒸馏水的质量比为（5～15）：（85～105），加热至95～125℃煮沸0.5～1.5h，过滤后得到滤液A_2与滤渣B_2；合并滤液A_1与滤液A_2，减压浓缩，真空干燥，研磨得到粉末X。

（3）将滤渣B_2放入萃取罐进行超临界萃取30～90min，萃取压力为35～50MPa，萃取温度为45～70℃，主溶剂为CO_2流体，CO_2流体流量为10～18kg/h，并加入夹带剂，夹带剂流量为0.1～0.8g/min，得到萃取物；将萃取物离心过滤，真空干燥，研磨得到粉末Y；将粉末X与粉末Y混合得到紫花地丁提取物；所述夹带剂为85%乙醇水溶液与85%丙酮水溶液按质量比5：1混合，夹带剂的用量为滤渣B_2的1.5%～5.5%。

所述紫花地丁粉末的制备方法：将新采摘的带根全草紫花地丁，用水清洗1～5次后干燥，控制其含水量在1%～5%；再将干燥好的紫花地丁进行粉碎，过100～300目筛，制得紫花地丁粉末。

产品特性　本品中添加的特定含量的紫花地丁提取物与莫狄兜兰花提取

物，与配方中其他活性成分协调互作，共同滋养肌肤；利用紫花地丁提取物与莫狄兜兰花提取物所具有的不同美白活性成分，相互补充，进一步加强了对酪氨酸酶催化活力的抑制，同时，更多的美白活性成分作用于酪氨酸酶，通过氢键和疏水作用力与其催化中心结合，可有效抑制黑色素的形成，使美白效果更好。

配方 49　美白补水护肤液

原料配比

原料			配比（质量份）		
			1#	2#	3#
细花含羞草叶提取物			1.8	—	0.9
西洋参根提取物			—	1.8	0.9
水杨酸			0.08	0.08	0.08
1,3-丁二醇			3.2	3.2	3.2
棕榈酸			0.8	0.8	0.8
三乙醇胺			0.08	0.08	0.08
苯甲醇			0.7	0.7	0.7
香桃木油			0.6	0.6	0.6
异十六烷			1	1	1
吡咯烷酮羧酸钠			0.4	0.4	0.4
羟乙基脲			1.8	1.8	1.8
功能发酵液			2.1	2.1	2.1
去离子水			加至100	加至100	加至100
营养料		糙米	100	100	100
		玉米蛋白	20	20	20
		豌豆蛋白	25	25	25
		葡萄籽提取物	10	10	10
功能发酵液		营养料	10	10	10
		豆粕	3	3	3
		玉米	3	3	3
		麸皮	4	4	4
		无菌水	加至100(体积)	加至100(体积)	加至100(体积)

制备方法　按照配方将1,3-丁二醇、羟乙基脲与异十六烷加入去离子水中混合均匀；再加入细花含羞草叶提取物、西洋参根提取物、水杨酸、棕榈酸、三乙醇胺、苯甲醇、香桃木油、吡咯烷酮羧酸钠与功能发酵液，在35～55℃下搅拌20～50min，搅拌速度为100～300r/min；最后在8000～10000r/min的转速下均质0.5～1.5min，冷却，检验合格，包装，即得美白补水护肤液。

原料介绍　所述功能发酵液的制备方法，包括以下步骤：

（1）将枯草芽孢杆菌、瑞士乳杆菌及乳酸菌菌种的甘油冻存管置于室温，融化后用无菌接种环挑取菌种分别划线接种于营养琼脂培养基、无菌的 MRS 肉汤培养基和莫匹罗星锂盐 MRS 琼脂培养基，在 35～37℃ 倒置培养 20～24h，然后将其分别转接至相应液体培养基，适宜条件下培养 20～24h 后备用；

（2）将 50～150g 糙米洗净，浸泡在 300～600mL 无菌水中 1～5h，再加入 10～30g 玉米蛋白和 20～50g 豌豆蛋白，搅拌溶解，再加入 5～15g 葡萄籽提取物混合均匀后，得到营养料；

（3）按照每 50～150mL 培养基中含营养料 8～12g、豆粕 1～5g、玉米 1～5g、麸皮 1～5g 进行混合，余量为无菌水，用氨水调节 pH 值为 7～8，制得发酵培养基；

（4）将步骤（1）得到的枯草芽孢杆菌、瑞士乳杆菌菌种及乳酸菌菌种混合培养于步骤（3）的发酵培养基中，控制发酵温度在 35～37℃，相对湿度在 50%～70%，置恒温摇床转速 100～120r/min 培养 24～48h 后，取出，压榨培养基，过滤，滤液为功能发酵液。

产品特性　本品选择特定的菌株组合复配后，对营养料进行发酵后可以显著提升其美容功效，通过益生菌复合剂发酵后可以起到非常显著的美白祛斑、补水保湿的效果，其祛斑脱色效果极佳，尤其是对黄褐斑和顽固性色素沉着效果十分显著。

配方 50　美白护肤化妆品

原料配比

多功能护肤组合物

原料		配比（质量份）				
		1#	2#	3#	4#	5#
木糖醇		6	8	7	6	6
油沙草根油		3	5	6	4	3
提取物		16	14	18	15	16
提取物	白及	10	12	13	12	10
	耳叶牛皮消	9	10	13	11	9
	钝顶螺旋藻	5	6	8	6	5
	颠茄草	6	7	9	8	6
	莴苣缬草	8	11	10	9	8
	伏牛花	—	—	—	—	3

精华液

原料	配比(质量份)	原料	配比(质量份)
多功能护肤组合物	5.4	1,2-己二醇	0.74
烟酰胺	1.1	乙基己基甘油	0.13
丙二醇	8.7	乙二胺四乙酸二钠	0.19
甜菜碱	13	玫瑰纯露	0.9
海藻胶	0.18	去离子水	加至100

制备方法

(1) 将海藻胶和乙二胺四乙酸二钠加入水中加热至80℃,搅拌,使其充分溶解至澄清透明,得到溶液A;

(2) 将丙二醇、烟酰胺、甜菜碱、1,2-己二醇和乙基己基甘油混合,得到溶液B;

(3) 所述溶液A的温度降至60℃,加入所述溶液B,搅拌均匀使其完全溶解,保温30min;

(4) 待温度降至40℃,加入多功能护肤组合物,搅拌至完全溶解,保温10min后降温至25℃,缓慢加入pH调节剂调节pH至5.5,最后加入玫瑰纯露,搅拌均匀静置20h,得到精华液。

原料介绍　所述的多功能护肤组合物中提取物的制备方法:取白及、耳叶牛皮消、钝顶螺旋藻、颠茄草、莴苣缬草和伏牛花混合,40～45℃干燥,粉碎成粉末得到混合料,按料液比1g:(10～15)mL加入无水乙醇,90～100℃加热蒸汽回流提取2h,提取2～3次,减压抽滤2次,将滤液在0.090～0.1MPa、50～55℃条件下旋转蒸发浓缩后,50～60℃干燥即得提取物。

产品特性　该美白护肤化妆品能够有效抑制黑色素的生成,具有良好的美白效果,且保湿效果优异,抗衰老性能良好;对皮肤无刺激,具有一定的肌肤屏障修复功效。

配方 51　美白护肤品

原料配比

精华液的配方组成

原料		配比(质量份)			
		1#	2#	3#	4#
A相	水	加至100	加至100	加至100	加至100
	1,3-丙二醇	4	4	4	4
	烟酰胺	3	4.5	5	6
	透明质酸	0.02	0.02	0.02	0.02
	黄原胶	0.2	0.2	0.2	0.2

续表

原料		配比（质量份）			
		1#	2#	3#	4#
B相	卡波姆	0.2	0.2	0.2	0.2
	水	19.8	19.8	19.8	19.8
C相	氨丁三醇	0.12	0.12	0.12	0.12
	水	2	2	2	2
D相	水	2	2	2	2
	甘草酸二钾	0.15	0.15	0.15	0.15
	乙酰壳糖胺	0.1	0.5	1	1
E相	1,2-己二醇	0.5	0.5	0.5	0.5
	对羟基苯乙酮	0.5	0.5	0.5	0.5

精华乳的配方组成

原料		配比（质量份）			
		1#	2#	3#	4#
	水	加至100	加至100	加至100	加至100
A相	对羟基苯乙酮	0.5	0.5	0.5	0.5
	1,2-己二醇	0.5	0.5	0.5	0.5
	1,3-丙二醇	1	1	1	1
	黄原胶	0.1	0.1	0.1	0.1
B相	甘油硬脂酸酯	0.6	0.6	0.6	0.6
	PEG-100硬脂酸酯	0.6	0.6	0.6	0.6
	鲸蜡醇磷酸酯钾	1	1	1	1
	苯基聚三甲基硅氧烷	8	8	8	8
	$C_{12} \sim C_{15}$ 醇苯甲酸酯	2	2	2	2
	红木籽油	3	3	3	3
	羟癸基泛醌	4	3	3.5	1
C相	苯乙基间苯二酚	0.01	0.03	0.04	0.04
	白藜芦醇	0.01	0.02	0.04	0.04
D相	3-O-乙基抗坏血酸	13	11	7	9
	水	12	12	12	12

美白护肤品

原料	配比（质量份）			
	1#	2#	3#	4#
精华液	10	10	10	10
精华乳	2	2	2	2

制备方法

所述精华液的制备方法：

（1）按配方量称取原料，分成A相原料、B相原料、C相原料、D相原料和E相原料；

（2）将A相原料混合，80～85℃搅拌溶解；

（3）将 B 相原料混合，80～85℃搅拌溶解；

（4）将 A 相和 B 相混合，在 70～80℃下均质后，80～85℃保温；

（5）将步骤（4）的混合物降温至 50～60℃后，加入 C 相原料，均质；

（6）将步骤（5）的混合物降温至 40～50℃后，加入 D 相原料和 E 相原料，均质，降温出料，制得所述精华液。

所述精华乳的制备方法，包括以下步骤：

（1）按配方量称取原料，分成 A 相原料、B 相原料、C 相原料和 D 相原料；

（2）将 A 相原料混合，80～85℃搅拌溶解；

（3）将 B 相原料混合，80～85℃搅拌溶解；

（4）将 A 相和 B 相混合，在 70～80℃下均质后，80～85℃保温；

（5）将步骤（4）的混合物降温至 40～50℃后，加入 C 相原料和 D 相原料，均质，降温出料，制得所述精华乳。

美白护肤品制备方法：将所述精华乳加入精华液中，混合均匀，制得所述美白护肤品。

产品特性　本品含有烟酰胺、乙酰壳糖胺、3-O-乙基抗坏血酸、羟癸基泛醌、苯乙基间苯二酚和白藜芦醇这几种主要的美白成分，可从多重路径联合发挥美白作用。其中，羟癸基泛醌和乙酰壳糖胺可抵御外源刺激（如：紫外线照射、睡眠不足、环境污染等）产生的 ROS；3-O-乙基抗坏血酸和苯乙基间苯二酚可抑制黑色素产生所需的酶；3-O-乙基抗坏血酸还可抑制黑色素聚合成大的黑色素聚合体，从而均匀肤色；烟酰胺可抑制黑色素从黑色素细胞向角质细胞转移，以阻止皮肤显色变黑，使黑色素在黑色素细胞内被消化吞噬；白藜芦醇可还原已形成的黑色素，淡化色斑。结合本品的配方设计，本品能有效美白皮肤，淡化色斑及均匀肤色。

配方 52　美白护肤霜

原料配比

原料	配比（质量份）		
	1#	2#	3#
甘油	3	2.5	3.6
丙二醇	10	8	12
黄原胶	0.1	0.08	0.12
维生素 E	1	0.8	1.3
薄荷醇乳酸酯	0.5	0.04	0.8
羟苯甲酯	0.1	0.09	0.15
氯化钠	0.1	0.08	0.16

续表

原料		配比（质量份）		
		1#	2#	3#
香精		0.02	0.015	0.025
乳化剂	鲸蜡硬脂基葡糖苷	0.5	0.4	1.5
	鲸蜡硬脂醇	5	4.8	4.2
润肤剂	矿脂	2	2	3
	聚二甲基硅氧烷	2	2	3
	肉豆蔻酸异丙酯	3	2	2.5
	棕榈酸乙基己酯	3	2	3.5
皮肤调理剂	苯乙基间苯二酚	0.5	0.5	0.6
	光果甘草根提取物	0.5	0.5	1.5
	α-熊果苷	2.5	2.3	4
	3-O-乙基抗坏血酸	2	2	3
	白薇提取物	0.8	0.8	1
	月桂氮卓酮	0.5	0.5	1
	磷酸氢二钠	0.1	0.1	0.2
	十肽-4	0.1	0.1	0.2
	糖蛋白	0.2	0.2	0.5
保湿剂	凝血酸	1.5	1.5	2.9
	丁二醇	1.2	1.5	1.3
纯净水		加至100	加至100	加至100

制备方法

（1）按照质量配比，将甘油、丙二醇、黄原胶和纯净水依次加入水锅中，加热到80～85℃，搅拌至溶解均匀，保温20min，得到A相料；

（2）按照质量配比，在油锅中依次加入乳化剂、润肤剂、维生素E、薄荷醇乳酸酯、羟苯甲酯，加热到80～85℃，搅拌至溶解均匀，保温20min，得到B相料；

（3）将A相料、B相料抽入均质乳化锅内混合，抽真空至锅内为负压状态，锅内转速为1500～2500r/min，均质10～15min后运用框式搅拌器进行搅拌降温，设定框式搅拌器的转速为400～600r/min，同时运用夹套冷却水回流冷却，直至降温到40～45℃时，依次加入皮肤调理剂、保湿剂、氯化钠、香精，搅拌5～20min，过滤出料，得到混合料；

（4）将混合料置于贮存桶内，放至静置间待检区域，再取样送化验室检验，检验合格后将混合料转入静置间合格区，将合格品进行无菌灌装、包装、入库，即可。

产品特性

（1）本品可有效抑制酪氨酸酶和黑色素细胞的活性，达到美白效果，并且可长时间保持皮肤的水分含量和滋润度，达到深度补水的效果，改善皮肤弹性护肤，性能优异；

（2）本品可在皮肤表面形成一层防护圈，将紫外线反射出去，减缓紫外线对皮肤造成的损伤，从而抑制酪氨酸酶的活性，减少黑色素的同时，又能杜绝紫外线对皮肤造成的损伤，使得皮肤始终保持白嫩。

配方 53　美白祛斑护肤化妆品

原料配比

原料	配比（质量份）		
	1#	2#	3#
玫瑰纯露	3	4	5
柠檬	4	5	6
芦荟提取物	2	3	4
黄瓜	5	6	7
壳聚糖壬二酸盐	6	7	8
维生素 E 乙酸酯	0.5	0.7	0.9
油脂	5	6	7
美白剂	5.5	6.5	7.5
凝血酸	0.3	0.4	0.5
烟酰胺	0.4	0.5	0.6
去离子水	80	90	100

制备方法

（1）取材：选取新鲜的黄瓜，将黄瓜洗净切片，然后将切片后的黄瓜放在捣料罐内捣烂，通过滤网滤出黄瓜汁备用，然后选取新鲜的柠檬切片，挤出柠檬汁过滤备用。

（2）混合搅拌：将去离子水加入混合容器内，将备用的黄瓜汁和柠檬汁加入去离子水中，然后依次添加芦荟提取物、凝血酸、烟酰胺、美白剂和玫瑰纯露，通过加热装置对混合容器进行加热，加热温度控制为 40～50℃，并通过搅拌装置搅拌 3～5min，制成混合液 A。

（3）水油混合：将壳聚糖壬二酸盐和维生素 E 乙酸酯溶于去离子水中，搅拌溶解制成水相备用，同时将油脂加热至 70℃使其充分熔化制成油相，此时将水相和油相进行混合，制成混合液 B。

（4）初步混合：将混合液 A 和混合液 B 进行混合，通过加热装置对混合容器进行加热，加热温度控制 50～60℃，并通过搅拌装置搅拌 5～10min，制得成品。

（5）检测包装：将步骤（4）制得的成品通过灭菌装置进行灭菌处理，然后自然冷却至室温，通过理化检测符合标准后，利用灌装装置进行定量灌装，然后密封贴上标签，最后包装入库即可。

原料介绍

所述玫瑰纯露是指以玫瑰花的花瓣为原料，通过油水分离后制成的精油。

所述美白剂由玉竹粉、杏仁粉、白芷粉和茯苓粉中的一种或者多种组合构成。

所述油脂采用凡士林、甘油、单硬脂酸甘油酯中的一种或者多种组合构成。

产品特性 该美白祛斑护肤化妆品采用的芦荟提取物、玫瑰纯露、黄瓜和柠檬为纯天然植物汁液，具有植物特殊的芳香，对皮肤刺激小，无副作用，在纯天然植物提取液的协同作用下，能够使肌肤持久保湿，色泽透亮，光滑滋润；壳聚糖壬二酸盐和维生素E乙酸酯对皮肤无刺激性，使用后明显感到舒适、柔软，无油腻感；美白剂、凝血酸和烟酰胺对皮肤具有良好的滋润美白、祛斑养颜的效果。

配方 54　美容护肤珍珠膏

原料配比

原料		配比（质量份）		
		1#	2#	3#
A 相	霍霍巴油	5	10	8
	角鲨烷	6	2	4
	硬脂酸镁	0.2	1.2	0.5
	聚乙二醇-30	2	4	3
	白蜂蜡	2	1	1.5
	可可籽脂	5	3	4
	辛酸癸酸甘油三酯	3	8	6
	PEG-30 二聚羟基硬脂酸酯	5	2.5	4
	山梨醇酐倍半油酸酯	5	2.5	4
B 相	去离子水	50	80	65
	纳米珍珠粉	10	15	13
	氧化锌	0.5	0.2	0.3
	生物糖胶-1	6	2	4
	透明质酸钠	2	0.5	1
	维生素E	0.5	3	2
	尿囊素	0.5	1	0.7
	甘油	2	3	2
	丙二醇	2	3	2
	1,2-丁二醇	1	1.5	1
	1,2-戊二醇	1	1.5	1
C 相	CI 77891	0.5	2	1
	库索拉芦荟叶提取物	1.5	1	2
	牡丹根提取物	1.5	1	2
	红景天提取物	1.5	1	2
	人参根提取物	0.75	0.5	1
	姜根提取物	0.75	0.5	1
	石榴果提取物	0.75	0.5	1

制备方法

（1）将 A 相原料加入油相锅中，升温至 80～90℃，250～350r/min 的转速下搅拌溶解均匀，得到油相物料；

（2）将 B 相原料加入水相锅中，升温至 80～90℃，250～350r/min 的转速下搅拌溶解均匀，得到水相物料；

（3）将油相物料抽入乳化锅中，再将水相物料抽入乳化锅中，启动搅拌器、均质器和真空泵，在 2000～3000r/min 的转速下真空均质乳化 10～15min，80℃下保温；

（4）乳化完毕后，打开冷却水，冷却至 45℃时，加入 C 相原料，启动搅拌器和均质器，在 250～350r/min 的转速下均质乳化 5～10min；

（5）继续冷却至 40℃时，取样检验；

（6）检验合格后，出料、静置、灌装、包装，成品入库。

产品特性　本品含有纳米珍珠粉和多种经特定比例调配的天然植物提取物，能够起到美白、抗氧化等多重美容护肤作用，对人体皮肤具有良好的调理作用。本品中的有效成分易被皮肤吸收，对皮肤无刺激性，美白、润肤、防晒功效明显，具有补水保湿、促进胶原蛋白和弹性纤维合成、促进皮肤细胞新陈代谢、抑制并消除色素沉着、抵御紫外线和电磁辐射、清除自由基等多方面作用，可有效缓解并全面改善粗糙、暗黄以及晒斑等多种皮肤问题，由内而外地使皮肤变得更为白皙水嫩、富有弹性，同时具有养肤嫩肤、收缩毛孔、祛痘印、淡斑、增强皮肤免疫力的作用，持续使用可以让肌肤逐渐达到最健康的状态。

配方 55　强效祛痘护肤化妆品

原料配比

原料	配比（质量份）		
	1#	2#	3#
角质处理剂	15	10	20
抗粉刺活性物	7	5	10
茶树精油	7	5	10
先导化合物	4	3	5
保湿剂	4	3	5
尿囊素	4	3	5
草药组合物	25	20	30
页岩油磺酸酯钠	7	5	8

原料	配比(质量份)		
	1#	2#	3#
增稠剂	4	3	5
去离子水	45	50	40

制备方法

(1) 原料的选取：首先通过称量设备分别量取所需质量份的角质处理剂、抗粉刺活性物、茶树精油、先导化合物、保湿剂、尿囊素、草药组合物、页岩油磺酸酯钠、增稠剂和去离子水，并将量取的各组分通过存储设备进行保存备用。

(2) 混合物 A 的混合：将步骤 (1) 量取的角质处理剂、抗粉刺活性物、茶树精油和尿囊素依次倒入混合搅拌设备中，然后加入一半去离子水，在转速为 500～600r/min，温度为 35～45℃ 的条件下搅拌 40～50min，即可得到混合物 A。

(3) 混合物 B 的制备：将步骤 (1) 量取的先导化合物、页岩油磺酸酯钠、保湿剂和中药组合物依次倒入混合搅拌设备中，然后将剩余的去离子水加入搅拌设备中，以 500～700r/min 的转速搅拌 45～55min，即可制得混合物 B。

(4) 混合制乳：将步骤 (3) 制得的混合物 B 倒入步骤 (2) 制得的混合物 A 中，先在转速为 800～900r/min 的条件下搅拌 30～40min，完成预混合，然后将步骤 (1) 量取的增稠剂加入混合设备中，以 800～1000r/min 的转速搅拌 1～2h，直至混合液呈乳状，即可得到祛痘化妆品。

(5) 包装处理：将步骤 (4) 制得的乳状祛痘化妆品通过包装设备进行打包处理，然后将打包完成后的化妆品成品进行入库保存或出售。

原料介绍

所述草药组合物为丹参提取物、苦参提取物、甘草提取物、黄芩提取物、金银花提取物、蒲公英提取物、鱼腥草提取物和地丁提取物中的一种或多种的组合。

所述角质处理剂为溶角蛋白酶、甘醇酸、水杨酸和尿素中的一种或多种的组合。

所述抗粉刺活性物为番石榴果提取物、维生素 A 酸、去水紫草烯和百合萃取物中的一种或多种的组合。

所述先导化合物为透明质酸钠、三乙醇胺或丙烯酰二甲基牛磺酸胺。

产品特性

(1) 本品加快了植物精华的反应速率，缩短了草药精华的起效时间，大大增强了祛痘化妆品的祛痘效果，不易反复。

(2) 本品通过采用分离式混合制备的方法，使各功效成分进行充分均质混合，从而保证了产品质量。

配方 56　祛痘护肤凝胶

原料配比

原料		配比（质量份）	
		1#	2#
A组分	水	28	28
	茶皂素	1	1
	甘油	10	10
	丙二醇	3	3
	聚丙烯酰胺	3	3
	卡波姆	2	2
	乙二胺四乙酸二钠	0.1	0.1
	何首乌提取液	6	5.5
	蒲公英提取液	3	4
	白花蛇舌草提取液	5	4.5
	栀子提取液	6	6.5
B组分	山茶油	2	2
	辛酸/癸酸甘油三酯	1.5	1.5
	鲸蜡醇	2.5	2.5
	聚二甲基硅氧烷	3	3
	棕榈酸异丙酯	3.5	3.5
	甘油硬脂酸酯/PEG-100 硬脂酸酯	2.5	2.5
	鲸蜡硬脂醇	4	4
C组分	玻尿酸	3	3
	维生素 B_6	1	1
	维生素 C	0.5	0.5
	异维生素甲酸	0.8	0.8
D组分	苯氧乙醇	0.15	0.15

制备方法

（1）将 A 组分中的水与茶皂素、甘油、丙二醇混合，加热至 50～60℃，然后加入何首乌提取液、蒲公英提取液、白花蛇舌草提取液、栀子提取液，加热至 75～80℃，混入聚丙烯酰胺、卡波姆、乙二胺四乙酸二钠，搅拌均匀，得到水相；搅拌时间为 10～30min，搅拌速度为 100～200r/min。

（2）将 B 组分的原料混合，搅拌加热至 75～80℃后，继续搅拌 10～30min，制成油相；搅拌速度为 100～200r/min。

（3）将油相加入水相，混合均匀后真空下搅拌降温；抽真空至 －0.07～－0.05MPa，搅拌时间为 30～60min，搅拌速度为 1000～1500r/min。

（4）降温至 60℃时加入 C 组分，搅拌均匀，成乳凝胶状；搅拌时间为 10～20min，搅拌速度为 100～200r/min。

（5）降温至 45℃ 时加入 D 组分，搅拌均匀后过滤出料。搅拌时间为 10～20min，搅拌速度为 100～200r/min。

原料介绍　所述何首乌提取液、蒲公英提取液、白花蛇舌草提取液、栀子提取液分别通过如下方法制备：将中药材何首乌、蒲公英、白花蛇舌草、栀子粉碎，过 30 目筛；分别称取 40g，加入原药材 10 倍质量的 75％乙醇，加热回流提取 6h；过滤后得到提取液，残渣重复提取二次，合并提取液并浓缩至膏状；向浸膏中加入原药材 5 倍质量（200mL）的水溶解浸膏，过滤即得各中药提取液。

产品应用　本品主要用于改善由于皮肤敏感、损伤、老化和内分泌紊乱等导致油脂分泌过多而出现的青春痘问题。

产品特性

本品从何首乌、蒲公英、白花蛇舌草、栀子中提取有效成分，以维生素 B$_6$、维生素 C、茶皂素、山茶油辅助作用，通过优化功效提取物组合，使祛痘护肤凝胶具有更优秀的祛痘、控油和抗炎性能。

配方 57　祛痘护肤霜

原料配比

原料	配比（质量份）		
	1#	2#	3#
黄原胶	0.15	0.12	0.17
丙二醇	5	4	6
尿囊素	0.2	0.16	0.24
乙二胺四乙酸二钠	0.05	0.04	0.07
对羟基苯乙酮	0.02	0.017	0.025
月桂氮卓酮	1	0.7	1.2
樟脑	0.05	0.04	0.06
丁二醇	1.2	1	1.4
植物甾醇	2.5	2.3	2.8
甘油辛酸酯	0.1	0.08	0.12
辛酰羟肟酸	0.1	0.07	0.13
CI 19140	0.01	0.013	0.018
香精	0.04	0.03	0.05
乙醇	1	0.8	1.3
冰片	0.05	0.04	0.06
薄荷脑	0.05	0.04	0.06

原料		配比（质量份）		
		1#	2#	3#
润肤剂	棕榈酸乙基己酯	6	5	6
	聚二甲基硅氧烷	1	1	2
	硬脂酸	2	2	2
	白蜂蜡	2.5	2	3
	液体石蜡	4	3	5
乳化剂	鲸蜡硬脂醇	4	2	4
	甘油硬脂酸酯	1	2	2
皮肤调理剂	侧柏叶提取物	0.2	0.1	0.3
	卷柏提取物	0.2	0.1	0.2
	枇杷提取物	0.2	0.2	0.2
	牡丹提取物	0.2	0.2	0.3
纯净水		加至100	加至100	加至100

制备方法

（1）按照配比，将黄原胶、丙二醇、尿囊素、乙二胺四乙酸二钠、对羟基苯乙酮和纯净水依次加入水锅中，加热到80～85℃，搅拌至溶解均匀，保温20min，得到A相料；

（2）按照配比，在油锅中依次加入润肤剂、乳化剂、月桂氮卓酮、樟脑，加热到80～85℃，搅拌至溶解均匀，保温20min，得到B相料；

（3）将A相料、B相料抽入均质乳化锅内混合，抽真空至锅内为负压状态，锅内转速为1500～2500r/min，均质10～15min后运用框式搅拌器进行搅拌降温，设定框式搅拌器的转速为400～600r/min，同时运用夹套冷却水回流冷却，直至降温到40～45℃时，依次加入丁二醇、皮肤调理剂、植物甾醇、甘油辛酸酯、辛酰羟肟酸、CI 19140、香精、乙醇、冰片、薄荷脑，搅拌5～20min，过滤出料，得到混合料；

（4）将混合料置于贮存桶内，放至静置间待检区域，再取样送化验室检验，检验合格后将混合料转入静置间合格区，将合格品进行无菌灌装、包装、入库，即可。

产品特性

（1）本品具有祛痘功能的同时还可对皮肤起到补水、保湿、滋润等作用，对葡萄球菌、大肠杆菌、白色念珠菌有抗（抑）菌作用，对寻常性痤疮、真菌感染、皮炎、神经性皮炎、接触性皮炎及各种皮肤疱疹、过敏等的治疗有效，特别对青春痘、暗疮、脂溢性皮炎的治疗效果显著。本品起效快，且疗效显著，同时对肌肤温和不刺激、无毒副作用，不会产生药物依赖性，痊愈后不会复发。

（2）本品可以淡化甚至消除痘痘留下的痘印、瘢痕，还能消除由紫外线、空气污染等外界因素造成的过多的氧自由基，起到延缓光老化、预防晒伤和抑制日晒红斑生成等作用，同时具有抗氧化的作用，可促进性激素分泌。

配方 58　祛皱保湿护肤液

原料配比

原料		配比（质量份）						
		1#	2#	3#	4#	5#	6#	7#
	甜叶菊苷	0.5	0.1	1	0.7	0.6	0.8	0.7
螯合剂	乙二胺四乙酸二钠	0.1	0.01	0.03	0.05	0.05	0.05	0.05
	透明质酸钠	0.2	0.01	0.07	0.1	0.1	0.1	0.1
乳化增稠剂	丙烯酸羟乙酯/丙烯酰二甲基牛磺酸钠共聚物	1	0.1	1	0.05	0.05	0.05	0.05
	聚丙烯酸酯交联聚合物-6	1	0.1	1	0.05	0.05	0.05	0.05
	聚二甲基硅氧烷/乙烯基聚二甲基硅氧烷交联聚合物	10	20	30	15	20	12	16
	甘油丙烯酸酯/丙烯酸共聚物	5	1	1	2	4	3	3.5
	月桂醇聚醚-3	5	5	15	8	6	10	6
	月桂醇聚醚-25	5	5	15	8	6	10	6
保湿剂	丁二醇	8	1	1	4	3	2	5
	双丙甘醇	10	1	1	6	5	8	6
	羟乙基脲	7	1	1	3	2	4	4
	聚谷氨酸	5	0.05	1	2	1	3	2.5
	活性多肽液	5	1	1	2	3	4	1.5
	龙胆根提取物	2	0.1	0.5	1	1.2	1.5	0.8
防腐剂	苯氧乙醇	0.5	0.3	0.05	0.4	0.4	0.3	0.2
	乙基己基甘油	0.5	0.2	0.05	0.3	0.2	0.2	0.6
	水	34.2	55.03	30.3	47.35	47.35	40.95	45.25

制备方法

（1）将水、螯合剂、透明质酸钠、丙烯酸羟乙酯/丙烯酰二甲基牛磺酸钠共聚物、聚丙烯酸酯交联聚合物-6、保湿剂加入乳化锅中均质处理1～5min，再搅拌加热至80℃，均质5min，保温15min得到混合物A；

（2）将混合物A降温至45℃以下，加入聚二甲基硅氧烷/乙烯基聚二甲基硅氧烷交联聚合物、月桂醇聚醚-3、月桂醇聚醚-25搅拌均匀，得到混合物B；

（3）将剩余的乳化增稠剂、聚谷氨酸、活性多肽、龙胆根提取物、防腐剂依次加入混合物B中，搅拌均匀，得到混合物C；

（4）将剩余配方量的水、甜叶菊苷加入混合物C中，搅拌均匀即得成品。

原料介绍　所述活性多肽液中精氨酸/赖氨酸多肽的含量为10～30g/L。

产品特性

（1）本品具有使用功效显著、性能温和、无刺激性、无副作用的特点，本品的生产工艺简单、成本低廉、安全环保。

（2）本品可使肌肤细腻平滑，光滑通透。

配方 59　祛皱修护的护肤品

原料配比

原料	配比（质量份）				
	1#	2#	3#	4#	5#
糖原	0.10	0.01	0.15	0.23	0.08
千日菊提取物	0.2	0.35	0.22	0.5	0.01
棕榈酰五肽-4	0.05	0.1	0.12	0.01	0.08
棕榈酰三肽-5	0.45	0.3	0.1	0.03	1.3
棕榈酰四肽-7	0.0006	0.0004	0.001	0.0005	0.001
白藜芦醇	0.01	0.03	0.02	0.018	0.024
烟酰胺	0.1	0.12	0.08	0.02	0.05
乙酰基六肽-8	0.01	0.015	0.025	0.03	0.02
咖啡提取物	0.05	0.02	0.1	0.12	0.08
欧锦葵提取物	0.03	0.02	0.05	0.07	0.04
药用婆婆纳花/叶/茎提取物	0.04	0.02	0.06	0.07	0.03
红没药醇	3	2.6	2.8	3.2	3.5
PEG-10 甘油硬脂酸酯	0.2	0.1	0.3	0.25	0.35
皱波角叉菜提取物	0.2	0.01	0.34	0.25	0.3
光果甘草根提取物	0.1	0.25	0.16	0.2	0.3
泛醇	0.3	0.1	0.5	0.6	0.2
甘油	3	2.6	3.2	3	2.8
水解透明质酸钠	0.09	0.08	0.12	0.11	0.12
甘草酸二钾	1	0.2	2	1.8	0.8
丁二醇	3	2.5	3.4	2.8	3.2
丙二醇	2	1.7	2.3	2.1	1.8
苯氧乙醇	3	2.6	2.9	3.4	2.8
去离子水	加至 100	加至 100	加至 100	加至 100	加至 100

制备方法

（1）于搅拌速度为 45r/min 的条件下，将去离子水加热至 90℃，保温 20min；

（2）降温至 60~70℃，将甘油、泛醇、丁二醇、丙二醇、PEG-10 甘油硬脂酸酯、苯氧乙醇加入去离子水中，混匀后降至室温，再加入千日菊提取物、白藜芦醇、烟酰胺、咖啡提取物、欧锦葵提取物、药用婆婆纳花/叶/茎提取物、皱波角叉菜提取物、光果甘草根提取物、水解透明质酸钠、甘草酸二钾等物质，混匀、密封即可。

产品应用　本品主要用于面部和颈部。

产品特性　本品能够增加皮肤弹性、提高皮肤水润度，淡化和减少面部皮肤细纹、皱纹（如表情纹和生理性静态纹等），质感轻盈、易吸收，具有再生、活化、美白、祛皱、抗衰、抗氧化等多重作用，可促进肌肤细胞新陈代谢，调理肌肤微循环、面部气血减轻皮肤下垂，使肌肤恢复弹性。

配方 60　提亮肤色的护肤霜

原料配比

原料		配比（质量份）
A 组分	润肤剂	10
	助乳化剂	3
	钛白粉	2
B 组分	霍霍巴蜡 PEG-120 酯类	1
	卡波姆	0.2
	传明酸	1～3
	水	加至 100
C 组分	三乙醇胺	0.2～0.25
D 组分	日用香精	0.1
	对羟基苯乙酮	0.5
	保湿剂	0.2～0.4
	九肽-1	1～5

制备方法

（1）A 组分的预处理：将 A 组分按配比边搅拌边加入进乳化锅中，持续搅拌升温至 76～80℃，保温备用。

（2）B 组分的预处理：在水锅内按配比加入水，开启蒸汽加热，再将传明酸加入水锅内，搅拌至完全溶解后再加入卡波姆和霍霍巴蜡 PEG-120 酯类继续搅拌，直到温度到达 70～75℃，关闭蒸汽加热，保温备用。

（3）乳化：将温度在 75～80℃的 A 组分和 B 组分依次加入乳化锅内进行真空乳化处理，12～15min 后打开乳化锅加入 C 组分继续搅拌直至 C 组分溶解均匀。

（4）冷却：在抽真空状态下，对步骤（3）中的乳化锅进行冷却处理，温度降至 33～35℃时加入 D 组分搅拌 5～7min，即可得到美白霜。

产品特性　本品可改善皮肤饱满度、减少各种类型皱纹，使肌肤恢复活力，温和不刺激，质地细腻润泽，易于吸收，可由内而外深层滋养肌肤，使皮肤焕发光泽。

配方 61 童颜 V 美提升护肤水乳

原料配比

原料		配比（质量份）		
		1#	2#	3#
多元醇保湿剂	甘油	10	—	—
	甘油和丙二醇混合	—	18	—
	甘油和丁二醇、聚乙二醇混合	—	—	15
透明质酸钠		1	3	2
黄原胶		0.5	1	0.8
玫瑰精油		1	2	1.5
抗氧化剂（茶多酚）		0.1	0.5	0.2
橄榄油		10	15	13
植物提取物		10	20	15
去离子水		50	100	75
植物提取物	鱼腥草提取物	1	1	1
	金钟腾提取物	2	3	2

制备方法

（1）将黄原胶溶解于去离子水中，并向其中加入透明质酸钠，升温至 70～85℃，得到水相。

（2）将玫瑰精油、多元醇保湿剂以及植物提取物混合均匀，并升温至 70～85℃，得到油相。

（3）将油相加入水相中，并进行一次均质，得到乳液基质；所述一次均质的均质速率为 8000～12000r/min、均质时间为 2～4min。将油相加入水相中时，油相和水相的温度均为 70～85℃。

（4）将乳液基质降温至 40℃以下后，向其中加入抗氧化剂和橄榄油并进行二次均质，得到护肤水乳。所述二次均质的均质速率为 8000～12000r/min、均质时间为 2～4min。

产品特性

（1）本品中并未添加防腐剂，而是通过透明质酸钠、植物提取物以及抗氧化剂等组分的复配，来达到杀菌和延长保质期的目的；本品常温放置 2～3 年也不会变质或出现沉淀、分层现象。

（2）本品将玫瑰精油、橄榄油、透明质酸钠、多元醇保湿剂等做了精准的分析和搭配。肤感方面，非常有层次感和贴合感，吸收非常快，使用后的皮肤光泽度好。本品不仅具有使用安全性，而且还具有改善肤色、补充皮肤水分、增强皮肤弹性和缓解皮肤紧绷的效果。

配方 62　透明护肤乳液

原料配比

原料		配比（质量份）		
		1#	2#	3#
油性原料	白矿油	7.5	—	1.5
	棕榈酸异丙酯	2	10	—
	辛酸三甘油酯	1.5	2	7.5
	异十六醇	—	1.5	2
乳化剂	月桂醇醚	6.5	3	3.5
	椰油醇醚	4	2	8
	十六醇醚	3.5	8.5	2.5
耦合剂	聚乙二醇	—	2.5	—
	丙二醇	6	—	—
	1,3-丁二醇	—	—	6
防腐剂	尼铂金甲酯	0.5	—	0.3
	尼泊金丙酯	—	0.5	0.2
营养剂	维生素 E	5	—	3
	甘氨酸	—	5	—
	β-丙氨酸	—	—	2
香精		0.05	0.05	0.05
去离子水		63.45	64.95	63.45

制备方法

（1）按质量配比称取油性原料、乳化剂、耦合剂、防腐剂、香精、营养剂和去离子水，备用；

（2）将油性原料、乳化剂、耦合剂、营养剂混合均匀后加入去离子水，加热到 60～70℃搅拌至澄清透明溶液，然后冷却至室温后加入防腐剂和香精，搅拌混合均匀后即得透明护肤乳液。

产品特性　本品成分简单，且肤感优异，刺激性低，锁水保湿性能良好，适用于干性肌肤的护理，制备方法简便。

配方 63　微乳化护肤乳液

原料配比

原料		配比（质量份）			
		1#	2#	3#	4#
微乳化组合物	氢化卵磷脂（卵磷脂含量≥25%）	3	5	10	8
	甘油	45.5	—	24	—

原料			配比（质量份）			
			1#	2#	3#	4#
微乳化组合物		丙二醇	—	84.4	—	—
		1,3-丙二醇	—	—	25	—
		双丙甘醇	—	—	6	—
		双甘油	—	—	—	16
		丁二醇	20	—	—	14
		去离子水	10	5	18.7	30
		角鲨烷	10	—	5	—
		氢化聚异丁烯	—	5	—	—
		辛酸/癸酸甘油三酯	3	—	—	—
		甘油三(乙基己酸酯)	—	—	2	—
		鲸蜡醇乙基己酸酯	—	—	—	20
		牛油果树果脂	7	—	—	—
		白池花籽油	—	—	—	10
		橄榄油	—	—	8	—
		神经酰胺	0.5	0.1	0.3	0.5
		植物甾醇	2	0.5	1	1.5
A相		去离子水	60	72	80	65
	水性增稠剂	卡波姆	0.15	—	—	—
		丙酸(酯)类/C₁₀~C₃₀烷醇丙烯酸酯交联聚合物	—	0.05	—	—
		羟乙基纤维素	—	—	0.25	—
		皱波角叉菜	—	—	—	0.1
		黄原胶	0.05	—	—	—
		羟丙基甲基纤维素	—	—	—	0.15
		卡拉胶	—	—	0.05	—
		硅酸镁钠	—	—	—	0.25
	多元醇	甘油	2	—	—	3
		双丙甘醇	—	4.5	—	—
		丁二醇	3.8	1.2	—	2
		丙二醇	—	—	1.5	1
		1,2-戊二醇	2	—	—	—
		1,3-丙二醇	—	—	0.5	—
		双甘油	—	4.3	—	—
B相		微乳化组合物	30	5	12	21
C相	皮肤调理剂	透明质酸钠	0.2	1	—	0.7
		水解透明质酸	0.05	1	0.3	0.35
		乙酰化透明质酸钠	0.05	—	0.2	0.55
		甘草酸二钾	0.1	—	—	1.4
		尿囊素	0.1	—	—	0.8
		泛醇	—	2	—	—
		聚季铵盐-61	—	6	—	2.2
		海藻糖	—	—	1	—
		甜菜碱	0.5	2	—	—

原料			配比（质量份）			
			1#	2#	3#	4#
C相	助剂	乙二胺四乙酸二钠	0.3	—	—	—
		植酸钠	—	0.8	—	—
		氢氧化钠	—	—	0.8	—
		氢氧化钾	—	—	—	0.5
		三乙醇胺	—	—	—	1
		精氨酸	0.2	—	—	—
		柠檬酸	—	0.3	—	—
		柠檬酸钠	—	0.9	—	—
		喷替酸五钠	—	—	0.4	—
	防腐剂	苯氧乙醇	0.4	—	—	—
		氯苯甘醚	—	0.45	—	—
		对羟基苯乙酮	—	—	0.5	—
		乙基己基甘油	1	—	—	0.1
		1,2-己二醇	—	0.5	—	—
		1,2-戊二醇	—	—	—	0.7
		辛酰羟肟酸	—	—	0.5	—

制备方法

（1）设定乳化锅温度为 $84\sim86℃$，加入配方量的去离子水，保温杀菌 $25\sim35min$ 后，降温至 $43\sim46℃$，开启搅拌并控制搅拌速度为 $35\sim45r/min$，加入水性增稠剂，直至完全分散均匀，然后加入多元醇，继续搅拌均匀，得到混合物 A 相。

（2）向乳化锅内缓慢加入 B 相，在 $35\sim45r/min$ 速度下搅拌 $25\sim35min$，开启均质，均质速度为 $500\sim1000r/min$，均质 $3\sim5min$。

（3）向乳化锅内加入 C 相，继续搅拌 $5\sim15min$，然后脱泡处理，检测合格后出料灌装，即得到所述微乳化护肤乳液。

原料介绍

微乳化组合物制备方法如下：

将氢化卵磷脂与多元醇、去离子水混合均匀后，加热至 $75\sim85℃$，缓慢加入 $75\sim85℃$ 的溶有神经酰胺和植物甾醇的润肤油脂，然后将混合液在 $3000\sim6000r/min$ 均质速度下均质 $5\sim8min$，再通过高压均质处理，均质 $2\sim5$ 次，然后测定乳液粒径合格后，即得到微乳化组合物。

所述润肤油脂为烃类油脂如角鲨烷、氢化聚异丁烯、合成酯类油脂和植物油脂中的一种或两种以上的混合物。

所述合成酯类油脂为括辛酸/癸酸甘油三酯、甘油三（乙基己酸酯）和鲸蜡醇乙基己酸酯中的任意一种；所述植物油脂为橄榄油、白池花籽油和牛油果树果脂中的任意一种。

所述神经酰胺为神经酰胺 1、神经酰胺 2、神经酰胺 3 和神经酰胺 6 中的一种或两种以上的混合物。

产品特性

（1）本品外观呈现蓝色乳光，乳液的粒径为 80～300nm，远小于传统乳液粒径，而且粒径分布更均匀，能够更好地被皮肤吸收；

（2）本品配方中未采用传统的化学合成表面活性剂，而选用卵磷脂乳化剂，从而与皮肤具有高度的亲和性，对皮肤没有潜在的刺激性，安全性更好；

（3）本品肤感清透、水润、不黏腻，具有显著的保湿功效。

配方 64　皙嫩保健的草本护肤品

原料配比

原料		配比（质量份）		
		1#	2#	3#
珍珠粉		6	8	8
白术根粉		4	2.5	5
白及根粉		5	4	3
银杏叶粉		8	10	9
红花提取物		8	6	7
姜根粉		20	15	15
桃花末		10	10	15
白花春黄菊花末		1	2	2
皮肤调理剂	苦参根粉	3	4	5
	当归根粉	6	5	6
美白保湿剂	玫瑰花粉	4	4	3
	库拉索芦荟叶粉	5	6	4
	烟酰胺	5	4	3
	凝血酸	1	1	1
抗氧化剂	维生素 C	4	5	6
	谷胱甘肽	4	5	6
	路路通提取物	4	5	6

制备方法

（1）按比例称取中各组分；

（2）将珍珠粉、白术根粉、白及根粉、银杏叶粉、红花提取物、姜根粉、桃花末和白花春黄菊花末搅拌混合均匀，并研磨成粉，得到混合物 A；

（3）将皮肤调理剂、美白保湿剂和抗氧化剂搅拌混合均匀，并研磨成粉，得到混合物 B；

（4）将混合物 A 和混合物 B 置于烘箱中，45～50℃烘烤 25～30min，搅拌至均匀，过 60 目筛网，即得皙嫩保健的草本护肤品。

产品特性

（1）本品采用纯天然草药作为原料，对于防斑祛斑、预防和减轻痤疮的发病程度、缓解皮肤干燥粗糙及防晒防过敏具有显著效果。使用时不会出现过敏反应，安全性能更高。

（2）本品采用多种功效性成分协同作用，可有效抑制黑色素生长，同时修复受损肌肤细胞，提高免疫力，并且具有较好的保湿功能，能加快皮肤吸收功效成分。

配方 65 含细致毛孔组合物护肤品

原料配比

原料		配比（质量份）			
		1#	2#	3#	4#
乳化剂	聚丙烯酰胺、C_{13}～C_{14}异构烷烃、月桂醇聚醚-7	1.5	1.5	1.5	1.5
表面活性剂	吐温-20	0.3	0.3	0.3	0.3
	防腐剂	0.4	0.4	0.4	0.4
中和剂	精氨酸	0.12	2.3	1.5	1.3
螯合剂	乙二胺四乙酸二钠	0.05	0.05	0.05	0.05
细致毛孔组合物	乳糖酸	0.5	2	5	3
	水杨酸	0.1	2	1	1.5
	抗坏血酸四异棕榈酸酯	2	2	2	2
抗氧化剂	生育酚乙酸酯	0.5	0.5	0.5	0.5
柔润剂	聚二甲基硅氧烷（350cs）	2	2	2	2
	聚二甲基硅氧烷（5cs）	10	10	10	10
	防腐剂	适量	适量	适量	适量
	去离子水	加至 100	加至 100	加至 100	加至 100

制备方法

（1）将水杨酸、中和剂和去离子水混合，加热至 60～70℃，搅拌溶解；

（2）向步骤（1）溶液中依次加入乳糖酸、螯合剂、防腐剂、表面活性剂和乳化剂，搅拌溶解；

（3）向步骤（2）溶液中加入柔润剂、抗坏血酸四异棕榈酸酯和抗氧化剂后，以 8000～9000r/min 均质 2min，搅拌均匀，即得护肤品。

产品应用

使用方法：全脸早晚使用 1 次，每次用量 1～1.5g（用量根据脸部面积进行适宜调整）。

产品特性

本品中的乳糖酸具有抗氧化、保湿和去角质的作用，水杨酸具有抗炎、控油和去角质的作用，抗坏血酸四异棕榈酸酯具有抗氧化和美白的作用。本品将乳糖酸、水杨酸和抗坏血酸四异棕榈酸酯进行复配，能够有效抑制皮肤油脂分泌和皮肤中的水分散失，保湿和抗氧化作用强，达到了细致毛孔的功效。本品中各组分相互配合，具有协同增效作用。同时，本品稳定性优异，改善了抗坏血酸易变色的问题。

配方 66　植物精华美白防晒护肤霜

原料配比

原料	配比（质量份）	原料	配比（质量份）
复方植物提取物	3	椰油基葡糖苷	1
丁二醇二辛酸/二癸酸酯	5	鲸蜡硬脂醇	2
甘油	5	黄原胶	3
甘油硬脂酸酯	3	红没药醇	1
辛酸/癸酸甘油三酯	2	苯氧乙醇	0.2
$C_{12} \sim C_{15}$ 醇苯甲酸酯	3	乙二胺四乙酸二钠	0.1
聚甘油-2-聚羟基硬脂酸酯	2	去离子水	加至100

制备方法

（1）称取丁二醇二辛酸/二癸酸酯、甘油硬脂酸酯、辛酸/癸酸甘油三酯、$C_{12} \sim C_{15}$ 醇苯甲酸酯、聚甘油-2-聚羟基硬脂酸酯、椰油基葡糖苷、鲸蜡硬脂醇、红没药醇加入油相锅中，加热至 $85 \pm 2^{\circ}C$，搅拌熔解均匀；

（2）称取去离子水、甘油、乙二胺四乙酸二钠、黄原胶混合均匀，加入水相锅中，加热至 $85 \pm 2^{\circ}C$，搅拌溶解均匀；

（3）将水相锅、油相锅中的原料依次抽入反应锅，均质乳化；

（4）冷却至 $40^{\circ}C$，加入复方植物提取物、苯氧乙醇，搅拌均匀即可。

原料介绍

所述复方植物提取物为小米草和银杏叶按照质量比1：（3～5）混合后用低浓度乙醇提取得到，其中，小米草是玄参科、小米草属植物小米草的干燥全草；银杏叶为银杏科植物银杏的干燥叶。

所述复方植物提取物的制备方法为：按质量配比称取小米草和银杏叶后混合粉碎，加5～10倍量的体积分数为 10％～30％乙醇溶液浸泡1～3h后，加热回流提取 2～3 次，每次提取时间为1～2h，合并提取液，过滤，滤液经回收乙醇后浓缩成浸膏，最后真空干燥成粉末即可。

产品特性 本品采用小米草和银杏叶的复方植物提取物作为防晒活性成分，在吸收紫外线方面取得了协同增效作用，避免了使用化学防晒剂，从而提高了长期使用化妆品的安全性。

配方 67　滋润养颜的护肤品

原料配比

原料	配比（质量份）		
	1#	2#	3#
金银花	12	14	15
蒲公英	7	8	8
积雪草	7	9	10
甘草	9	10	10
木瓜	12	12	13
芦荟	13	13	15
石斛	7	7	9
当归	5	6	8
植物油	5	6	7
60%的乙醇	适量	适量	适量
去离子水	适量	适量	适量

制备方法

（1）对原材料进行分类清洗和分切处理，取金银花 12～16 质量份、蒲公英 6～10 质量份、积雪草 7～10 质量份和甘草 8～12 质量份进行同时处理，另取木瓜 10～14 质量份、芦荟 13～15 质量份、石斛 7～9 质量份和当归 5～8 质量份进行同时处理。

（2）将切段后的金银花、蒲公英、积雪草和甘草与切粒后的木瓜、芦荟、石斛和当归同时放置在超声波提取器中，加入原材料 2.5 倍质量份的水和 0.8 倍质量份的体积分数为 60％的乙醇，进行超声波提取；所述在超声波提取的过程中，超声频率为 35Hz，提取温度控制为 50～70℃。

（3）利用纱网对提取后的草本植物进行过滤，同时保留超声波提取液体。

（4）将纱网进行打包，放置在砂锅中进行煎煮，加入 2 倍质量份的去离子水，先用大火煮沸 20～30min，随后转小火，继续煎煮 3～5h，将纱包取出后，对药液进行储存。

（5）将提取液体和煎熬药液进行混合，并进行升温加热，保持温度为 50～60℃，然后进行搅拌，并加入植物油 4～7 质量份，随后进行离心分离；在对提取液体和煎熬药液进行混合前，先对药液进行过滤，保证液体里无杂质。

（6）分离除杂后，对液体进行收集储存，包装即为成品。

原料介绍

对金银花、蒲公英、积雪草和甘草的处理方法：将金银花、蒲公英、积雪草和甘草同时放置在去离子水中进行清洗，去除灰尘杂质，随后取出进行烘干，直至草本植物含水量为 50%～60%，随后进行分切，切成 0.6～1.0cm 的小段，进行储存处理。

在对木瓜、芦荟、石斛和当归的处理方法：利用去离子水对木瓜、芦荟、石斛和当归的表面进行冲洗，冲洗完成后，进行切粒，使木瓜、芦荟、石斛和当归的粒径为 0.5～0.8cm，随后进行烘干，直至含水量为 50%～60%，随后进行收集处理。

所述植物油包括金盏花油和霍霍巴油，金盏花油和霍霍巴油的质量比为 1.3∶1。

产品特性　本品采用草药混合植物油生产而成，具有较好的滋润养颜的作用，更适合油性皮肤，同时积雪草、芦荟和木瓜等植物可以有效改善肤质，让肌肤强韧新生，具有美白除湿抗氧化的效果，可以滋养皮肤，同时不添加化学药物，可以降低过敏的风险。

2. 护肤用日霜

配方 1 保湿日霜

原料配比

原料	配比(质量份)	原料	配比(质量份)
尿囊素	0.2～0.4	金缕梅提取液	1～1.5
芦荟提取液	0.8～1	丁香提取液	1～1.2
甘草提取液	0.5～1	红没药醇	1.2～1.3
葡聚糖水溶液	1～1.3	丹皮酚	0.7～1
土茯苓提取液	1.4～1.7	乳化蜡	1～1.7
五味子提取液	1.3～1.6	洋甘菊提取液	1.2～1.3
雪莲提取液	1.4～1.8	七叶树提取液	1.8～2
杜鹃花酸	0.8～1	连翘提取液	1.3～1.5
维生素 E	1～1.3	玫瑰纯露	1.4～2
去离子水	63.1～72.3	绞股蓝提取液	1.7～2
透明质酸	0.3～0.5	珍珠水解液	1.2～1.9
山金车提取液	1～1.2	辛酰水杨酸	0.3～0.5
海藻提取液	0.6～1.2	维生素 B_6	0.6～1
蜂胶提取液	1.5～2	香精	1.5～2

制备方法 将尿囊素、透明质酸置于离子水中，40～49℃恒温搅拌37min，等完全溶解且搅拌均匀，再加入洋甘菊提取液、芦荟提取液、山金车提取液、七叶树提取液、甘草提取液、海藻提取液、连翘提取液、葡聚糖水溶液、蜂胶提取液、玫瑰纯露、土茯苓提取液、金缕梅提取液、绞股蓝提取液、五味子提取液、丁香提取液、珍珠水解液、雪莲提取液、红没药醇、辛酰水杨酸、杜鹃花酸、丹皮酚、维生素 B_6、维生素 E、乳化蜡，待完全搅拌均匀后，再加入香精高速搅拌30min，静置25h即可。

产品特性 本保湿日霜作用于皮肤、黏膜和角质的纤维，直接抑制和杀灭皮肤表面和毛囊内的细菌，消除病原体，重组表皮细胞组织，刺激细胞的更新，破坏细胞线粒体呼吸，抑制细胞合成，防止毛囊角化过度，抗增生和抗细胞毒素，从而抑制细胞增殖防止皮肤老化，改善肤色，减轻皱纹，将皮肤中沉积色素还原褪色，消淤化斑、减少丝状角蛋白的合成，能促进皮肤新陈代谢，补水保湿，美白皮肤。

配方 2 除皱日霜

原料配比

原料	配比（质量份）	原料	配比（质量份）
人参提取液	1～1.4	绞股蓝提取液	0.5～1
蜗牛蛋白粉	0.4～0.6	丁香提取液	1～1.2
芦荟提取液	1.4～1.6	迷迭香提取液	0.7～0.9
七叶树提取液	1.5～1.7	薏仁提取液	0.9～1.2
小米草提取液	1～1.3	香精	2～2.4
白术提取液	1.3～1.8	光甘草定	0.6～0.9
龙胆提取液	1.5～1.8	氨甲环酸	0.3～0.6
维生素 C	0.5～0.9	金银花提取液	1～1.3
薄荷提取液	0.8～1	蜂胶提取液	1～1.4
辛酸/癸酸甘油三酯	1.2～1.4	艾叶提取液	1～1.7
熊果苷	0.4～0.8	丝瓜提取液	1.3～1.6
甘草黄酮液	1.3～1.5	红花提取液	1～1.4
酵母提取液	1.2～1.6	伸筋草提取液	0.8～1
甘草提取液	1.3～1.5	黄瓜提取液	1～1.3
丹参提取液	1.2～1.6	去离子水	61.6～70.9

制备方法　将人参提取液置于去离子水中，39～51℃恒温搅拌45min，待完全溶解且搅拌均匀，再加入熊果苷、光甘草定、蜗牛蛋白粉、甘草黄酮液、氨甲环酸、芦荟提取液、酵母提取液、金银花提取液、七叶树提取液、甘草提取液、蜂胶提取液、小米草提取液、丹参提取液、艾叶提取液、白术提取液、绞股蓝提取液、丝瓜提取液、龙胆提取液、丁香提取液、红花提取液、维生素C、迷迭香提取液、伸筋草提取液、薄荷提取液、薏仁提取液、黄瓜提取液、辛酸/癸酸甘油三酯，待完全搅拌均匀后，再加入香精高速搅拌48min，静置28h即可。

产品特性　本品可促进表皮细胞生成，补充水分，使皮肤滋润和柔软，促进皮肤再生、代谢老旧破损细胞，能渗透至皮肤中，抑制毛细血管通透性，去瘀、去印、除皱、收敛肌肤、紧致毛孔，使肌肤细腻光滑。

配方 3 大马士革玫瑰精油日霜

原料配比

原料	配比(质量份)		
	1#	2#	3#
去离子水	75	80	85
甜扁桃油	5	10	15
霍霍巴油	0.8	0.9	1
甘油	6	7	8
乳化剂	1.5	2	2.5
大马士革玫瑰花油	0.4	0.5	0.6
香精	0.1	0.2	0.3
乳香油	0.4	0.5	0.6
地中海柏木油	0.1	0.2	0.3
调理剂	0.05	0.1	0.15

制备方法

（1）做好生产设备及生产场地的消毒，领取配方量所需的各种原料；

（2）将甜扁桃油和霍霍巴油依次加入油锅中，搅拌加热至 78～82℃，熔解均匀；

（3）将去离子水和甘油依次加入乳化锅，搅拌加热至 83～87℃，使所有物料完全溶解均匀；

（4）通过均质机将乳化锅的物料进行搅拌，搅拌速度开至 20～30r/s，待乳化锅内物料均匀溶解时开至 25～35r/s，然后将油锅内混合的物料抽入至乳化锅中；

（5）将乳化剂加入乳化锅中，通过均质机继续均质 6～10min，搅拌速度为 25～35r/s；

（6）将乳化锅内进行保温搅拌 8～12min，并不断对其进行消泡；

（7）然后将乳化锅温度冷却至 36～44℃，加入大马士革玫瑰花油、香精、乳香油、地中海柏木油、调理剂，继续搅拌 4～6min，混合均匀；

（8）取样检测，待合格后，用滤布过滤出料；

（9）放入半成品储存间，取样检测；

（10）灌装，包装，入库，取样检测合格后，出库。

原料介绍

所述乳化剂为丙烯酸钠/丙烯酰二甲基牛磺酸钠共聚物、异十六烷、聚山梨醇酯-80 的混合物。

所述调理剂为丁二醇、1,2-己二醇、辛酰羟肟酸的混合物。

产品特性 本品按比例添加植物精油进行调配，植物精油的高渗透性、易吸收性使本品更容易被吸收且护肤性更强，精油是极小分子，能够穿透毛孔，因此不易堵塞毛孔。

配方 4　多功能防晒日霜

原料配比

原料	配比（质量份）	原料	配比（质量份）
硬脂酸	10	对氨基苯甲酸薄荷酯	2
白油	5	叔丁基羟基苯甲醚	0.01
聚氧丙烯羊毛醇醚	1	去离子水	50
十六烷醇	1	甘油	1
羊毛脂	1	月桂酰二乙醇胺	1
对羟基苯甲酸甲酯	1	对羟基苯甲酸乙酯	0.1
十六酸异丙酯	1	香精	0.3

制备方法

（1）将硬脂酸、白油、聚氧丙烯羊毛醇醚、鲸蜡醇、羊毛脂、对羟基苯甲酸甲酯、十六酸异丙酯、对氨基苯甲酸薄荷酯、叔丁基羟基苯甲醚等混合搅拌加热至 70～90℃，直至混合均匀得品 A；

（2）将去离子水、甘油、月桂酰二乙醇胺、对羟基苯甲酸乙酯混合搅拌加热至 70～90℃，直至混合均匀得品 B；

（3）然后将品 A、品 B 两组分转移至乳化器中，经充分均质化后，当温度降至 35～45℃时加入香精，混合均匀，放置 24h 后分装即得本产品。

原料介绍　本品中的硬脂酸用于雪花膏和冷霜这两类护肤品中起乳化作用，从而使护肤品变成稳定洁白的膏体。白油无色、无味，化学惰性、光安定性能好，基本组成为饱和烃结构，芳香烃和含氮、氧、硫等物质近似于零。油溶性原料，与多数脂肪油互溶。聚氧丙烯羊毛醇醚能产生光亮的薄膜，是一种很好的涂布剂。羊毛脂可以让皮肤光滑柔嫩，是优良的滋润性物质，可使因缺少天然水分而干燥或粗糙的皮肤软化并得到恢复，它是通过延迟，而不是完全阻止水分透过表皮层来维持皮肤通常的含水量。对羟基苯甲酸甲酯的抗细菌性能比苯甲酸、山梨酸都强，其作用机制是：破坏微生物的细胞膜，使细胞内的蛋白质变性，并可抑制微生物细胞的呼吸酶系与电子传递酶系的活性。十六酸异丙酯对皮肤有渗透性。甘油具有吸湿性、保湿性、软化性，极易吸收空气中的水分，水溶液呈中性，具有良好的防冻性。

产品应用　本品是一种强效锁水、防护提亮的多功能防晒日霜。

产品特性　本品所述各原料产生协同作用，从而达到强效锁水、收敛毛孔的效果。本品 pH 值与人体皮肤的 pH 值接近，对皮肤无刺激性；使用后明显感到舒润、柔润，无油腻感，具有明显的营养、滋润、保湿的效果。

配方 5　多功能日霜

原料配比

原料	配比（质量份）		
	1#	2#	3#
水	68.2	70.8	66.7
乳化剂	2.5	2.2	2.8
润滑剂	2.5	2.1	2.6
保湿剂	5.2	5	5.5
珍珠粉	2.6	2.3	2.7
维生素	2.5	2.2	2.6
生理活性因子	4.8	4.5	5
酵母提取物	4.5	4.3	4.7
天然植物提取物	4.5	4.4	4.6
增稠剂	2.7	2.2	2.8

制备方法

（1）在搅拌釜中加入 60～80 份水、2～3 份乳化剂、2～3 份润滑剂、5～6 份保湿剂、2～3 份珍珠粉，搅拌速度为 70～90r/min，温度为 50℃，搅拌时间为 10～15min；

（2）将 2～3 份维生素、4～5 份生理活性因子、4～5 份酵母提取物、4～5 份天然植物提取物加入步骤（1）的搅拌釜中，搅拌速度调整为 50～70r/min，温度为 50℃，继续搅拌 10～20min；

（3）将 2～3 份增稠剂加入步骤（2）的搅拌釜中，搅拌速度调整为 30～50r/min，温度为 50℃，继续搅拌 5～10min，冷却至室温，得到质地均匀的膏状日霜。

原料介绍

所述维生素为维生素 E、维生素 C 和烟酰胺中的至少两种。

所述生理活性因子包含如下组分：神经酰胺 10～15 份、透明质酸钠 10～20 份、凝血酸 10～20 份、曲酸 10～15 份、泛醇 10～15 份、卵磷脂 10～15 份、角鲨烯 10～15 份。

所述乳化剂为鲸蜡醇和甘油硬脂酸酯中的一种或两种。

所述保湿剂为巴巴籽油甘油聚醚-8 酯。

所述植物提取物包含如下组分：白藜芦醇 20～30 份、光果甘草提取物 5～10 份、红没药醇 10～15 份、姜黄根提取物 10～15 份、人参根提取物 5～10 份、沙漠蔷薇叶细胞提取物 5～10 份、白薇提取物 10～15 份、山茶籽油 5～10 份、水飞蓟果提取物 5～10 份。

所述增稠剂为卡波姆。

本品中添加了多种植物提取物,其中白藜芦醇能够增加抗氧化性,减少人体因紫外线、光过敏等因素形成大量黑色素,而出现的斑点、肤色变黑等状况,达到美白、淡斑的效果。白藜芦醇本身容易被人体的皮肤细胞吸收,让肌肤变得更加白皙、润泽有弹性,特别是对于微循环不太好的,可减少黑色素沉淀,抑制皮脂分泌,肤感清爽而且又比较温和。白藜芦醇还具有良好的保湿特性及抗发炎作用,能有效改善皮肤红肿、热痛等发炎、敏感反应。光果甘草提取物具有抗菌消炎、抗氧化、抗衰老、防晒的作用。姜黄根提取物是一种天然抗菌消炎药物且对人体无毒副作用。酵母提取物具有高效修复功能,能够快速修复衰老、受损皮肤细胞。多种生理活性因子能够调控皮肤水油平衡性,使该日霜能够适用于多种肌肤,无刺激。

产品特性 该日霜具有美白、补水、保湿、控油、祛痘、抗衰老、紧肤以及防晒等功能,且易被人体肌肤吸收,无刺激性,适用于油性、干性、混合性及过敏性皮肤。

配方6 多效防晒防护日霜

原料配比

原料	配比(质量份)	原料	配比(质量份)
鲸蜡硬脂醇	3	防腐剂	0.2
白油	6	丙二醇	3
鲸蜡醇	7	熊果苷	4
硬脂酸	3	大豆蛋白	3
对甲氧基肉桂酸酯	2	去离子水	加至100
聚二甲基硅氧烷	0.3		

制备方法

(1) 将鲸蜡硬脂醇、白油、鲸蜡醇、硬脂酸、对甲氧基肉桂酸酯、聚二甲基硅氧烷等物料混合加热至80℃,搅拌均匀备用;

(2) 将大豆蛋白、丙二醇、熊果苷、防腐剂和去离子水等混合加热至80℃搅拌均匀备用;

(3) 在搅拌的条件下,将步骤(1)所得物料缓缓加入步骤(2)所得物料中,搅拌20min至其完全乳化,冷却至室温即可得成品,灌装即可。

原料介绍 本品中的鲸蜡硬脂醇具有抑制油腻感、降低蜡类原料黏性、稳定化妆品乳胶体等作用。鲸蜡醇不溶于水,溶于乙醇、氯仿、乙醚,但有一定的吸水性,作为乳剂型基质与油脂性基质混合后,可增加其吸水性,在与水或水性液体接触时，在充分搅拌下吸水后形成 W/O 型乳剂基质，作用功效：滋润，不油腻，增强肌肤吸水；起稳定、增稠作用。防腐剂是可以阻止微生物生长或阻止与产品反应的微生物生长的物质。在化妆品中，防腐剂的作用是保护产品，使之免受微生物污染，延长产品的货架寿命；确保产品的安全性，防止消费者因使用受微生物污染的产品而引起可能的感染。丙二醇的黏性和吸湿性好，并且无毒，因而在食品、医药和化妆品工业中广泛用作吸湿剂、抗冻剂、润滑剂和溶剂。熊果苷能够通过抑制体内酪氨酸酶的活性，阻止黑色素的生成，从而减少皮肤色素沉积，祛除色斑，同时还有杀菌、消炎的作用。大豆蛋白经分离提取后，其中氨基酸的种类与含量比联合国粮农组织及世界卫生组织推荐的儿童及成年人氨基酸营养素供给量标准（RDA）还要高很多，消化吸收率得到很大提高，是不可多得的优质蛋白质。

产品应用

使用方法：擦拭于面部皮肤。使用周期为 4 个月，每日使用 1 次。

产品特性　本品所述各原料产生协同作用，从而达到天然滋养、淡斑祛黑的效果。本品 pH 值与人体皮肤的 pH 值接近，对皮肤无刺激性；使用后明显感到舒适、柔润，无油腻感，具有明显的滋润细嫩、美白养肤的效果。

配方 7　含有水蛭提取物的舒缓匀润日霜

原料配比

原料	配比（质量份）		
	1#	2#	3#
水蛭提取物	10	10	12
甜杏仁油	20	20	22
薰衣草精油	12	10	12
乳木果油	10	12	10
烟酰胺	5	4	5
乳化蜡	36	40	32
月桂酸	5	5	4
辛酸/癸酸甘油三酯	5	6	5
甘油	6	5	7

原料	配比（质量份）		
	1#	2#	3#
山梨酸钾	0.2	0.1	0.3
蒸馏水	78	75	81

制备方法

（1）向容器 A 中加入水蛭提取物和薰衣草精油，搅拌至均匀；

（2）再将甜杏仁油、乳木果油、烟酰胺加入容器 A 中，搅拌均匀得到混合物；

（3）向容器 B 中加入乳化蜡并加热至 60～80℃ 使其熔化；

（4）再将步骤（2）中的混合物和 2/3 份的蒸馏水加入容器 B 中，搅拌至均匀；

（5）将月桂酸、辛酸/癸酸甘油三酯、剩余 1/3 份的蒸馏水加入容器 B 中，持续搅拌至均匀稠度；

（6）再将甘油和山梨酸钾加入容器 B 中，继续搅拌均匀，即得日霜。

所述容器 A 和容器 B 采用水浴锅进行搅拌和恒温加热。

所述水浴锅采用二孔式恒温搅拌水浴锅，其搅拌速度为 120～180r/min。

原料介绍

水蛭提取物是从新鲜的水蛭中提取的一种天然产品，主要成分包括水蛭素、水蛭酶等生物活性成分，它具有多种生物学活性，例如抗炎、抗血管瘤、促进血液循环、改善皮肤质量等功效。目前，已有较多化妆品中使用到水蛭提取物或其主要成分水蛭素，如水蛭的提取物可用于祛斑、祛痘、润肤、嫩肤、美白、预防皮肤衰老、增强皮肤弹性。

所述水蛭提取物制备方法：鲜水蛭活体或活体冷冻融溶水蛭，在室温下加入适量生理盐水，匀浆，搅拌 30～60min，过滤，滤液调 pH 值为 7～8，保留待用；不溶物加入乙酸乙酯在 pH=3.5～4.5，溶解；加热到 80℃，溶剂蒸发后，将剩余物溶解在 pH=7～8 的生理盐水中，搅拌过滤，与上述保存待用的滤过液合并，用无菌蒸馏水调配后，得到以天然水蛭素为主的水蛭提取物。

乳木果油（shea butter）的提取源自"乳油木"。"乳油木"是一种具有神奇保养功效的植物，它们大多生长在非洲塞内加尔与尼日利亚之间的热带雨林区，是一种硬木，成年树高达 15～20m，树龄往往可达数百年。乳油木每年 12 月至第二年 3 月之间开花。其果实"乳油果"（或称乳木果）像鳄梨果一样有美味的果肉，果核中的油脂就是乳木果油，大约占果核体积的一半。

乳木果油也称牛油树脂，有象牙白、米黄色和黄色 3 种颜色，颜色越深效越好。纯天然绿色植物源固体油脂，能促进表皮细胞再生，赋予皮肤营养作用。乳木果油与人体皮脂分泌油脂的各项指标较为接近，蕴含丰富的非皂化成分，易于人体吸收，能防止干燥开裂，进一步恢复并保持肌肤的自然弹性。同时还能起到消炎作用。

乳木果油具有很好的深层滋润的功效，一般制成适合干性、混合性肌肤使用的产品。长期使用乳木果油或者含有乳木果油的护肤品，不仅能防止干燥开裂，还能进一步恢复并保持肌肤的自然弹性。

所述的薰衣草精油的制备方法为：采集新鲜的薰衣草花瓣，加入质量为薰衣草花瓣质量10％的氯化钠，腌制，然后用水蒸气蒸馏，收集蒸馏液，用分子截留法进行除杂，截留液用乙酸乙酯萃取，减压回收乙酸乙酯，残留液用水蒸气蒸馏收集比水轻、比水重的馏份，用无水硫酸钠脱水，过滤，即可。

烟酰胺可抑制黑色素从黑色素细胞向角质细胞转移，以阻止皮肤显色变黑，使黑色素在黑色素细胞内被消化吞噬。

辛酸/癸酸甘油三酯和人体皮肤有兼容的特征，它有着不油腻质感，加入乳霜或乳液中可改进其延伸性，有润滑和使肌肤柔软的效果。并有过滤紫外光的功能，为椰子中的提取物，作柔润剂、溶剂、促渗透剂来使用。

甘油具有较强的吸湿性。甘油在化妆品中的作用主要是吸收空气中的水分，使皮肤保持湿润。

产品应用　本品是一种护肤用日霜。产品放入日霜瓶中密封保存，储藏于遮光和凉爽处。

产品特性

（1）本品含有高浓度的水蛭提取物，可令皮肤得到深层的滋润，并能通过水蛭提取物的功效来实现缓解肌肤问题、促进细胞活力、保湿、抗炎、抗氧化等功能。

（2）产品中采用了天然乳化剂和精选原材料，不含化学合成添加剂，使得舒缓匀润日霜更加安全健康，适合各种皮肤类型使用。

配方 8　含人参的祛斑美容日霜

原料配比

原料	配比（质量份）	原料	配比（质量份）
鲸蜡醇	6	甘油	9
单硬脂酸甘油酯	2	十二醇硫酸钠	1
白凡士林	8	乳化剂	2
白油	15	尼泊金甲酯	0.2

续表

原料	配比（质量份）	原料	配比（质量份）
香精	0.1	人参提取物	3
熊果苷	2	维生素 A 酸	0.1
曲酸衍生物	2	去离子水	加至 100

制备方法

（1）将鲸蜡醇、单硬脂酸甘油酯、白凡士林、白油、甘油混合加热至 85℃，得混合均匀的油相备用；

（2）将十二醇硫酸钠、乳化剂、熊果苷和去离子水混合加热至 85℃，得混合均匀的水相备用；

（3）在搅拌情况下，将步骤（1）的油相缓缓加入步骤（2）的水相中，乳化 10min，冷却至 50℃时加入尼泊金甲酯、香精，使其成为霜剂基料，再向其中加入曲酸衍生物、人参提取物、维生素 A 酸，搅拌混合均匀，静置至室温即可得成品。

原料介绍　本品中的甘油具有吸湿性、保润性、软化性，极易吸收空气中的水分，水溶液呈中性，具有良好的防冻性。十二醇硫酸钠具有良好的润湿、浮化、去污、发泡性能，对皮肤的刺激性较小。乳化剂是能够改善乳浊液中各构成相之间的表面张力，使之形成均匀稳定的分散体系或乳浊液的物质。乳化剂是表面活性物质，分子中同时具有亲水基和亲油基，它聚集在油/水界面上，可以降低界面张力和减少形成乳状液所需要的能量，从而提高乳状液的能量。尼泊金甲酯能破坏微生物的细胞膜，使细胞内的蛋白质变性，并可抑制微生物细胞的呼吸酶系与电子传递酶系的活性，属酚类防腐剂，对各种霉菌、酵母菌、细菌有效，但尼泊金酯的杀菌力低，通常与尼泊金丙酯混合使用，具有良好的加成性和协同性。熊果苷能够通过抑制体内酪氨酸酶的活性，阻止黑色素的生成，从而减少皮肤色素沉积，祛除色斑，同时还有杀菌、消炎的作用。曲酸衍生物对老年斑、雀斑及色素沉着疗效好，同时具有增强人体表面细胞的活力，抑制衰老等作用。维生素 A 酸可促进皮肤新陈代谢，改善皮肤的粗糙、干燥状态，使皮肤具有光泽；健全皮肤角质层组织，增强肌肤的弹性、透明感，使肌肤看起来柔嫩、白皙，更加健康；清除堆积在毛孔内的脏物，收缩毛孔，具有抗菌作用。

产品特性　本品所述各原料产生协同作用，从而达到加速新陈代谢、祛斑防晒的效果。本品 pH 值与人体皮肤的 pH 值接近，对皮肤无刺激性；使用后明显感到舒适、柔润，无油腻感，具有明显的祛斑美白、滋养嫩肤的效果。

配方 9　含雪莲的嫩肤日霜

原料配比

原料	配比(质量份)	原料	配比(质量份)
雪莲提取物	17	卡波树脂	0.5
羊毛脂衍生物	0.5	Glucam E20 葡萄糖衍生物	5
棕榈酸异丙酯	5	三乙醇胺	1
硬脂酸	5	香精	适量
乳化剂	7	去离子水	加至 100
二甲硅油	1		

制备方法

（1）将雪莲提取物、羊毛脂衍生物、棕榈酸异丙酯和硬脂酸等原料溶于去离子水中，混合加热至85℃；

（2）将乳化剂、二甲硅油、卡波树脂、Glucam E20 葡萄糖衍生物、三乙醇胺等原料混合加热至85℃，搅拌均匀；

（3）将步骤（2）和步骤（1）所得物混合乳化，继续搅拌，待温度冷却至40℃时加入香精，搅拌至室温，即得成品。

原料介绍　本品中所述的雪莲提取物能营养皮肤，并能抑制表皮癣菌、星形努卡菌等皮肤真菌，还可以遮挡紫外线，对皮肤有滋润、灭菌、消炎、生肌、防晒、软化、平滑和净白作用。羊毛脂衍生物对皮肤具有良好的滋润作用。棕榈酸异丙酯性能稳定，不易氧化产生异味，在护肤及化妆品中是优良的皮肤柔润剂，可使肌肤柔软嫩滑，无油腻感，对皮肤渗透性好。乳化剂是能够改善乳浊液中各种构成相之间的表面张力，使之形成均匀稳定的分散体系或乳浊液的物质。乳化剂是表面活性物质，分子中同时具有亲水基和亲油基，它聚集在油/水界面上，可以降低界面张力和减少形成乳状液所需的能量，从而提高乳状液的能量。卡波树脂可用作优良的悬浮剂、稳定剂、乳化剂、高级化妆品的透明基质及药用辅料基质，也是有效的水溶性增稠剂。Glucam E20 葡萄糖衍生物用于护肤、护发、沐浴洗涤产品中，可显著改善皮肤的用后感觉，是一种理想的化妆品成分。

产品应用

使用方法：擦拭于脸部皮肤。使用周期为 4 个月，每日使用 1 次。

产品特性　本品所述各原料产生协同作用，从而达到抗炎抗辐射、清除自由基的效果。本品 pH 值与人体皮肤的 pH 值接近，对皮肤无刺激性；使用后明显感到舒适、柔润，无油腻感，具有明显的美白抗衰老、嫩肤防晒的效果。

配方 10　护肤日霜

原料配比

原料		配比（质量份）					
		1#	2#	3#	4#	5#	6#
丙烯酸（酯）类共聚物		3.5	1	5	2	4	3
丙烯酸（酯）类/C_{10}～C_{30} 烷醇丙烯酸酯交联聚合物		0.2	0.5	0.01	0.3	0.4	0.09
多元醇	甘油	5	1	2.5	4	3	2
	1,3-丙二醇	5	1	2.5	4	3	2
黄原胶		—	0.5	0.01	0.1	0.2	0.3
脂肪醇		—	—	—	—	0.01～3	0.01～3
PEG-8 蜂蜡		3	0.1	5	4	2	0.5
鲸蜡醇聚醚-20		1	2	0.1	0.5	1.5	0.8
硬脂醇聚醚-20		1	0.1	2	0.9	0.3	1.4
甘油硬脂酸酯		1	3	0.1	2	1.5	2.5
润肤油脂	辛酸丙基庚酯	7	10.5	3.5	8.4	5	1
	聚二甲基硅氧烷交联聚合物	2	3	1	2.4	5	10
	聚二甲基硅氧烷醇	1	1.5	0.5	1.2	5	1
丁基甲氧基二苯甲酰基甲烷		3	5	1	2	4	2.5
二乙氨羟苯甲酰基苯甲酸己酯		2	0.1	5	4	3	2.5
双乙基己氧苯酚甲氧苯基三嗪		3	5	0.1	1	2	4
水杨酸乙基己酯		4	0.1	5	1	3	4
奥克立林		4	5	0.1	2	3	1
甲氧基肉桂酸乙基己酯		6	0.1	10	8	2	4
苯并三唑基十二烷基 p-甲酚		0.5	1	0.01	0.08	0.2	0.8
防晒剂 Tinosorb M		6	0.1	10	8	1	3
苯基苯并咪唑磺酸		2	5	0.1	1	3	4
pH 调节剂	氢氧化钠	0.1	—	—	—	—	—
	氢氧化钾	—	0.3	—	—	0.3	0.2
	精氨酸	—	—	0.2	0.1	—	—
植物提取物	橄榄叶提取物	—	—	—	0.1	0.02	0.2
	蒲公英提取物	—	—	—	0.4	0.08	0.8
水		加至100	加至100	加至100	加至100	加至100	加至100

制备方法　将各组分原料混合均匀即可。

原料介绍

本品中的辛酸丙基庚酯可提供多维的柔软润滑肤感，赋予产品独特手感；聚二甲基硅氧烷交联聚合物是一种纳米级别的微小颗粒，它在皮肤表面可以散射光线，弥盖细小皱纹；聚二甲基硅氧烷醇亲肤性佳，有丝般触感，易涂抹。

橄榄叶提取物富含橄榄苦苷，是保持肌肤健康与活力的多功能剂，可重新激活蛋白酶体，促进细胞排毒，延缓皮肤细胞的老化进程；橄榄叶提取物除了具有抗菌效果外，还具有很强的抗自由基功效。蒲公英全草含有蒲公英甾醇、蒲公英黄酮、绿原酸等多种有效成分，具有广谱抗菌作用，其提取物对金黄色葡萄球菌、溶血性链球菌有较强的杀菌作用，对肺炎双球菌、绿脓杆菌、变形杆菌、痢疾杆菌、伤寒杆菌等亦有一定的杀灭和抑制生长作用；在临床上蒲公英对多发性毛囊炎、传染性湿疹、疔疮、红肿热毒和皮肤感染等皮肤病有较好的疗效，应用于日化产品中，能够起到较好的清洁皮肤作用，避免病原菌对人体的侵害。

产品特性　本品能够在皮肤表层构建一层物理屏障从而具有隔离和抗紫外线作用，具有较高的 SPF 值和 PA 值，能够协同促使表皮或者真皮细胞进行增殖和迁移，加快皮肤的新陈代谢，抚去干燥、细纹，使之柔嫩光滑，更有弹性和光泽，起到抗氧化效果。三种润肤油脂复配组合，协同增效，能够抚去干燥、细纹，提高日霜的使用肤感，在皮肤上留有丝绒般的独特质感。添加的橄榄叶提取物、蒲公英提取物，除了能大大提升日霜抗氧化效果之外，还具有抗菌抗炎性能，使得日霜不需要额外添加防腐剂也能具有较高的防腐性能，提高日霜的保存期限。

配方 11　酵素保湿日霜

原料配比

原料	配比（质量份）	原料	配比（质量份）
尿囊素	0.3	绞股蓝提取液	1.2
透明质酸	0.7	亚硫酸氢钠甲萘醌	0.9
洋甘菊提取液	1	麦芽糖酶	1
芦荟提取液	0.7	乳酸片球菌	2.1
山金车提取液	1.3	雪莲提取液	0.8
七叶树提取液	0.8	红没药醇	1
甘草提取液	1.2	辛酰水杨酸	0.9
海藻提取液	0.6	杜鹃花酸	0.7
连翘提取液	0.9	丹皮酚	0.6
葡聚糖水溶液	0.7	维生素 B_6	0.8
蜂胶提取液	1.1	维生素 E	0.9
玫瑰纯露	0.8	乳化蜡	1.8
土茯苓提取液	1.3	香精	2
金缕梅提取液	0.7	去离子水	73.2

制备方法 将尿囊素、透明质酸置于32.5倍去离子水中，加热至55.7℃，搅拌127min，全溶透明后，于43.3℃时加入剩余去离子水中搅拌均匀，再加入洋甘菊提取液、芦荟提取液、山金车提取液、七叶树提取液、甘草提取液、海藻提取液、连翘提取液、葡聚糖水溶液、蜂胶提取液、玫瑰纯露均质搅拌130min，再加入土茯苓提取液、金缕梅提取液、绞股蓝提取液、亚硫酸氢钠甲萘醌、麦芽糖酶、乳酸片球菌、雪莲提取液、红没药醇、辛酰水杨酸、杜鹃花酸、丹皮酚、维生素 B$_6$、维生素 E、乳化蜡恒温在31.9℃搅拌128min，再加入香精充分搅拌均匀，恒温在33.1℃厌氧发酵51.5h即可。

产品特性 本品能够直接抑制和杀灭皮肤表面和毛囊内的细菌，消除病原体，重组表皮细胞组织，刺激细胞的更新，破坏细胞线粒体呼吸，抑制细胞合成，防止毛囊角化过度，抗增生和抗细胞毒素，从而抑制细胞增殖防止皮肤老化，改善肤色，减轻皱纹，消淤化斑，减少丝状角蛋白的合成，促进皮肤新陈代谢，补水保湿，美白皮肤。

配方 12 酵素抗过敏日霜

原料配比

原料	配比（质量份）	原料	配比（质量份）
丹皮酚	1.2	淀粉酶	0.7
光甘草定	1.6	维生素 C	1.3
苹果提取液	1.7	薏仁提取液	1.6
褪黑素	0.1	迷迭香提取液	1.5
阿魏酸	0.3	香精	1.7
维生素 D$_2$	0.5	熊果苷	0.9
丁香提取液	1.8	蜗牛蛋白粉	1.8
黄瓜提取液	1.5	芦荟提取液	1.5
伸筋草提取液	1.7	山金车提取液	0.7
乳化蜡	1.5	海藻提取液	0.6
玻尿酸	1.3	乳酸肠球菌	0.8
虾青素	1.5	透明质酸	1
松树皮提取液	1.8	薄荷提取液	1.2
酵母提取液	0.2	红花提取液	1.1
甘草提取液	0.5	去离子水	66.4

制备方法 将丹皮酚置于25倍去离子水中，加热至51℃，搅拌175min，全溶透明后，于38.7℃时加入去离子水中搅拌均匀，再加入玻尿酸、熊果苷、光甘草定、虾青素、蜗牛蛋白粉、苹果提取物、松树皮提取物、芦荟提取液、褪黑素、酵母提取液、山金车提取液、阿魏酸均质搅拌178min，再加入甘草提取液、海藻

提取液、维生素 D_2、淀粉酶、乳酸肠球菌、丁香提取液、维生素 C、透明质酸、黄瓜提取液、薏仁提取液、薄荷提取液、伸筋草提取液、迷迭香提取液、红花提取液、乳化蜡温在 27.1℃ 搅拌 176min，再加入香精充分搅拌 68min，恒温在 28.1℃ 厌氧发酵 94.9h 即可。

产品特性　本品能够紧实肌肤、消炎、润肤，可提供酸性的皮肤保护膜，对各类粗糙皮肤、红斑、湿疹、皱纹、过敏等皮肤问题可以起到修复作用，对发热的皮肤起到良好的解热作用。

配方 13　酵素抗衰老日霜

原料配比

原料	配比（质量份）	原料	配比（质量份）
虾青素	0.9	脂溶性辅酶 Q10	1
透明质酸	0.5	水溶维生素 E	1.2
光甘草定	1	春黄菊提取液	1.5
蓝莓提取物	1.2	甘油	1.6
伸筋草提取液	1	去离子水	67.2
迷迭香提取液	1.3	熊果苷	1.2
亚硫酸氢钠甲萘醌	0.8	薏仁提取液	1.3
麦芽糖酶	1.2	红花提取液	1.1
玄参提取液	1.1	乳酸片球菌	1.5
仙鹤草提取液	1.1	七叶树提取液	1.1
黄芪提取液	1.2	海藻提取液	1
阿魏酸	1	当归提取液	0.8
蜂胶提取液	1	维生素 A	1
葡萄籽提取液	0.9	乳化蜡	0.8
维生素 C	1.1	香精	1.5
积雪草提取液	0.9		

制备方法　将虾青素置于去离子水中，恒温在 27.9℃ 搅拌 79min，再加入透明质酸、熊果苷、光甘草定、蓝莓提取物、薏仁提取液、伸筋草提取液、迷迭香提取液均质搅拌 55min，再加入红花提取液、亚硫酸氢钠甲萘醌、麦芽糖酶、乳酸片球菌、玄参提取液、仙鹤草提取液、七叶树提取液、黄芪提取液均质搅拌 63min，再加入阿魏酸、海藻提取液、蜂胶提取液、葡萄籽提取液、当归提取液、维生素 C、积雪草提取液、维生素 A、脂溶性辅酶 Q10、水溶维生素 E、乳化蜡、春黄菊提取液、甘油恒温在 28.6℃ 搅拌 229min，再加入香精充分搅拌 123min，恒温在 30℃ 厌氧发酵 100.6h 即可。

产品特性　本品能够增强血管弹性，改善循环系统和增进皮肤的光滑度，抑制炎症和过敏，防皱，抗衰老，具有活血功能、增加血液循环，紧实肌肤、消炎、润肤、强化皮肤。

配方 14 酵素美白日霜

原料配比

原料	配比（质量份）	原料	配比（质量份）
熊果苷	1.5	乳酸片球菌	1.7
光甘草定	0.7	葡萄籽提取液	0.8
甘草酸二钾盐	0.7	白术提取液	0.5
苹果提取物	1	地肤子提取液	1.2
甘草黄酮	1.1	丝瓜提取液	1.3
仙人掌提取物	0.7	丁香提取液	0.7
传明酸	0.9	珍珠水解液	0.5
芦荟提取液	1.3	黄瓜提取液	0.3
酵母提取液	1.5	薏仁提取液	0.8
红景天提取液	0.7	薄荷提取液	1
金银花提取液	0.8	伸筋草提取液	0.3
苦参提取液	0.9	迷迭香提取液	0.1
七叶树提取液	0.9	寡聚透明质酸	0.3
蛇床子提取液	0.8	海藻糖	0.5
大黄提取液	1.6	乳化蜡	1.3
亚硫酸氢钠甲萘醌	1.8	香精	1.3
麦芽糖酶	1.9	去离子水	67.4

制备方法　将熊果苷置于 40 倍去离子水中，加热至 56.5℃，搅拌 81min，全溶透明后，于 42.7℃时加入去离子水中搅拌均匀，再加入光甘草定、甘草酸二钾盐、苹果提取物、甘草黄酮、仙人掌提取物、传明酸、芦荟提取液、酵母提取液、红景天提取液、金银花提取液、苦参提取液、七叶树提取液、蛇床子提取液均质搅拌 83min，再加入大黄提取液、亚硫酸氢钠甲萘醌、麦芽糖酶、乳酸片球菌、葡萄籽提取液、白术提取液、地肤子提取液、丝瓜提取液、丁香提取液、珍珠水解液、黄瓜提取液、薏仁提取液、薄荷提取液、伸筋草提取液、迷迭香提取液、寡聚透明质酸、海藻糖、乳化蜡恒温在 32.2℃搅拌 77min，再加入香精充分搅拌均匀，恒温在 33.8℃厌氧发酵 87h 即为成品。

产品特性　本品能有效地促进肌肤新陈代谢、美白、保湿及防止肌肤粗糙，抑制肌肤中黑色素的活动，防止因阳光刺激产生黑色素，增加血液循环。本品具有修复紫外线损伤细胞的能力，抗氧化、消除自由基、强化皮肤，进入皮肤内部进行深层美白保湿。

配方 15　晶润日霜

原料配比

原料		配比（质量份）					
		1#	2#	3#	4#	5#	6#
天然活性成分	大米发酵滤液	0.2	0.1	0.6	0.6	0.1	0.6
	玉米发酵产物	0.5	0.4	0.4	0.1	0.1	0.6
	酸乳提取物	0.4	0.6	0.1	0.4	0.1	0.6
活肤成分	聚甲基硅倍半氧烷	3	3	3	3	2.5	3.5
	烟酰胺	1	1	1	1	0.7	1.3
	聚甲基丙烯酸甲酯	1	1	1	1	0.7	1.3
	尿囊素	0.15	0.15	0.15	0.15	0.1	0.2
保湿剂	丙二醇	10	10	10	8	12	8
	甜菜碱	1	1	1	1	0.7	1.3
	透明质酸钠	0.02	0.02	0.02	0.02	0.016	0.024
乳化剂	山梨醇酐倍半油酸酯	0.1	0.1	0.1	0.1	0.08	0.12
	甘油硬脂酸酯	0.4	0.4	0.4	0.4	0.3	0.5
	PEG-100 硬脂酸酯	0.4	0.4	0.4	0.4	0.3	0.5
	$C_{20} \sim C_{22}$ 醇磷酸酯	0.327	0.327	0.327	0.327	0.3	0.35
	$C_{20} \sim C_{22}$ 醇	0.267	0.267	0.267	0.267	0.24	0.3
	丙烯酸羟乙酯/丙烯酰二甲基牛磺酸钠共聚物	0.244	0.244	0.244	0.244	0.2	0.3
	聚异丁烯	0.088	0.088	0.088	0.088	0.07	0.1
	PEG-7 三羟甲基丙基椰油醚	0.028	0.028	0.028	0.028	0.02	0.035
润肤剂	环五聚二甲基硅氧烷	5	5	5	5	4	6
	异壬酸异壬酯	3	3	3	3	2.4	3.6
	$C_{12} \sim C_{15}$ 醇苯甲酸酯	2	2	2	2	1.4	2.6
	氢化聚异丁烯	1	1	1	1	0.7	1.3
增稠剂	VP/二十碳烯共聚物	1	1	1	1	0.7	1.3
	丙烯酰二甲基牛磺酸按/VP 共聚物	1	1	1	1	0.7	1.3
防腐剂	对羟基苯乙酮	0.5	0.5	0.5	0.5	0.4	0.6
	1,2-己二醇	0.5	0.5	0.5	0.5	0.4	0.6
三乙醇胺		0.07	0.07	0.07	0.07	0.07	0.07
二氧化钛		2.5	2.5	2.5	2.5	2.5	2.5
香精		0.015	0.015	0.015	0.015	0.015	0.015
水		加至 100	加至 100	加至 100	加至 100	加至 100	加至 100

制备方法

（1）将山梨醇酐倍半油酸酯、二氧化钛、$C_{12} \sim C_{15}$ 醇苯甲酸酯、异壬酸异壬酯用胶体磨研磨 3～5 遍至无颗粒；

（2）将氢化聚异丁烯、VP/二十碳烯共聚物、甘油硬脂酸酯、PEG-100 硬脂酸酯、$C_{20}～C_{22}$ 醇磷酸酯、$C_{20}～C_{22}$ 醇加热至全溶，倒入分散好的山梨醇酐倍半油酸酯、二氧化钛、$C_{12}～C_{15}$ 醇苯甲酸酯、异壬酸异壬酯，搅匀；

（3）将水、丙二醇、甜菜碱、透明质酸钠、尿囊素、烟酰胺、对羟基苯乙酮、三乙醇胺、1,2-己二醇加入主乳化锅，升温搅拌至 85℃，将步骤（2）中所有物料加入；

（4）将丙烯酰二甲基牛磺酸铵/VP 共聚物、丙烯酸羟乙酯/丙烯酰二甲基牛磺酸钠共聚物、聚异丁烯、PEG-7 三羟甲基丙基椰油醚缓慢加入主乳化锅，均质 8min（可边均质边打回流），抽真空降温；

（5）降温至 60℃时，加入环五聚二甲基硅氧烷、聚甲基硅倍半氧烷、聚甲基丙烯酸甲酯（用吊式均质机分散均匀），搅拌至均匀；

（6）降温搅拌至 45℃，加入香精、大米发酵滤液、玉米发酵产物、酸乳提取物，搅匀，抽样检测合格后，过滤出料，得所述晶润日霜。

原料介绍

大米发酵滤液即乳酸杆菌/大米发酵产物，是利用干酪酸杆菌发酵大米制得的包含菌体、大米本身含有的多种有效成分及在发酵过程中合成的活性物质，具有促进皮肤渗透的功效，对生物的安全性极高，同时还具有保湿、美白、祛斑的功效。玉米发酵产物即玉米籽细粉和乳酸杆菌发酵产物的混合物，是利用乳酸杆菌发酵玉米制得的一种原生态活性成分，包含菌体、发酵过程中合成的全部活性物质，以及玉米本身含有的多种有效成分。玉米发酵产物能够吸附皮肤表面的油脂，清洁肌肤，同时降低皮肤敏感度，含有的益生菌成分，能在清洁皮肤的同时起到改善皮肤干燥、收缩毛孔、平滑肌肤的作用，从而全面有效地改善皮肤状态。酸乳提取物是一种来源于酸奶的提取物，以新西兰进口乳粉为原料，使用专门筛选的保加利亚乳杆菌和嗜热链球菌菌株进行发酵并提取而成。其主要成分为乳酸菌在酸奶发酵过程中产生的胞外多糖。酸乳提取物具有消除色斑，提亮肤色的功效，是一种安全有效、天然来源的活性成分。

尿囊素具有独特的溶角蛋白和软化角蛋白的作用，可增加角质层的水合能力，缓解和治疗皮肤干燥症。尿囊素还具有局部弱麻痹作用，可缓解活性物对肌肤的刺激。所述活肤成分可以活化肌肤，浸润角质层，软化皮肤，促进皮肤对天然活性成分的吸收，同时活肤成分本身也具有紧致肌肤作用，与天然活性成分协同增效，为皮肤带来长效的保湿效果。由于透明质酸钠、丙二醇和甜菜碱的分子量都很小，所以能够渗入皮肤内层的细胞组织，对皮肤进行深层保湿，采用上述三种保湿成分能实现对肌肤进行深层、持久的保湿作用，效果显著。

产品特性

（1）本品选用大米发酵滤液、玉米发酵产物和酸乳提取物三种天然活性成分复配应用于日霜中，皮肤吸收效果好，能长时有效地为肌肤补水保湿，尤其是在干燥的冬天，能保护肌肤免受冬日干燥环境的伤害，仍然保持光滑。

（2）日霜采用乳化剂体系，乳化剂效果较好，能实现乳液性状均匀、长期稳定的状态。用所述配比的日霜能实现长效和高效的保湿效果，同时还可以使肌肤免受环境污染，使用后肌肤晶莹透亮，凝润光泽，且无油腻感。

配方 16　具有出水霜特征的防晒护肤日霜

原料配比

原料		配比（质量份）						
		1#	2#	3#	4#	5#	6#	7#
硅油	聚二甲基硅氧烷	5	5	5	5	8	1	10
	环四/环五聚二甲基硅氧烷	5	7	8	6	8	4	8
硅弹性体	环五聚二甲基硅氧烷/C₃₀～C₄₅烷基鲸蜡硬脂基聚二甲基硅氧烷交联聚合物	5	3	2	4	2	5	2
PEG-10 聚二甲基硅氧烷		0.1	0.1	0.1	0.1	0.1	0.1	1
PEG-10/15 二甲基硅氧烷交联共聚物/聚二甲基硅氧烷		1.9	2.5	3	3.5	3.9	0.4	4
硅油防晒剂和水溶防晒剂	聚硅氧烷-15	0.1	2	1	3	5	10	0.1
	苯基二苯并咪唑四磺酸二钠	4.9	5	5	5	5	5	2
	2-苯基苯并咪唑-5-磺酸	5	8	8	8	8	8	2.9
碱中和剂	氢氧化钠	1.1	1.4	1.4	1.4	1.4	1.4	0.59
乙二胺四乙酸二钠		0.05	0.05	0.05	0.05	0.05	0.05	0.05
多元醇保湿剂	甘油	13	10	8	10	8	10	5
	丁二醇	12	10	12	8	7	5	10
水		45.73	44.83	4533	47.83	42.43	48.93	53.24
芦荟提取物		1	1	1	1	1	1	1
防腐剂		0.12	0.12	0.12	0.12	0.12	0.12	0.12

制备方法

（1）水相制备：在水相锅中，加入水、苯基二苯并咪唑四磺酸二钠、2-苯基苯并咪唑-5-磺酸、氢氧化钠，搅拌至透明，接着加入甘油、丁二醇、乙二胺四乙酸二钠，继续搅拌至透明。

（2）油相制备：将聚二甲基硅氧烷、环四/环五聚二甲基硅氧烷、环五聚二甲基硅氧烷/C$_{30}$～C$_{45}$烷基鲸蜡硬脂基聚二甲基硅氧烷交联聚合物、PEG-10聚二甲基硅氧烷、PEG-10/15二甲基硅氧烷交联共聚物/聚二甲基硅氧烷、聚硅氧烷-15加入油相锅中，常温搅拌至完全透明。

（3）乳化：油相搅拌条件下，将水相物料慢慢滴加，搅拌2min。

（4）最后慢慢加入芦荟提取物和防腐剂，搅拌5min检测合格后出料。

产品特性

（1）本品外观透明，具备防晒与滋润双重作用，同时能给肌肤提供良好的透气性和丝滑的肤感。

（2）所述环五聚二甲基硅氧烷/C$_{30}$～C$_{45}$烷基鲸蜡硬脂基聚二甲基硅氧烷交联聚合物，肤感清爽，可改善产品涂抹时的肤感，同时具有柔和焦距的效果，可从视觉上给予肌肤全新的感觉。另外还能增加产品稠度和稳定性。

（3）本品通过调整水相与油相折光率一致，使体系透明；通过添加防晒剂，具有防晒功能；通过选择合适的硅油乳化剂比例，涂抹出"出水霜"的效果，让肌肤清爽、柔软、水嫩。

（4）本品为硅油包水体系，外观为透明啫喱状，常温配制即可，不含任何粉状的防晒剂，无需卸妆，使用方便。

配方 17　抗过敏日霜

原料配比

原料	配比（质量份）	原料	配比（质量份）
丹皮酚	0.2～0.5	葡萄籽提取液	1～1.2
光甘草定	0.6～1	维生素C	1～1.3
苹果提取液	0.8～1	薏仁提取液	0.6～1
褪黑素	1～1.7	迷迭香提取液	0.9～1
阿魏酸	1.7～2	香精	1.8～2.2
丹参提取液	1.3～1.4	熊果苷	0.5～0.9
丁香提取液	1.4～1.8	蜗牛蛋白粉	1.1～1.8
黄瓜提取液	0.8～1.5	芦荟提取液	1～1.4
伸筋草提取液	0.6～0.7	山金车提取液	1.4～1.7
乳化蜡	1.5～1.9	海藻提取液	1～2
玻尿酸	0.2～0.3	丝瓜提取液	1.2～2
虾青素	0.5～1	透明质酸	0.5～1
松树皮提取液	0.9～1	薄荷提取液	0.7～1
酵母提取液	1.5～2	红花提取液	0.5～126
甘草提取液	1.2～1.7	去离子水	61～71.6

制备方法　将丹皮酚置于去离子水中，恒温至35～43℃，搅拌25min，待完全溶解且搅拌均匀，再加入玻尿酸、熊果苷、光甘草定、虾青素、蜗牛蛋白粉、

苹果提取液、松树皮提取物、芦荟提取液、褪黑素、酵母提取液、山金车提取液、阿魏酸、甘草提取液、海藻提取液、丹参提取液、葡萄籽提取液、丝瓜提取液、丁香提取液、维生素 C、透明质酸、黄瓜提取液、薏仁提取液、薄荷提取液、伸筋草提取液、迷迭香提取液、红花提取液、乳化蜡，待完全搅拌均匀后，再加入香精高速搅拌 23min，静置 25h 即可。

产品特性　本品具有紧实肌肤和消炎、润肤的功能，因含较多的氨基酸和有机酸，可提供酸性的皮肤保护膜，对各类粗糙皮肤、红斑、湿疹、皱纹、过敏等皮肤问题可以起到修复作用，对发热的皮肤起到良好的解热作用。

配方 18　抗衰老蓝莓精华日霜

原料配比

原料	配比（质量份）			
	1#	2#	3#	4#
橄榄油	3	4	4	6
甘油	2	3	3	4
乳酸钠	2	3	3	4
吡咯烷酮羧酸钠	2	3	3	4
丙二醇	2	3	4	5
凡士林	2	3	3	4
辛酸甘油三酯	2	3	4	5
蓝莓精华	5	6	10	12
蜂蜜	3	3	5	6
玫瑰精油	1	2	2	3
水	加至 100	加至 100	加至 100	加至 100

制备方法

（1）提取蓝莓精华：

① 清洗除杂：剔除原料中含有的杂质和败叶，使用清水冲洗 1～3min，过滤掉泥沙并沥尽残水；

② 晾干：将蓝莓平铺在平板上，并置于阴凉的室内环境中阴干；阴干过程中，保持室内温度在 25±5℃，持续 2 天；

③ 粉碎：使用粉碎机将上一步中的蓝莓粉碎，过 120 目筛分器；

④ 蒸馏：将上一步粉碎后的蓝莓加入蒸锅中，加入 3～4 倍量的去离子水和 1 倍量的辛烷混合，并进行蒸馏，得到混合物；

⑤ 过滤分离：将上一步所得的混合物过滤后加入少量钠盐，使得油水分离，抽取油层，得到含有少量水的粗提取液；加入钠盐为 NaCl，且加入量为每升油水混合物中加入 NaCl 2g；

⑥ 提纯浓缩：向粗提取液中加入无水硫酸铜以进行脱水，过滤后按照 10：1 的比例浓缩，得到蓝莓精华；加入无水硫酸铜量为每升粗提取液中加入 15g。

（2）准备原料：按照质量分数计，准备橄榄油 3%～6%、甘油 2%～4%、乳酸钠 2%～4%、吡咯烷酮羧酸钠 2%～4%、丙二醇 2%～5%、凡士林 2%～4%、辛酸甘油三酯 2%～5%、蓝莓精华 5%～12%、蜂蜜 3%～6%、玫瑰精油 1%～3%，余量为水。

（3）加热溶解：取配方量橄榄油、凡士林、辛酸甘油三酯投入油锅至熔融；再取配方量甘油、乳酸钠、吡咯烷酮羧酸钠、水、丙二醇投入水锅加温溶解；之后将以上原料混合搅拌均匀，在 65～70℃时投入乳化锅乳化 5～10min；原料混合搅拌均匀后加入适量 NaOH，调节 pH 值为 6～7。

（4）降温至 42～48℃加入蓝莓精华、蜂蜜、玫瑰精油。

（5）将上一步混合后的原料搅拌分散均匀后冷却至 28℃出料。

产品特性 本品利用蓝莓精华为主要成分，天然环保，具有明显的抗衰老效果，制取过程简单易于实现。

配方 19 抗衰老日霜

原料配比

原料	配比（质量份）	原料	配比（质量份）
虾青素	0.3～0.6	阿魏酸	1～1.6
透明质酸	0.2～0.4	海藻提取液	1～1.6
熊果苷	0.3～0.7	蜂胶提取液	1.1～1.5
光甘草定	0.4～1	葡萄籽提取液	1.2～1.5
蓝莓提取物	0.6～1.4	当归提取液	1～1.3
薏仁提取液	0.8～1.4	维生素 C	1.2～1.4
伸筋草提取液	0.5～1	积雪草提取液	0.3～0.5
迷迭香提取液	0.9～1	维生素 A	1～1.6
红花提取液	0.6～1.3	脂溶性辅酶 Q10	0.8～1.1
芦荟提取液	1.1～1.2	水溶维生素 E	0.8～1.2
五倍子提取液	1.3～1.6	乳化蜡	1.3～1.5
淫羊藿提取液	1.6～2	春黄菊提取液	0.9～1.2
玄参提取液	0.6～1.2	甘油	2.2～2.6
仙鹤草提取液	1.3～1.7	香精	2.2～2.7
七叶树提取液	0.7～1	去离子水	59.8～72.1
黄芪提取液	0.7～1.4		

制备方法 将虾青素置于去离子水中，恒温至 37～45℃，搅拌 45min，待完全溶解且搅拌均匀，再加入透明质酸、熊果苷、光甘草定、蓝莓提取物、薏仁提取液、伸筋草提取液、迷迭香提取液、红花提取液、芦荟提取液、五倍子提取液、

淫羊藿提取液、玄参提取液、仙鹤草提取液、七叶树提取液、黄芪提取液、阿魏酸、海藻提取液、蜂胶提取液、葡萄籽提取液、当归提取液、维生素 C、积雪草提取液、维生素 A、脂溶性辅酶 Q10、水溶维生素 E、乳化蜡、春黄菊提取液、甘油，待完全搅拌均匀后，再加入香精高速搅拌 47min，静置 17h 即可。

产品特性　本品能够增强血管弹性，改善循环系统和增进皮肤的光滑度，抑制炎症和过敏，防皱，抗衰老，具有活血、促进血液循环，紧实肌肤和消炎、润肤的功能，强化皮肤。

配方 20　蓝莓精华日霜

原料配比

原料	配比（质量份）			
	1#	2#	3#	4#
蓝莓提取物	5	6	8	12
光果甘草提取物	2	5	6	8
藏红花提取物	2	4	6	8
柿叶果酸	2	4	6	7
红景天提取物	2	4	5	7
甘油	3	4	6	8
透明质酸钠	3	4	4	5
丙二醇	1	2	3	4
凡士林	1	2	3	4
辛酸甘油三酯	1	2	3	4
葡聚糖苷	1	2	3	4
聚氨基葡聚糖	1	2	2	3
水解胶原蛋白	1	2	3	5
对羟基苯甲酸甲酯	1	2	2	3
聚乙二醇	1	2	2	3
黄原胶	1	2	2	3
鲸蜡硬脂酸基葡糖苷	1	2	2	3
水	加至 100	加至 100	加至 100	加至 100

制备方法

（1）加热溶解：取配方量的凡士林、辛酸甘油三酯投入油锅中加热至熔融；取配方量的甘油、透明质酸钠、丙二醇、聚乙二醇、黄原胶、葡聚糖苷、聚氨基葡聚糖、鲸蜡硬脂酸基葡糖苷、水解胶原蛋白、水投入水锅中加热搅拌至溶解；之后将以上原料混合搅拌均匀，在 65～70℃时投入乳化锅乳化 5～10min 得到乳化物。

（2）加入辅料：将乳化物降温至 45～55℃并加入蓝莓提取物、光果甘草提取物、藏红花提取物、柿叶果酸、红景天提取物并搅拌混合。

（3）出料：向乳化物中加入配方量的对羟基苯甲酸甲酯并搅拌分散均匀后冷却至 28℃ 出料。

原料介绍

所述的蓝莓提取物的制备方法如下：

（1）挑选原料：选择新鲜饱满的蓝莓，并采用清水冲洗 5～10min；

（2）烘干：将清洗后的蓝莓送入烘干室内烘干，烘干温度维持 110～125℃，烘干后蓝莓含水量低于 11％；

（3）研磨：使用粉碎机将上一步中的蓝莓粉碎，之后使用研磨机将蓝莓研磨成粉，过 200 目筛网；

（4）熬煮：将上一步处理后的蓝莓加入煮锅中，加入 10 倍量的去离子水和 1 倍量的乙醇混合，并进行蒸馏，得到混合物；

（5）过滤分离：对上一步得到的混合物进行分馏，抽取油层，之后浓缩 20 倍得到蓝莓提取物。

产品特性　本品中添加了蓝莓提取物、光果甘草提取物、藏红花提取物、柿叶果酸，能够起到美白护肤的效果，而且避免了化学合成品对人体的伤害，符合大众消费需求。

配方 21　美白日霜

原料配比

原料	配比(质量份)	原料	配比(质量份)
熊果苷	0.9～1.2	葡萄籽提取液	1～1.3
仙人掌提取物	0.1～0.4	丝瓜提取液	1～1.9
酵母提取液	0.2～0.5	黄瓜提取液	0.7～1
苦参提取液	1～1.3	伸筋草提取液	1～1.3
大黄提取液	1～1.2	海藻糖	1～1.3
蜂胶提取液	1～1.6	去离子水	59.7～74.5
地肤子提取液	1～1.8	甘草酸二钾盐	0.1～0.3
珍珠水解液	1～1.7	甘草黄酮	0.1～0.3
薄荷提取液	1～1.6	芦荟提取液	1～1.2
寡聚透明质酸	0.5～0.9	金银花提取液	0.5～1
香精	1.4～1.8	蛇床子提取液	1～1.3
光甘草定	0.1～0.4	白芷提取液	1～1.7
苹果提取物	0.1～0.2	白术提取液	0.6～1
传明酸	0.1～0.3	丁香提取液	1.4～2.3
红景天提取液	1～2	薏仁提取液	1～1.3
七叶树提取液	0.3～1	迷迭香提取液	0.5～1.1
海藻提取液	1～1.4	乳化蜡	1.8～2.5

制备方法　将熊果苷置于 3～5 倍去离子水中，加热至 52～59℃，搅拌 19min，全溶透明后，于 46～51℃时加入离子水中搅拌均匀，再加入光甘草定、甘草酸二钾盐、苹果提取物、甘草黄酮、仙人掌提取物、传明酸、芦荟提取液、酵母提取液、红景天提取液、金银花提取液、苦参提取液、七叶树提取液、蛇床子提取液、大黄提取液、海藻提取液、白芷提取液、蜂胶提取液、葡萄籽提取液、白术提取液、地肤子提取液、丝瓜提取液、丁香提取液、珍珠水解液、黄瓜提取液、薏仁提取液、薄荷提取液、伸筋草提取液、迷迭香提取液、寡聚透明质酸、海藻糖、乳化蜡，待完全搅拌均匀后，再加入香精高速搅拌 37min，静置 16h 即可。

产品特性　本品具有修复紫外线损伤细胞的能力，抗氧化、消除自由基、抗炎、抗病毒，具有活血功能，可促进血液循环，强化皮肤，可进入皮肤内部进行深层美白保湿，获得更好的护肤效果。

配方 22　凝时肌底养护日霜

原料配比

原料	配比（质量份）	原料	配比（质量份）
水	78.66	熊果苷	2.5
丁二醇	4	肌肽	1
甘油	3	卡波姆	0.5
氨端聚二甲基硅氧烷	1	氢氧化钾	0.2
氢化橄榄油	3	维生素 C	1
鲸蜡硬脂基葡糖苷	2.1	甘草酸二钾	0.5
当归根提取物	0.87	羟苯甲酯	0.1
海藻糖	1	乙二胺四乙酸二钠	0.03
神经酰胺	1	香精	0.04

制备方法
（1）将所需生产工具及乳化锅清洗干净并进行消毒处理，备用；
（2）将氨端聚二甲基硅氧烷、氢化橄榄油、鲸蜡硬脂基葡糖苷加入乳化锅内加热溶解，并保持恒温 80℃；
（3）将水去离子处理后加入步骤（2）中的乳化锅内，再依次添加丁二醇、甘油、卡波姆、羟苯甲酯、乙二胺四乙酸二钠，再将乳化锅加热至 80～85℃并搅拌至完全溶解，并恒温搅拌 20min；
（4）将海藻糖、神经酰胺、熊果苷、维生素 C、甘草酸二钾和去离子后的水倒入器皿中进行溶解得到第一预料，备用，此时乳化锅内开启搅拌，至其中料体变乳白色混合体；

（5）当乳化锅冷却至 50℃时，加入第一预料以及当归根提取物、肌肽搅拌均匀，再加入预溶好的氢氧化钾并搅拌均匀；

（6）当乳化锅冷却至 40℃时，进行取样检验，检测结果 pH 值为 5.5～6.5 为合格；

（7）在步骤（6）中再加入香精搅拌均匀，即可得到凝时肌底养护日霜。

产品特性

（1）当归根提取物具有活血化瘀、改善皮肤微循环的作用，同时能抑制超氧化自由基引起的膜脂质过氧化反应和自由基反应；

（2）熊果苷是美白成分，通过抑制生产黑色素的酵素酪氨酸酶活性，减少黑色素生成；

（3）肌肽具有超强的抗氧化能力，可抗自由基的同时还可以抗糖化分子，能够使老化的皮肤组织再生起到逆转抗衰的作用；

（4）神经酰胺可以密集修补皮肤的天然皮脂膜，强化肌肤表层屏障防御功能，有良好锁水功能，可减少水分蒸发和流失。

配方 23　祛斑日霜

原料配比

原料	配比(质量份)	原料	配比(质量份)
植物甾醇	0.3～0.4	姜黄提取液	1～1.5
马齿苋提取液	1.5～1.7	甘草提取液	1～1.1
甘草黄酮液	1.2～1.3	黄瓜提取液	1.3～1.8
熊果苷	1.4～1.7	伸筋草提取液	1.6～1.9
白桦茸提取物	1.2～1.6	乳化蜡	0.7～1.1
山金车提取液	1～1.3	紫草提取液	0.5～0.8
大黄提取液	1.2～1.3	丹皮酚	0.4～0.5
丁香提取液	1～1.7	洋甘菊提取液	1.4～1.5
薄荷提取液	1.3～1.6	芦荟提取液	1.1～1.2
红花提取液	1.1～1.5	侧柏提取液	1.2～1.4
去离子水	57.9～67.4	蛇床子提取液	1～1.4
光甘草定	0.3～0.5	地榆提取液	1.2～1.6
透骨草提取液	1.2～1.6	薏仁提取液	0.5～1
木兰苷提取液	1～1.2	迷迭香提取液	1.1～1.4
仙人掌提取物	1～1.1	香精	2～2.5
金银花提取液	1.2～1.7		

制备方法　将植物甾醇、光甘草定置于去离子水中，恒温至 38～45℃，搅拌 42min，待完全溶解且搅拌均匀，再加入紫草提取液、马齿苋提取液、透骨草提取液、丹皮酚、甘草黄酮液、木兰苷提取液、洋甘菊提取液、熊果苷、仙人掌提取

物、芦荟提取液、白桦茸提取物、金银花提取液、侧柏提取液、山金车提取液、姜黄提取液、蛇床子提取液、大黄提取液、甘草提取液、地榆提取液、丁香提取液、黄瓜提取液、薏仁提取液、薄荷提取液、伸筋草提取液、迷迭香提取液、红花提取液、乳化蜡，待完全搅拌均匀后，再加入香精高速搅拌47min，静置17h即可。

产品特性 本品可给发根细胞补充充足的养分，促进人体自身对皮脂的平衡调理，有很强的扩血管作用，对消除暗斑、雀斑有着极强的协助作用，防冻、祛斑、抗裂效果极佳，使皮肤滋润。

配方 24 人参滋养日霜

原料配比

原料	配比（质量份）	原料	配比（质量份）
黄原胶	0.3	小麦胚芽油	2.2
乙二胺四乙酸二钠	0.2	丙二醇	6
吐温-20	7	人参提取物	17
硬脂酸	0.8	蜂王浆	6
氢化蓖麻油	1.3	香精	适量
二甲基硅氧烷	5	防腐剂	适量
维生素E乙酸酯	0.6	去离子水	加至100

制备方法

（1）将黄原胶溶于适量去离子水中分散，让其静置至水合，再加入乙二胺四乙酸二钠，加热至75℃并搅拌；

（2）将吐温-20、硬脂酸、氢化蓖麻油、二甲基硅氧烷、维生素E乙酸酯和小麦胚芽油等原料混合加热至75℃并搅拌；

（3）将步骤（1）物料加入步骤（2）物料中，继续快速搅拌3min至均匀状，待其冷却至45℃时加入香精和防腐剂，搅拌均匀，再加入丙二醇，温度冷却至35℃时加入人参提取物和蜂王浆，搅拌至其冷却至室温即可得成品。

原料介绍 本品中所述的吐温-20易溶于水、稀酸、稀碱、醇、醚、芳烃、氯化溶剂、酮类、乙二醇、吡啶等，不溶于动物油和矿物油，有乳化、扩散、润湿等作用。

氢化蓖麻油能将香精、精油等油性物质均匀地分散到水中，形成稳定、透明的溶液。

二甲基硅氧烷具有卓越的耐热性、电绝缘性、耐候性、疏水性、生理惰性和较小的表面张力，此外还具有低的黏温系数、较高的抗压缩性，有的种类还具有耐辐射的性能。

维生素 E 乙酸酯有抗氧化作用，能增强皮肤毛细血管抵抗力，并维持正常通透性，改善血液循环及调整生育功能、抗衰老等。

小麦胚芽油可调节内分泌、减肥，防止色斑、黑斑及色素沉着，具有抗氧化作用，可减少过氧化脂质生成，加强促进皮肤保湿功能，使皮肤润泽，延缓衰老；同时能促进新陈代谢和皮肤更新，具有抗皱、防皱、防止皮肤老化、消除瘢痕的作用。

丙二醇与各类香料具有较好互溶性，因而也用作化妆品的溶剂和软化剂。

人参提取物具有增强人体表面细胞的活力、抑制衰老等作用。

蜂王浆可辅助降低血糖、抗氧化，降低血脂，控制血管扩张、降低血压，保护肝脏，抗菌、消炎；具有抗衰老，和强化性功能作用，同时还有抗辐射、增强记忆力的作用。

防腐剂是可以阻止微生物生长或阻止与产品反应的微生物生长的物质。在化妆品中，防腐剂的作用是保护产品，使之免受微生物污染，延长产品的货架寿命，确保产品的安全性，防止消费者因使用受微生物污染的产品而引起可能的感染。

产品应用　本品是一种温和滋养、美白防晒的人参滋养日霜。

使用方法：擦拭于脸部皮肤。使用周期为 4 个月，每日使用 1 次。

产品特性　本品中的各原料协同作用，达到温和滋养、美白防晒的效果。本品的 pH 值与人体皮肤的 pH 值接近，对皮肤无刺激性；使用后明显感到舒适、柔软，无油腻感，具有明显的滋润美白、防晒抗氧化的效果。

配方 25　深层滋润美白日霜

原料配比

原料	配比(质量份)				
	1#	2#	3#	4#	5#
黄芪提取物	1.5	4.5	2.2	3.8	2.9
水芹提取物	2.5	0.5	2.2	1.2	1.8
淮山提取物	1.5	0.5	1.2	0.8	1
萹蓄提取物	0.05	0.01	0.02	0.04	0.03
海带提取物	0.1	1	0.2	0.8	0.6
旱莲提取物	1	0.1	0.2	0.8	0.5
黑牵牛提取物	1	0.1	0.8	0.2	0.6
黑豆提取物	0.1	1	0.8	0.2	0.6
锁阳提取物	0.15	0.01	0.05	0.12	0.09
白薇提取物	2.2	0.2	0.8	1.8	1.3
细磨珍珠粉	3	1	2.5	1.5	2

续表

原料	配比（质量份）				
	1#	2#	3#	4#	5#
硬脂酸	3	8	7	5	6
甘油	15	5	12	7	10
丙二醇	5	10	7	9	8
维生素 E 油	8	3	7	4	6
乳木果油	8	3	4	7	6
维生素 C	0.1	1	0.8	0.2	0.5
香精	0.2	0.5	0.3	0.4	0.3
水	45	65	60	50	55

制备方法

（1）将称取的细磨珍珠粉、硬脂酸、甘油、丙二醇、维生素 E 油、乳木果油、维生素 C、香精放入容器中，加热至 70～90℃搅拌至完全熔解，形成乳液；

（2）将称取的黄芪提取物、水芹提取物、淮山提取物、萹蓄提取物、海带提取物、旱莲提取物、黑牵牛提取物、黑豆提取物、锁阳提取物、白薇提取物和水混合后，搅拌 30～50min，得到液体；

（3）将液体缓慢加入冷却至 30～40℃的乳液中，持续搅拌，得到乳状液体；

（4）消毒、排气、过滤、冷却，即为深层滋润美白日霜。

原料介绍　所述的黄芪、水芹、淮山、萹蓄、海带、旱莲、黑牵牛、黑豆、锁阳、白薇提取物均为经 75％乙醇加热回流后的提取液经浓缩、干燥后制得。

产品特性

（1）本品中的草药提取物是具有生物碱、皂苷、黄酮类、有机酸等不同活性成分，而且具有滋润美白、滋阴燥湿等成效。本品在美容保湿防晒方面较化学合成品具有独特和显著的优势，具有无毒、无害、不致癌等特点。

（2）本品对黑色素具有抑制作用，应用于皮肤上具有持久自然的美白效果，能提高肌肤新陈代谢与保湿的功能。

配方 26　水润活肤日霜

原料配比

原料	配比（质量份）		
	1#	2#	3#
1,3-丁二醇	4.5	3	2.5
黄原胶	0.2	0.3	0.2
甘油	6	5	4
烟酰胺	1	0.8	0.3

原料		配比(质量份)		
		1#	2#	3#
乙二胺四乙酸二钠		0.4	0.1	0.2
尿囊素		0.3	0.2	0.3
透明质酸		0.08	0.08	0.04
氨基酸保湿剂		1.2	1.4	0.8
乳化剂 SS		1.8	2	1.5
乳化剂 SSE-20		2.2	2.4	2
C_{16}/C_{18} 醇		3.5	4	3
乳木果油		2	3	1.5
碳酸二辛酯		3	4	2.5
维生素 E 乙酸酯		0.1	0.08	0.1
聚二甲基硅氧烷		1.5	1.7	1.3
丙烯酸共聚物		0.8	0.5	0.6
葡聚糖		0.8	1	0.7
泛醇		0.6	0.8	0.6
蜂蜜提取物		—	1	1
磷脂		0.06	0.06	0.06
糙米发酵滤液		1.2	—	1
硅氧烷肤感优化脂质体		—	0.6	0.4
防腐剂	1,2-己二醇;辛酰羟肟酸;1,3-丙二醇	1	1.2	0.6
香精		0.03	0.04	0.02
去离子水		70	75	70

制备方法

(1) 将 1,3-丁二醇、黄原胶、甘油、烟酰胺、乙二胺四乙酸二钠、尿囊素、透明质酸、氨基酸保湿剂和去离子水混合在一起,加热到 80~85℃,使其溶解混合均匀,得 A 相液。

(2) 将乳化剂 SS、乳化剂 SSE-20、C_{16}/C_{18} 醇、乳木果油、碳酸二辛酯、维生素 E 乙酸酯、聚二甲基硅氧烷混合在一起,加热到 75~80℃,使其溶解混合均匀后,得 B 相液。

(3) 将 A 相液加入 B 相液中,混合均质 3~5min,得 C 相液。

(4) 在 C 相液中加入丙烯酸共聚物,继续均质 2~3min,开始降温。

(5) 步骤 (4) 所得溶液,待温度降至 42~50℃时,依次加入葡聚糖、泛醇、蜂蜜提取物、磷脂、硅氧烷肤感优化脂质体、糙米发酵滤液,继续搅拌;搅拌速度在 10~20r/min 之间。

(6) 步骤 (5) 所得溶液,搅拌降温至 35~40℃时,加入防腐剂和香精,搅拌均匀后出料。搅拌速度为 10~20r/min。

原料介绍

本品中透明质酸和氨基酸保湿剂具有良好的补水效果，可保持肌肤滋润、光滑，防止皮肤干燥和发暗。

烟酰胺又叫维生素 B_3，在 pH 值为 6 的溶液中，稳定性最佳。由于它的分子量极小，所以可以迅速穿过角质层渗透进我们肌肤的深处，阻断黑色素传递以及加速新陈代谢。而且烟酰胺易溶于水或乙醇，可在甘油中溶解，更易于被肌肤吸收。

1,3-丁二醇具有良好的增湿软化作用。

乙二胺四乙酸二钠可提高油脂的抗氧化性。

黄原胶的加入可增加日霜的浓度，使日霜中各油相物更好地凝聚在一起。

尿囊素具有促进细胞生长、加快伤口愈合、软化角质蛋白等生理功能，对手足皲裂有良效，尤其适合冬季使用。

乳化剂 SS 和乳化剂 SSE-20 均具有良好的乳化效果，稳定性好、涂抹肤感好。调节两者的配比可得到不同 HLB 值的乳化剂，以适应不同的乳化场合。

葡聚糖可全面刺激机体的免疫系统，有效调节机体免疫机能。

泛醇对肌肤具有保湿、抗炎、和刺激细胞分裂等作用。

硅氧烷肤感优化脂质体可有效改善产品的黏腻感，通过各类滋养元素，可使日霜在防御环境伤害的同时，还能有效滋养皮肤，提高机体活力。

磷脂纯度大于 95％，可更加有效地提高人体皮肤代谢能力。

产品特性

（1）本水润活肤日霜除了可以防御环境对肌肤的伤害外，更是可以改善肌肤的水分保持力，促进水分向皮肤内部的渗透，除此之外，本品中添加的葡聚糖、泛醇、蜂蜜提取物等还可有效滋养皮肤，提高机体活力。

（2）本水润活肤日霜出水明显，吸收较快，肤感清爽不油腻，SPF 值在 20 左右，对于经常进行户外活动的旅游者也有较好的保护作用，且为弱酸性，可放心使用。

配方 27　天然草本滋养日霜

原料配比

原料	配比（质量份）	原料	配比（质量份）
当归	5	黄原胶	0.3
白芍	5	乙二胺四乙酸二钠	0.2
枸杞	3	吐温-20	5
沙棘	3	氢化蓖麻油	1
人参	10	二甲基硅氧烷	3
蜂王浆	10	维生素 E 乙酸酯	0.5

原料	配比(质量份)	原料	配比(质量份)
小麦胚芽油	2	防腐剂	适量
香精	适量	去离子水	加至100

制备方法

(1) 将当归、白芍、枸杞、沙棘、人参等中药原料洗净,晾干,切成薄片,加入10倍去离子水煎煮两次,每次2h,过滤,药渣捣碎合并,继续煎煮2h,过滤,合并两次滤液,浓缩,脱色制得中药提取液,备用;

(2) 将黄原胶分散于去离子水中,让其静置至水合,加入乙二胺四乙酸二钠加热至80℃并搅拌;

(3) 将吐温-20、氢化蓖麻油、二甲基硅氧烷、维生素E乙酸酯、小麦胚芽油等原料混合加热至80℃并搅拌均匀;

(4) 将步骤(2)加入步骤(3)所得物料中,继续快速搅拌3min至均匀状,温度冷却至45℃时香精和防腐剂,温度冷却至35℃时加入中药提取液和蜂王浆搅拌均匀,静置室温即可得成品。

产品应用

使用方法:擦拭于脸部皮肤。使用周期为3个月,每日使用1次。

产品特性　本品中的各原料协同作用,达到天然滋养、淡斑祛黑的效果。本品的pH值与人体皮肤的pH值接近,对皮肤无刺激性;使用后明显感到舒适、柔软,无油腻感,具有明显的滋润细嫩、美白养肤的效果。

配方 28　天然温和美肤日霜

原料配比

原料	配比(质量份)	原料	配比(质量份)
金银花	3	二乙基壬二酸酯	4
何首乌	3	氢化羊毛脂	2
槐米	2	黄原胶	1
薏米	2	尼泊金甲酯	0.2
角鲨烷	20	香精	0.5
微晶石蜡	3	去离子水	加至100
橄榄油	2		

制备方法

(1) 将金银花、何首乌、槐米、薏米等中草药进行粉碎,过筛后用乙醇水体系作为溶剂,制备提取液,水浴蒸发乙醇,得溶液备用;

（2）将角鲨烷、微晶石蜡、橄榄油、二乙基壬二酸酯、氢化羊毛脂等原料混合加热至85℃，搅拌均匀；

（3）将黄原胶、尼泊金甲酯溶于去离子水中，混合加热至85℃，搅拌至其溶解均匀；

（4）将步骤（2）和步骤（3）所得物混合乳化，继续搅拌，待温度冷却至40℃时加入香精和步骤（1）所得物，混合均匀，搅拌至室温即得成品。

产品特性　本品中的各原料协同作用，达到防晒抗辐射、促进血液循环的效果。本品 pH 值与人体皮肤的 pH 值接近，对皮肤无刺激性；使用后明显感到舒适、柔软，无油腻感，具有明显的美白抗初老、美容防晒的效果。

配方 29　修复嫩肤日霜

原料配比

原料	配比（质量份）		
	1#	2#	3#
丙二醇	10	10	10
环五聚二甲基硅氧烷	5	5	5
异壬酸异壬酯	3	3	3
聚甲基硅倍半氧烷	3	3	3
二氧化钛	2.5	2.5	2.5
$C_{12} \sim C_{15}$ 醇苯甲酸酯	2	2	2
氢化聚异丁烯	1	1	1
VP/二十碳烯共聚物	1	1	1
甜菜碱	1	1	1
烟酰胺	1	1	1
丙烯酰二甲基牛磺酸铵/VP 共聚物	1	1	1
聚甲基丙烯酸甲酯	1	1	1
生态营养液	0.2	0.25	0.15
纳豆发酵提取物	0.4	0.45	0.35
银耳多糖	0.5	0.55	0.45
山梨醇酐倍半油酸酯	0.1	0.1	0.1
甘油硬脂酸酯	0.4	0.4	0.4
PEG-100 硬脂酸酯	0.4	0.4	0.4
$C_{20} \sim C_{22}$ 醇磷酸酯	0.327	0.327	0.327

续表

原料	配比(质量份)		
	1#	2#	3#
$C_{20} \sim C_{22}$ 醇	0.267	0.267	0.267
透明质酸钠	0.02	0.02	0.02
尿囊素	0.15	0.15	0.15
三乙醇胺	0.07	0.07	0.07
丙烯酸羟乙酯/丙烯酰二甲基牛磺酸钠共聚物	0.244	0.244	0.244
聚异丁烯	0.088	0.088	0.088
PEG-7 三羟甲基丙基椰油醚	0.028	0.028	0.028
对羟基苯乙酮	0.5	0.5	0.5
1,2-己二醇	0.5	0.5	0.5
香精	0.115	0.115	0.115
水	加至 100	加至 100	加至 100

制备方法

(1) 将山梨醇酐倍半油酸酯、二氧化钛、$C_{12} \sim C_{15}$ 醇苯甲酸酯、异壬酸异壬酯用胶体磨研磨 3~5 遍至无颗粒;

(2) 将氢化聚异丁烯、VP/二十碳烯共聚物、甘油硬脂酸酯、PEG-100 硬脂酸酯、$C_{20} \sim C_{22}$ 醇磷酸酯、$C_{20} \sim C_{22}$ 醇加热至全溶,倒入分散好的山梨醇酐倍半油酸酯、二氧化钛、$C_{12} \sim C_{15}$ 醇苯甲酸酯、异壬酸异壬酯,搅匀;

(3) 将水、丙二醇、甜菜碱、透明质酸钠、尿囊素、烟酰胺、对羟基苯乙酮、三乙醇胺、1,2-己二醇加入主乳化锅,升温搅拌至 85℃,将步骤 (2) 制得的混合物料加入,搅拌均匀;

(4) 将丙烯酰二甲基牛磺酸铵/VP 共聚物、丙烯酸羟乙酯/丙烯酰二甲基牛磺酸钠共聚物、聚异丁烯、PEG-7 三羟甲基丙基椰油醚缓慢加入主乳化锅,均质 8min,抽真空降温;

(5) 降温至 60℃,加入环五聚二甲基硅氧烷、聚甲基硅倍半氧烷、聚甲基丙烯酸甲酯,用吊式均质机分散均匀,搅拌至均匀;

(6) 降温搅拌至 45℃,加入香精、生态营养液、纳豆发酵提取物、银耳多糖,搅匀,抽样检测合格后,过滤出料。

产品特性

(1) 本品含有生态营养液、纳豆发酵提取物、银耳多糖等多种活性成分,可缓解肌肤不适,减轻肌肤受到的刺激,滋润补水,亮白肌肤,保持肌肤润泽。

(2) 本品安全稳定,渗透性好,易吸收,使用后肌肤清爽不黏腻;且制备方法简单,条件可控,工艺稳定。

配方 30　椰子油养颜日霜

原料配比

原料	配比（质量份）	原料	配比（质量份）
椰子油	8	豆蔻醇	4
硬脂酸	3	豆蔻酸异丙酯	1.5
硬质酸甘油酯	5	三乙醇胺	1
乙酰化羊毛脂	2	去离子水	加至 100

制备方法

（1）将椰子油、硬脂酸、硬质酸甘油酯和乙酰化羊毛脂等原料混合加热至 85℃；

（2）将豆蔻醇、豆蔻酸异丙酯和去离子水混合加热至 85℃，搅拌均匀；

（3）将步骤（1）和步骤（2）所得物混合乳化，继续搅拌，待温度冷却至 40℃时加入三乙醇胺调节其 pH 值至 7，搅拌至室温，分装即可。

产品应用

使用方法：擦拭于脸部皮肤。使用周期为半年，每日使用 1 次。

产品特性　本品中的各原料协同作用，达到防晒护肤、润肤美白的效果。本品 pH 值与人体皮肤的 pH 值接近，对皮肤无刺激性；使用后明显感到舒适、柔软，无油腻感，具有明显的滋润养肤、防晒美容的效果。

配方 31　用于祛斑美白的天然美颜日霜

原料配比

原料	配比（质量份）	
	1#	2#
蛇床果提取物	0.3	0.35
石榴果提取物	1.0	1.2
裙带菜提取物	2.0	1.5
红景天提取物	0.8	0.7
睡莲提取物	0.6	0.8
霍霍巴油	0.3	0.5
柴胡	0.1	0.2
沙参	0.1	0.2
白僵蚕、白芷、白蔹、白茯苓、白及、白术及珍珠粉等比混合物	3.0	3
丙二醇	1	1

续表

原料	配比(质量份)	
	1#	2#
苯甲醇	0.01	0.01
辛酸/癸酸甘油三酯	5	5
聚二甲基硅氧烷	1	1
环五聚二甲基硅氧烷	2	2
丙烯酸钠/丙烯酰二甲基牛磺酸钠共聚物	0.02	0.02
异十六烷	6	6
乙基己基甘油	10	10
聚山梨醇酯-80	0.07	0.07
去离子水	49	49

制备方法

（1）将丙二醇、苯甲醇、乙基己基甘油及去离子水搅拌混合均匀得混合物一，加热至80℃并保温待用；

（2）将辛酸/癸酸甘油三酯、聚二甲基硅氧烷、环五聚二甲基硅氧烷、丙烯酸钠/丙烯酰二甲基牛磺酸钠共聚物、异十六烷及霍霍巴籽油加热至84℃使其全部熔解，搅拌混合均匀得混合物二备用；

（3）将步骤（1）的混合物一和步骤（2）的混合物二依次抽到乳化罐中，加入聚山梨醇酯-80混合均匀并乳化；

（4）将乳化罐中的温度降至45℃时加入中药粉A及珍珠粉，搅拌并超声15~20min；

（5）加入蛇床果提取物、石榴果提取物、裙带菜提取物、红景天提取物、睡莲提取物充分混合均匀，出料。

原料介绍

所述的裙带菜提取物的提取方法为：将干裙带菜叶状部分粉碎后用乙醇浸泡18~20h，浸提3次，合并提取液，降压浓缩后分馏得到裙带菜提取物。

所述柴胡、沙参、白僵蚕、白芷、白蔹、白茯苓、白及、白术的处理方法：将柴胡、沙参、白僵蚕、白芷、白蔹、白茯苓、白及、白术清洗后晾干，切片后烘干，此后通过粉碎机粉碎后过1000~1500目筛得到中药粉A。

所述的石榴果提取物的提取方法为：

（1）将石榴果去皮分离出果粒，清洗后晾干；

（2）将果粒采用破壁机破碎后过筛，将液体及小颗粒冷冻干燥得石榴果提取物A；

（3）将滤渣烘干后加入萃取罐，采用二氧化碳为萃取剂进行超临界萃取，萃取温度为40~55℃，萃取压力为12~20MPa，将萃取罐出来的二氧化碳导入加热器内加热；

（4）将加热后的二氧化碳导入精馏塔内，将精馏压力、温度调节至 12～18MPa、40～55℃，精馏得到石榴果提取物 B；

（5）将提取物 A 和 B 混合，得到石榴果提取物。

所述红景天提取物的制备方法为：将红景天粉碎后过筛，加入其质量 15 倍量的水煎煮 2～3 次，每次 5h，合并煎液，过滤，滤液浓缩。

所述蛇床果提取物的制备方法为：

（1）将蛇床果烘干后粉碎；

（2）加入萃取罐，采用二氧化碳为萃取剂进行超临界萃取，萃取温度为 40～55℃，萃取压力为 12～20MPa，将萃取罐出来的二氧化碳导入加热器内加热；

（3）将加热后的二氧化碳导入精馏塔内，将精馏压力、温度调节至 12～18MPa、40～55℃，精馏得到蛇床果提取物。

所述的睡莲提取物：将睡莲花瓣粉碎，加入其质量 8 倍量的水煎煮 2～3 次，每次 5h，合并煎液，过滤，将滤液浓缩即得睡莲提取物。

产品特性　所述的美颜日霜含有多种营养成分，其活性成分均采用天然植物提取物及中草药，给予肌肤天然的养护。其中蛇床果提取物、石榴果提取物采用超临界萃取技术，低温萃取，不破坏其营养成分的分子结构，活性成分含量高。裙带菜提取物、红景天提取物和睡莲提取物通过煎煮浓缩获得，裙带菜提取物可保护细胞壁的完整，睡莲提取物有良好的抗衰老功效，红景天提取物能够抑制细胞内脂褐素和活性氧的形成，具有良好的祛斑效果。白僵蚕、白芷、白蔹、白茯苓、白及、白术及珍珠粉等比混合物具有良好的美白祛斑作用。该美颜日霜中的多种活性成分协同作用，不仅能抑制黑色素的形成，消除已生成的色斑，而且为面部肌肤提供多种营养，给予细胞生长充足的养分，增加肌肤弹性和光泽，从根本上改善肌肤本身的健康情况，避免肌肤不健康带来的色素沉着、肤色晦暗问题。

3. 护肤用晚霜

配方 1　保湿抗皱晚霜

原料配比

原料	配比(质量份)				
	1#	2#	3#	4#	5#
白芷提取物	5	8	5	8	10
西番莲提取物	6	1	3	6	4
接骨木花提取物	2	3	2	4	5
积雪草提取物	1	6	4	1	3
芦荟肉提取物	20	10	15	20	16
人参提取物	5	2	5	3	1
角鲨烷	5	8	5	8	10
木瓜蛋白酶	2	1	2	2	1
橄榄油	2	6	3	2	5
维生素 B_6	5	1	3	5	3
柠檬酸	0.1	0.2	0.3	0.4	0.5
核桃油	—	—	3	—	3
银杏叶提取物	—	—	—	—	5

制备方法　取除角鲨烷、木瓜蛋白酶、橄榄油、维生素 B_6、柠檬酸外的其余原料，混合均匀，加热并保持在 50℃，加热 40～60min，均匀搅拌，自然降温至室温；加入角鲨烷、木瓜蛋白酶、橄榄油、维生素 B_6、柠檬酸，然后超声波振动 10～20min，得到保湿抗皱晚霜。

原料介绍

所述白芷提取物、西番莲提取物、接骨木花提取物、积雪草提取物、芦荟肉提取物、人参提取物，为白芷、西番莲、接骨木花、积雪草、芦荟肉、人参原料分别用 75％乙醇回流提取 3 次后，合并提取液，5 倍浓缩后得到提取物。

所述银杏叶提取物为银杏叶原料用 85％乙醇回流提取 3 次后，合并提取液，5 倍浓缩后得到提取物。

产品特性

(1) 本品的主要组分来自天然植物的提取物，配方合理，能在皮肤表层形成保护屏障，使皮肤的水分不易蒸发散失，皮肤吸收率高，保湿效果好，能有效防止肌肤干燥，使肌肤水嫩光滑柔软，增强皮肤弹性，抗衰老性能强。

（2）本品不会使皮肤出现过敏、炎症等情况，安全无毒副作用，让皮肤水嫩光滑、细腻有光泽，使皮肤健康有弹性，见效周期短。

（3）本品的制备方法简单，制作周期短，适于工业推广应用。

配方 2　葛仙米保湿晚霜

原料配比

原料	配比(质量份)	原料	配比(质量份)
乳化剂	3	聚乙二醇-40	2
失水山梨醇单硬脂酸酯	1	乙二胺四乙酸二钠	0.3
十八烷醇	3	葛仙米提取物	20
二甲基硅油	3	尿囊素	0.1
角鲨烷	4	香精	适量
维生素 E 乙酸酯	0.3	防腐剂	适量
肉豆蔻酸异丙酯	7	去离子水	加至100
1,3-丁二醇	5		

制备方法

（1）将乳化剂、失水山梨醇单硬脂酸酯、十八烷醇、二甲基硅油、角鲨烷、维生素 E 乙酸酯、肉豆蔻酸异丙酯等置于容器中，加热至80℃，混合搅拌均匀；

（2）将1,3-丁二醇、聚乙二醇-40、乙二胺四乙酸二钠、葛仙米提取物、尿囊素和去离子水等置于另一容器中，混合加热至80℃，搅拌溶解均匀；

（3）将步骤（1）所得物加入步骤（2）所得物中，均质机6500r/min搅拌1min，混合均匀，自然冷却至40℃加入香精和防腐剂，以100r/min搅拌10min混合均匀，自然冷却至室温即可得成品，装瓶，储存。

原料介绍

所述的乳化剂是表面活性物质，分子中同时具有亲水基和亲油基，它聚集在油/水界面上，可以降低界面张力和减少形成乳状液所需的能量，从而提高乳状液的能量，使之形成均匀稳定的分散体系或乳浊液。

二甲基硅油对皮肤无毒性、无刺激性，润滑且易于涂布，不妨碍皮肤的正常功能，不污染衣物，为较理想的疏水性基质。该品常与其它油脂性基质合用制成防护性软膏，用于防止水性物质如酸、碱液等对皮肤的刺激或腐蚀，也可制成乳剂型基质应用。

角鲨烷具有良好的渗透性、润滑性和安全性。

维生素 E 乙酸酯对刀伤、灼伤、烫伤、粉刺、老年斑、皮肤干燥以及紫外线损伤有良好的修复作用，可减少脂质过氧化反应，使皮肤光滑等。

肉豆蔻酸异丙酯广泛应用于化妆品中，可以起到保湿和滋润皮肤的作用，皮肤对本品的吸收性较好，能在皮层内与毛囊有效接触，渗入皮层深处，并将化妆品中的活性组分带入，充分发挥有效成分的作用。作为化妆品溶剂及皮肤保湿剂、渗透剂，肉豆蔻酸异丙酯可应用于溶胶产品、浴油、毛发调理剂、护肤霜、防晒霜、剃须膏等化妆品中。

1,3-丁二醇在化妆品中作保湿剂，有良好的抑菌作用，可用于各种化妆水、膏霜、牙膏等，是各种精油和染料的良好助剂。

聚乙二醇无毒、无刺激性，具有良好的水溶性，并与许多有机物组分有良好的相溶性。

尿囊素具有避光、杀菌防腐、止痛、抗氧化作用，能使皮肤保持水分，是美容美发等化妆品的特效添加剂，广泛用于雀斑霜、粉刺液、香波、香皂、牙膏、刮脸洗剂、护发剂、收敛剂、抗汗除臭洗剂等。

防腐剂是可以阻止微生物生长或阻止与产品反应的微生物生长的物质。在化妆品中，防腐剂的作用是保护产品，使之免受微生物污染，延长产品的货架寿命；确保产品的安全性，防止消费者因使用受微生物污染的产品而引起可能的感染。

产品应用

使用方法：擦拭于脸部皮肤。使用周期为半年，每日使用1次。

产品特性　本品中的各原料协同作用，达到温和杀菌、强效保湿的效果。本品pH值与人体皮肤的pH值接近，对皮肤无刺激性；使用后明显感到舒适、柔软，无油腻感，具有明显的滋润护肤、保湿抗衰老的效果。

配方 3 含有霍霍巴籽油的晚霜

原料配比

原料	配比（质量份）	
	1#	2#
丁二醇	6	5
十一碳烯酰基苯丙氨酸	2	1.8
α-熊果苷	5	4.5
烟酰胺	4	3.7
3-O-乙基抗坏血酸	1	1.2
凝血酸	2	2.1
壬二酸	3	3.3
芍药提取物	3	3.3
棕榈酸乙基己酯	4	3.5
鲸蜡硬脂醇	2	2.4

原料		配比(质量份)	
		1#	2#
霍霍巴籽油		3	3.45
聚二甲基硅氧烷		3.5	4.2
角鲨烷		5	4.5
异壬酸异壬酯		3	3
甘油硬脂酸酯柠檬酸酯		0.5	0.69
芦荟提取物		0.2	0.25
泛醇		3	4.2
寡肽-1		1	0.8
专用皮肤调理剂	丁二醇	2	1.8
	水	1.52	1.37
	积雪草提取物	0.2	0.15
	虎杖根提取物	0.08	0.06
	黄芩提取物	0.08	0.06
	茶叶提取物	0.04	0.05
	甘草根提取物	0.04	0.05
	金黄洋甘菊提取物	0.02	0.05
	迷迭香提取物	0.02	0.05
生育酚(维生素 E)		1	1
甘草酸二钾		0.8	0.8
黄原胶		0.5	0.5
对羟基苯乙酮		0.5	0.5
己二醇		0.5	0.5
透明质酸钠		0.05	0.05
去离子水		41.45	40.15

制备方法

(1) 先将所需的去离子水加入乳化锅中，依次加入丁二醇、黄原胶、对羟基苯乙酮搅拌，加热至 85℃；

(2) 将棕榈酸乙基己酯、鲸蜡硬脂醇、霍霍巴籽油、聚二甲基硅氧烷、角鲨烷、异壬酸异壬酯，依次加入油锅中加热至 85℃，形成油相；

(3) 再将油相缓慢抽入乳化锅中搅拌均匀，均质 3min、保温 30min 后开始冷却；

(4) 待温度冷却至 65℃，依次加入十一碳烯酰基苯丙氨酸、3-O-乙基抗坏血酸、壬二酸、泛醇、生育酚（维生素 E）、透明质酸钠，搅拌均匀，真空均质 3min 分散均质，冷却至 45℃ 以下依次加入 α-熊果苷、烟酰胺、凝血酸、芍药提取物、芦荟提取物、寡肽-1、专用皮肤调理剂、甘草酸二钾、己二醇搅拌均匀；

(5) 真空均质 1min 分散均匀后观察料体并检验合格后出料。

原料介绍

丁二醇、泛醇，作为保湿剂使用；

丁二醇、水、积雪草提取物、虎杖根提取物、黄芩提取物、茶叶提取物、甘草根提取物、金黄洋甘菊提取物、迷迭香提取物，作为专用皮肤调理剂使用。

十一碳烯酰基苯丙氨酸、α-熊果苷、烟酰胺、3-O-乙基抗坏血酸、凝血酸、壬二酸、芍药提取物、甘油硬脂酸酯柠檬酸酯、芦荟提取物、寡肽-1，也作为皮肤调理剂使用；

棕榈酸乙基己酯、霍霍巴籽油、聚二甲基硅氧烷、角鲨烷、异壬酸异壬酯，作为润肤剂使用；

鲸蜡硬脂醇作为乳化剂使用；

黄原胶作为增稠剂使用；

对羟基苯乙酮、己二醇、透明质酸钠作为防腐剂使用。

十一碳烯酰基苯丙氨酸：是一种促黑激素受体拮抗剂。同时可作用于黑色素形成的多个阶段，用于美白或减少表皮黑色素的沉积，改善暗黄、粗糙等肌肤问题，均匀肌肤肤色，预防、延迟和处理皮肤中的色素沉着过度。

α-熊果苷：能够快速被皮肤吸收，选择性抑制酪氨酸酶活性，从而阻断黑色素的合成，但并不影响表皮细胞的正常生长，也不会抑制酪氨酸酶的自身表达。研究表明 α-熊果苷在比较低的浓度下即可抑制酪氨酸酶的活性，其对酪氨酸酶的抑制作用优于 β-熊果苷，可用作增白、滋润皮肤。

烟酰胺：在化妆品、护肤品里主要作用是用作皮肤调理剂，美白祛斑剂、保湿剂。比较安全，可以放心使用，对于孕妇一般没有影响，没有致痘性。作为一种医药成分来说具有很高的安全性，也是临床皮肤科治疗中的一种基础性维生素类补充剂，较为广泛地备用于治疗光敏性皮炎、痤疮等。近年来的研究证明，它在抑制黑色素沉着、抗炎等方面也有很好的疗效；基于这一特征，烟酰胺在化妆品领域的应用得到了进一步延伸。

乙基抗坏血酸醚：进入真皮层后直接参与胶原蛋白的合成（合成过程中脯氨酸的羟化需要活性维生素 C 参加），修复皮肤细胞活性，使胶原蛋白增加，从而使皮肤变得充盈富有弹性，使肌肤细腻光滑。抑制酪氨酸酶活性（是黑色素合成过程的限速酶，直接影响黑色素的合成），抑制黑色素的形成，可将黑色素还原为无色，高效美白肌肤。在化妆品中有非常好的抗氧化效果，真正达到美白祛斑的效果。皮肤易于吸收，可透过角质层到达真皮层具有很强的抗菌消炎作用，能消除日光所引起的部分炎症。

凝血酸：对于皮肤具有抗氧化的功效，能够阻止黑色素聚集，改善色素沉积，淡化斑点，美白肌肤。最大的效果就是美白，它是可以抑制皮肤中会导致肌肤变黑的各种细胞的活性的，还能够阻止紫外线。

产品应用　本品是一种日用晚霜。

产品特性 本品具有极好的美白、祛斑功效，对淡化黑色素沉着有着非常良好的效果，且对于普通美白祛斑美白化妆品容易变色、氧化的问题也有了极大的改进。

配方 4 含杜仲叶美容晚霜

原料配比

原料	配比(质量份)	原料	配比(质量份)
杜仲叶提取物	5	失水山梨醇单油酸酯	4
凡士林	15	失水山梨醇单硬脂酸酯	3
角鲨烷	15	蔗糖	1.5
蜂蜡	10	香精	1
地蜡	10	防腐剂	0.5
羊毛脂	5	去离子水	加至 100

制备方法

（1）杜仲叶提取物的提取方法：取一定量的杜仲叶，加十倍的水，煎煮 0.5h，将水滤出，将两次的滤液混合，煎熬浓缩到有效成分与水比例为 1∶1 时，静置冷藏 12h以上，然后在 2500r/min 的速度下离心 30min 使之成膏状，最后在 −0.09MPa 和 60℃的条件下进行减压干燥，得到干膏，再按常规方法将其粉碎成粉状即可。

（2）将凡士林、蜂蜡、地蜡、蔗糖等原料置于去离子水中加热熔化，充分搅拌均匀。

（3）在混合液（1）中加入杜仲提取物、角鲨烷、羊毛脂、失水山梨醇单油酸酯、失水山梨醇单硬脂酸酯、香精、防腐剂等原料，充分搅拌溶解，静置即得成品。

产品应用

使用方法：擦拭于脸部皮肤。使用周期为半年，每日使用 1 次。

产品特性 本品中的各原料协同作用，达到祛皱抗衰老、滋养护肤的效果。本品 pH 值与人体皮肤的 pH 值接近，对皮肤无刺激性；使用后明显感到舒适、柔软，无油腻感，具有明显的滋润嫩白、护肤养颜的效果。

配方 5 含亲水性角蛋白的活肤晚霜

原料配比

原料		配比(质量份)		
		1#	2#	3#
皮肤调理剂	聚二甲基硅氧烷	8	10	9
	椰子油	2	3	2

原料		配比(质量份)		
		1#	2#	3#
皮肤调理剂	烟酰胺	3	5	2.5
	甘油	25	24	22
	5%黄芪总皂苷	0.5	0.7	0.4
	多肽溶液	3	2	5
	亲水性角蛋白溶液	1	0.8	2
抗氧化剂	白藜芦醇	0.5	0.7	0.48
乳化剂	环聚二甲基硅氧烷	3	3.5	2.5
抗氧化剂	维生素 E	1	1.2	1.5
溶剂	水	29.55	30.05	28.75
	丙二醇	12	10	12
	二丙二醇	10	8	10
增稠剂	氯化钠	0.5	0.4	0.8
螯合剂	乙二胺四乙酸二钠	0.05	0.03	0.02
防腐剂	苯氧乙醇	0.8	0.5	1
	乙基己基甘油	0.1	0.15	0.05

制备方法

(1) 配置油相：按上述质量份将聚二甲基硅氧烷、椰子油、维生素 E、乳化剂混合，在 60~70℃ 使其充分搅拌混合均匀，并用均质机均质使乳化剂充分分散，得油相；

(2) 配置水相：按上述质量份将 5%黄芪总皂苷、白藜芦醇、丙二醇、二丙二醇、乙基己基甘油、苯氧乙醇、烟酰胺、甘油、氯化钠和乙二胺四乙酸二钠加入水中经超声溶解，得水相；

(3) 在 60~70℃ 条件下，将步骤 (2) 制备的水相加入步骤 (1) 制备的油相中，搅拌均质至完全乳化后待温度降低到 40℃ 以下，再加入多肽溶液和角蛋白溶液，搅拌均匀得含亲水性角蛋白的活肤晚霜。

原料介绍

所述多肽溶液为质量分数为 0.05% 的乙酰基六肽。

所述黄芪总皂苷为 100% 黄芪提取物，不添加任何除黄芪以外的成分，其中主要成分为黄芪甲苷。5%黄芪总皂苷中黄芪甲苷含量应不低于 2.0%。

产品特性

(1) 本品保湿效果好，亲水性角蛋白的存在能在皮肤表面形成稳定的屏障，能减少其他营养成分的挥发并进一步促进人体对其他营养成分的吸收。

(2) 本品能够保持皮肤角质层的含水量在适宜范围内，有效预防干纹、皱纹的产生和促进皮肤表面损伤的自我修复。

配方 6　含有薰衣草精油微胶囊的安神晚霜

原料配比

原料		配比（质量份）			
		1#	2#	3#	4#
薰衣草精油微胶囊	薰衣草精油	4.22	3.68	5.15	4.22
	明胶溶液（10%）	5（体积）	3.2（体积）	6.5（体积）	5（体积）
	25℃的去离子水	18（体积）	16（体积）	22（体积）	18（体积）
	壳聚糖溶液（2%）[明胶：壳聚糖（质量比）=1：1]	20（体积）	18（体积）	20（体积）	20（体积）
	33℃的去离子水	20（体积）	20（体积）	20（体积）	20（体积）
	TG 酶（U/g）	10	15	20	50
去离子水		700（体积）	680（体积）	740（体积）	720（体积）
保湿剂	甘油	1	1	1	1
	透明质酸	1	1	1	1
	吡咯烷酮羧酸钠	1	1	1	1
	尿素	1	1	1	1
	乳酸	1	1	1	1
	芦荟	1	1	1	1
抗氧化剂	维生素 A	1	1	1	1
	氨基酸	1	1	1	1
	维生素 C	1	1	1	1
	维生素 E	1	1	1	1
	酵母活性萃取液	1	1	1	1
	胎盘素	1	1	1	1
乳化剂	邻苯二甲酸二异辛酯	1	1	1	1
	己二酸二异丙酯	1	1	1	1
	羊毛酸二异丙酯	1	1	1	1
	肉豆蔻酸异丙酯	1	1	1	1
防腐剂	对羟基苯甲酸甲酯	1	1	1	1
	尼泊金甲酯	1	1	1	1
保湿剂		5	4.8	4.5	4.5
抗氧化剂		9	7.8	8	7~9
乳化剂		40	60	55	40
防腐剂		0.5	1.2	1	1.5

制备方法

（1）按照质量份称取各反应物质；

（2）将甘油、透明质酸、吡咯烷酮羧酸钠、尿素、乳酸、芦荟混合，溶解于去离子水中，在 300~400r/min 的连续搅拌下均匀混合 15~25min；

（3）将维生素 A、氨基酸、维生素 C、维生素 E、酵母活性萃取液、胎盘素进行混合，加入步骤（2）的混合物中，400～600r/min连续搅拌20～40min；

（4）将邻苯二甲酸二异辛酯、己二酸二异丙酯、羊毛酸二异丙酯、肉豆蔻酸异丙酯进行，加热至40～60℃；

（5）将步骤（3）的物料加入步骤（4）的物料中，在500～700r/min连续搅拌下混合均匀混合，之后加入对羟基苯甲酸甲酯和尼泊金甲酯，用质量浓度为4%～6%的冰醋酸溶液调节pH至5.5～6.5，降温至15～30℃；

（6）加入薰衣草精油微胶囊，在450～650r/min的连续搅拌下混合均匀，直至薰衣草微胶囊均匀分散为止，然后用质量浓度为6%～10%的NaOH溶液调节pH为5～6，静置1～4h，即得安神晚霜。

原料介绍

所述的薰衣草精油微胶囊的制备方法：

（1）按照质量份称取薰衣草精油、明胶和壳聚糖；

（2）在15～30℃条件下，将薰衣草精油加入一个反应容器中，向所述的反应容器中加入质量浓度为6%～10%的明胶溶液，在上述溶液中加入25℃的去离子水，稀释至明胶溶液的质量浓度为1%～2%，获得稳定的薰衣草精油乳浊液；

（3）将上述的薰衣草精油乳浊液转移到另外一个容器中，在400～800r/min的连续搅拌下，向乳浊液中加入质量浓度为1%～2%的壳聚糖溶液，保持转速不变继续搅拌5～15min，保持体系温度为25～35℃，再用质量浓度为6%～10%的冰醋酸溶液调节pH至3.3～4.7，持续搅拌15～45min，用35℃的去离子水将体系稀释至原来体积的2～3倍，将体系温度缓慢降至8～14℃，加入固化剂，每克体系总质量加入的固化剂为10～50IU（国际单位），用质量浓度为3%～5%的NaOH溶液调节pH至4～6，体系水浴加热升温至25～35℃，固化8～14h，制得薰衣草精油微胶囊。

所述的固化剂为转谷氨酰胺酶（TG酶）。

所述的保湿剂由甘油、透明质酸、吡咯烷酮羧酸钠、尿素、乳酸和芦荟组成，所述的甘油、透明质酸、吡咯烷酮羧酸钠、尿素、乳酸和芦荟的质量比为1:1:1:1:1:1。

所述的抗氧化剂由维生素A、氨基酸、维生素C、维生素E、酵母活性萃取液和胎盘素组成，所述的维生素A、氨基酸、维生素C、维生素E、酵母活性萃取液和胎盘素的质量比为1:1:1:1:1:1。

所述的乳化剂由邻苯二甲酸二异辛酯、己二酸二异丙酯、羊毛酸二异丙酯和肉豆蔻酸异丙酯组成，所述的邻苯二甲酸二异辛酯、己二酸二异丙酯、羊毛酸二异丙酯和肉豆蔻酸异丙酯的质量比为1:1:1:1:1。

所述的防腐由对羟基苯甲酸甲酯和尼泊金甲酯组成，所述的对羟基苯甲酸甲酯和尼泊金甲酯的质量比为1:1。

产品特性

（1）本品通过微胶囊技术，解决了薰衣草精油产品在储存过程中易挥发、易氧化的问题。

（2）本品将所制备的新型薰衣草精油微胶囊作为一种组分应用于晚霜当中，能够提高活性组分的稳定性，有美容美白、缓解压力、放松肌肉、安神、抗菌等作用。

配方 7　含羽衣草提取物的营养晚霜

原料配比

原料	配比(质量份)	原料	配比(质量份)
羽衣草提取物	50	羊毛脂	2
蚕丝蛋白	35	蜂蜜	5
凡士林	9	水貂油	4
甘油	6	黄原胶	4
蜂胶	4	去离子水	9
纳米碳球	2		

制备方法

（1）将凡士林、甘油、蜂胶、羊毛脂、蜂蜜、水貂油、黄原胶原料置于去离子水中加热融化，充分搅拌均匀，得到混合物；

（2）在所述混合物中加入羽衣草提取物、蚕丝蛋白、纳米碳球，充分搅拌均匀，静置即得成品。

产品特性　本品天然无刺激、滋养肌肤，可改善微循环，使用后明显感到舒适、柔软，无油腻感，具有明显滋润、营养、保健的效果。

配方 8　黄芪花粉晚霜

原料配比

原料	配比(质量份)	原料	配比(质量份)
三乙醇胺	1	花粉酊剂	1
乙醇	5	乳化蜡	4
花粉水溶液	4	对羟基苯甲酸丙酯	1
甘油	8	白油	10
橄榄油	10	去离子水	60
三硬脂酸甘油酯	5	黄芪提取液	5

制备方法　将各组分原料混合均匀即可。

产品特性　本品具有美白、抗皱、防衰老的作用，同时还能起到补气固表的效果。黄芪提取液起到补气升阳、益卫固表的作用。

配方 9　减少黑色素沉积的美白焕肤晚霜

原料配比

原料	配比(质量份)				
	1#	2#	3#	4#	5#
番茄红素	20	30	23	28	25
牛黄	5	15	8	13	11
芦荟	5	15	8	13	10
海带	6	16	10	12	11
黄瓜	10	20	13	18	15
洋甘菊	15	25	18	23	20
绿茶提取物	6	10	7	9	8
莴苣提取物	8	20	14	16	15
维生素 E	10	15	11	14	13
甘油	2	6	3	5	4
虾青素	5	9	6	8	7

制备方法

(1) 将海带淘洗 3～7 遍,用 90～100℃ 的热水浸泡 10～14h,在浸泡的过程中加入海带质量 0.2～0.6 倍的陈皮,浸泡好后取出海带,切成细丝,置于烤箱内烤 5～12min 后,研磨成细末,过 80～120 目筛备用;

(2) 将芦荟去刺,掰成指甲盖般大小的块,置于药捻子内,碾成稠状物,置于密网纱布内,按压出滤液,滤液待用,滤渣置于铁板上,烘 2～6min 得细末,过 80～120 目筛备用;

(3) 将黄瓜切成豆粒大小的小块,置于药捻子内,碾成稠状物,置于密网纱布内,按压出滤液,滤液待用,滤渣置于铁板上,烘 3～7min 得细末过 80～120 目筛备用;

(4) 将牛黄和洋甘菊洗净,切碎,加水武火煎开,待沸腾 1～5min 后,转文火煎煮 20～40min,过滤,滤液静置 24～48h,取上清液待用;

(5) 将步骤 (4) 所得上清液置于干净的容器内,加入番茄红素、绿茶提取物、莴苣提取物、维生素 E 和虾青素,一边煎煮一边搅拌至原料药完全融化,待完全融化后加入步骤(1)～(3)所得细末,停火加入步骤(2)～(3)所得滤液和甘油,充分搅拌 2～6min,在 120～140℃ 下灭菌 1～5min,装瓶即得成品。

产品应用

使用方法：每天晚上睡觉前将脸部清洗干净，将晚霜涂抹在脸上，用手轻拍20～30下，用完后将晚霜置于冰箱的冷藏室内。

产品特性

（1）本品对减少黑色素沉积效果显著，起效快，使用本品没有不适的感觉。

（2）本品基于黑色素形成的原理，选用的原材料中既有减少黑色素沉积的药物、食物和植物，又有减少黑色素沉积的原料药，各种功效的原料药相互配合在一起制备成本品，对减少黑色素沉积有极好的作用。

配方 10　酵素保湿晚霜

原料配比

原料	配比（质量份）	原料	配比（质量份）
尿囊素	0.5	绞股蓝提取液	1.5
透明质酸	0.1	五味子提取液	0.9
洋甘菊提取液	0.8	丁香提取液	0.6
芦荟提取液	0.7	珍珠水解液	0.7
山金车提取液	0.8	亚硫酸氢钠甲萘醌	1.8
七叶树提取液	0.9	麦芽糖酶	2.1
甘草提取液	0.9	乳酸片球菌种	0.9
海藻提取液	1.2	芍药提取液	0.9
连翘提取液	1	人参提取液	0.7
葡聚糖水溶液	0.9	黄精提取液	1
蜂胶提取液	0.8	维生素 E	0.8
玫瑰纯露	0.6	乳化蜡	1.2
土茯苓提取液	1.1	香精	1.6
金缕梅提取液	1	去离子水	74

制备方法　将尿囊素、透明质酸置于 26.5 倍去离子水中，加热至 55℃，搅拌 135min，全溶透明后，于 42.7℃时加入去离子水中搅拌均匀，再加入洋甘菊提取液、芦荟提取液、山金车提取液、七叶树提取液、甘草提取液、海藻提取液、连翘提取液、葡聚糖水溶液、蜂胶提取液、玫瑰纯露、土茯苓提取液均质搅拌 138min，再加入金缕梅提取液、绞股蓝提取液、五味子提取液、丁香提取液、珍珠水解液、亚硫酸氢钠甲萘醌、麦芽糖酶、乳酸片球菌种、芍药提取液、人参提取液、黄精提取液、维生素 E、乳化蜡，恒温在 31.1℃搅拌 136min，再加入香精充分搅拌 29min，恒温在 32.2℃厌氧发酵 90.7h 即可。

产品特性　本品可降低表面活性剂体系的刺激性，有极好的赋脂性，可改善洗后干燥紧绷的肤感，有卓越的抗敏、消炎、止痒功能，使皮肤光滑、柔软有弹性，能延缓衰老、抑制黑色素的产生，可保湿皮肤、抗衰老、改善皮肤毛细血管微循环，增强皮肤抗过敏能力。

配方 11　酵素抗过敏晚霜

原料配比

原料	配比（质量份）	原料	配比（质量份）
丹皮酚	0.9	葡萄籽提取液	0.8
光甘草定	1	脂肪酶	1.8
苹果提取液	0.6	天门冬提取液	0.6
褪黑素	0.8	黄精提取液	0.7
阿魏酸	1.6	去离子水	69.8
丹参提取液	1.5	熊果苷	0.8
维生素 D_3	1.6	蜗牛蛋白粉	0.6
木兰苷提取液	1	芦荟提取液	0.9
人参提取液	1.2	山金车提取液	1
香精	1.3	海藻提取液	1.9
玻尿酸	0.7	丝瓜提取液	1.6
虾青素	0.9	植物乳杆菌	1.9
松树皮提取液	0.7	芍药提取液	0.8
酵母提取液	0.6	乳化蜡	1.1
甘草提取液	1.3		

制备方法　将丹皮酚置于其质量 36 倍的去离子水中，加热至 50℃，搅拌 185min，全溶透明后，于 37.7℃时加入去离子水中搅拌均匀，再加入玻尿酸、熊果苷、光甘草定、虾青素、蜗牛蛋白粉、苹果提取液、松树皮提取液、芦荟提取液、褪黑素、酵母提取液、山金车提取液、阿魏酸、甘草提取液、海藻提取液、丹参提取液均质搅拌 188min，再加入葡萄籽提取液、丝瓜提取液、维生素 D_3、脂肪酶、植物乳杆菌、木兰苷提取液、天门冬提取液、芍药提取液、人参提取液、黄精提取液、乳化蜡恒温在 26.1℃搅拌 186min，再加入香精充分搅拌 78min，恒温在 27.1℃厌氧发酵 95.9h 即可。

产品特性　本品具有卓越的抗敏、消炎、止痒性能，可使皮肤光滑、柔软有弹性，延缓衰老、抑制黑色素的产生，改善皮肤毛细血管微循环，增强皮肤抗过敏能力。

配方 12　酵素抗衰老晚霜

原料配比

原料	配比(质量份)	原料	配比(质量份)
虾青素	0.8	阿魏酸	0.3
五味子提取液	1.3	葡萄籽提取液	0.5
伸筋草提取液	1.5	积雪草提取液	0.7
芦荟提取液	1.3	水溶维生素 E	0.7
氰钴胺	1.5	甘油	1.5
黄芪提取液	1.6	薰衣草提取液	1.5
蜂胶提取液	1.5	地榆提取液	1.3
维生素 C	1.3	红花提取液	1.2
脂溶性辅酶 Q10	1.6	淫羊藿提取液	1.5
春黄菊提取液	1.1	嗜酸乳杆菌	1.8
去离子水	66.3	海藻提取液	1.6
透明质酸	0.2	当归提取液	1.5
龙胆提取液	0.6	维生素 A	0.9
迷迭香提取液	1.0	乳化蜡	0.6
五倍子提取液	0.5	香精	1.9
纤维素酶	0.6		

制备方法　将虾青素置于去离子水中，恒温在 28.1℃搅拌 81min，再加入透明质酸、薰衣草提取液、五味子提取液、龙胆提取液、地榆提取液、伸筋草提取液、迷迭香提取液、红花提取液均质搅拌 57min，再加入芦荟提取液、五倍子提取液、淫羊藿提取液、氰钴胺、纤维素酶、嗜酸乳杆菌、黄芪提取液、阿魏酸、海藻提取液、蜂胶提取液、葡萄籽提取液均质搅拌 66min，再加入当归提取液、维生素 C、积雪草提取液、维生素 A、脂溶性辅酶 Q10、水溶维生素 E、乳化蜡、春黄菊提取液、甘油恒温在 28.8℃搅拌 231min，再加入香精充分搅拌 126min，恒温在 30.2℃厌氧发酵 100.8h 即可。

产品特性　本品具有重新激活细胞、重建细胞间受损组织、促进细胞内部新陈代谢功能，可紧致肌肤表层、抚平细纹，全方位从内抗衰和紧实肌肤。

配方 13　酵素美白晚霜

原料配比

原料	配比（质量份）	原料	配比（质量份）
熊果苷	1.2	白芷提取液	0.9
光甘草定	1.1	蜂胶提取液	1.6
甘草酸二钾盐	1	核黄素	1.7
甘草黄酮液	0.9	葡萄糖氧化酶	0.9
苹果提取物	1.1	德式乳杆菌乳酸亚种	2
甘草黄酮	1.2	丝瓜提取液	0.5
仙人掌提取物	1.1	丁香提取液	0.7
传明酸	0.9	珍珠水解液	0.7
芦荟提取液	1.3	木兰苷提取液	0.6
酵母提取液	1.1	天门冬提取液	0.6
红景天提取液	1.2	芍药提取液	0.5
金银花提取液	0.7	人参提取液	0.7
苦参提取液	1	寡聚透明质酸	0.8
七叶树提取液	0.7	海藻糖	0.7
蛇床子提取液	1	乳化蜡	1
大黄提取液	0.9	香精	0.9
海藻提取液	1.2	去离子水	66.5

制备方法　将熊果苷置于其质量 45 倍的去离子水中，加热至 56.9℃，搅拌87min，全溶透明后，于 45℃时加入去离子水中搅拌均匀，再加入光甘草定、甘草酸二钾盐、甘草黄酮液、苹果提取物、甘草黄酮、仙人掌提取物、传明酸、芦荟提取液、酵母提取液、红景天提取液、金银花提取液、苦参提取液、七叶树提取液、蛇床子提取液、大黄提取液均质搅拌88min，再加入海藻提取液、白芷提取液、蜂胶提取液、核黄素、葡萄糖氧化酶、德式乳杆菌乳酸亚种、丝瓜提取液、丁香提取液、珍珠水解液、木兰苷提取液、天门冬提取液、芍药提取液、人参提取液、寡聚透明质酸、海藻糖、乳化蜡恒温在 32.8℃搅拌 81min，再加入香精充分搅拌均匀，恒温在 34.5℃厌氧发酵 91h 即为成品。

产品特性　本品具有抗菌消炎、排除毒素、抗氧化、增强 SOD 活性、阻止脂质过氧化、抗衰、刺激深层皮肤细胞更替、收缩毛孔、使皮肤变柔软等功能，有助于解决皮肤松弛问题，使皮肤光滑、柔软有弹性，延缓衰老，还可抑制黑色素的产生，使皮肤保湿，改善皮肤毛细血管微循环，增强皮肤抗过敏、美白能力。

配方 14 精油类美容晚霜

原料配比

原料	配比（质量份）	原料	配比（质量份）
茶树精油	6	三乙醇胺	2
牡丹精油	6	十二烷基硫酸钠	1
抗坏血酸棕榈酸酯	1	单硬脂酸甘油酯	2
丙二醇	5	膨润土	2
甘油	4	防腐剂	适量
液体石蜡	1	去离子水	加至100
十二烷基磷酸酯	0.2		

制备方法

（1）将抗坏血酸棕榈酸酯、丙二醇、甘油、液体石蜡、单硬脂酸甘油酯、膨润土等原料混合加热至85℃，搅拌混合均匀；

（2）将十二烷基磷酸酯、三乙醇胺、十二烷基硫酸钠和防腐剂等原料溶于去离子水中，混合加热至85℃，搅拌溶解均匀；

（3）将步骤（1）所得物料缓缓加入步骤（2）所得物料中，搅拌混合均质乳化20min，待冷却至40℃时加入茶树精油和牡丹精油，搅拌混合均匀，静置即可制得成品。

产品特性　本品中的各原料产生协同作用，从而达到抗炎愈肤、抗衰有弹性的效果。本品pH值与人体皮肤的pH值接近，对皮肤无刺激性；使用后明显感到舒适、柔软、无油腻感，具有明显的除皱缩毛孔、光滑嫩肤的效果。

配方 15 可改善皮肤暗淡无光的晚霜

原料配比

原料	配比（质量份）				
	1#	2#	3#	4#	5#
杏仁粉	5	15	8	13	10
洋甘菊	5	15	8	13	11
白芷	5	15	8	13	10
苹果	6	16	10	12	11
绿茶	10	20	13	18	15
当归	15	25	18	23	20
葡萄籽提取物	6	10	7	9	8
玫瑰果油	8	20	14	16	15

原料	配比（质量份）				
	1#	2#	3#	4#	5#
檀香	10	15	11	14	13
珍珠粉	2	6	3	5	4
绿豆粉	5	9	6	8	7
米醋	适量	适量	适量	适量	适量
牛奶	适量	适量	适量	适量	适量

制备方法

（1）将苹果去皮，掰成指甲盖般大小的块，置于密网纱布内，用擀面杖碾压出汁液，将汁液过 100～140 目过滤网，滤液在 100～120℃下灭菌 6～12s；

（2）将洋甘菊、白芷、绿茶、当归和檀香洗净，切碎，置于阴凉通风处 2～4 天（优选 3 天），置于瓦罐内，加原料质量 2～4 倍的米醋，密封闷 3～6h，过滤，滤渣置于烧热的铁板上，慢烘 10～20min，放凉至室温，研磨成细末过 120～140 目筛待用；

（3）将步骤（1）、步骤（2）所得物与杏仁粉、葡萄籽提取物、珍珠粉和绿豆粉混合均匀，加入原料质量 3～6 倍的牛奶，并边搅拌边加热混合，温度 50～70℃下充分搅拌溶解均匀，将温度降至 30～40℃时加入玫瑰果油，搅拌均匀后在 140～150℃下灭菌 20～40s，冷却至 20℃，装瓶即得晚霜。

产品应用

使用方法：每天晚上睡觉前将脸部清洗干净，将晚霜涂抹在脸上，用手轻拍 20～30 下，用完后将晚霜置于冰箱的冷藏室内。

产品特性　该晚霜对改善皮肤暗淡效果显著，有起效快的特点，使用该晚霜没有不适的感觉。

配方 16　芦荟清爽晚霜

原料配比

原料	配比（质量份）	原料	配比（质量份）
芦荟凝胶	7	PVP（聚乙烯吡咯烷酮）	4
对羟基苯甲酸甲酯	0.2	PEG-40 硬脂酸酯	0.8
乙二胺四乙酸二钠	0.15	对羟基苯甲酸丙酯	0.2
山梨醇	4	硬脂酸	2.5
Carbopol	934	吐温-80	1
三乙醇胺	1.2	维生素 A 棕榈酸酯	0.2
白油	10	去离子水	加至 100
羊毛脂	0.8		

制备方法

（1）将芦荟凝胶、对羟基苯甲酸甲酯、乙二胺四乙酸二钠、山梨醇和 Carbopol、和去离子水等原料混合加热至 80℃；

（2）将白油、羊毛脂、PVP、PEG-40 硬脂酸酯、对羟基苯甲酸丙酯、硬脂酸、吐温-80、维生素 A 棕榈酸酯等混合加热至 80℃，搅拌均匀；

（3）将步骤（1）和步骤（2）所得物混合乳化，加入三乙醇胺调节其酸碱度，继续搅拌，待其冷却至室温即可得成品。

产品应用

使用方法：擦拭于脸部皮肤。使用周期为半年，每日使用 1 次。

产品特性　本品中的各原料之间产生协同作用，从而达到清爽不油腻、消炎美白的效果。本品 pH 值与人体皮肤的 pH 值接近，对皮肤无刺激性；使用后明显感到舒适、柔软，无油腻感，具有明显的杀菌抗炎、嫩肤美白的效果。

配方 17　美白精华晚霜

原料配比

原料	配比（质量份）		
	1#	2#	3#
$C_{14} \sim C_{22}$ 醇/$C_{12} \sim C_{20}$ 烷基葡糖苷	1	5	2
甘油硬脂酸酯/PEG-100 硬脂酸酯	1	5	2
鲸蜡硬脂醇	1	5	2
聚二甲基硅氧烷	1	5	2
辛酸/癸酸甘油三酯	2	6	4
肉豆蔻酸异丙酯	2	6	4
月桂氮卓酮	0.5	2	1
角鲨烷	1	4	2
维生素 E	0.2	0.8	0.5
透明质酸钠	0.005	0.015	0.01
黄原胶	0.1	0.4	0.2
甘油	5	10	8
丙二醇	5	10	8
聚丙烯酰胺/$C_{13} \sim C_{14}$ 异链烷烃/月桂醇聚醚-7	0.1	0.3	0.2
聚二甲基硅氧烷/聚二甲基硅氧烷醇	0.5	1.5	1
维生素 C 乙基醚	1	4	2
木瓜蛋白酶	1	4	2
红没药醇	0.1	0.4	0.2
丙二醇/双(羟甲基)咪唑烷基脲/碘丙炔醇丁基氨甲酸酯	0.1	0.4	0.2
对羟基苯乙酮	0.2	0.8	0.5
1,2-己二醇	0.1	0.5	0.2
去离子水	加至 100	加至 100	加至 100

制备方法

（1）将 $C_{14} \sim C_{22}$ 醇/$C_{12} \sim C_{20}$ 烷基葡糖苷、甘油硬脂酸酯/PEG-100 硬脂酸酯、鲸蜡硬脂醇、聚二甲基硅氧烷、辛酸/癸酸甘油三酯、肉豆蔻酸异丙酯、月桂氮卓酮、角鲨烷、维生素 E 混合作为 A 相投入油相锅加热至 80℃，搅拌溶解完全后保温待用；

（2）将透明质酸钠、黄原胶、甘油、丙二醇、去离子水混合作为 B 相加入水相锅中加热至 80℃，搅拌溶解完全后保温待用；

（3）将乳化锅预热至 60～65℃，搅拌速度 45r/min，先将 B 相抽入，再将 A 相抽入，保温搅拌 10min，均质 3min；

（4）乳化锅降温至 55℃后将 C 相加入，均质 3min，真空保温 15min；

（5）降温至 45℃依次加入 D、E 相，保温搅拌 10min，搅拌速度 35r/min，最后加入 F 相，保温 10～20min；

（6）搅拌降温至 40℃出料。

原料介绍

所述 C 相为聚丙烯酰胺/$C_{13} \sim C_{14}$ 异链烷烃/月桂醇聚醚-7，聚二甲基硅氧烷/聚二甲基硅氧烷醇；

所述 D 相为维生素 C 乙基醚；

所述 E 相为木瓜蛋白酶；

所述 F 相为红没药醇，丙二醇/双（羟甲基）咪唑烷基脲/碘丙炔醇丁基氨甲酸酯，对羟基苯乙酮，1,2-己二醇。

本品中的主要功效成分：维生素 C 乙基醚，是一种亲油的水溶性维生素 C 衍生物，容易穿透角质层进入真皮层，进入皮肤后易被生物酶分解而发挥维生素 C 的作用，从而提高其生物利用度。不仅如此，维生素 C 乙基醚相对普通的维生素 C 还显示出极高的稳定性。其通过抑制酪氨酸酶的 Cu^{2+} 活性，可以阻断黑色素的形成，可防止日光引起的皮肤炎症，改善皮肤色泽，促进胶原蛋白产生，增加皮肤弹性。

透明质酸钠具有特殊的保水作用，分量高达其本身质量的 100 倍，是目前发现的自然界中保湿性最好的物质，被称为理想的天然保湿因子。它可以改善皮肤营养代谢，使皮肤柔嫩、光滑，可祛皱、增加皮肤弹性、防止衰老，在保湿的同时又是良好的透皮吸收促进剂。与其他营养成分配合使用，可以起到促进营养吸收的更理想效果。

木瓜蛋白酶是一种含巯基肽链内切酶，具有蛋白酶和酯酶的活性，有较广泛的特异性，对动植物蛋白、多肽、酯、酰胺等有较强的水解能力；同时，还具有合成功能，能把蛋白水解物合成为类蛋白质；耐热性强，在 90℃ 时也不会完全失活。将木瓜蛋白酶加入含有蛋白质和油脂的化妆品中，具有独特的美白嫩肤、美颜保健、祛斑除污垢、促进血液循环、改善肌肤等功效，可提高产品档次。

产品特性 本品以木瓜蛋白酶、维生素C乙基醚为主要功效成分，并与其他组分按照特定的比例复配形成晚霜，各功效组分中所含有的有效成分互补、协同、配合，得到了更合理高效的利用。维生素C乙基醚穿透角质层进入真皮层，有效阻断黑色素形成；木瓜蛋白酶作用于人体皮肤上的老化角质层，促使其退化、分解、去除，促进皮肤新陈代谢，达到很好的抗皱效果；同时，本品中还包含可以修复肌肤损伤、补水保湿的透明质酸钠，可以补充肌底水分，有助于减缓皮肤络氨酸酶活性；维生素E可修复皮肤，使肌肤屏障功能健康，抵御外界对皮肤的伤害。通过以上各组分的共同作用，使本品在抑制黑色素形成、滋白肌肤的同时，还可以修复肌肤损伤，抗皱抗衰老。

配方 18　美白祛斑晚霜

原料配比

原料	配比（质量份）		
	1#	2#	3#
橄榄油	17	15	20
甘油	24	27	20.5
异丙醇	4	5	3
丁二醇	3	2	4
蔗糖多大豆油酸酯	2.8	4	2
卵磷脂	3.2	2.5	3.5
二氧化硅	1.7	1.5	2
氯化钠	0.5	0.3	0.8
PEG-4 橄榄油酯	3.5	4	3
香菜提取物	7	10	5
菊花提取物	9	8	10
防腐剂	0.3	0.4	0.2
水	24	22.3	26

制备方法

（1）将水、甘油、氯化钠、异丙醇、丁二醇混合放入水相锅中加热搅拌，温度为75～85℃，得水相A；搅拌速度为100～200r/min，搅拌时间为20～45min。

（2）将橄榄油、蔗糖多大豆油酸酯、卵磷脂、PEG-4 橄榄油酯、二氧化硅混合放入油相锅中加热搅拌，温度为75～90℃，搅拌40～60min后，降温至60～70℃，加入香菜提取物、菊花提取物，搅拌均匀，得油相B；搅拌速度为150～250r/min。

（3）使用乳化锅抽真空吸入水相 A 及油相 B，温度为 60～70℃，搅拌均匀，冷却至 40～45℃后加入防腐剂，搅拌均匀，降温至 30～35℃，即得成品。搅拌速度为 150～250r/min。

产品特性

（1）本品含有的香菜提取物具有美白祛斑功效，但是如果白天使用，会起到反作用，又由于香菜中含有的有效成分极易挥发，本品采用了橄榄油、甘油、异丙醇、丁二醇等物质配伍使用，溶解有效成分，使用时易被皮肤吸收，达到美白祛斑功效。

（2）营养性：本品采用的橄榄油和水分别为油相与水相的主要溶剂，具有良好的营养性，并且混合比例适中，可以增加晚霜的清爽度。

（3）美白祛斑性：本品含有的香菜提取物、菊花提取物与其他成分配伍使用具有良好的美白祛斑效果，长期使用，皮肤更具白皙光泽。

（4）舒适性：本品中的二氧化硅可以使皮肤水脂膜变厚，增强皮肤的抵抗力，由于面霜中含有较多的油脂，二氧化硅可以阻止过多的油脂成分进入皮肤，减轻皮肤的负担，而且有利于疏通毛孔，增加了晚霜的舒适度。

（5）本品的原料来源普遍，制备简单，适合产业化生产。

配方 19　凝时肌底滋养晚霜

原料配比

原料	配比（质量份）	原料	配比（质量份）
水	81.53	卡波姆	0.5
甘油	4	氢氧化钾	0.25
丁二醇	3	小麦氨基酸	1
氢化橄榄油	1.8	透明质酸	0.05
氨端聚二甲基硅氧烷	2.5	维生素 C	1
鲸蜡硬脂基葡糖苷	2.5	甘草酸二钾	0.5
母菊提取物	1	羟苯甲酯	0.1
无患子果提取物	0.2	乙二胺四乙酸二钠	0.03
银杏叶提取物	1	香精	0.04

制备方法

（1）将所需生产工具及乳化锅清洗干净并进行消毒处理，备用；

（2）将氢化橄榄油、氨端聚二甲基硅氧烷、鲸蜡硬脂基葡糖苷加入乳化锅中加热溶解并保持恒温 80℃；

（3）将水进行去离子处理再加入乳化锅中，依次再在乳化锅中添加甘油、丁二醇、小麦氨基酸、羟苯甲酯、乙二胺四乙酸二钠，将乳化锅加热至 80～85℃并搅拌至完全溶解，且保持恒温 20min；

（4）将去离子后的水、母菊提取物、无患子果提取物、银杏叶提取物、卡波姆、透明质酸、维生素 C、甘草酸二钾加入器皿中溶解得到第一预料，备用，并且用适量去离子水溶解氢氧化钾，备用，此时乳化锅开启搅拌，至其中料体变乳白色混合体；

（5）当乳化锅冷却至 50℃时，在其中加入第一预料搅拌均匀，后加入步骤四中预溶好的氢氧化钾并搅拌均匀；

（6）当乳化锅冷却至 40℃时进行取样检验，取样结果的 pH 值在 5.5～6.5 为合格；

（7）再在乳化锅中加入香精搅拌均匀即可得到凝时肌底滋养晚霜。

产品特性　本品中母菊提取物含丰富的甘菊蓝，具有防止皮肤发炎的功效，可抗炎、止痒、消毒杀菌、缓和过敏现象，亦具有清洁、安定肌肤的效果；无患子中的阿魏酸是科学界公认的美容因子，能改善皮肤质量，使皮肤细腻、有光泽、富有弹性，同时还有抗菌、消炎、抗氧化、清除自由基、抗凝血等作用，无患子中的果酸能帮助皮肤去除堆积在外层的老化角质，加速皮肤更新，帮助改善青春痘、黑斑、皱纹、干燥、粗糙等肌肤问题；银杏叶提取物具有黄酮醇配糖体、银杏内酯、银杏叶酯等成分，对血管皮细胞有很强增殖作用，能抵抗自由基之侵袭，并具有抗炎、防止紫斑、镇定作用；小麦氨基酸从小麦中萃取的原天然润肤剂，具有超强的柔润肌肤的作用，保护肌肤，舒缓润滑，使肌肤富有光泽。

配方 20　祛斑晚霜

原料配比

原料	配比（质量份）				
	1#	2#	3#	4#	5#
卵磷脂	6	14	8	12	10
鲸蜡硬脂醇	0.4	1	0.6	0.8	0.7
角鲨烷	6	16	8	14	11
玫瑰精油	0.5	1.5	0.75	1.25	1
海藻提取液	5	11	7	9	8
猕猴桃	10	20	13	17	15
黄金果	10	20	12	18	15
番茄	8	14	10	12	11
乳木果油	8	14	10	12	11
牛油果油	6	14	8	12	10
桃胶	1	3	1.5	2.5	2
红酒	4	8	5	7	6

原料		配比（质量份）				
		1#	2#	3#	4#	5#
甘油		4	10	6	8	7
中药添加剂		5	11	7	9	8
中药添加剂	一味药根	4	10	6	8	7
	姜黄	6	14	8	12	10
	五灵脂	6	10	7	9	8
	乳香	6	12	8	10	9
	麋脂	4	9	6	8	7
	丹参	5	10	6	9	8
	桃仁	6	10	7	9	8
	芦荟	8	12	9	11	10
	洋甘菊	6	10	7	9	8

制备方法

（1）将猕猴桃、黄金果、番茄放入榨汁机进行压榨，将压榨后所得汁液进行超滤，得超滤液。

（2）将卵磷脂、鲸蜡硬脂醇、角鲨烷、乳木果油、牛油果油、桃胶、甘油加入反应釜中，在真空度为 0.02～0.06MPa 的条件下加热到 40～50℃，搅拌 60～120min，得到混合物 A。

（3）将红酒与步骤（1）制得的超滤液混合，并将玫瑰精油、海藻提取液和中药添加剂加入其中，加热至 40～50℃，搅拌均匀，得到混合物 B。

（4）将步骤（2）制得的混合物 A 与步骤（3）制得的混合物 B 同时加入高剪切乳化机中，通过机械剪切搅拌均匀，直至搅拌成膏状，即得所述祛斑晚霜。高剪切乳化机转速为 2400～2500r/min。

原料介绍　　所述中药添加剂的制备方法为：将五灵脂、乳香、麋脂进行超微粉碎，并过 325 目网筛得超微粉，将一味药根、姜黄、丹参、桃仁、芦荟、洋甘菊装入球磨机研磨 2h，过 80 目筛，得研磨粉，将所得的研磨粉放置于超临界萃取仪中的萃取釜中，利用二氧化碳作为介质进行萃取，萃取釜压力为 40MPa，萃取温度为 45℃，分离器压力 12MPa，分离器温度为 70℃，萃取 2h 后，得到萃取液，将萃取液喷雾干燥，所得粉末与超微粉混合，得中药提取物。

产品应用

使用方法：晚上临睡前将面部肌肤清洁后，将本品均匀涂抹于面部，并轻柔按摩 1～2min。

产品特性

（1）本品中含有水果营养成分和中药添加剂，可以增强血液循环、活血化瘀、促进皮肤新陈代谢、柔皮肤、抗衰老、收敛肌肤的方法，改善皮肤状态，消除雀斑。各种原料配伍相宜，配方温和有效。

（2）本品温和无刺激性，抗过敏，适用于各种肌肤，对肌肤亦无其他副作用，涂抹于面部肌肤后，不油腻，可长时间保湿，更长时间发挥其修复肌肤、消除雀斑的功效，使用方便，适用范围广。

配方 21　祛斑祛痘晚霜

原料配比

原料	配比（质量份）	原料	配比（质量份）
植物甾醇	0.2~0.5	姜黄提取液	1~1.5
马齿苋提取液	1.3~1.5	甘草提取液	1~1.1
甘草黄酮液	1.2~1.3	苍耳子提取液	1.3~1.8
熊果苷	1.4~1.7	龙胆提取液	1.6~1.9
白桦茸提取物	1.2~1.6	乳化蜡	0.9~1.2
山金车提取液	1~1.3	紫草提取液	0.7~1
蒲公英提取液	1.2~1.3	丹皮酚	0.4~0.5
丝瓜提取液	1~1.7	洋甘菊提取液	1.4~1.5
五味子提取液	1.3~1.6	芦荟提取液	1.1~1.2
红花提取液	1.2~1.6	侧柏提取液	1.4~1.6
离子水	57.6~66.9	蛇床子提取液	1~1.4
光甘草定	0.4~0.5	地肤子提取液	1.3~1.7
透骨草提取液	1.1~1.5	薰衣草提取液	0.5~1
木兰苷提取液	1~1.2	迷迭香提取液	1.1~1.4
仙人掌提取物	1.2~1.9	香精	2.2~2.6
金银花提取液	1.5~1.8		

制备方法　将植物甾醇、光甘草定置于离子水中，恒温至 37~43℃，搅拌40min，待完全溶解且搅拌均匀，再加入紫草提取液、马齿苋提取液、透骨草提取液、丹皮酚、甘草黄酮液、木兰苷提取液、洋甘菊提取液、熊果苷、仙人掌提取物、芦荟提取液、白桦茸提取物、金银花提取液、侧柏提取液、山金车提取液、姜黄提取液、蛇床子提取液、蒲公英提取液、甘草提取液、地肤子提取液、丝瓜提取液、苍耳子提取液、薰衣草提取液、五味子提取液、龙胆提取液、迷迭香提取液、红花提取液、乳化蜡，待完全搅拌均匀后，再加入香精高速搅拌 41min，静置 18h 即可。

产品特性　本品可增强皮肤弹性和柔滑性，修复太阳光线对皮肤的辐射损伤，具有消炎、消除雀斑、青春痘、粉刺、即时杀菌的作用，祛除皮肤痤疮的同时不留痕迹，能使肌肤恢复青春，去除斑点，使肌肤细致光滑。

配方 22　祛痘晚霜

原料配比

原料	配比（质量份）	原料	配比（质量份）
蜗牛蛋白粉	0.4～0.7	地榆提取液	1.1～1.6
马齿苋提取液	1.2～1.6	木兰苷提取液	1.2～1.5
洋甘菊提取液	1.5～1.7	人参提取液	0.6～1.3
蒲公英提取液	1.3～1.5	红花提取液	1.3～1.5
燕麦 β-葡聚糖水溶液	1～1.1	香精	2～2.5
龙胆提取液	1～1.5	紫草提取液	1～1.2
红石榴提取液	1～1.2	木兰苷提取液	0.6～1
芍药提取液	1.3～1.5	侧柏提取液	1～1.3
迷迭香提取液	1～1.6	甘草提取液	1～1.5
乳化蜡	1.2～1.5	薰衣草提取液	1～1.2
连翘提取液	0.6～1	丁香提取液	1.3～1.7
熊果苷	0.8～1.1	天门冬提取液	1～1.5
芦荟提取液	0.8～1	黄精提取液	1.3～1.6
姜黄提取液	1.2～1.4	十六酸异丙酯	1～1.7
绞股蓝提取液	1～1.5	离子水	59～69.3

制备方法　将蜗牛蛋白粉、连翘提取液置于离子水中，恒温至 43～53℃，搅拌 58min，待完全溶解且搅拌均匀，再加入紫草提取液、马齿苋提取液、熊果苷、木兰苷提取液、洋甘菊提取液、芦荟提取液、侧柏提取液、蒲公英提取液、姜黄提取液、甘草提取液、燕麦 β-葡聚糖水溶液、绞股蓝提取液、薰衣草提取液、龙胆提取液、地榆提取液、丁香提取液、红石榴提取液、木兰苷提取液、天门冬提取液、芍药提取液、人参提取液、黄精提取液、迷迭香提取液、红花提取液、十六酸异丙酯、乳化蜡，待完全搅拌均匀后，再加入香精高速搅拌 58min，静置 28h即可。

产品特性　本品具有全面保护真皮层完整性、对抗内外老化侵袭的作用，可维持皮肤平衡，维护胶原质和弹性蛋白质所组成的网络的完整性，激发老化成纤维细胞的活性，抑制弹性蛋白酶的活性，抑制胶原蛋白酶，清除自由基，祛痘，改善皮肤粗糙。

配方 23　人参滋补晚霜

原料配比

原料	配比（质量份）	原料	配比（质量份）
羊毛脂	4	人参提取物	11
矿物油	3	蜂王浆	13
单硬脂酸甘油酯	8	甘油	3
硬脂酸	3	香精	适量
D-α-生育酚乙酸酯	0.3	防腐剂	适量
棕榈酸视黄酯	0.1	去离子水	加至 100

制备方法

（1）将羊毛脂、矿物油、单硬脂酸甘油酯、硬脂酸、D-α-生育酚乙酸酯和棕榈酸视黄酯等原料加热至熔融状，升温至 70℃；

（2）将人参提取物、蜂王浆、甘油、防腐剂和去离子水混合加热至 65℃；

（3）将步骤（1）和步骤（2）物料混合搅拌，待其温度冷却至 45℃时加入香精，充分搅拌混合均匀即可。

原料介绍　所述的羊毛脂可以让皮肤光滑柔嫩，是优良的滋润性物质，可使因缺少天然水分而干燥或粗糙的皮肤软化并得到恢复。硬脂酸用于雪花膏和冷霜这两类护肤品中起乳化作用，从而使其变成稳定洁白的膏体；硬脂酸还是制造杏仁蜜和奶液的主要原料。D-α-生育酚乙酸酯具有抗氧化性，性能较稳定。人参提取物具有增强人体表面细胞活力，抑制衰老等作用。蜂王浆可抗菌、消炎，有抗衰老和强化性功能作用，同时还有抗辐射、增强记忆力的作用。甘油具有吸湿性、保润性、软化性，极易吸收空气中的水分，水溶液呈中性，具有良好的防冻性。防腐剂是可以阻止微生物生长或阻止与产品反应的微生物生长的物质。在化妆品中，防腐剂的作用是保护产品，使之免受微生物污染，延长产品的货架寿命，确保产品的安全性，防止消费者因使用受微生物污染的产品而引起可能的感染。

产品应用

使用方法：擦拭于脸部皮肤。使用周期为 5 个月，每日使用 1～2 次。

产品特性　本品中的各原料产生协同作用，从而达到美白抗氧化、促进血液循环的效果。本品 pH 值与人体皮肤的 pH 值接近，对皮肤无刺激性；使用后明显感到舒适、柔软，无油腻感，具有明显的祛斑抗衰老、美白嫩肤的效果。

配方 24　乳木果营养晚霜

原料配比

原料	配比(质量份)	原料	配比(质量份)
乳木果	8	聚丙烯酸树脂	10
维生素 E	3	咪唑烷基脲	0.1
椰子油基辛酸酯	2	乙二胺四乙酸二钠	0.5
聚氧乙烯(20)醚	1	对羟基苯甲酸丙酯	0.2
硬脂酸	2	三乙醇胺	0.5
二甲基硅氧烷	0.5	去离子水	加至100
丙二醇	3		

制备方法

（1）将乳木果洗净，去除杂质，常温常压下蒸馏 8h 以提取有效成分，浓缩时调节温度至 40～60℃ 去除多余水分；

（2）将椰子油基辛酸酯、聚氧乙烯（20）醚、硬脂酸和去离子水等混合加热至 70℃，搅拌均匀备用；

（3）将二甲基硅氧烷、丙二醇、聚丙烯酸树脂、咪唑烷基脲、乙二胺四乙酸二钠和对羟基苯甲酸丙酯等原料混合加热至 70℃，搅拌均匀；

（4）将步骤（3）所得物料缓缓加入步骤（2）所得物料中，搅拌混合均质乳化 20min，待冷却至 40℃时加入步骤（1）所得物、维生素 E 和三乙醇胺，搅拌混合均匀，静置即可制得成品。

原料介绍　乳木果油具有很好的深层滋润的功效，一般被制成适合干性、混合性肌肤使用的产品。长期使用乳木果油或者含有乳木果油的护肤品，不仅能防止干燥开裂，还能进一步恢复并保持肌肤的自然弹性，具有良好的深层滋润功效。椰子油基辛酸酯极性很弱，在皮肤中延展性和吸收性良好，能在皮肤表面充分延展，形成皮肤的保护膜，并且能够渗透至皮肤中，被身体中的三羧酸营养吸收体系所消化吸收，增强皮肤自身的营养和抵抗外界自由基的侵蚀。二甲基硅氧烷很容易在皮肤上抹匀，涂在皮肤上具有丝绸般的触感，具有保湿功能。

产品特性　本品中的各原料产生协同作用，从而达到抗炎抗氧化、滋润促循环的效果。本品 pH 值与人体皮肤的 pH 值接近，对皮肤无刺激性；使用后明显感到舒适、柔软，无油腻感，具有明显的柔肤嫩滑、滋养修护的效果。

配方 25　水润滋养晚霜

原料配比

原料		配比（质量份）	
		1#	2#
有效成分	霍霍巴油	4.15	3.95
	马齿苋提取物	1.33	1.15
	生育酚乙酸酯	1.15	0.92
	红景天根提取物	0.62	0.55
	库拉索芦荟叶汁	0.18	0.12
	透明质酸钠	0.18	0.13
	积雪草叶提取物	0.12	0.09
	葛根提取物	0.12	0.09
基质成分	水	63.38	61.65
	甘油	5.82	6.02
	丁二醇	4.22	4.38
	甘油硬脂酸酯	3.58	3.78
	辛酸/癸酸甘油三酯	3.25	3.52
	氢化聚癸烯	3.25	3.52
	鲸蜡硬脂醇	3.15	3.65
	聚二甲基硅氧烷	1.25	1.65
	二棕榈酰羟脯氨酸	1.45	1.35
	鲸蜡硬脂醇聚醚-25	0.75	0.91
	鲸蜡硬脂醇聚醚-6	0.75	0.92
	苯氧乙醇	0.55	0.65
	乙基己基甘油	0.06	0.07
	聚山梨醇酯-60	0.15	0.23
	山梨醇酐硬脂酸酯	0.15	0.23
	羟苯甲酯	0.15	0.23
	羟苯丙酯	0.08	0.08
	麦芽糊精	0.08	0.08
	香精	0.08	0.08

制备方法

（1）将水、甘油、丁二醇、红景天根提取物、马齿苋提取物、库拉索芦荟叶汁、麦芽糊精、透明质酸钠、积雪草叶提取物、葛根提取物混合，加热至80℃，保温，搅拌溶解，得到水相，备用。

（2）再将甘油硬脂酸酯、辛酸/癸酸甘油三酯、氢化聚癸烯、鲸蜡硬脂醇、聚二甲基硅氧烷、二棕榈酰羟脯氨酸、鲸蜡硬脂醇聚醚、苯氧乙醇、乙基己基甘油、聚山梨醇酯、山梨醇酐硬脂酸酯、羟苯甲酯、羟苯丙酯、霍霍巴油、生育酚乙酸酯混合，加热至80℃，保温，搅拌溶解，得到油相，备用。

（3）将步骤（2）制好的油相边搅拌边缓缓加入步骤（1）制好的水相中，充分搅拌乳化，加入香精，边搅拌边自然降温，至室温后通过减压均质泵出罐，静置，即得成品。乳化时间为0.5～1h，静置时间为24h。

产品应用　本品是一种具有补水保湿、美白修复、抗衰老的水润滋养晚霜。

产品特性　本品的有效成分中，红景天根提取物、生育酚乙酸酯起到抗氧化的作用；库拉索芦荟叶汁、透明质酸钠均起到保湿作用，能够迅速补充日间肌肤缺失水分；马齿苋提取物、葛根提取物能够起到击退黑色素、均匀肤色的作用；积雪草叶提取物用于修复日间损伤；霍霍巴油的油质感吸收迅速，涂抹在肌肤上的质感清爽，可以长久滋润肌肤，具有补水、修复、褪黑等作用，长期使用能够起到修复日间肌肤损伤，明显改善肤色的功能。同时，本品的基质组分合理，配比经过大量实验优选，最终得到的配方能够与有效成分相结合，达到最佳水油比，使其渗透率优良，最大程度地发挥功效。

配方 26　睡眠晚霜

原料配比

原料		配比（质量份）				
		1#	2#	3#	4#	5#
增稠剂	鲸蜡硬脂醇	0.5	2	1.5	2	4
	蜂蜡	0.1	1.5	1	0.5	2
	黄原胶	0.01	—	0.05	0.1	0.3
	丙烯酸（酯）类共聚物钠/卵磷脂	0.01	0.2	0.3	0.6	1
润肤剂	聚二甲基硅氧烷	0.5	1	3	2	5
	氢化聚异丁烯	0.5	2	1	3	10
防腐剂	羟苯甲酯	0.05	0.2	0.1	0.2	0.4
	苯氧乙醇、乙基己基甘油	0.1	0.5	0.5	0.5	1
乳化剂	鲸蜡硬脂醇橄榄油酸酯和山梨醇酐橄榄油酸酯	1	2	3	4	0.4
	鲸蜡醇磷酸酯钾	0.1	0.2	0.3	0.3	0.2
抗氧化剂	维生素E	0.05	0.1	1	0.5	1
	丁二醇	0.5	1	5	3	10
皮肤调理剂	透明质酸钠	0.01	0.01	0.03	0.1	1
	泛醇	0.01	0.2	0.1	0.3	1
	环五聚二甲基硅氧烷、聚二甲基硅氧烷、硬脂氧聚甲硅氧烷、聚二甲硅氧烷共聚物	0.1	2	1	3	6
	丙烯酰二甲基牛磺酸铵/VP共聚物	0.01	0.05	0.1	0.3	1
	环五聚二甲基硅氧烷	0.5	1	0.5	2	5

续表

原料		配比（质量份）				
		1#	2#	3#	4#	5#
寡肽-1		0.01	0.1	—	0.5	5
烟酰胺		0.1	1	3	2	5
羽衣草提取物		0.01	0.5	2	1	5
白柳树皮提取物		0.01	1	2	2	5
丁二醇、糖鞘脂类		0.01	0.05	—	1	2
天女木兰提取物		0.05	0.3	1	3	5
二肽二氨基丁酰苄基酰胺二乙酸盐		0.01	0.1	0.05	0.5	5
棕榈酰三肽-5		0.01	0.05	0.03	2	5
皮肤抗敏剂	丁二醇、水、积雪草提取物、虎杖根提取物、黄芩提取物、光果甘草根提取物、母菊花提取物、茶叶提取物、迷迭香叶提取物	0.1	0.05	0.1	0.5	3
马齿苋提取物		0.1	0.5	0.2	1	10
香精		0.01	0.05	0.05	0.05	0.3
水		加至100	加至100	加至100	加至100	加至100

制备方法

(1) 将 A 相原料依次加入油相锅，打开加热搅拌直到完全溶解均匀，80～85℃保温；其中 A 相原料包括鲸蜡硬脂醇、蜂蜡、聚二甲基硅氧烷、羟苯甲酯、鲸蜡硬脂醇橄榄油酸酯、山梨醇酐橄榄油酸酯、氢化聚异丁烯、维生素 E。

(2) 将 B 相原料依次加入水相锅，开始加热搅拌，加热到 80～85℃保温；直到完全溶解均匀，继续搅拌保温；其中 B 相原料包括丁二醇、黄原胶、透明质酸钠、泛醇、丙烯酰二甲基牛磺酸铵/VP 共聚物、丙烯酸（酯）类共聚物钠/卵磷脂、鲸蜡醇磷酸酯钾和水。

(3) 抽 B 相到均质乳化锅，搅拌 5min，均质条件下依次加入 C 相原料（预先均质处理过），继续搅拌 30min；其中 C 相原料包括环五聚二甲基硅氧烷、硬脂氧聚甲硅氧烷、聚二甲硅氧烷共聚物、聚二甲基硅氧烷。

(4) 抽真空至锅内负压状态，开均质 8min，降温。

(5) 降温至 50℃以下，依次加入 D 相；其中 D 相原料包括寡肽-1、烟酰胺、羽衣草提取物、白柳树皮提取物、丁二醇、糖鞘脂类、天女木兰提取物、二肽二氨基丁酰苄基酰胺二乙酸盐、棕榈酰三肽-5、皮肤抗敏剂、马齿苋提取物。

(6) 降温至 45℃，依次加入 E 相，至少搅拌 30min；其中 E 相原料包括苯氧乙醇、乙基己基甘油、香精。

(7) 降温至 35℃以下，经初步检验合格后出料，即得睡眠晚霜。

产品特性 本品通过具有祛皱功能的成分的复配，将即时祛皱和长效祛皱相结合，使本品能持续祛皱，恢复皮肤年轻状态。本品利用多种的美白祛斑原料，加速新陈代谢，促进含有黑色素的角质细胞脱落。烟酰胺和天女木兰提取物的协同增效，可减少黑色素的生成，抑制黑色素从黑色素细胞向角质细胞转移。本品还添加了多种抗敏修复成分，注重敏感肌的美白祛皱。通过配方中成分的复配使得本品同时具备祛皱、抗炎、抗敏、美白祛斑的功效。

配方 27　修复晚霜

原料配比

原料	配比（质量份）	原料	配比（质量份）
蜂胶提取液	1.1～1.4	五味子提取液	1～1.4
光甘草定	0.3～0.5	维生素 C	1～1.3
植物甾醇	0.5～1	黄精提取液	1～1.4
褪黑素	0.5～0.6	燕麦 β-葡聚糖	1.5～1.6
阿魏酸	1.3～1.4	香精	2.4～2.7
薰衣草提取液	1.2～1.5	熊果苷	0.3～0.6
丁香提取液	1～1.6	松树皮提取物	0.6～1.1
人参提取液	1～1.5	芦荟提取液	1.3～1.6
白芷提取液	1～1.6	姜黄提取液	1.5～1.6
甘油	1～1.5	连翘提取液	1.3～1.7
金缕梅提取液	1.2～1.5	地榆提取液	1～1.3
蜗牛蛋白粉	0.5～0.9	木兰苷提取液	1.3～1.4
莫诺苯宗	1.2～1.4	黄瓜提取液	1.2～1.6
山金车提取液	1.4～1.7	水溶维生素 E	0.7～1
海藻提取液	1.4～1.6	离子水	60～69.3

制备方法　将蜂胶提取液、金缕梅提取液置于离子水中，恒温至 41～47℃，搅拌 39min，待完全溶解且搅拌均匀，再加入熊果苷、光甘草定、蜗牛蛋白粉、松树皮提取物、植物甾醇、莫诺苯宗、芦荟提取液、褪黑素、山金车提取液、姜黄提取液、阿魏酸、海藻提取液、连翘提取液、薰衣草提取液、五味子提取液、地榆提取液、丁香提取液、维生素 C、木兰苷提取液、人参提取液、黄精提取液、黄瓜提取液、白芷提取液、燕麦 β-葡聚糖、水溶维生素 E、甘油，待完全搅拌均匀后，再加入香精高速搅拌 39min，静置 27h 即可。

产品特性　本品抗炎症、抗过敏、抗红血丝，可软化皮肤，促进表皮伤痕愈合，抑制有氧自由基的产生，抑制黑色素的形成，对皮炎具有显著的抑制作用，抑制分裂原刺激的淋巴细胞增殖、提升细胞免疫力，有效地抑制皮肤瘙痒，有镇定、修复、抗菌和舒缓作用。

配方 28　银杏叶美肤晚霜

原料配比

原料	配比(质量份)	原料	配比(质量份)
银杏叶提取物	10	甘油	2.5
异硬脂醇异硬脂酸酯	5	氯化钠	1
辛酸/癸酸甘油三酯	5	丙二醇	0.5
异硬脂酸异丙酯	2.5	对羟基苯甲酸甲酯	0.17
丙二醇异硬脂酸酯	2.5	二羟甲基二甲基乙内酰脲	0.3
十六烷基三甲基硅氧烷	4	香精	适量
微晶蜡	0.7	去离子水	加至100
对羟基苯甲酸丙酯	0.03		

制备方法

（1）银杏叶的提取方法：取一定量的银杏叶，加十倍的水，煎煮0.5h，将水滤出，将两次的滤液混合，煎熬浓缩到有效成分与水比例为1∶1时，静置冷藏12h以上，然后在2500r/min的速度下离心30min使之成膏状，最后在 −0.09MPa和60℃的条件下进行减压干燥，得到干膏，再按常规方法将其粉碎成粉状即可。

（2）将银杏叶提取物、异硬脂醇异硬脂酸酯、辛酸/癸酸甘油三酯、异硬脂酸异丙酯、丙二醇异硬脂酸酯、十六烷基三甲基硅氧烷、微晶蜡等原料置于去离子水中加热熔化，充分搅拌均匀。

（3）在步骤（2）的混合液中加入对羟基苯甲酸丙酯、甘油、氯化钠、丙二醇、对羟基苯甲酸甲酯、二羟甲基二甲基乙内酰脲和香精等原料，充分搅拌溶解，静置即得成品。

产品特性　本品中的各原料产生协同作用，从而达到天然无刺激、祛皱美白的效果。本品pH值与人体皮肤的pH值接近，对皮肤无刺激性；使用后明显感到舒适、柔软，无油腻感，具有明显的滋润护肤、美白养颜的效果。

配方 29　月见草油营养晚霜

原料配比

原料	配比(质量份)	原料	配比(质量份)
月见草油	12	蜂蜡	10
凡士林	15	地蜡	10
角鲨烷	15	羊毛脂	5

原料	配比（质量份）	原料	配比（质量份）
失水山梨醇单油酸酯	4	香精	1
失水山梨醇单硬脂酸酯	3	防腐剂	0.5
蔗糖	1.5	去离子水	加至100

制备方法

（1）将凡士林、蜂蜡、地蜡、蔗糖等原料置于去离子水中加热熔化，充分搅拌均匀，得混合液；

（2）在混合液中加入月见草油、角鲨烷、羊毛脂、失水山梨醇单油酸酯、失水山梨醇单硬脂酸酯、香精、防腐剂等原料，充分搅拌溶解，静置即得成品。

产品应用

使用方法：擦拭于脸部皮肤。使用周期为半年，每日使用1次。

产品特性　本品中的各原料产生协同作用，从而达到天然无刺激、滋养肌肤、改善微循环的效果。本品 pH 值与人体皮肤的 pH 值接近，对皮肤无刺激性；使用后明显感到舒适、柔软，无油腻感，具有明显的滋润、营养、保健的效果。

配方 30　植物美白营养晚霜

原料配比

原料	配比（质量份）	原料	配比（质量份）
银耳	4	失水山梨醇单硬脂酸酯	2
黄芪	8	硬脂酸	3
白芷	15	甘油	7
玉竹	15	蜂蜡	8
白人参	10	香精	适量
茯苓	8	去离子水	加至100

制备方法

（1）将银耳、黄芪、白芷、玉竹、白人参、茯苓等原料洗净，去除杂质，常温常压下蒸馏 8h 以提取有效成分，浓缩时调节温度至 40~60℃去除多余水分；

（2）将失水山梨醇单硬脂酸酯、硬脂酸、甘油、蜂蜡和去离子水等混合加热至 70℃，搅拌均匀备用；

（3）将步骤（1）所得物料缓缓加入步骤（2）所得物料中，搅拌混合均匀，待冷却至 40℃时加入香精搅拌均匀，静置即可制得成品白色膏霜。

产品应用

使用方法：擦拭于脸部皮肤。使用周期为半年，每日使用1次。

产品特性　本品中的各原料产生协同作用，从而达到温和无刺激、祛痘美白的效果。本品 pH 值与人体皮肤的 pH 值接近，对皮肤无刺激性；使用后明显感到舒适、柔软，无油腻感，具有明显的淡斑嫩白、护肤养颜的效果。

配方 31　滋养蛋白晚霜

原料配比

原料	配比（质量份）			
	1#	2#	3#	4#
水	175	191	196	201
甘油	8	10	11	12
月桂醇硫酸酯钠	1	2	2.5	3
尿囊素	0.3	0.5	0.6	0.8
聚二甲基硅氧烷	1	2	2.5	3
水解蚕丝	0.6	1	1.1	1.2
矿油	4	5	6.5	8
十八烷醇	15	20	21	22
羟苯甲酯	0.2	0.25	0.45	1
羟苯丙酯	0.2	0.25	0.45	1
甘油硬脂酸酯	5	8	9	11
PPG-10 山梨醇	8	10	11	13

制备方法

（1）将上述原料中的水、甘油、月桂醇硫酸酯钠、尿囊素投入水相锅中，加热至 90℃，物料完全熔化，并以 380～450 r/min 恒温搅拌 8～11min。

（2）将上述原料中的聚二甲基硅氧烷、水解蚕丝、矿油、十八烷醇、羟苯甲酯、羟苯丙酯、甘油硬脂酸酯投入油相锅，加热至 90℃，物料完全熔化，并以 380～450 r/min 恒温搅拌 8～11min。

（3）冷却、出料，将步骤（1）中处理后的原料和步骤（2）中处理后的原料混合，抽至反应罐中，以 500～3500r/min 转速搅拌至水相与油相混合均匀后，均质 2～3min，再以 380～450r/min 转速匀速搅拌 25～32min；然后开启冷却水进行冷却，冷却至 50℃后添加 PPG-10 山梨醇，边搅拌边冷却至 38℃后出料。

产品特性

（1）本品通过优选多种护肤物质并进行配比，能让皮肤更好地吸收营养，使肌肤变得更有弹性、更加细腻，对于面部的持续护理、营养补充及平衡功能可进一步强化。

（2）本品配方合理，制作方法简单，使用后，对皮肤无刺激性，能激活细胞，使老化、粗糙的皮肤得到修复，可在皮肤表面形成薄薄的透气膜，保湿、滋润、修复受损肌肤，从而促进肌肤新陈代谢，增强皮肤细胞活力和皮肤弹性，柔润肌肤。

4. 防晒化妆品

配方 1　O/W/O 多重结构防晒乳霜

原料配比

<table>
<tr><td colspan="4" rowspan="2">原料</td><td colspan="3">配比（质量份）</td></tr>
<tr><td>1#</td><td>2#</td><td>3#</td></tr>
<tr><td rowspan="11">内油相</td><td rowspan="3">固态防晒剂</td><td colspan="2">4-甲基苄亚基樟脑</td><td>2</td><td>—</td><td>—</td></tr>
<tr><td colspan="2">二乙氨羟苯甲酰基苯甲酸己酯、乙基己基三嗪酮和二苯酮-4 的混合物</td><td>—</td><td>4</td><td>—</td></tr>
<tr><td colspan="2">丁基甲氧基二苯甲酰基甲烷和双乙基己氧苯酚甲氧苯基三嗪的混合物</td><td>—</td><td>—</td><td>7</td></tr>
<tr><td rowspan="3">固态脂质</td><td colspan="2">山嵛醇</td><td>1.5</td><td>—</td><td>—</td></tr>
<tr><td colspan="2">牛油果树果脂、氢化蓖麻油的混合物</td><td>—</td><td>3</td><td>—</td></tr>
<tr><td colspan="2">甘油硬脂酸酯</td><td>—</td><td>—</td><td>3</td></tr>
<tr><td rowspan="3">液态防晒剂</td><td colspan="2">甲氧基肉桂酸乙基己酯</td><td>4</td><td>—</td><td>—</td></tr>
<tr><td colspan="2">甲氧基肉桂酸乙基己酯和水杨酸辛酯的混合物</td><td>—</td><td>5</td><td>—</td></tr>
<tr><td colspan="2">奥立克林和胡莫柳酯的混合物</td><td>—</td><td>—</td><td>10</td></tr>
<tr><td rowspan="2">液态脂质</td><td colspan="2">棕榈酸异丙酯</td><td>0.5</td><td>1</td><td>—</td></tr>
<tr><td colspan="2">2-乙基己醇棕榈酸酯</td><td>—</td><td>—</td><td>2</td></tr>
<tr><td rowspan="3" colspan="2">内油相乳化剂</td><td colspan="2">PEG-40 硬脂酸酯</td><td>1.5</td><td>—</td><td>—</td></tr>
<tr><td colspan="2">鲸蜡硬脂醇聚醚-30</td><td>—</td><td>2.5</td><td>—</td></tr>
<tr><td colspan="2">C₁₆～C₁₈ 烷基糖苷</td><td>—</td><td>—</td><td>4</td></tr>
<tr><td rowspan="3" colspan="2">多元醇</td><td colspan="2">甘油</td><td>3</td><td>—</td><td>—</td></tr>
<tr><td colspan="2">甘油和 1,3-丁二醇的混合物</td><td>—</td><td>7</td><td>—</td></tr>
<tr><td colspan="2">1,3-丁二醇</td><td>—</td><td>—</td><td>8</td></tr>
<tr><td colspan="4">水</td><td>13</td><td>18.8</td><td>26</td></tr>
<tr><td rowspan="6">外油相</td><td rowspan="3">聚二甲基、硅氧烷及其衍生物</td><td colspan="2">环五聚二甲基硅氧烷、环己硅氧烷和聚二甲基硅氧烷的混合物</td><td>42</td><td>—</td><td>—</td></tr>
<tr><td colspan="2">环五聚二甲基硅氧烷、环己硅氧烷和烷基聚二甲基硅氧烷的混合物</td><td>—</td><td>41</td><td>—</td></tr>
<tr><td colspan="2">环五聚二甲基硅氧烷、二甲基硅氧烷交联物和聚二甲基硅氧烷的混合物</td><td>—</td><td>—</td><td>23</td></tr>
<tr><td rowspan="3">液态脂质</td><td colspan="2">异十六烷和鳄梨油的混合物</td><td>19.5</td><td>—</td><td>—</td></tr>
<tr><td colspan="2">异鲸蜡醇棕榈酸酯</td><td>—</td><td>3</td><td>—</td></tr>
<tr><td colspan="2">碳酸二辛酯</td><td>—</td><td>—</td><td>2</td></tr>
</table>

续表

原料			配比（质量份）		
			1#	2#	3#
外油相	物理紫外屏蔽剂	二氧化钛	6	—	—
		二氧化钛和氧化锌的混合物	—	5	—
		氧化锌	—	—	5
	肤感调节剂	硅石	—	2	1.2
	成膜剂	聚甲基硅倍半氧烷	—	0.5	—
外油相乳化剂		聚甘油-3 二异硬脂酸酯	6	—	—
		PEG-10 聚二甲基硅氧烷	—	6	8
防腐剂		羟苯甲酯和苯氧乙醇的混合物	1	—	—
		羟苯甲酯、羟苯丙酯和苯氧乙醇的混合物	—	1.2	0.8

制备方法

（1）将内油相原料混合，得到内油相体系。

（2）将内油相乳化剂、水和多元醇混合，得到水相体系。

（3）将外油相和外油相乳化剂混合，得到外油相体系。

（4）将所述步骤（1）得到的内油相体系加入步骤（2）得到的水相体系中进行第一乳化，得到 O/W 型初乳液。

（5）将所述步骤（4）得到的 O/W 型初乳液进行第一均质处理，得到 O/W 型纳米乳液；所述第一均质处理的压力为 30～150MPa，循环次数为 1～5 次。

（6）将所述步骤（5）得到的 O/W 型纳米乳液加入步骤（3）得到的外油相体系中进行第二乳化，得到 O/W/O 型初乳液。

（7）将所述步骤（6）得到的 O/W/O 型初乳液进行第二均质处理，得到 O/W/O 型乳液；第二均质处理的压力为 30～150MPa，循环 1～5 次。

（8）向所述步骤（7）得到的 O/W/O 型乳液中加入防腐剂，得到 O/W/O 型防晒乳霜。

产品特性

（1）本品既有一定的抗水性，又将防晒剂分散于内油相，避免了直接接触皮肤，降低了防晒剂对皮肤带来的刺激性和油腻感。

（2）本品具有良好的防晒性，对皮肤清爽不油腻。

（3）本品通过工艺的控制，有效控制内油相粒子的粒径大小及分布，将内油相粒子控制在 200～500nm 之间，通过对紫外线的散射作用产生良好的物理屏蔽作用，并实现与防晒剂的协同增效。本品制备方法简单，适合大规模生产。

配方 2　含巴西香可可果提取物防晒霜

原料配比

原料		配比（质量份）		
		1#	2#	3#
提取溶剂	乙醇	30	20	30
	异丙醇	10	10	5
	去离子水	60	80	70
巴西香可可果提取物	巴西香可可果	1	1	1
	提取溶剂	8	5	10
巴西香可可果提取物		3	3	3
聚山梨醇-60		2	2	2
氢化蓖麻油		4	4	4
液体石蜡		7	7	7
角鲨烷		1	1	1
甘油		5	5	5
1,4-丁二醇		1	1	1
三乙醇胺		0.3	0.3	0.3
苯氧乙醇		0.03	0.03	0.03
香精		0.01	0.01	0.01
去离子水		加至100	加至100	加至100

制备方法

（1）将原料分为以下三组：

组一：聚山梨醇-60、氢化蓖麻油、液体石蜡、角鲨烷；组二：甘油、1,4-丁二醇、三乙醇胺、去离子水；组三：巴西香可可果提取物、苯氧乙醇、香精。

（2）将组一所有组分混合后加入油相锅，升温到80～90℃，搅拌均匀，持续时间30min。

（3）将组二所有组分混合后加入水相锅，升温到80～90℃，搅拌均匀，持续时间30min。

（4）将步骤（2）、（3）的液体相互混合进行均质乳化，持续时间30min，乳化后将混合液冷却至45～55℃，加入组三所有组分，搅拌均匀，持续时间30min，最后冷却至室温即得。

原料介绍　所述巴西香可可果提取物的制备方法为：将巴西香可可果粉碎后，加入5～10倍质量的提取溶剂，浸泡12～24h，然后加热回流提取2～3次，每次回流提取时间为1～2h，过滤，合并滤液经回收溶剂后干燥，即得。

产品特性　本品具有优异的防晒效果，通过采用特定的混合型溶剂，并按特定质量比进行复配，使得提取到的巴西香可可果提取物在防晒功效上具有明显的协同作用。

配方 3　包含成膜剂和微球颗粒的防晒化妆品

原料配比

原料			配比（质量份）		
			1#	2#	3#
油相	有机防晒剂	奥克立林	5	—	—
		甲氧基肉桂酸乙基己酯	—	5	5
		水杨酸乙基己酯	6	5	5
		乙基己基三嗪酮	—	3.5	3.5
		丁基甲氧基二苯甲酰化甲烷	5	—	—
		二乙氨羟苯甲酰基苯甲酸己酯	—	2	2
	润肤油脂	鲸蜡硬脂醇	—	1.5	1.5
		$C_{12} \sim C_{15}$ 醇苯甲酸酯	2	—	—
		环五聚二甲基硅氧烷	5	6	6
		聚二甲基硅氧烷	3	—	—
		辛基聚甲基硅氧烷	—	1	1
	润肤油脂和乳化剂	山嵛醇、聚甘油-10 五硬脂酸酯、硬脂酰乳酰乳酸钠	2	—	—
	无机防晒剂和润肤油脂	二氧化钛、聚二甲基硅氧烷	4.5	—	—
	成膜剂	聚乙烯吡咯烷酮/二十碳烯共聚物	2	—	—
	润肤油脂和成膜剂	环五聚二甲基硅氧烷、三甲基硅氧基硅酸酯	—	1.5	—
	润肤油脂和成膜剂	环五聚二甲基硅氧烷、VP/二十碳烯共聚物	—	—	1.5
水相		水	50.2	56.3	56.3
	保湿剂	丁二醇	8	—	—
		丙二醇	—	8	8
		透明质酸钠	—	0.1	0.1
		甜菜碱	—	1.5	1.5
	乳化剂	聚山梨醇酯-20	—	0.5	0.5
		鲸蜡醇磷酸酯钾	1.5	0.8	0.8
		聚甘油-10 肉豆蔻酸酯	—	0.5	0.5
	有机防晒剂	苯基苯并咪唑磺酸	3	—	—
	微球颗粒	苯乙烯/丙烯酸（酯）类共聚物	0.5	2.5	2.5
	添加剂	丙烯酸（酯）类/C10-30 烷醇丙烯酸酯交联聚合物	—	0.4	0.4
		黄原胶	0.2	0.15	0.15
		乙二胺四乙酸四钠	0.05	—	—
		乙二胺四乙酸二钠	—	0.1	0.1
		丙烯酰二甲基牛磺酸铵/VP 共聚物	—	0.6	0.6
		水、亚甲基双苯并三唑基四甲基丁基酚、癸基葡糖苷、丙二醇、黄原胶	—	2	2

原料		配比（质量份）		
		1#	2#	3#
添加剂	氨甲基丙醇	1.05	0.1	0.1
	苯氧乙醇、乙基己基甘油	0.6	—	—
	苯氧乙醇、辛甘醇、氯苯甘醚	—	0.8	0.8
	1,3-丙二醇、辛甘醇	0.3	—	—
	香精	0.1	0.15	0.15

制备方法

（1）将油相的各组分加入油相锅中，边搅拌加热至82～87℃，转速10～50r/min，充分搅拌至均匀，得油相混合物；

（2）将水相的各组分加入水相锅中，边搅拌加热至82～87℃，转速10～50r/min，充分搅拌至均匀，得水相混合物；

（3）将油相混合物、水相混合物依次通过过滤阀抽入真空乳化锅中，以转速为30～35r/min进行搅拌，然后以转速为2500～3200r/min进行均质至乳化均匀，再将搅拌转速降至10～30r/min，降温至45℃，加入添加剂，继续搅拌至均匀后出料；

（4）检测合格后灌装，即得。

产品特性　本品将成膜剂和微球颗粒科学合理地组合在一起，应用于防晒组合物中，提高防晒剂的使用效率，从而减少防晒剂的添加量，进而降低由于高防晒剂用量带来的安全性问题及油腻、铺展性差等问题。

配方 4　包埋式防晒霜

原料配比

原料		配比（质量份）									
		1#	2#	3#	4#	5#	6#	7#	8#	9#	10#
固态脂质	鲸蜡醇棕榈酸酯	14	16	18	20	—	—	—	—	—	—
	山嵛酸甘油酯	—	—	—	—	16	14	20	18	—	—
	乳油木果脂	—	—	—	—	—	—	—	—	18	20
乳化剂	硬脂酸甘油酯	4.5	—	—	—	5.5	—	—	—	—	—
	脂肪酸甘油酯	—	5	—	—	—	6	—	—	—	5.5
	十六烷基磷酸	—	—	5.5	—	—	—	4.5	—	—	—
	橄榄油鲸蜡醇酯	—	—	—	6	—	—	—	5	—	—
防晒剂		8	10	12	14	14	12	10	8	10	8
聚山梨醇酯-80		2	2	2	2	2	2	2	2	2	2
戊二醇		1	1	1	1	1	1	1	1	1	1
卵磷脂		1	1	1	1	1	1	1	1	1	1

续表

原料		配比(质量份)									
		1#	2#	3#	4#	5#	6#	7#	8#	9#	10#
水		69.5	65	60.5	56	60.5	64	61.5	65	62	62.5
防晒剂	甲氧基肉桂酸辛酯	60	60	60	60	60	60	60	60	60	60
	奥克立林	20	20	20	20	20	20	20	20	20	20
	丁基甲氧基二苯甲酰基甲烷	15	15	15	15	15	15	15	15	15	15

制备方法

(1) 将固态脂质和乳化剂混合，恒温加热至85～90℃，再加入防晒剂混合均匀，形成脂相；

(2) 将聚山梨醇酯-80、戊二醇、卵磷脂、水混合并恒温加热至85～90℃，形成水相；

(3) 将脂相加入水相中混合均匀，恒温至85～90℃，形成混合相；

(4) 将混合相放入高压均质机进行前乳化，转速8000r/min，时间3min，形成混合相乳液；

(5) 将高压均质机加压至60MPa，循环3次，得到包埋式防晒霜。

产品特性 为了降低防晒剂的光降解以及刺激性，本品通过采用热乳化高压均质法制备固体脂质纳米载体包埋防晒剂，可以提高负载量和稳定性，避免脂质形成完整晶格，将药物排挤出来，从而改进了药物的包埋。固体脂质分子内含有较强的长链，所以具有疏水性质，可在皮肤表面形成疏水薄膜，增大粒径以使防晒剂停留在皮肤表层发挥防晒作用，同时防晒剂外围由固态脂质包覆，能有效地进行药物释放，并减少药物泄漏，降低对肌肤的刺激性。而且本品不使用液态油脂和有机溶剂，可减少油腻感和对肌肤的刺激性。

配方 5 保湿防晒霜

原料配比

原料	配比(质量份)		
	1#	2#	3#
矢车菊	4	8	6
沙棘粉	9	13	12
芦荟粉	2	5	4
绿茶茶叶	3	5	4
佛甲草	0.3	1.2	0.8
黑荆树树皮	1	3	2
50%乙醇溶液	40	50	45

原料	配比(质量份)		
	1#	2#	3#
甘油	3	5	4
三乙醇胺	0.5	1.2	1
甘草酸二钾	0.2	4	0.3
抗静电液体石蜡	0.1	0.3	0.2
神经酰胺	1	2	1.5
深层海洋水	3	5	4
硅酸镁铝	0.1	0.3	0.2
超微纳米二氧化钛	1	3	2
羊毛脂	2	4	3
PEG-80 失水山梨醇月桂酸酯	3	5	4
尼泊金甲酯	0.1	0.3	0.2
氮酮	0.2	0.6	0.4

制备方法

(1) 取矢车菊、沙棘粉、芦荟粉、绿茶茶叶、佛甲草和黑荆树树皮混合后放入粉碎机中粉碎至 80~100 目;

(2) 向粉碎后细粉中加入 50%乙醇溶液,在 50~60℃温度、40~60kHz 频率下超声提取 25~45min;

(3) 将超声提取后混合物在高速离心机中 4000~5500r/min 离心分离 10~15min,取上清液备用;

(4) 向上清液中加入甘油、三乙醇胺、甘草酸二钾、抗静电液体石蜡、神经酰胺、3~5 质量份深层海洋水、硅酸镁铝、超微纳米二氧化钛、羊毛脂、PEG-80 失水山梨醇月桂酸酯和尼泊金甲酯,80~90℃、400~550r/min 搅拌 20~40min,搅拌后保温 15~35min;

(5) 将混合物冷却至 70~80℃,加入氮酮,然后在-0.05~-0.03MPa 真空均质 15~25min,然后破真空冷却至室温后密封包装。

产品特性 本品制备方法简单、原料易得,产品防晒效果好、保湿能力强,同时还具备美白的功效。本品各组分起到协同增效的作用,使得本品对紫外线的反射、散射量以及对可见光的透过率都大大增加。

配方 6 薜荔防晒乳

原料配比

原料	配比(质量份)		
	1#	2#	3#
薜荔籽提取液	15	20	20

原料	配比（质量份）		
	1#	2#	3#
芦荟汁	12	15	13
光果甘草提取物	5	7	5
羊毛脂	2	3	3
洋甘菊提取液	—	8	5
根皮素	—	—	3
鳄梨油	66	47	47

制备方法

（1）薜荔籽提取液的制备：挑拣除杂后的薜荔籽，洗净，放在烘箱内进行干燥，取干燥后的薜荔籽置于研磨机中研磨成粉，将薜荔籽粉用纱布袋兜住，在流动的清水下快速冲洗一次，洗去其大部分的糖苷、色素等物质，冲洗结束后将薜荔籽倒入抽提锅内，加入适量的柠檬汁和水，将溶液的 pH 值调至 2.1～2.6，用水浴加热法，一边搅拌一边加热，温度控制在 85～100℃，时间为 45～60min，将抽提出来的薜荔籽液通过 UF 膜进行初滤，再在转速为 6000～7000r/min 的离心机中分离其所含的杂质，得到滤清的薜荔籽提取液，最后对滤清的薜荔籽提取液进行真空浓缩，浓缩至 65％～75％，即可得到薜荔籽提取液。

（2）芦荟汁的制备：取新鲜的芦荟，将芦荟的叶子用清水洗净，剔除其叶子两边的刺和外皮，取其肉，置于压榨机中压成泥状，再用滤布过滤，即可得到芦荟汁。

（3）混合、乳化：按质量份称取薜荔籽提取液、芦荟汁、光果甘草提取物、鳄梨油、洋甘菊提取液、根皮素混合均匀后，置于乳化机中，再加入羊毛脂进行乳化，即可得到薜荔防晒乳。

（4）装罐、包装。

产品特性　本品由纯天然原料制备，不含任何化学添加剂，对皮肤无刺激性。通过独特工艺提取的薜荔籽提取液中富含果胶成分，果胶能有效地防止紫外线辐射，阻止紫外线对肌肤的损伤，配合添加的其它原料，还使其具有自然保湿、舒缓肌肤、美白亮肤等护肤功效。

配方 7　纯天然美白祛斑防晒霜

原料配比

原料	配比（质量份）	
	1#	2#
芦荟	15	20

原料	配比（质量份）	
	1#	2#
维生素 E	5	10
葡萄籽油	10	5
珍珠粉	15	20
天然香精	15	10
蛤蜊油	10	10
去离子水	15	20

制备方法

（1）干燥：将芦荟在 35～60℃下干燥 4～6h。

（2）粉碎：将芦荟粉碎。

（3）萃取：将芦荟末加入有机溶剂萃取得到芦荟凝胶汁。

（4）混合：将所有材料加入搅拌机中，在 50～70℃条件下，以 900r/min 的转速搅拌 10min。

（5）蒸馏：进行减压蒸馏。

（6）冷却：自然冷却，即得本品。

产品特性　本天然美白祛斑防晒霜加工工艺简单，无化学成分，且加入多种天然美白祛斑组分，具有防晒、美白和抗衰老等多种功能，相对于一般的化妆品，本品在美白、祛斑方面的功效十分突出。

配方 8　低刺激型多重乳化防晒化妆品

原料配比

原料		配比（质量份）					
		1#	2#	3#	4#	5#	6#
油相防晒剂	甲氧基肉桂酸乙基己酯	0.5	—	—	—	—	8
	奥克立林	—	3	—	—	—	2
	二苯酮-3	—	—	2	—	—	0.1
	二乙氨羟苯甲酰基苯甲酸乙酯	—	—	—	0.5	—	0.5
	乙基己基三嗪酮	—	—	—	—	2	0.4
	胡莫柳酯	—	—	5	—	—	4
	水杨酸乙基己酯	—	—	—	—	6	—
	双乙基己氧苯酚甲氧苯基三嗪	—	—	—	0.5	—	1
	鲸蜡醇乙基己酯	0.5	—	—	10	—	10
	C₉～C₁₃ 异链烷烃	—	—	—	4	4	—
	辛酸/癸酸甘油三酯	—	2	—	—	—	4
	己二酸二丁酯	—	—	—	—	8	—
	季戊四醇四（乙基己酸）酯	—	—	3	—	—	—

315

续表

原料		配比(质量份)					
		1#	2#	3#	4#	5#	6#
乳化剂	PEG-45 硬脂酸酯	—	1	—	—	—	1
	PEG-60 氢化蓖麻油	0.8	—	—	—	3	2
	PEG-6 辛酸/癸酸甘油酯类	—	0.5	—	—	0.5	1
	聚山梨醇酯-80	0.2	—	—	—	0.5	0.2
	$C_{20} \sim C_{22}$ 醇磷酸酯和 $C_{20} \sim C_{22}$ 醇	—	—	2	—	—	1.8
	鲸蜡硬脂基葡糖苷和鲸蜡硬脂醇	—	—	—	3	—	—
螯合剂	乙二胺四乙酸二钠	0.02	0.02	0.02	0.05	0.05	0.05
防腐剂	苯氧乙醇	0.1	0.1	0.1	0.1	0.1	0.1
	乙基己基甘油	0.05	0.05	0.05	0.05	0.05	0.05
	初乳	30	35	40	45	50	60
二氧化钛	二氧化钛(硬脂酸改性)	—	—	—	—	10	—
	二氧化钛(三甲基辛基硅烷改性)	20	—	—	15	—	—
氧化锌	氧化锌(聚二甲基硅氧烷改性)	—	—	15	—	—	—
	氧化锌(三甲基辛基硅烷改性)	—	20	—	—	—	15
油脂	聚二甲基硅氧烷	—	15	—	—	—	5
	环五聚二甲基硅氧烷	5	—	20	—	10	—
	辛基聚二甲基硅氧烷	5	—	—	5	—	—
	异壬酸异壬酯	—	15	—	10	20	5
	聚甘油-2 四异硬脂酸酯	5	—	—	5	—	—
	棕榈酸乙基己酯	10	5	—	5	3	—
	鲸蜡醇	—	—	—	3	1	—
	异十二烷	15	5	15	—	—	—
硅凝胶	聚二甲基硅氧烷 PEG-10/15 交联聚合物和聚二甲基硅氧烷的混合物	5	—	—	—	—	5
	PEG-15/月桂基聚二甲基硅氧烷交联聚合物和矿油的混合物	—	—	—	—	5	—
	聚二甲基硅氧烷/聚甘油-3 交联聚合物和聚二甲基硅氧烷的混合物	—	1	—	4	—	—
	月桂基聚二甲基硅氧烷/聚甘油-3 交联聚合物和角鲨烷的混合物	—	—	3	—	—	—
有机硅树脂类成膜剂	丙烯酸(酯)类/聚二甲基硅氧烷共聚物和环五聚二甲基硅氧烷的混合物	5	—	7	—	1	10
	三甲基硅氧烷硅酸酯和环五聚二甲基硅氧烷的混合物	—	4	—	8	—	—
	水	加至 100	加至 100	加至 100	加至 100	加至 100	加至 100

制备方法

(1) 将油相防晒剂加热至完全熔解,冷却至 40℃以下,并确认无结晶析出,形成油相 A;

(2) 将防腐剂和螯合剂加入水中,混合均匀,形成水相;

（3）将乳化剂加入步骤（2）的水相中，加热溶解，搅拌均匀后，冷却至40℃以下，再在均质条件下将步骤（1）的油相A加入水相中，形成初乳；

（4）将疏水改性的二氧化钛或氧化锌、油脂、硅凝胶、成膜剂在均质条件下分散均匀，形成油相B；

（5）在低速均质的条件下把所得初乳缓慢加入步骤（4）的油相B中，分散均匀即可。

产品特性 由于本品的多重乳化防晒化妆品为油包水包油（O/W/O），或硅油包水包油（O/W/Si）的结构，使油相防晒剂包裹在最内层，最外层添加成膜剂。因此，在涂抹过程中，最外相含成膜剂的亲油成分会最先接触到皮肤，并且最外层的W/O体系会率先破乳，亲油性成膜剂与无机防晒剂会在皮肤上并形成膜状结构；后续涂抹过程中内层的O/W体系也会破乳，一方面最内层的油相防晒剂可以被铺展在已成膜的最外相上，此层膜已把皮肤皱褶铺平，使防晒剂可以均匀地分布在皮肤表面而不易发生皱褶聚集，从而提高整体的防晒效果；另一方面，已成膜的最外相也可阻止油相防晒剂往角质层渗透，从而降低油相防晒剂的刺激性和潜在危害，提高了防晒效果和安全性能。

配方 9　多功能防晒霜

原料配比

原料		配比（质量份）		
		1#	2#	3#
甲壳素		1	3	2
肉桂酸		1	3	2
水解胶原蛋白		3	5	4
熊果苷		2	4	3
复合油脂		12	15	14
橄榄油乳化蜡		3	5	4
海藻素		1	2	1.5
角鲨烷		5	8	6
透明质酸		5	7	6
连翘酚		1	2	1.5
芦丁		1	3	2
去离子水		65	43	54
复合油脂	霍霍巴油	5	—	5
	鳄梨油	2	3	2
	红花籽油	—	7	1

制备方法

（1）将配比量的复合油脂、橄榄油乳化蜡和角鲨烷混合，隔水加热至70～

75℃，恒温搅拌至完全溶解，得混合油脂；

（2）将甲壳素、肉桂酸、水解胶原蛋白、熊果苷、海藻素、透明质酸和芦丁混合均匀，加入去离子水中，隔水加热至70～75℃，恒温搅拌32～48min，得混合物；

（3）将步骤（2）所得混合物加入步骤（1）所得混合油脂中，进行均质乳化，搅拌速度为1800～2200r/min，均质乳化时间为14～18min，真空脱泡，得乳化物Ⅰ；

（4）待步骤（3）所得乳化物Ⅰ的温度降至35～40℃时，加入连翘酚，进行第二次均质乳化，搅拌速度为450～550r/min，均质乳化时间为5～9min，真空脱泡，冷却至室温，即得成品。

产品特性

（1）本品质地温和，使用安全，涂抹之后肤感清爽，不黏腻，具有显著的防晒效果，防晒持久性好。

（2）本品具有良好的光稳定性，安全温和，同时能舒缓肌肤，通过各种成分的协同作用，具有显著的补水保湿、美白以及防晒效果，且能够高效预防皮肤老化。

配方 10　多功能抗辐射防晒霜

原料配比

原料		配比（质量份）			
		1#	2#	3#	4#
葡萄籽		1	2	2	1.5
草莓虎耳草		1	0.8	0.5	1
海藻		1	0.8	0.5	1
苹果籽		1	0.8	0.5	1
A相	天来施	7	8	9	8.5
	甲氧基肉桂酸辛酯	9	8	7	7
	胡莫柳酯	6	7	9	7
	二乙基己基丁酰胺基三嗪酮	5	6	7	6
	二苯酮-4	6	5.5	5	5.6
	苯基苯并咪唑磺酸	6	5	6	4.8
	奥克立林	8	7	8	6
	4-甲基苄基樟脑	4	3	2	3
	山梨醇酐倍半油酸酯	5	4	2	4
	液体石蜡	3	4	5	3.5
	乳木果油	3	2	1	2
	蜂蜡	2	2.5	3	2.5
	维生素E	2	1	0.5	1.5
	泛醇	0.5	0.8	1	0.8

原料		配比（质量份）			
		1#	2#	3#	4#
B 相	甘油	7	5	3	6
	丙二醇	2	3	5	3
	甜菜碱	3	2	1	2
	羟苯甲酯	0.1	0.2	0.3	0.2
双蒸水		加至 100	加至 100	加至 100	加至 100

制备方法

（1）按质量份称取各组分，备用。

（2）将葡萄籽、海藻、草莓虎耳草和苹果籽粉碎过 80～100 目筛，得到的粗粉加入 5 倍质量的双蒸水中，于胶体磨中混匀进行细化处理，得到的细化液转入均质机中进行混匀细化，进行纳米化粉碎，得到含保湿抗氧化成分的纳米化液。

（3）将 A 组分和 B 组分分别加热至 90℃左右溶解，向 A 组分中搅拌加入 B 组分，再加双蒸水，得到混合相。

（4）将纳米化液加入混合相中快速搅拌至完全乳化，便得到多功能防晒霜。得到的防晒霜呈乳黄色细腻膏体。

原料介绍　所述纳米化液中的纳米颗粒粒径为 0.1～10μm。

产品特性

（1）本品具有较高的防晒性，其防晒值高达 50～70，具有显著的抗氧化作用，能抑制过氧化脂质的生成，消除自由基，保护皮肤细胞不受氧自由基过度氧化的影响，具有抗阳光辐射、抗菌、消炎、保湿等作用。

（2）本品可调节毛细血管壁的渗透作用，降低血管的脆性，从而延长皮肤细胞寿命，增强抗衰老能力。

配方 11　多功能保湿防晒霜

原料配比

原料		配比（质量份）		
		1#	2#	3#
壳聚糖液	壳聚糖	1	1	1
	水	100	100	100
聚乙烯醇液	聚乙烯醇	1	1	1
	水	100	100	100
茶叶提取液	茶叶	1	1	1
	水	50	50	50
卡波姆	卡波姆 971P	50	—	50

原料		配比（质量份）		
		1#	2#	3#
壳聚糖液		30	30	30
聚乙烯醇液		30	30	30
蜗牛黏液		30	30	30
防腐剂	尼泊金甲酯	5	5	5
超氧化物歧化酶		6	6	—
过氧化氢酶		3	3	3
氧化物酶		3	3	3
水		50	50	50
维生素	维生素 A	20	20	20
茶叶提取液		20	20	20
植物精油	茉莉精油	20	20	20

制备方法

（1）将壳聚糖与水按质量比(1∶50)～(1∶100)加入 1 号烧杯中，用玻璃棒搅拌混合 20～30min 后，静置溶胀 3～4h，再将 1 号烧杯移入数显测速恒温磁力搅拌器，于温度为 95～100℃，转速为 400～500r/min 条件下，加热搅拌溶解 40～50min，即得壳聚糖液；

（2）将聚乙烯醇与水按质量比(1∶50)～(1∶100)加入 2 号烧杯中，用玻璃棒搅拌混合 20～30min 后，静置溶胀 3～4h，再将 2 号烧杯移入数显测速恒温磁力搅拌器，于温度为 95～100℃，转速为 400～500r/min 条件下，加热搅拌溶解 40～50min，即得聚乙烯醇液；

（3）向装满蜗牛的体积大小为 50cm×50cm×50cm 的木框内浇水 3～5 次，用烧杯接从 50cm×50cm×50cm 的木框中流出的蜗牛黏液，即得蜗牛黏液；

（4）将茶叶与水按质量比(1∶30)～(1∶50)置于单口烧瓶中，并将单口烧瓶置于数显测速恒温磁力搅拌器中，于温度为 80～100℃，转速为 500～600r/min 条件下，加热搅拌混合 20～30min，得茶叶混合液，再将茶叶混合液过滤，得滤液，随后将滤液置于数显测速恒温磁力搅拌器中，于温度为 60～80℃，压力为 500～800kPa，转速为 50～80r/min，减压浓缩 30～50min，即得茶叶提取液；

（5）按质量份数计，将 40～50 份卡波姆，20～30 份壳聚糖液，20～30 份聚乙烯醇液，20～30 份蜗牛黏液，3～5 份防腐剂，5～6 份超氧化物歧化酶，2～3 份过氧化氢酶，2～3 份氧化物酶，40～50 份水，10～20 份维生素，10～20 份茶叶提取液，10～20 份植物精油置于混料机中，于转速为 1000～1200r/min 条件下，高速搅拌混合 30～50min，即得多功能防晒霜。

产品特性　本品清爽不油腻，有良好的保湿效果和优异的防晒效果。

配方 12　多重乳液防晒化妆品

原料配比

原料			配比(质量份)						
			1#	2#	3#	4#	5#	6#	7#
A相		水	加至100	加至100	加至100	加至100	加至100	加至100	加至100
	保湿剂	甜菜碱	—	0.5	—	—	1	2	—
		海藻糖	—	—	5	—	1	—	1
	螯合剂	乙二胺四乙酸二钠	0.02	0.02	0.2	0.2	0.05	0.1	0.05
	增稠剂	丙烯酰二甲基牛磺酸铵/VP共聚物	0.1	0.1	—	0.5	0.2	—	0.2
		改性玉米淀粉	—	—	0.5	—	0.1	0.3	—
	抗敏剂	尿囊素	—	0.1	—	—	0.1	0.3	0.2
		泛醇	—	—	0.5	—	0.1	—	—
	多元醇	甘油	1	1	—	10	2	—	3
		丁二醇	—	—	—	10	3	6	—
B相	油溶性化学防晒剂	甲氧基肉桂酸乙基己酯	—	4	5	3	—	5	5
		胡莫柳酯	2	—	10	6	4	5	2
		丁基甲氧基二苯甲酰基甲烷	3	—	2	1	2	—	—
		奥克立林	4	—	—	10	10	3	—
		水杨酸乙基己酯	—	2	4	—	—	—	3
		双乙基己氧苯酚甲氧苯基三嗪	—	3	1	2	3	3	2
	亲水性乳化剂	鲸蜡硬脂醇/鲸蜡硬脂基葡糖苷	0.5	0.5	—	4	1	—	1
		椰油醇	—	—	4	—	0.5	2.5	—
C相	化学防晒剂增溶剂	$C_{12} \sim C_{15}$ 醇苯甲酸酯	2	2	10	10	5	8	5
	润肤剂	PPG-3苄基醚肉豆蔻酸酯	2	2	—	8	4	—	4
		癸二酸二异丙酯	—	—	8	—	2	3	—
	油溶性化学防晒剂	二氧化钛	1	1	—	5	2	—	2
		二氧化锌	—	—	5	—	1	3	—
	亲油性乳化剂	PEG-9聚二甲基硅氧乙基聚二甲基硅氧烷	0.2	0.2	—	2	0.5	—	0.5
		月桂基PEG-9聚二甲基硅氧乙基聚二甲基硅氧烷	—	—	2	—	0.5	1	—

续表

原料			配比（质量份）						
			1#	2#	3#	4#	5#	6#	7#
D相	水溶性化学防晒剂	苯基苯并咪唑磺酸	1	1	—	3	3	—	2
		二苯酮-4	—	—	3	—	—	2	—
		水	2	2	10	10	5	8	5
	pH调节剂	三乙醇胺	1	1	3	3	1.5	2	1.5
防腐剂	苯氧乙醇/乙基己基甘油		—	0.2	1.2	—	1	1	1
香精			—	0.03	0.1	—	0.05	0.05	0.01

制备方法

（1）将 A 相各物料加入水相锅中，加热至 80～90℃后，搅拌均匀待用；

（2）将 B 相各物料加入油相锅中，加热至 75～85℃，将 B 相组分缓慢抽入步骤（1）所得的溶液中均质 4～6min，搅拌均匀，得到 O/W 型初乳；

（3）在 85℃将 C 相各物料加入研磨设备中研磨均匀，在 450～550r/min 的转速下高速搅拌和转速为 14000～160000r/min 高速剪切均质的条件下，将研磨后的物质缓慢加入步骤（2）所得到的 O/W 型初乳中，加入完后，继续高速均质和搅拌 10min；

（4）搅拌降温至 40℃时，加入 D 相组分和防腐剂，搅拌均匀，100 目滤布过滤出料即可。

产品特性

（1）本品稳定性好，使用肤感佳，不油腻，且抗水抗汗，能有效抵抗紫外线对皮肤的侵害。

（2）本品由于多重乳液的特性，使该产品比 O/W 型产品抗水抗汗性能强，比 W/O 型产品使用起来肤感更清爽。且部分防晒剂被包封在内乳化相中，通过油膜和外水相对有效成分进行保护，增加其化学、光、热、氧化的稳定性，使有效成分缓慢而持久释放，相比于传统配方，本品配方更加温和，可减少过敏反应。

配方 13　发用防水防晒喷雾组合物

原料配比

原料		配比（质量份）			
		1#	2#	3#	4#
防晒剂	甲氧基肉桂酸乙基己酯	10.00	—	10	10
	聚硅氧烷-15	—	1	10	10
	奥克立林	10.00	—	10	10

原料		配比（质量份）			
		1#	2#	3#	4#
防晒剂	水杨酸乙基己酯	5.00	—	5	5
	乙基己基三嗪酮	3.00	—	—	—
	丁基甲氧基二苯酰甲烷	—	—	10	—
	胡莫柳酯	—	—	5	—
	二乙氨基羟苯甲酰基苯甲酸己酯	—	—	—	5
	双乙基己氧苯酚甲氧苯基三嗪	—	—	—	3.8
乙醇		40.00	50	1	50
油脂	异构十二烷	10.00	—	—	—
	异壬酸异壬酯	18.00	—	—	—
	辛基聚甲基硅氧烷	—	20	—	—
	新戊二醇二庚酸酯	—	28.7	—	—
	油橄榄果油	—	—	20	—
	狗牙蔷薇果油	—	—	—	1
	角鲨烷	—	—	14	—
成膜剂	VP/二十碳烯共聚物	1.50	—	—	—
	三甲基硅氧基硅酸酯	—	0.1	—	—
	VP/十六碳烯共聚物	—	—	5	—
	聚乙烯交联聚合物	—	—	—	2
抗氧化剂	维生素E	0.50	—	—	—
	泛醌	—	0.1	—	—
	抗坏血酸磷酸酯	—	—	5	—
	四氢姜黄素	—	—	—	0.2
发用调理剂	十八烷基二甲基苄基氯化铵	2.00	—	—	—
	小麦胚芽油	—	0.1	—	—
	玉米胚芽油	—	—	5	—
	PEG-5油基磷酸酯	—	—	—	3

制备方法

（1）将防晒剂、油脂、成膜剂加入搅拌锅中，边搅拌边加热至82～87℃，转速为10～50r/min，充分搅拌至均匀；

（2）降温至37℃，加入抗氧化剂、发用调理剂、乙醇，并充分搅拌至均匀后出料；

（3）检测合格后灌装，即得成品。

产品特性　本品中同时加入了防晒剂、油脂和成膜剂，能够有效抵御及修护日光对头发造成的损伤，同时具有防水、护色、调理的作用。本品属于无水可雾化配方，快干、使用便捷，防晒效率高。

配方 14　防晒、保湿、抗衰老的氨基酸化妆品

原料配比

原料		配比（质量份）		
		1#	2#	3#
氨基酸组合物	赖氨酸	2.4	2.4	2.4
	组氨酸	0.7	0.7	0.7
	精氨酸	6.5	6.5	6.5
	天冬氨酸	5.2	5.2	5.2
	苏氨酸	7.4	7.4	7.4
	丝氨酸	12.5	12.5	12.5
	谷氨酸	12.4	12.4	12.4
	脯氨酸	8.6	8.6	8.6
	甘氨酸	5.7	5.7	5.7
	丙氨酸	4.4	4.4	4.4
	缬氨酸	5.6	5.6	5.6
	蛋氨酸	1.0	1.0	1.0
	异亮氨酸	2.5	2.5	2.5
	亮氨酸	6.4	6.4	6.4
	酪氨酸	2.5	2.5	2.5
	苯基丙氨酸	1.2	1.2	1.2
	半胱氨酸	15.0	15.0	15.0
氨基酸组合物		18	25	20
保湿剂	1,3-丁二醇	5	2	3
	透明质酸钠	—	0.1	—
乳化剂	黄原胶	2	—	2
	二氧化硅	—	—	1
润肤剂	甘油	10	—	10
	氢化植物油	—	—	2
	PEG-40	2	—	—
	青刺果油	—	0.2	—
	棕榈酸乙基己酯	4	—	—
防腐剂	乙二胺四乙酸二钠	0.05	—	—
	抗菌剂	—	0.5	—
	柠檬酸	0.03	—	0.03
	苯氧乙醇	—	—	0.06
溶剂	去离子水	加到100	加到100	加到100

制备方法　将各组分原料混合均匀即可。

产品特性　本品中的各组分协同效应良好，可对皮肤起到保护作用，是一种安全的，对皮肤有一定防晒、保湿、抗衰老作用的天然生物提取物组合物。

配方 15　防晒 BB 霜

原料配比

原料		配比（质量份）
A组	C_{20}～C_{22} 醇磷酸酯	1.8
	硬脂酸酯	0.5
	鲸蜡硬脂醇	0.2
	PPG-10 鲸蜡基醚磷酸酯	0.5
	聚二甲基硅氧烷	1.5
	环聚二甲基硅氧烷	3
	甘油三（乙基己酸）酯	5
	维生素 E	0.5
	甲氧基肉桂酸乙基己酯	1.5
	奥克立林	3
	二乙氨羟苯甲酰基苯甲酸己酯	3.5
	二氧化钛	2.5
	牛油果树果脂油	2
	羟苯甲酯	0.15
B组	聚丙烯酰胺和 C_{13}～C_{14} 异链烷烃	1
C组	水	65.45
	三乙醇胺	0.2
	尿囊素	0.2
	丁二醇	5
	双甘油	2
D组	苯氧乙醇和乙基己基甘油	0.5

制备方法

（1）分散 A 组原料，将 A 组原料依次加入油相锅中，升温到 75～80℃，打散均质使原料完全分解；其中二氧化钛经过氟化表面处理技术处理。

（2）处理 C 组原料和 D 组原料，将 C 组原料和 D 组原料加入乳化锅中，升温到 80～90℃。

（3）初次混合，将步骤（1）油相锅中完全分解的原料抽入步骤（2）的乳化锅中，一边抽料，一边进行搅拌均质，抽料时间是 2.5～3.5min，得到初次混合液。

（4）混合出料，将 B 组原料加入装有初次混合液的乳化锅中，均质 25～35s，保温 25～35min 灭菌，降温检验出料。

产品特性　本品配方合理，稳定性强，刺激性小，大大增加了持妆时间，能够对紫外线进行过滤，减少了紫外线对皮肤的伤害，保证了防晒效果，减少了自由基的形成，起到抗衰老的作用。

配方 16 防晒膏

原料配比

原料		配比（质量份）						
		1#	2#	3#	4#	5#	6#	7#
有机防晒剂	双乙基己氧苯酚甲氧苯基三嗪	2	1	—	—	—	—	2
	二乙氨羟苯甲酰基苯甲酸己酯	4	—	3	3	4	5	3
	丁基甲氧基二苯甲酰基甲烷	—	3	—	2	—	—	—
	甲氧基肉桂酸乙基己酯	5	8	10	6	2	10	8
	奥克立林	2	6	—	2	—	—	—
	水杨酸乙基己酯	—	4	2	—	2	5	3
	p-甲氧基肉桂酸异戊酯	3	—	3	3	—	4	—
	二苯酮-3	—	2	—	—	—	—	—
	二苯酮-4	—	—	—	2	—	—	—
	4-甲基苄亚基樟脑	—	—	—	2	2	4	—
固体油脂	地蜡	4	5	—	—	—	—	5
	小烛树蜡	—	—	6	—	—	—	—
	氢化橄榄油癸醇酯类	—	—	4	—	—	—	1
	白蜂蜡	3	—	—	5	1	8	—
	椰子油	3	3	—	4	2	5	5
	牛油果树脂	—	2	8	—	—	—	—
	牛油果树果脂	—	—	—	—	2	12	2
	三山嵛精	5	—	—	3	—	—	—
	鲸蜡硬脂醇	—	—	2	—	—	—	—
液态油脂	碳酸二辛酯	4	4	—	4	—	—	—
	鲸蜡醇乙基己酸酯	2	—	—	—	—	—	—
	$C_{12} \sim C_{15}$ 醇苯甲酸酯	—	2	4	—	1	15	4
	环五聚二甲基硅氧烷	4	—	—	4	—	—	6
	辛酸/癸酸甘油三酯	—	4	—	—	—	—	—
	聚二甲基硅氧烷	—	4	—	—	—	—	—
	异十二烷	—	6	—	—	—	—	—
	辛基十二醇肉豆蔻酸酯	—	—	—	4	—	—	—
	辛基聚甲基硅氧烷	—	—	4	—	2	8	—
	十一烷和十三烷	—	—	3	—	—	—	—
	季戊四醇四异硬脂酸酯	—	—	—	2	—	—	—
	椰油醇-辛酸酯/癸酸酯	—	—	—	2	—	—	—
	十三烷	—	—	—	—	2	2	—

续表

原料		配比（质量份）						
		1#	2#	3#	4#	5#	6#	7#
乳化剂	PEG-10 聚二甲基硅氧烷	0.3	—	—	—	—	—	—
	月桂基 PEG-9 聚二甲基硅氧乙基聚二甲基硅氧烷	0.5	—	—	—	—	—	—
	鲸蜡基 PEG/PPG-10/1 聚二甲基硅氧烷	—	0.5	—	0.5	—	—	0.8
	聚甘油-3 二异硬脂酸酯	—	—	0.3	—	—	—	—
	聚甘油-2 二聚羟基硬脂酸酯	—	—	—	—	—	1	—
	PEG-30 二聚羟基硬脂酸酯	—	—	0.7	—	0.1	1	—
	月桂基 PEG/PPG-18/18 聚甲基硅氧烷	—	—	—	0.3	—	—	—
	双-PEG-18 甲基醚二甲基硅烷	—	—	—	0.4	—	—	—
保湿剂	甘油	5	3	—	—	—	4	6
	1,3-丁二醇	—	4	—	4	—	—	8
	丙二醇	—	—	2	2	—	4	—
	己二醇	—	—	2	—	3	—	—
	二丙二醇	—	—	—	2	—	4	—
添加剂	防腐剂 羟苯甲酯	0.2	0.2	0.2	0.2	0.2	0.2	0.2
	羟苯丙酯	0.1	0.1	0.1	0.1	0.1	0.1	0.1
	苯氧乙醇	0.3	0.3	0.3	0.3	0.3	0.3	0.3
	生育酚乙酸酯	0.2	0.2	0.2	0.2	0.2	0.2	0.2
	抗坏血酸四异棕榈酸酯	0.2	0.2	0.2	0.2	0.2	0.2	0.2
	香精	0.3	0.3	0.3	0.3	0.3	0.3	0.3
去离子水		加至100	加至100	加至100	加至100	加至100	加至100	加至100

制备方法

（1）将有机防晒剂、固体油脂、液态油脂、乳化剂和防腐剂在加热搅拌条件下，溶解均匀，作为油相备用。

（2）将去离子水和保湿剂溶解均匀，作为水相备用。

（3）在加热状态下将水相缓慢加入油相中，进行乳化；搅拌的温度为 60～100℃，搅拌的转速为 100～300r/min，乳化的时间为 1～5min，乳化的转速为 800～1200r/min。

（4）将配方中的剩余组分加入乳化后的膏体，进行真空脱泡并冷却至室温，即得到防晒膏。

产品特性　本品通过调配固态油脂的种类和比例、乳化剂的种类和比例，使固态油脂和乳化剂共同配合，协同增效，使本品具有良好的出水效果，并具有冰淇淋质地和触发融化时带来的清凉肤感。通过合理的配比，在保证膏体高低温稳定性的前提下，制备具有不同出水效果的产品，搭配冰淇淋质地，给人一种全新的肤感体验。

配方 17　防晒护肤化妆品

原料配比

原料		配比(质量份)			
		1#	2#	3#	4#
A 相	聚二甲基硅氧烷	10	3	6	5
	棕榈酸异丙酯	8	10	3	6
	鲸蜡硬脂酸醇	1	5	2	4
	椰子基葡萄糖苷	1	4	5	3
	甘油硬脂酸酯	5	1	3	4
	尼泊金甲酯	0.1	0.15	0.2	0.18
B 相	甘油	10	7	5	8
	尼泊金丙酯	0.1	0.15	0.2	0.13
	去离子水	61.95	65.4	67.5	63.76
C 相	曲酸	0.05	0.3	0.6	0.5
	黄芩提取物	0.4	0.7	1	0.8
	葡萄籽萃取物	0.4	0.6	0.8	0.7
	芦荟提取物	1	0.2	0.4	0.8
	金银花提取物	0.5	0.3	0.8	0.4
	倒地铃提取物	0.3	0.7	1.5	1.2
D 相	香精	0.1	0.5	1	0.03
	维生素 E	0.1	1	2	1.5

制备方法

（1）将 A 相加入油相锅中，加热至 70～80℃，搅拌至完全溶解，备用；

（2）将 B 相加入水相锅，加热至 70～80℃，搅拌至所有组分溶解完全，备用；

（3）将步骤（1）制得的 A 相和步骤（2）制得的 B 相依次抽入到乳化锅中，均质 5～15min，搅拌速度为 2000～4000r/min，而后保温搅拌 15～45min，搅拌速度为 30～50r/min；

（4）将步骤（3）制得的混合物冷却至 40～45℃，加入 C 相，搅拌均匀；

（5）加入 D 相，搅拌均匀，即得所述防晒乳液。

原料介绍

所述的倒地铃提取物的制备方法如下：

（1）将干燥的倒地铃粉碎成平均粒径为 20～70 目的倒地铃原料粉末；

（2）将步骤（1）中得到的倒地铃原料粉末放入提取容器中，向提取容器中加入 15 倍的 75％乙醇溶液，回流提取 5 次，每次 2h，浓缩，干燥，粉碎后即得到倒地铃提取物。

所述的金银花提取物的制备方法如下：

（1）称取 1 份金银花花瓣，按 1∶10 的料液比，将所述花瓣浸入 80％乙醇浸泡 30min；

（2）将步骤（1）的混合液置于水浴中加热回流提取 1.5h，过滤，收集滤液，滤渣用 8 倍量 80％乙醇重复提取一次，合并两次滤液；

（3）将步骤（2）的滤液减压浓缩至无醇味，浓缩液通过 AB～8 大孔树脂柱进行吸附，先用去离子水洗脱，再用 60％乙醇洗脱，收集 60％乙醇洗脱液，减压浓缩后得到金银花提取物。

所述的芦荟提取物的制备方法如下：

（1）称取 1 份芦荟叶片，按 1∶12 的料液比，将所述叶片浸入 80％乙醇浸泡 30min；

（2）将步骤（1）的混合液置于水浴中加热回流提取 2h，过滤，收集滤液，滤渣用 8 倍量 80％乙醇重复提取一次，合并两次滤液；

（3）将步骤（2）的滤液减压浓缩至无醇味，浓缩液通过 AB～8 大孔树脂柱进行吸附，先用去离子水洗脱，再用 60％乙醇洗脱，收集 60％乙醇洗脱液，减压浓缩后得到芦荟提取物。

所述的葡萄籽提取物的制备方法如下：

（1）称取 1 份葡萄籽，按 1∶8 的料液比，将所述葡萄籽浸入 80％乙醇浸泡 30min；

（2）将步骤（1）的混合液置于水浴中加热回流提取 3h，过滤，收集滤液，滤渣用 8 倍量 80％乙醇重复提取一次，合并两次滤液；

（3）将步骤（2）的滤液减压浓缩至无醇味，浓缩液通过 AB～8 大孔树脂柱进行吸附，先用去离子水洗脱，再用 60％乙醇洗脱，收集 60％乙醇洗脱液，减压浓缩后得到葡萄籽提取物。

所述的黄芩提取物的制备方法如下：

（1）称取 1 份黄芩，按 1∶10 的料液比，将所述黄芩浸入 80％乙醇浸泡 30min；

（2）将步骤（1）的混合液置于水浴中加热回流提取 2h，过滤，收集滤液，滤渣用 8 倍量 80％乙醇重复提取一次，合并两次滤液；

（3）将步骤（2）的滤液减压浓缩至无醇味，浓缩液通过 AB～8 大孔树脂柱进行吸附，先用去离子水洗脱，再用 60％乙醇洗脱，收集 60％乙醇洗脱液，减压浓缩后得到黄芩提取物。

产品特性

（1）本品不仅具有显著的防晒效果，还有美白、润肤等功效。

（2）本品的防晒成分取自天然植物，温和安全，不仅具有美白、抗氧化等功效，还能修复滋养皮肤，减少过量紫外线照射引起的红斑、角质化、灼烧等问题，符合现代人追求的安全、高效、经济等要求。

配方 18　防晒护色发乳

原料配比

原料		配比（质量份）		
		1#	2#	3#
普洱熟茶浸提液		345	370	320
白及胶		148	152	144
核桃青皮浸提液		106	112	100
花椒籽种仁提取液		40	45	35
花椒籽蛋白肽溶液		28.5	31	26
乳木果油		17	19	15
花椒籽种皮黑色素		3	4	2
维生素 C 和维生素 E		1	1.2	0.8
维生素 C 和	维生素 C	5	5	5
维生素 E	维生素 E	8	8	8

制备方法

（1）将花椒籽种皮黑色素加入花椒籽蛋白肽溶液中，搅拌至均匀，得混合液 A。

（2）将乳木果油和花椒籽种仁提取液混匀，充分搅拌后加入核桃青皮浸提液、普洱熟茶浸提液和白及胶，加热到 80℃，保持 10min，搅拌均匀，得混合液 B。

（3）在紫外照射条件下，将混合液 B 趁热边搅拌边加入混合液 A 中，搅拌均匀，冷却到室温；然后加入维生素 C 和维生素 E 磨细粉末，搅拌均匀，调至弱酸性，最后将混合物采用磁力/震荡搅拌，时间为 30min，即得棕褐色的防晒护色发乳。

原料介绍

所述花椒籽种皮黑色素的制备方法：

（1）取黑色花椒籽的壳，采用无水乙醇浸提除去油，将壳烘干，细碎，过 180～200 目筛，得棕色花椒籽壳粉；按 1g 黑色花椒籽的壳对应 5mL 无水乙醇的料液比，在 80℃下浸提 1h。

（2）将步骤（1）制得的棕色花椒籽壳粉先置于 NaOH 溶液中进行处理，然后将 pH 值调节至 2～3 进行酸沉处理，得深棕色无定形粉末，即为花椒籽黑色素粗品；所述 NaOH 溶液浓度为 1.20mol/L，按 1g 花椒籽壳粉对应 24.6mL NaOH 溶液的料液比，在温度为 70℃下提取 2h。

（3）将花椒籽黑色素粗品制成溶液，将碱性蛋白酶（酶活 10000μ/g）配制成酶液浓度为 10g/L；将花椒籽黑色素粗品溶液与碱性蛋白酶液混合进行酶解法脱蛋白，加酶量为花椒籽黑色素粗品溶液体积的 6%，作用条件为温度 50℃，pH＝9，酶解时间 0.5～2h；将 pH 值调节至 2～3 进行酸沉，即得黑色的花椒籽种皮黑色素。

所述花椒籽种仁提取液的制备方法：取白色的花椒籽种仁粉碎后用无水乙醇在恒温下浸提，分离，得去油后的白色的花椒籽种仁和浸提液；将浸提液蒸馏除去乙醇，即得淡黄色花椒籽种仁提取液。所述恒温下浸提具体条件为在 80℃下浸提 1～3h；浸提时 1g 白色的花椒籽种仁对应 10mL 无水乙醇。

所述花椒籽蛋白肽溶液的制备方法：首先对去油后的白色的花椒籽种仁采用碱溶酸沉法，制备得到白色的花椒籽蛋白；然后将花椒籽蛋白与去离子水混合后进行预热，达到预定温度后将混合液的 pH 值调节至 2～3，加入胃蛋白酶进行花椒籽蛋白肽的提取，提取完毕后进行灭酶处理，最后进行离心，将上清液调至偏碱性，即得透明、较黏稠的花椒籽蛋白肽溶液。所述灭酶处理指在 90℃的恒温水浴中保温 15min，冷却至室温。离心具体条件为：在 8000r/min 的转速下离心 10min。

所述花椒籽蛋白在水中的底物浓度为 4.9%；所述预定温度为 32℃；所述胃蛋白酶［比活力（1∶3000）～（1∶3500）］与花椒籽蛋白溶液的质量比为 0.9∶100，提取时间为 2～4h。

所述核桃青皮浸提液的制备方法：

（1）取新鲜核桃青皮，切片充分氧化、晾干后粉碎成核桃青皮粉。

（2）取步骤（1）制得的核桃青皮粉与水混匀后，加热大火烧开，改小火煎煮，过滤，取过滤液浓缩至原滤液体积的 1/4～1/6 即得褐黑色的核桃青皮浸提液。核桃青皮粉与水的质量比为 1∶（8～12）；小火煎煮时间 20～40min；采用 300 目筛，挤压过滤。

所述白及胶的制备方法：向白及粉中加入水进行高温浸泡处理，过滤，滤液浓缩至原滤液体积的 1/3～1/5 即得淡黄色凝胶状的白及胶。白及粉与水的质量比为 1∶（15～20）；高温浸泡处理条件为：在 90～95℃下浸泡 1～2h。

所述普洱熟茶浸提液的制备方法：按照 3～5g 干茶叶对应 100mL 水的比例向普洱熟茶干茶叶加水，采用热水浸提法进行浸提，过滤得普洱熟茶浸提液。浸提温度为 80℃，浸提时间为 20～40min。

产品应用　本品是一种针对染发后的头发掉色尤其在光照下容易分解掉色而研发的防晒护色发乳。

使用时打开装有防晒护色发乳的塑料容器，分两次倒入手中，然后轻轻地抓头发，让防晒护色发乳覆满表面和内部的头发，使产品渗透到内部，直达发梢；或将防晒护色发乳挤在梳子上轻柔从发根向发梢理顺，以确保护发乳均匀分布。对于长时间暴露在强烈阳光下的头发，建议每隔 2～3h 使用一次。

产品与通常的发乳使用不同，不建议洗发后或在头发未干透时使用；倘若不小心把发乳沾到衣服上，要尽快地按通常洗衣服的方式清洗。

产品特性 本品的成分均为全天然植物成分，产品性能温和，使用安全，对头发和头皮肌肤无任何不良刺激，尤其适合染发后的人群使用，具有防晒、染黑、固色、止痒等效果，且具有滋润保湿头发、修复受损的头发等多重功效。

配方 19 防晒化妆品

原料配比

原料	配比(质量份)	原料	配比(质量份)
二氧化钛	3	对羟基苯甲酸甲酯	0.1
二甲基聚硅氧烷	5	对羟基苯甲酸丙酯	0.1
水杨酸	3	甘油	7
羟苯甲酮	3	维生素 E	1
失水山梨醇酐单硬脂酸酯	0.5	香精	0.1
硬脂酸	3	去离子水	90
单硬脂酸甘油酯	2		

制备方法

（1）将二氧化钛、二甲基聚硅氧烷混合于胶体，磨制成粉膏体；

（2）将水杨酸、羟苯甲酮、失水山梨醇酐单硬脂酸酯、硬脂酸、单硬脂酸甘油酯、对羟基苯甲酸甲酯、对羟基苯甲酸丙酯放在油相锅中加热至80℃溶解混合均匀；

（3）将去离子水、甘油在水相锅中加热至80℃溶解混合均匀；

（4）在真空、均质条件下将步骤（2）和步骤（3）物料于乳化锅中混合，均质后，加入步骤（1）制得的粉膏体继续搅拌，冷却；

（5）待步骤（4）物料冷却至50℃时加入维生素 E，冷却至45℃时加入香精，冷却至40℃时，即制得成品。

产品特性 本品的各原料产生协调作用，可防晒、减少色素沉着、延缓衰老；本品的 pH 值与人体皮肤的 pH 值接近，对皮肤无刺激性；使用后明显感到舒适、柔软，无油腻感，具有明显的滋润防晒、护肤的效果。

配方 20 含常春藤提取物防晒化妆品

原料配比

原料	配比(质量份)		
	1#	2#	3#
常春藤提取物	30	50	40
脂质	15	20	17

原料	配比（质量份）		
	1#	2#	3#
甘草酸胺	5	12	5~12
当归提取物	3	8	5
聚亚羧基碳酸酯	6	9	7
鞣花酸	3	7	5
二苯甲酮衍生物	10	20	15
美拉白	11	14	13
谷氨酸	2	5	3
皮脂氨基酸	3	6	5
紫草液	3	8	5
烃基安息香酸盐	3	5	4
稳定剂	4	6	5
防腐剂	3	6	5
氢化大豆卵磷脂	5	10	7
膜荚黄芪提取物	2	8	5
霍霍巴油	10	15	13
烃基安息香酸盐	5	8	6
水	50	60	55

制备方法

（1）按配比称取各组分：常春藤提取物 30～50 份、脂质 15～20 份、甘草酸胺 5～12 份、当归提取物 3～8 份、聚亚羧基碳酸酯 6～9 份、鞣花酸 3～7 份、二苯甲酮衍生物 10～20 份、美拉白 11～14 份、谷氨酸 2～5 份、皮脂氨基酸 3～6 份、紫草液 3～8 份、烃基安息香酸盐 3～5 份、稳定剂 4～6 份、防腐剂 3～6 份、氢化大豆卵磷脂 5～10 份、膜荚黄芪提取物 2～8 份、霍霍巴油 10～15 份、烃基安息香酸盐 5～8 份和水 50～60 份；

（2）将常春藤提取物、脂质、甘草酸胺、当归提取物、聚亚羧基碳酸酯及水混合搅拌，加热至 70～85℃，保温 1～3h；

（3）当温度降至 60～65℃时，加入霍霍巴油，搅拌，然后将烃基安息香酸盐、氢化大豆卵磷脂、膜荚黄芪提取物在水中搅拌，加热至 75～80℃，保温 1～3h；

（4）当温度降至 45～50℃时，加入剩余组分，搅拌，冷却，包装，得产品。

原料介绍

所述脂质为甘油乙酸酯、甘油硬脂酸酯、丁基辛醇水杨酸酯、甘油聚醚-26、辛基十二醇中的一种或几种。

所述稳定剂为丁二醇、双丙甘醇、鲸蜡醇、丁羟甲苯中的一种或几种。

所述防腐剂为苯氧基乙醇、对羟基苯甲酸及其盐类和酯类、苯甲酸及其盐类和酯类中的一种或几种。

产品特性 本品不但有很好的防晒效果，而且降低了防晒剂光活性造成的皮肤损伤，更好地满足了消费者防晒护肤的要求。

配方 21 含皮肤调理剂的防晒化妆品

原料配比

原料	配比（质量份）		
	1#	2#	3#
水	加至 100	加至 100	加至 100
甲氧基肉桂酸乙基己酯	6.5	8	9
己二酸二丁酯	4	5	6
二乙氨羟苯甲酰基苯甲酸己酯	4	5	6
二氧化钛	3	4	5
双丙甘醇	2.5	3	3
双乙基己氧苯酚甲氧苯基三嗪	1	2	2
丁二醇	2	2	2
丙二醇	2	2	2
甘油	2	2	2
乙基己基三嗪酮	0.5	1	1.5
新戊二醇二癸酸酯	1	1	1.5
二苯基甲硅烷氧基苯基聚三甲基硅氧烷	0.5	1	1
硅石	0.5	0.5	0.7
甜菜碱	0.5	0.5	0.65
海藻糖	0.4	0.5	0.55
蔗糖月桂酸酯	0.5	0.5	0.5
丙烯酸（酯）类/$C_{10} \sim C_{30}$ 烷醇丙烯酸酯交联聚合物	0.3	0.4	0.5
三乙醇胺	0.3	0.4	0.45
二硬脂二甲铵锂蒙脱石	0.2	0.3	0.3
肌肽	0.3	0.3	0.4
生育酚乙酸酯	0.15	0.2	0.25
泛醇	0.2	0.3	0.3
羟苯甲酯	0.18	0.18	0.18
鲨肝醇	0.45	0.5	0.55
甘草酸二钾	0.14	0.2	0.2
四氢甲基嘧啶羧酸	0.05	0.1	0.15
乙二胺四乙酸二钠	0.05	0.1	0.15
羟苯丙酯	0.02	0.03	0.03
香精	0.07	0.08	0.08
皮肤调理剂1	0.45	0.5	0.55
皮肤调理剂2	0.45	0.5	0.55
皮肤调理剂3	0.2	0.3	0.3
皮肤调理剂4	0.2	0.3	0.35
皮肤调理剂5	0.15	0.2	0.25
皮肤调理剂6	0.45	0.5	0.6

续表

原料		配比（质量份）		
		1#	2#	3#
皮肤调理剂1	辛酰羟肟酸	1	1	1
	丙二醇	1	1	1
	甘油辛酸酯	1	1	1
皮肤调理剂2	海水	1	1	1
	水解红藻提取物	2	2	2
皮肤调理剂3	己基癸醇	1	1	1
	红没药醇	1	1	1
	N-棕榈酰羟基脯氨酸鲸蜡酯	1	1	1
	硬脂酸	1	1	1
	油菜甾醇类	1	1	1
皮肤调理剂4	神经酰胺3	1	1	1
	辛酸/癸酸甘油三酯	1	1	1
	胆固醇	1	1	1
	氢化卵磷脂	1	1	1
	植物鞘氨醇	1	1	1
	硬脂酸	1	1	1
	油酸	1	1	1
	乳酸	1	1	1
	水	1	1	1
皮肤调理剂5	红没药醇	1	1	1
	金合欢醇	1	1	1
皮肤调理剂6	丁二醇	1	1	1
	1,2-戊二醇	1	1	1
	羟苯基丙酰胺苯甲酸	1	1	1
	抗坏血酸棕榈酸酯	1	1	1

制备方法 将各组分原料混合均匀即可。

产品特性 本品通过将甲氧基肉桂酸乙基己酯、二乙氨羟苯甲酰基苯甲酸己酯、二氧化钛、双乙基己氧苯酚甲氧苯基三嗪、乙基己基三嗪酮几种防晒成分以合适的比例复配，合理搭配其他功能成分得到的防晒化妆品防晒效果好，对人体皮肤无刺激性，安全性良好。

配方 22　护肤防晒化妆品

原料配比

原料			配比（质量份）				
			1#	2#	3#	4#	5#
油相	乳化剂	鲸蜡硬脂醇和鲸蜡硬脂基葡糖苷	2.5	2.5	2.5	2.5	2.5
	辅助乳化剂	甘油硬脂酸酯	0.5	0.5	0.5	0.5	0.5

续表

原料			配比（质量份）				
			1#	2#	3#	4#	5#
油相	润肤剂	$C_{12} \sim C_{15}$ 醇苯甲酸酯	5	5	5	5	5
		聚二甲基硅氧烷	3	3	3	3	3
	UVB 吸收剂	甲氧基肉桂酸乙基己酯	5	5	5	5	5
		乙基己基三嗪酮	1	1	1	1	1
	UVA&UVB 吸收剂	双乙基己氧苯酚甲氧苯基三嗪	1.5	1.5	1.5	1.5	1.5
	UVA 吸收剂	二乙氨基羟苯甲酰基苯甲酸己酯	1	1	1	1	1
水相	溶剂	去离子水	加至100	加至100	加至100	加至100	加至100
	保湿剂	甘油	2	2	2	2	2
		海藻糖	0.5	0.5	0.5	0.5	0.5
		透明质酸钠	0.1	0.1	0.1	0.1	0.1
	增稠剂	丙烯酸（酯）类/$C_{10} \sim C_{30}$ 烷醇丙烯酸酯交联聚合物	0.3	0.3	0.3	0.3	0.3
	pH 调节剂	精氨酸	0.2	0.2	0.2	0.2	0.2
其他		香精	0.1	0.1	0.1	0.1	0.1
		防腐剂	0.8	0.8	0.8	0.8	0.8
	UVA 吸收剂	脐形紫菜提取物	0.01	0.01	0.01	0.1	0.1
	UVB 吸收剂	盐生杜氏藻提取物	1	5	10	0.01	0.1
	物理防晒剂	海水珍珠粉	1	5	10	5	10
	晒后修复	雨生红球藻提取物（虾青素）	0.01	0.1	1	0.001	0.01
	保湿剂	软毛松藻提取物	1	5	10	1	5

制备方法

（1）将油相混合加热至 75～85℃，完全溶解为止；

（2）将水相混合加热至 75～85℃，完全溶解为止；

（3）将油相加入水相，2000r/min 均质 10min。然后边搅拌边冷却；

（4）冷却至 40℃，加入其他原料，搅拌冷却至 30℃以下，即可得到 SPF 值为 15.2、PA 值为 5.6 的防晒组合物。

原料介绍

所述的脐形紫菜提取物的制备方法：将脐形紫菜海藻研磨后，取适量放入浸泡罐并加入一定比例的丙二醇水溶液（1g 海藻对应 5～60mL 丙二醇水溶液，丙二醇水溶液中的水与丙二醇质量比为 1:2～4），搅拌浸泡 8～24h，然后将处理液转入萃取罐中进行微波萃取，萃取时间为 5～40min，提取温度为 25～125℃，微波功率为 300～1500W，将萃取液过滤即得脐形紫菜提取物。所述提取物经旋转蒸发仪浓缩后可分散在化妆品级甘油、丙二醇或丁二醇中备用，可加入适量化妆品常用防腐剂如苯氧乙醇、乙基己基甘油、辛甘醇等。

所述的盐生杜氏藻提取物的制备方法：利用超声波对盐生杜氏藻进行破壁处理，破壁海藻液经真空干燥后进行超临界二氧化碳萃取，萃取釜超临界二氧化碳温度为 20～50℃，压力为 10～40MPa，二氧化碳流量为 5～20kg/h，萃取时间为 2～8h，解析温度为 20～35℃，萃取结束后即得盐生杜氏藻提取物。

所述的雨生红球藻提取物的制备方法：采用丙二醇水溶液作为溶剂，对雨生红球藻进行均质破壁处理，然后将处理液进行超声萃取（1g 雨生红球藻对应 5～60mL 溶剂，丙二醇水溶液中水与丙二醇质量比为 1：2～4），超声温度为 20～40℃，时间为 3～15min，功率为 500～900W，粗提液冷冻离心后取上清液，待回复室温后加入化妆品级乙醇，稳定静置 2～10h，离心，上清液真空干燥除去乙醇即得提取物。

产品特性　本品不仅能有效降低有机防晒剂给人体带来的刺激和过敏反应，还能在防晒的同时修复损伤皮肤，为皮肤补充水分。

配方 23　功能性防晒化妆品

原料配比

原料			配比（质量份）		
			1#	2#	3#
油相	乳化剂	甘油硬脂酸酯/PEG-100 硬脂酸酯	1.2	1.2	1.3
		鲸蜡硬脂醇/鲸蜡硬脂基葡糖苷	0.8	1.0	0.9
		鲸蜡硬脂醇	1.0	0.8	1.2
		牛油果脂	2.0	1.5	1.2
		石栗子油	1.0	2.0	1.5
		棕榈酸异辛酯	5.0	3.0	4.0
		聚二甲基硅氧烷	6.0	8.0	7.0
	抗氧化剂	维生素 E 乙酸酯	0.5	0.2	—
		维生素 A 棕榈酸酯	—	—	0.3
		邻氨基苯甲酸薄荷酯	—	—	5.0
	防腐剂	尼泊金甲酯	0.1	0.05	0.15
		尼泊金丙酯	0.05	0.05	0.10
	长链烷基胺	十六胺	1.0	—	—
		十八胺	—	1.5	—
		十四胺	—	—	1.8
	丙烯酸（酯）类/辛基丙烯酰胺共聚物	Dermacryl-79	—	3.0	4.0
水相		去离子水	67.0	71.0	63.0
	丙烯酸类水溶性聚合物	Carbopol 941 polymer	0.1	—	—
		Carbopol Ultrez 20 Polymer	—	0.2	—
		Carbopol Ultrez 21 Polymer	—	—	0.05
	螯合剂	乙二胺四乙酸二钠	0.02	0.02	0.02
	多元醇	甘油	5.0	—	—
		丙二醇	—	3.0	—
		1,3-丁二醇	—	—	5.0

续表

原料		配比(质量份)		
		1#	2#	3#
防晒剂	对甲氧基肉桂酸异辛酯	65	75	85
	二苯甲酮-3	30	23	13
	氢化卵磷脂	5	2	2
	防晒原料基底组合	8.0	9.0	4.0
乳化剂	Simulgel EG	0.3	0.2	0.4
中和剂	三乙醇胺	0.075	—	—
	氢氧化钠	—	0.04	—
	氢氧化钾	—	—	0.02
	环聚二甲基硅氧烷	2.0		
其他功效活性成分	熊果提取物	—	0.02	—
	甘草提取物	—	0.02	—
	甘菊提取物	—	—	0.02
	苦参提取物	—	—	0.02
香精	玫瑰香精	0.0005	—	—
	茉莉香精	—	0.0005	—
	桂花香精	—	—	0.0003
防腐剂	卡松	0.12	—	—
	杰马	—	0.05	—
	布罗波尔	—	—	0.07

制备方法

（1）将对甲氧基肉桂酸异辛酯、二苯甲酮-3以及氢化卵磷脂预混，慢慢搅拌均匀后，加入高压匀浆机中，先用高压匀浆机在125MPa的高压下均质并在线高剪切均质大约60min，再停止20min，设为一个周期，经历两个周期，得到预混防晒剂微粒粒径控制在$1\mu m \pm 0.3\mu m$的混剂浆液，再通过复凝聚法先对混剂浆液进行第一次微胶囊化包覆，接着此微胶囊进行固化和分离，再采用喷雾干燥法对所得一次微胶囊进行第二次包覆处理，最终得到双层包覆的微胶囊，即防晒原料基底组合；

（2）将甘油硬脂酸酯/PEG-100硬脂酸酯、鲸蜡硬脂醇/鲸蜡硬脂基葡糖苷、鲸蜡硬脂醇、牛油果脂、石栗子油、棕榈酸异辛酯、聚二甲基硅氧烷、抗氧化剂、长链烷基胺、防晒剂、邻氨基苯甲酸薄荷酯、防腐剂加入油相锅加热至80～85℃，使之完全溶解，然后将丙烯酸酯/辛基丙烯酰胺共聚物在搅拌下慢慢撒入，并保持温度和持续搅拌30min，制得油相；

（3）将丙烯酸类水溶性聚合物慢慢加入水中，均质至分散完全，加入多元醇、螯合剂加热至80～85℃，制得水相；

（4）将油相成分加入水相中，均质乳化完全，再加入防晒原料基底组合，继续搅拌保温一段时间，再冷却至55～60℃加入Simulgel EG、中和剂及环聚二甲基硅氧烷，搅拌均匀，继续冷却至40～50℃加入香精、防腐剂及其他功效性成分，搅拌均匀。

原料介绍 乳化剂为含有丙烯酸钠/丙烯酰二甲基牛磺酸钠共聚物和异十六烷及聚山梨醇酯-80 的乳化剂，该乳化剂的商品名为 Simulgel EG（生产商为法国 SEPPIC 化学品公司）。

产品特性 本品具有很好的储存稳定性、优越的防水抗汗性能、优异的使用感、光洁细腻的外观。

配方 24 含天然提取物防晒化妆品

原料配比

原料		配比（质量份）		
		1#	2#	3#
车前叶蓝蓟籽油		1.8	0.1	3
向日葵籽油不皂化物		1.8	3	0.1
倒地铃花/叶/藤提取物		1.2	0.1	2
保湿剂	甘油	5	8	3
	丁二醇	5	3	8
	透明质酸钠	0.05	0.1	0.01
	甜菜碱	2	0.5	3
	海藻糖	0.5	1	0.1
	丝氨酸	0.2	0.1	0.3
润肤剂	双-PEG-18 甲基醚二甲基硅烷	0.3	0.5	0.1
	异十六烷	3	5	1
	碳酸二辛酯	3	5	1
	聚二甲基硅氧烷	2	1	3
	环五聚二甲基硅氧烷	2	1	3
	季戊四醇二硬脂酸酯	3	5	1
乳化剂	椰油醇聚醚-7	0.2	0.3	0.1
	PPG-1-PEG-9 月桂二醇醚	0.3	0.1	0.5
	PEG-40 氢化蓖麻油	0.2	0.3	0.1
	鲸蜡硬脂基葡糖苷	0.4	0.2	0.8
	山梨醇酐橄榄油酸酯	0.3	0.1	0.5
	鲸蜡硬脂醇聚醚-20	0.1	0.5	0.5
	橄榄油 PECJ-7 酯类	0.3	0.5	0.5
防腐剂	丁羟甲苯	0.15	0.1	0.2
	羟苯甲酯	0.2	0.3	0.1
	羟苯丙酯	0.1	0.05	0.15
	氯苯甘醚	0.2	0.3	0.1
	双（羟甲基）咪唑烷基脲	0.2	0.3	0.1
成膜剂	聚硅氧烷-11	0.5	1	0.1
	出芽短梗霉多糖	0.1	0.2	0.3
辛基十二醇		1.2	2	0.2
植物甾醇异硬脂酸酯		1.5	2	1

续表

原料	配比（质量份）		
	1#	2#	3#
月桂醇磷酸酯钾	0.5	1	0.1
丙烯酰二甲基牛磺酸铵/VP共聚物	0.4	0.5	0.3
乙二胺四乙酸二钠	0.03	0.01	0.05
尿囊素	0.2	0.3	0.1
矿脂	3	1	5
维生素E	0.5	1	0.1
去离子水	加至100	加至100	加至100

制备方法

(1) 将乳化剂、润肤剂、辛基十二醇、植物甾醇异硬脂酸酯、月桂醇磷酸酯钾、丙烯酰二甲基牛磺酸铵/VP共聚物、矿脂混合作为A相投入油相锅加热搅拌至85℃，搅拌溶解完全后保温待用。

(2) 将保湿剂、乙二胺四乙酸二钠、去离子水混合作为B相加入水相锅中加热搅拌至85℃，搅拌溶解完全后保温待用。

(3) 将乳化锅预热至60～65℃，搅拌速度50r/min，先将B相抽入，再将A相抽入，搅拌30min，温度保持在85℃。

(4) 将C相加入乳化锅，均质3min，保温搅拌30min，温度保持在80～85℃，搅拌速度35r/min；所述C相为成膜剂。

(5) 降温至42度加入D相，保温搅拌10min，搅拌速度25～30r/min，最后加入E相，保温10～20min；所述D相为车前叶蓝蓟籽油、向日葵籽油不皂化物、倒地铃花/叶/藤提取物、尿囊素、维生素E。所述E相为防腐剂。

(6) 搅拌降温至40℃出料。

产品特性

(1) 本品温和不刺激、安全性高、效果显著，不仅有防晒效果，还可滋养肌肤，抑制衰老，使肌肤更水润光滑。

(2) 本品的防晒成分取自天然植物，温和安全，不仅具有防晒、抗氧化等功效，还能修复滋养皮肤，减少过量紫外线照射引起的红斑、角质化、灼烧等问题。

配方 25　防晒及晒后修复护肤组合物

原料配比

原料		配比（质量份）				
		1#	2#	3#	4#	5#
防晒组合物	rhEGF(基因重组人表皮生长因子)	0.01	0.05	0.03	0.03	0.03

原料		配比(质量份)				
		1#	2#	3#	4#	5#
防晒组合物	水解大豆蛋白	49.99	35	40	40	40
	马齿苋提取物	20	24.95	29.97	29.97	29.97
	五味子提取物	10	20	15	15	15
	山奈提取物	10	20	15	15	15
甘油		4	4	4	4	4
乳化剂		3	3	3	3	3
卡波姆		0.3	0.3	0.3	0.3	0.3
钛白粉		1.5	1.5	1.5	1.5	1.5
防晒组合物		1.5	1.5	1.5	1	3
油脂		5	5	5	5	5
防腐剂		0.3	0.3	0.3	0.3	0.3
香精		0.2	0.2	0.2	0.2	0.2
去离子水		加至100	加至100	加至100	加至100	加至100

制备方法　将各组分原料混合、乳化均匀即可。

原料介绍

所述的水解大豆蛋白是大豆提取物，富含与呼吸链蛋白相似的肽，能显著提升皮肤视觉和感觉效果。外观为透明液体，黄色；pH(20℃) 为 4.0～5.0；折射率（20℃）为 1.365～1.385；密度（20℃）为 1.06～1.09g/cm³；蛋白含量 1.5～3.5g/kg。

所述的马齿苋提取物是马齿苋属一年生肉质植物马齿苋的地上部分的茎叶经水提取的提取物。质量标准：浅褐色液体，pH 值（20℃）为 4.0～6.0，相对密度（20℃）为 0.90～1.10。

所述的五味子提取物是按1g 五味子对应5～10mL 乙醇的比例加入体积分数为 95％的乙醇，加热回流提取 2 次，每次 2～3h，合并提取液，减压回收乙醇浓缩成浸膏，出膏率为 10～40mg/g 生药。

所述的山奈提取物是按1g 山奈对应 10～20mL 水的比例加水回流提取，浓缩至浸膏，出膏率为 10～20mg/g 生药。

产品特性　本品中 rhEGF 的质量浓度仅为 1～10μg/mL，远远低于常规添加量，与北美金缕梅提取液、水解大豆蛋白和马齿苋提取物产生协同作用，能迅速修复受损细胞，减轻紫外线辐射对皮肤的伤害，并能降低皮肤基底黑色素细胞的异常增加，阻断黑色素合成，减少晒后皮肤的黑斑生长，消除受损细胞的基因突变因子，预防光老化，因而具有预防紫外线和修复晒后损伤的作用。

配方 26 防晒抗氧化的丝素蛋白复合水凝胶

原料配比

原料	配比(质量份)		
	1#	2#	3#
蚕丝蛋白	19	32	38
柞蚕丝蛋白	16	23	28
N-月桂酰肌氨酸钠	1.1	1.6	2
丝胶	12	16	21
海藻糖	9	13	17
甘草提取物	8	14	21
黄瓜提取物	11	12	18
熊果苷	8	13	19
维生素 B_5	12	15	19
去离子水	适量	适量	适量

制备方法

（1）蚕丝蛋白的制备：将生蚕丝置于质量浓度为 $0.72\sim0.92g/L$ 的碳酸氢钠溶液中，在 $88\sim100℃$ 条件下，加热处理 $18\sim40min$；取出蚕丝用去离子水冲洗干净后，再将蚕丝置于质量浓度为 $0.08\sim0.17g/L$ 的氢氧化钠溶液中，在 $90\sim100℃$ 条件下加热处理 $8\sim18min$，取出用去离子水洗净。

（2）柞蚕丝蛋白的制备：将生柞蚕丝置于质量浓度为 $1.2\sim1.7g/L$ 的碳酸钠溶液中，$91\sim100℃$ 条件下，加热处理 $40\sim52min$；取出柞蚕丝用去离子水洗净后，再将柞蚕丝置于质量浓度为 $0.15\sim0.29g/L$ 的氢氧化钠溶液中，在 $85\sim98℃$ 条件下加热处理 $8\sim19min$，取出用去离子水洗净。

（3）复合水凝胶前体制备：将步骤（1）和步骤（2）的产物混合，向其中加入 N-月桂酰肌氨酸钠，加入量为蚕丝蛋白混合物总质量的 $2\%\sim7\%$，加入蚕丝蛋白混合物总质量 $1.1\sim1.7$ 倍的去离子水，$48\sim56℃$ 反应 $14\sim22min$，降温至 $4\sim8℃$ 反应 $20\sim42min$。

（4）水凝胶前体第一次改性：向步骤（3）制得的水凝胶前体中加入丝胶和海藻糖，将 pH 值调至 $7.4\sim8.2$，反应 $3\sim11min$。

（5）水凝胶前体第二次改性：向步骤（4）的产物中加入甘草提取物、黄瓜提取物和熊果苷，将 pH 值调至 $6.2\sim7.0$，反应 $8\sim17min$。

（6）成品：将步骤（5）的产物与维生素 B_5 混合，将 pH 值调至 $7.0\sim7.3$，混合均匀。

产品特性

（1）本品能够有效吸收日光中的紫外线，可大幅减弱紫外线对皮肤的损伤；

（2）本品在增强防晒效果的同时，具有色调柔和自然、触感柔滑等特点。

配方 27 防晒乳

原料配比

原料		配比（质量份）		
		1#	2#	3#
烷基硅处理纳米氧化锌		10	15	12
油分散纳米二氧化钛		1	3	2
油分散二氧化硅		1	3	2
烷基硅处理氯氧化铋		0.05	0.15	0.1
环五聚二甲基硅氧烷		20	30	25
辛基硅油		1	3	2
聚羟基硬脂酸		1	2	1.5
二硬脂二甲铵锂蒙脱石		0.2	0.4	0.3
氧化铁红		0.001	0.003	0.002
羟基硬脂酸乙基己酯		1	3	2
甲氧基肉桂酸乙基己酯		7	8	7.5
聚硅氧烷-15		0.5	1.5	1
二乙氨羟苯甲酰基苯甲酸己酯		1	3	2
山梨醇酐异硬脂酸酯		0.05	0.15	0.1
乳化剂		1	3	2
丁二醇		3	5	4
1,2-己二醇		0.4	0.8	0.6
氯化钠		0.5	1.5	1
野大豆籽提取物		0.2	0.4	0.3
檀香提取物		0.3	0.5	0.4
荷叶提取物		0.4	0.6	0.5
成膜剂		0.5	1.5	1
香精		0.01	0.05	0.03
水		49.889	14.447	32.668
乳化剂	鲸蜡基聚乙二醇/聚丙二醇-10/1二甲硅氧烷	3	5	4
	月桂基PEG-9聚二甲基硅氧乙基聚二甲基硅	1	2	1.5
成膜剂	三甲基硅烷氧基硅酸	0.8	1.5	1.2
	环五聚二甲基硅氧烷	1	1	1

制备方法

（1）将烷基硅处理纳米氧化锌、油分散纳米二氧化钛、油分散二氧化硅、烷基硅处理氯氧化铋、环五聚二甲基硅氧烷、聚羟基硬脂酸、二硬脂二甲铵锂蒙脱石、氧化铁红及羟基硬脂酸乙基己酯混合均匀，然后加入辛基硅油，搅拌并分散均匀，得混合液A；搅拌时的温度为25～30℃，转速为200～300r/min。

（2）将甲氧基肉桂酸乙基己酯、聚硅氧烷-15、二乙氨羟苯甲酰基苯甲酸己酯、山梨醇酐异硬脂酸酯及乳化剂加热至完全溶解，然后冷却，加入步骤（1）所得混合液 A 中，继续均质，得混合液 B；加热温度为 70～80℃，冷却时温度为40～50℃。

（3）在均质的前提下，将水、丁二醇、1,2-己二醇、氯化钠，檀香提取物、荷叶提取物及野大豆籽提取物混合均匀，然后慢慢加入步骤（2）所得混合液 B 中，继续均质，将成膜剂及香精加入体系，搅拌均匀，即得。搅拌时温度为 20～28℃，转速为 250～350r/min。

原料介绍

所述乳化剂由鲸蜡基 PEG/PPG-10/1 聚二甲基硅氧烷及月桂基 PEG-9 聚二甲基硅氧乙基聚二甲基硅氧烷按质量比（3～5）：（1～2）组成。

所述成膜剂由三甲基硅烷氧基硅酸酯和环五聚二甲基硅氧烷按质量比（0.8～1.5）：1 组成。

所述香精为樱花香精、洋甘菊香精、迪奥香精、薰衣草香精、绿茶香精中的一种。

产品特性

（1）本品属于油包水型乳液，紫外线防护波段覆盖 290～400nm，防晒效果持久稳定，肤感不黏腻，温和不致敏，无刺激性，同时又具有晒后修复的功能。

（2）本品中含有化学防晒剂、物理防晒剂、天然植物防晒剂，三者搭配，具有更好的安全性、稳定性，刺激性小，同时能增强产品的防晒性能。添加植物防晒剂，可以减少化学防晒剂的用量，也可以提高产品对皮肤的安全性，减少由于过量紫外线照射引起的红斑、角质化等现象。

配方 28　防晒乳液

原料配比

原料			配比（质量份）		
			1#	2#	3#
防紫外光活性剂	搅拌混合物	阿拉伯木聚糖胺	1	3	2
		二甲基亚砜	20	30	25
		溴乙烷	0.04	0.24	0.12
		吡啶	0.08	0.3	0.18
	滤渣	搅拌混合物	2	5	3
		无水乙醇	10	15	11
	干燥物	滤渣	1	3	2
		质量分数为 80% 的乙醇	6	10	9

原料			配比（质量份）		
			1#	2#	3#
防紫外光活性剂	混合物	干燥物	3	5	4
		N,N-二甲基甲酰胺	50	70	60
	搅拌混合物 a	混合物	10	20	15
		三乙胺	3	7	4
		肉桂酰氯	1	4	3
	搅拌混合物 a		2	4	3
	无水乙醇		10	15	13
乳化活性剂	滤液	卵磷脂	2	4	3
		二氯甲烷	9	13	11
		无水乙醇	2	5	4
		质量分数为 5% 的 Pd/C 催化剂	0.06	0.2	0.12
	滤液		40	50	45
	活性炭		1	3	2
防腐活性剂	厚朴		2	5	3
	毛竹叶		4	7	5
	透骨草		1	3	2
皮肤激活活性物	人参皂苷		3	8	5
	苁蓉		2	5	3
混合液 a	乳化活性剂		15	20	18
	鲸蜡硬脂醇		5	8	6
	聚羟基硬脂酸		3	5	4
	十六烷基葡萄糖苷		4	7	5
混合液 b	防紫外光活性剂		3	7	4
	防腐活性剂		1	4	3
	水		80	130	110
	类菌胞素氨基酸		3	5	4
	脱氢黄原胶		5	7	6
	羟丙基-β-环糊精		2	5	3
	透明质酸		1	3	2
	尿囊素		2	4	3
	丙二醇		5	9	7
混合液 a			10	10	10
混合液 b			15	15	15
辅酶 Q10			1	2	1.5
皮肤激活活性物			4	5	4.5

制备方法

（1）按质量份数计，取 15～20 份乳化活性剂、5～8 份鲸蜡硬脂醇、3～5 份聚羟基硬脂酸，4～7 份十六烷基葡萄糖苷搅拌混合，得混合液 a；按质量份数计，取 3～7 份防紫外光活性剂、1～4 份防腐活性剂、80～130 份水、3～5 份类菌胞素氨基酸、5～7 份脱氢黄原胶、2～5 份羟丙基-β-环糊精、1～3 份透明质酸、2～4 份尿囊素、5～9 份丙二醇搅拌混合，得混合液 b。混合液 a 的搅拌混合条件为：

70～80℃、4000r/min 搅拌混合 30～40min。混合液 b 的搅拌混合条件为：于45～50℃、4000r/min 下搅拌混合 1～2h。

(2) 取混合液 a 按质量比 10∶15 加入混合液 b 搅拌混合 2～3h，再加入混合液 a 质量 10%～20%的辅酶 Q10 和混合液 a 质量 40%～50%的皮肤激活活性物，于 25～35℃搅拌混合，即得防晒乳液。

原料介绍

所述防紫外光活性剂的制备方法：

(1) 取阿拉伯木聚糖按质量比(1～3)∶(20～30)加入二甲亚砜搅拌混合，再加入阿拉伯木聚糖质量 4%～8%的溴乙烷和阿拉伯木聚糖质量 8%～10%的吡啶，于 55～60℃搅拌混合，得搅拌混合物；取搅拌混合物按质量比(2～5)∶(10～15)加入无水乙醇，静置，过滤，取滤渣按质量比(1～3)∶(6～10)加入乙醇，于 35～45℃提取，过滤，取滤饼旋转蒸发，干燥，得干燥物。

(2) 取干燥物按质量比(3～5)∶(50～70)加入 N,N-二甲基甲酰胺，搅拌混合 20～30min，得混合物；取混合物按质量比(10～20)∶(3～7)∶(1～4)加入三乙胺、肉桂酰氯于 40～50℃搅拌混合 3～5h，得搅拌混合物 a，取搅拌混合物 a 按质量比(2～4)∶(10～15)加入无水乙醇，静置，取沉淀旋转蒸发，干燥，研磨粉碎过 200 目筛，收集过筛颗粒，即得防紫外光活性剂。

所述乳化活性剂的制备方法：取卵磷脂按质量比(2～4)∶(9～13)∶(2～5)加入二氯甲烷、无水乙醇搅拌混合 20～40min，再加入卵磷脂质量 3%～5%的质量分数为 5%的 Pd/C 催化剂，通入氢气加氢，于 45～50℃、0.5MPa 保持 3～4h，冷却至室温，放出氢气，得冷却物；取冷却物升温至 25～30℃搅拌混合 20～30min，过滤，取滤液按质量比(40～50)∶(1～3)加入活性炭，搅拌混合 30～50min，旋转蒸发，过滤，取滤液 a 即得乳化活性剂。

所述防腐活性剂制备方法：取厚朴、毛竹叶按质量比(2～5)∶(4～7)∶(1～3)加入透骨草混合，干燥，粉碎过 200 目筛，即得防腐活性剂。

所述皮肤激活活性物制备方法：取人参皂苷按质量比(3～8)∶(2～5)加入苁蓉混合，即得。

产品特性

(1) 本品以阿拉伯木聚糖为原料，经吡啶为催化剂、二甲亚砜为溶剂，用溴乙烷进行醚化改性，再以三乙胺为缚酸剂，与肉桂酰氯发生均相酯化反应，得到防紫外光活性剂，经醚化和酯化改性，分子间发生疏水缔合，聚集成缔合胶团，能阻止水相进入，防止液滴进一步靠近而产生絮凝和凝结现象，从而增强了其在防晒乳液中的乳化能力。胶团能在防晒乳液中均匀分布，同时具有较好的水溶性，对皮肤不会产生油腻感，其物质中存在芳环和羰基，能形成共轭基团，使得该类分子对波长在 250～320nm 波段的紫外线有较强的吸收能力，且光稳定好，对皮肤的安全系数高，刺激性大大减小。

（2）本品以卵磷脂在 Pd/C 催化剂的作用下加氢形成一种稳定的乳化活性剂，它保留了卵磷脂的活性成分，卵磷脂的特殊结构导致它能形成脂质体结构。脂质体是生物细胞的活性成分，在细胞渗透和新陈代谢中起重要作用，具有双亲性，亲水的一部分直指亲水基，亲油的一部分与乳液中的油相相容性较好，易在乳液中构成液晶结构，可起到保湿、乳化和分散、抗氧化等作用，同时可作为表面活性剂，还可以调理皮肤，对皮肤和黏膜有很强的亲和力，可减少皮肤薄片和恢复皮肤柔软度，增加皮肤弹性，使皮肤达到一个很好的油水平衡效果，修复晒后肌肤，对细胞水分形成一定的保护作用。

（3）本品添加的厚朴、毛竹叶、透骨草，可对乳液进行天然防腐，延长防晒乳液有效期，增加防晒乳液的安全性能；人参皂苷有明确的抗氧化作用，有助于修复组织由光老化引起的多方面氧化损伤；苁蓉主要含有苯乙醇苷、木脂素及甾醇等化学成分，可以下调酪氨酸酶的活性，防止紫外辐射引起的损伤，对晒后皮肤进行修复美白；加入类菌胞素氨基酸激活皮肤活性，加入羟丙基-β-环糊精进行防晒活性剂的包合，可防止光分解作用降低防晒剂的防护效果，导致防晒产品需短时间内重复性涂抹。

（4）本品刺激性小，不易造成过敏，涂抹后对皮肤保湿效果好。

配方 29　防晒霜

原料配比

原料	配比（质量份）		
	1#	2#	3#
二十二碳醇醚-25	4.5	1	5
辛酸/癸酸甘油三酯	2	1.5	3
聚二甲基硅氧烷	2	1	3
单硬脂酸甘油酯	0.75	0.5	1
硬脂酸镁	0.35	0.2	0.4
十四酸异丙酯	2	1.5	3.5
葡萄籽油	1.75	1	2
尼泊金甲酯	0.2	0.1	0.25
尼泊金乙酯	0.15	0.05	0.2
EDTA-2Na	0.12	0.05	0.15
海藻糖	3.5	1	5
甘油	4	1	5
丙二醇	2.5	1	3

续表

原料	配比（质量份）		
	1#	2#	3#
芦丁	5	8	15
茄红素	6.5	5	10
三乙醇胺	0.12	0.05	0.15
纳米氧化锌	8.56	5	10
甘草酸二钾	4	3	5
水	52	69.05	28.35

制备方法

（1）将二十二碳醇醚-25、辛酸/癸酸甘油三酯、聚二甲基硅氧烷、单硬脂酸甘油酯、硬脂酸镁、十四酸异丙酯、葡萄籽油混合后加热至85～90℃搅拌溶解，作为 A 相保温备用；

（2）将 EDTA-2Na、海藻糖、甘油、丙二醇、三乙醇胺加入水中，加热至85～90℃搅拌溶解，作为 B 相保温备用；

（3）将 A 相缓慢加入 B 相中，均质5min，并控制温度在75～80℃保温6～8min，得体系Ⅰ；

（4）待体系Ⅰ降温至40～45℃时，加入芦丁、茄红素，同时加入纳米氧化锌、甘草酸二钾、尼泊金甲酯、尼泊金乙酯，缓慢搅拌均匀，室温出料，即得。

产品特性　本品能高效防护紫外线照射，并且柔滑不油腻，安全无刺激性。

配方 30　含植物萃取物的防晒霜

原料配比

原料		配比（质量份）		
		1#	2#	3#
过滤液	西瓜皮	5	6	4
	添加剂	3	3	3
	水	10	11	9
发酵混合物	过滤液	7	8	6
	大豆粉	4	5	3
	杀菌剂	1	2	1
蒸馏剩余物	发酵混合物	5	6	4
	仙人掌茎	7	8	5
	1.8mol/L 乙醇溶液	10	11	9
蒸馏剩余物		63	65	60
海藻酸钠		23	25	20
羊毛脂		17	18	15
二氧化钛		5	6	4
羟赖氨酸		1	2	1

制备方法

（1）取西瓜去除果肉，收集瓜皮，将瓜皮、添加剂及水进行搅拌，收集搅拌混合物，放入容器中，使用盐酸调节 pH 至 5.0～6.0，静置；瓜皮、添加剂及水的质量比为（4～6）：3：（9～11）。

（2）在静置结束后，将容器放入超声波振荡器中，以 1.3MHz 进行超声振荡 40～45min，过滤，收集过滤液，按质量比（6～8）：（3～5）：（1～2）将过滤液、大豆粉及杀菌剂放入发酵罐中进行发酵，使用二氧化碳将发酵罐中的气体排出，设定温度为 37～42℃，以 120r/min 搅拌发酵 1～2 天。

（3）在发酵结束后，收集发酵混合物，按质量比（4～6）：（5～8）：（9～11）将发酵混合物、仙人掌茎及 1.8mol/L 乙醇溶液放入捣碎机中，以 15000r/min 进行捣碎 40～45min，收集捣碎混合物，并将捣碎混合物进行超临界二氧化碳萃取，萃取温度为 47～53℃，萃取压力为 10～12MPa，萃取时间为 20～25min，收集萃取液，并对萃取液进行蒸馏，收集蒸馏剩余物。

（4）按质量份数计，取 60～65 份蒸馏剩余物、20～25 份海藻酸钠、15～18 份羊毛脂、4～6 份二氧化钛及 1～2 份羟赖氨酸，放入搅拌机中搅拌均匀，收集搅拌物，并将搅拌物进行浓缩，浓缩至搅拌物原体积的 60%～65%，收集浓缩物，即可得防晒霜。

原料介绍

所述添加剂的制备为按质量比（4～6）：1 将丹宁酸、聚乙烯吡咯烷酮混合均匀即可。

所述菌剂的制备为将米曲霉与酵母菌按质量比 3：5 混合均匀即可。

产品应用

使用方法：可直接涂抹在皮肤上。

产品特性

（1）本品通过提取西瓜皮中丰富的有机酸及醇类物质，防止在干燥环境中，皮肤组织受到破坏，以便对其进行营养物的供给，及时进行皮肤修复，防止阳光照晒产生的深层次伤害；通过丹宁酸、聚乙烯吡咯烷酮，增加防晒霜与皮肤的结合度，同时利用聚乙烯吡咯烷酮增加了防晒霜的流动性能；对大豆粉进行发酵，获得丰富的多肽及氨基酸类物质，提高了皮肤表层的抗性；利用仙人掌茎中提取的有益物，提高了防晒霜对紫外线的吸收能力，防止了紫外线对皮肤的伤害；通过添加海藻酸钠增加了持水性，提高了防晒霜的使用时间，再添加微量的二氧化钛，进一步增加了防晒性能。

（2）本品具有自然清的香味，并具有抑菌、润肤、美白、防晒作用，对人体无刺激性，使用方便；持续时间在 12～14h，防晒效果好。

配方 31　含天然提取物的防晒霜

原料配比

原料	配比（质量份）		
	1#	2#	3#
文冠果种仁提取物	2	3	3
苦橙花提取物	4	5	3
仙人掌原液	3	3	4
藜芦苈缩醛	1	0.5	2
甲基葡糖倍半硬脂酸酯	8	9	10
鲸蜡醇磷酸酯钾	0.2	0.3	0.5
VP/十六碳烯共聚物	6	8	10
PEG-240/HDI 共聚物双癸基十四醇聚醚-20 醚	6	6	8
卡波姆 934	6	6	10
羟乙基纤维素	3	4	5
玫瑰脂	0.2	0.4	0.5
1,2-乙二醇	12	13	15
羟苯丙酯	适量	适量	适量
薄荷香精	适量	适量	适量
去离子水	加至 100	加至 100	加至 100

制备方法　将文冠果种仁提取物、苦橙花提取物、仙人掌原液、鲸蜡醇磷酸酯钾、卡波姆 934 和去离子水制备成水相，将藜芦苈缩醛、甲基葡糖倍半硬脂酸酯、VP/十六碳烯共聚物、PEG-240/HDI 共聚物双癸基十四醇聚醚-20 醚、羟乙基纤维素、玫瑰脂和 1,2-乙二醇制备成油相，将油相和水相混合，加入羟苯丙酯和薄荷香精，搅拌均匀即可。

原料介绍

所述文冠果种仁提取物制备方法为：将文冠果种仁脱脂后用 60% 乙醇按 1g 文冠果种仁对应 10～15mL 乙醇的比例于 50℃ 提取 1～2h，重复提取两次，合并滤液，于 90℃ 旋转蒸发得稠膏，干燥，粉碎，即得。

所述苦橙花提取物的制备方法为：将苦橙花采用 10 倍药材量的乙醇进行索式提取，水浴连续提取 2h，重复提取两次，将提取液用正丁醇萃取两次，60℃ 减压浓缩至相对密度为 1.18，干燥，粉碎成细粉即得。

所述仙人掌为仙人掌原液。

产品特性　本品中的文冠果种仁提取物、苦橙花提取物和仙人掌原液均具备一定的修复紫外损伤的作用，三者合用时修复紫外线损伤的皮肤的功能更加显著，可取得意想不到的优异效果。

配方 32　含苹果多酚的防晒霜

原料配比

原料	配比(质量份)	原料	配比(质量份)
甘油	20	二乙醇胺	5
苹果多酚溶液	15	氨基酸保湿剂	5
橄榄油	13	尿囊素	3.5
去离子水	25	维生素 E	1.5
氮酮	5	45％的丁酮	适量
硬脂酸	7	85％的乙醇	适量

制备方法

(1) 选取新鲜苹果，将苹果放置在刷洗单元上；

(2) 完成步骤 (1) 后，阻隔单元开始工作，将外壳的内腔分割成上下相互隔绝的空腔；

(3) 完成步骤 (2) 后，在切块单元喷出去离子水配合刷洗单元的共同作用下将苹果清洗干净，清洗过后的液体通过外壳侧壁排出；

(4) 完成步骤 (3) 后，由切块单元对苹果进行切割，经过切割的苹果穿过刷洗单元落下；

(5) 完成步骤 (4) 后，由阻隔单元工作，使外壳的内腔实现上下连通，苹果块经刷洗单元落下后通过阻隔单元下落到粉碎单元内；

(6) 苹果块在粉碎单元进一步实现粉碎，经过粉碎的苹果液穿过筛网落入萃取单元内；

(7) 完成步骤 (6) 后，以 1∶45∶60 的比例向萃取单元内加入质量分数为45％的丁酮溶液和85％的乙醇溶液作为溶剂进行溶解；

(8) 待步骤 (7) 完成后，对萃取单元进行抽真空处理，形成负压环境；

(9) 苹果液在萃取单元内超声处理 5min；

(10) 完成步骤 (9) 后，把苹果液离心 10min；

(11) 真空浓缩，得到苹果多酚溶液；

(12) 按配方比例将各组分混合均匀即可得到防晒霜。

产品特性　本品富含苹果多酚，具有较好的美白和防晒作用。

配方 33　含天然成分的防晒霜

原料配比

原料	配比(质量份)		
	1#	2#	3#
菊粉月桂基氨基甲酸酯	8	8	10
摩洛哥坚果油	0.5	1	2
燕麦多肽	8	10	12
氧化锌	2	3.5	5
十二烷基二羟乙基甜菜碱	0.8	0.9	1
甲氧基肉桂酸乙基己酯	6	7	8
甘油	20	25	30
对第三丁基儿茶酚	6	7	8
丁二醇	12	13	15
三乙醇胺水杨酸盐	2	2.5	3
水解胶原	2	2.5	3
去离子水	30	40	50

制备方法　将燕麦多肽、甲氧基肉桂酸乙基己酯以及甘油混合分散 40～50min，然后加入氧化锌、三乙醇胺水杨酸盐和对第三丁基儿茶酚，分散 25～35min，加入菊粉月桂基氨基甲酸酯和摩洛哥坚果油，混合分散 20～30min 后，加入十二烷基二羟乙基甜菜碱、丁二醇、水解胶原以及去离子水，混合分散 30～40min 即可。

原料介绍

所述氧化锌经过三乙氧基甲基硅烷化表面处理，按以下方式进行：按质量比 1：(5～7) 将三乙氧基甲基硅烷与 95％的乙醇溶液混合均匀，做成表面处理液，按 1g 氧化锌对应 0.4～0.6mL 表面处理液将二者混合均匀，在 100～110℃下烘 30～40min，自然冷却。按此方式进行处理能使氧化锌表面被均匀改性，在涂抹于裸露皮肤时，可以更好地对红外线起到吸收作用。

所述燕麦多肽按以下方式制备：去除燕麦麸皮表面的淀粉和浮尘；在清洁后的燕麦麸皮中加入相当于燕麦麸皮质量 3～5 倍的去离子水，130～140℃高温下灭菌 4～8s；接入菌种，进行固态发酵，所述菌种为蛹虫草，其加入量为燕麦麸皮质量的 0.4％～0.7％；115～125℃蒸汽下灭酶 1～3min，按照质量比 1：(8～10) 将灭酶后的燕麦麸皮加入去离子水中，45～50℃加热 1～3h 进行提取；用分子截留超滤膜过滤，得到含生物燕麦多肽的溶液，浓缩至 0.3~0.4g/mL。

产品特性 本品成分天然，不刺激皮肤，涂抹后能在皮肤表面形成微膜，阻挡吸收紫外线和红外线，具有优异的抗紫外线性能和防红外线性能，可对人体起到更好的皮肤防护效果。

配方 34 防晒修复化妆品

原料配比

原料		配比（质量份）				
		1#	2#	3#	4#	5#
植物提取物	白苏叶提取物	5	5	5	5	5
	石榴花提取物	5	5	5	5	5
	法地榄仁果提取物	5	5	5	5	5
水		加至100	加至100	加至100	加至100	加至100
氢化卵磷脂	含70%磷脂酰胆碱的氢化大豆卵磷脂	1.5	1	5	1.5	1.5
保湿剂	1,3-丙二醇	8	5	10	8	8
增稠剂	黄原胶	0.2	0.5	0.1	0.2	0.2
	丙烯酸(酯)类/C_{10}~C_{30}烷醇丙烯酸酯交联聚合物	0.18	0.5	0.1	0.18	—
乳化剂	鲸蜡硬脂醇和鲸蜡硬脂基葡糖苷	2	5	1	2	2
乳化助剂	鲸蜡硬脂醇	1.5	5	1	1.5	1.5
润肤剂	油橄榄果油	4	2	7	4	4
	角鲨烷	3	3	3	—	3
抗氧化剂	生育酚乙酸酯	0.5	0.5	0.5	0.5	0.5
中和剂	氢氧化钠（10%水溶液）	0.5	0.5	0.5	0.5	0.5
防腐剂	1,3-丙二醇和/或辛酰羟肟酸	0.8	0.8	0.8	0.8	0.8
蜂蜜		0.5	0.5	0.5	0.5	0.5
植物提取物		5	1	5	2	2

制备方法

（1）混合水、增稠剂和保湿剂，加热至 58~62℃时，加入氢化卵磷脂，然后再升温至 65~75℃，得水相；

（2）混合乳化剂、乳化助剂、抗氧化剂和润肤剂，升温至 65~75℃，得油相；

（3）混合油相和水相，于 70~75℃均质处理，加入中和剂、防腐剂和蜂蜜，降温；将至 35~45℃时，加入植物提取物，即可。

产品特性 该化妆品能够抵御紫外线辐射、可见光甚至红外线辐射介导的延缓性阳光诱导的皮肤应激，实现在夜间对皮肤进行有效的修复，延缓皮肤的衰老。

配方 35 防晒修复霜

原料配比

原料	配比（质量份）		
	1#	2#	3#
纳米二氧化钛	4	8	12
甲氧基肉桂酸辛酯	6	12	18
番茄红素	1	2	3
芦荟苷	2	3	4
维生素 E	1	1.5	2
尿囊素	2	3	4
薄荷脑	1	3	5
棕榈酸异丙酯	10	15	20
黄原胶	1	1.5	2
单硬脂酸甘油酯	1	3	5
甘油	5	7.5	10
DMDM 乙内酰脲	0.1	0.3	0.5
香精	0.1	0.3	0.5
水	65.8	39.9	14

制备方法

（1）将水加热至 70～80℃，搅拌加入棕榈酸异丙酯、单硬脂酸甘油酯、甘油搅拌均匀，得溶液 A；

（2）将步骤（1）所得溶液 A 冷却至 50～60℃，搅拌加入防晒剂和 DMDM 乙内酰脲，搅拌均匀后，加入番茄红素、薄荷脑和修复剂，搅拌，得溶液 B；

（3）向步骤（2）所得溶液 B 中加入黄原胶，搅拌均匀，再加入香精，即得成品。

原料介绍

所述防晒剂由纳米二氧化钛和甲氧基肉桂酸辛酯按质量比 2：3 组成。

所述修复剂由芦荟苷、维生素 E 和尿囊素按 2：1：2 组成。

产品特性

（1）本品具有较好的防晒效果，不但对于中波紫外线（UVB）辐射有特定的吸收功效，对于长波紫外线（UVA）辐射也能够吸收，做到对不同波段的紫外线都能够有效吸收和隔离屏蔽，还具有保湿、清爽、修复、润肤的功效，且安全无刺激性。

（2）本品中番茄红素具有抗氧化、调节细胞生长代谢的作用；芦荟苷具有杀菌消炎、促进伤口愈合的作用；尿囊素具有抗氧化、杀菌防腐、保湿、促进细胞生长的作用；薄荷脑具有清爽止痒的作用。本品各组分相互作用，协同起清爽、保湿、修复皮肤的作用。

配方 36 防晒乳液

原料配比

防晒增效组合物

原料	配比(质量份)		
	1#	2#	3#
生育酚乙酸酯	63	61	62
抗坏血酸四异棕榈酸酯	13	15	14
姜根提取物	23.8	23.9	23.7
红没药醇	0.2	0.1	0.3

防晒乳液

原料		配比(质量份)							
		1#	2#	3#	4#	5#	6#	7#	8#
A相	去离子水	加至100	加至100	加至100	加至100	加至100	加至100	加至100	加至100
	乙二胺四乙酸二钠	0.02	0.02	0.02	0.02	0.02	0.02	0.02	0.02
	氯化钠	0.5	0.5	0.5	0.5	0.5	0.5	0.5	0.5
	丁二醇	3	3	3	3	3	3	3	3
	甘油	2	2	2	2	2	2	2	2
	对羟基苯乙酮	0.5	0.5	0.5	0.5	0.5	0.5	0.5	0.5
	硅石	0.5	0.5	0.5	0.5	0.5	0.5	0.5	0.5
	透明质酸钠	0.02	0.02	0.02	0.02	0.02	0.02	0.02	0.02
B相	鲸蜡基PEG/PPG-10/1聚二甲基硅氧烷	2	2	2	2	2	2	2	2
	山梨醇酐倍半油酸酯	0.5	0.5	0.5	0.5	0.5	0.5	0.5	0.5
	双乙基己氧苯酚甲氧苯基三嗪	1	1.5	2	2	2	2	2	2
	二乙氨羟苯甲酰基苯甲酸己酯	1	1.5	2	2.5	3	3	3	3
	甲氧基肉桂酸乙基己酯	10	10	10	10	10	10	10	10
	4-甲基苄亚基樟脑	1	1.5	2	2	2	2	2	2
	p-甲氧基肉桂酸异戊酯	2	2.5	3	3.5	4	4	4	4
	碳酸二辛酯	3	3	3	3	3	3	3	3
	氧化锌	4	5	6	6	6	6	6	6
	环五聚二甲基硅氧烷	30	30	30	30	30	30	30	30
C相	防晒增效组合物	0.8	0.8	0.8	0.8	0.8	0.1	0.5	1
	苯氧乙醇	0.3	0.3	0.3	0.3	0.3	0.3	0.3	0.3
	香精	0.1	0.1	0.1	0.1	0.1	0.1	0.1	0.1

制备方法

(1) 按配方量将 A 相原料混合后加热至 78~82℃，搅拌分散均匀，待用；

（2）按配方量将 B 相原料加热至 78～82℃，搅拌溶解均匀；

（3）将 A 相原料加入 B 相进行均质乳化，乳化后降温；

（4）降温至 43～47℃，按配方量加入 C 相原料，搅拌分散均匀，抽真空脱泡，得到所述化妆品。

产品特性

（1）本品通过选择四种活性功效成分，科学配比，协同增强防晒剂的防晒效果，减少防晒剂的种类及用量，提高防晒化妆品的安全性、有效性及使用肤感。

（2）本品所述防晒增效组合物是由多种稳定的功效性成分组成，成分明确，性状稳定，本身不是防晒剂，安全性高。在防晒化妆品中使用较低用量的该组合物，可协同增效防晒剂的作用，从而减少防晒剂使用的种类及用量。

配方 37　防晒组合物

原料配比

原料	配比（质量份）				
	1#	2#	3#	4#	5#
甲氧基肉桂酸乙基己酯	7.5	8	8	5	7.5
二乙氨基羟苯甲酰基苯甲酸己酯	3	3.5	3.5	1.5	2.5
双乙基己氧苯酚甲氧苯基三嗪	0.5	1.5	2	0.2	1.1
乙基己基三嗪酮	1.2	1.5	1.5	0.5	1
氰双苯丙烯酸辛酯	3	5	4	1	2.5
亚甲基双苯并三唑基四甲基丁基酚	1	2.5	2.5	0.5	1.5
丙二醇藻酸酯	3	4.6	5	1.2	3.1
乙基纤维素	0.25	0.45	0.45	0.15	0.3
丙二醇异硬脂酸酯	0.25	0.45	0.45	0.15	0.3
椰油醇-辛酸/癸酸酯	3	2	5	3	3
香柠檬精油	0.05	0.05	0.05	0.05	0.05
葡萄柚精油	0.05	0.05	0.05	0.05	0.05
二甲基硅氧烷	2	3	2	2	2
丙烯酸（酯）类/C_{10}～C_{30}烷醇丙烯酸酯交联聚合物	0.2	0.2	0.2	0.2	0.2
乙二胺四乙酸二钠	0.05	0.05	0.05	0.05	0.05
丁二醇	3	3	3	3	3
透明质酸钠	0.05	0.05	0.05	0.05	0.05
精氨酸	0.2	0.2	0.2	0.2	0.2
丙烯酰二甲基牛磺酸铵/VP 共聚物	0.25	0.25	0.25	0.25	0.25
防腐剂	0.5	0.5	0.5	0.5	0.5
水	70.95	63.15	61.25	80.45	70.85

制备方法

（1）先将丙二醇藻酸酯、乙基纤维素、丙二醇异硬脂酸酯、二甲基硅氧烷混合好，然后将甲氧基肉桂酸乙基己酯、二乙氨基羟苯甲酰基苯甲酸己酯、双乙基己氧苯酚甲氧苯基三嗪、乙基己基三嗪酮、氰双苯丙烯酸辛酯、椰油醇-辛酸/癸酸酯加入一容器，加热至80～90℃，搅拌溶解完全，冷却到60～75℃，再加入香柠檬精油、葡萄柚精油，搅拌均匀，做成油相凝胶；

（2）往一合适容器中加入水、丙烯酸（酯）类/C_{10}～C_{30}烷醇丙烯酸酯交联聚合物，搅拌混合均匀，加入乙二胺四乙酸二钠、丁二醇、透明质酸钠，搅拌混合均匀，加热至60～75℃，加入精氨酸中和，搅拌均匀，做成水相凝胶；

（3）在1500～3000r/min的剪切条件下，将油相凝胶加入水相凝胶中，搅拌均匀，再加入丙烯酰二甲基牛磺酸铵/VP共聚物，搅匀，冷却到40～50℃，加入防腐剂，搅拌均匀，继续冷却至40℃以下，即得。

产品特性

（1）本品具有肤感清爽、易吸收、无油感、易涂抹、抗水抗汗、防晒效果好的优点。

（2）本品具有优越的抗水性，在使用时具有快速破乳性能，使油溶防晒剂在皮肤上留下一层均匀的残留膜，加上不含表面活性剂而使防晒剂不易清洗掉，因此具有优越的抗水性性能。

配方 38　含天然提取物的防晒组合物

原料配比

原料		配比（质量份）					
		1#	2#	3#	4#	5#	6#
木蓝提取物		45	52	50	48	45	40
巴拉圭茶提取物		38	30	30	30	32	40
木樨草提取物		15	15	16	20	20	16
多元醇助剂		2	3	4	2	3	4
多元醇助剂	苯氧乙醇	1	1	2	1	2	1
	乙基己基甘油	1	2	2	1	2	2
	辛甘醇	1	1	1	1	1	1
	1,2-戊二醇	6	8	8	6	8	8

制备方法　将多元醇助剂加热至50～60℃，依次加入木蓝提取物、巴拉圭茶提取物以及木樨草提取物，搅拌溶解后过滤，冷却至常温，得防晒组合物。

原料介绍

所述木蓝提取物通过以下制备方法制得：将木蓝叶粉碎后加入2～3倍木蓝叶质量的烷烃类溶剂进行萃取1h，丢弃萃取层，再重复一次；萃取后的木蓝叶加入6～10倍木蓝叶质量的去离子水或体积分数不超过30%的乙醇水溶液进行常规提取 3h，再重复一次；提取液通过 $0.5\mu m$ 微滤膜，滤液浓缩得到木蓝提取物。

所述巴拉圭茶提取物通过以下制备方法制得：将巴拉圭茶粉碎后加入 2～3 倍巴拉圭茶质量的烷烃类溶剂进行萃取 1h，丢弃萃取层，再重复一次；萃取后的巴拉圭茶加入 6～10 倍巴拉圭茶质量的体积分数为 40%～70% 的乙醇水溶液进行低温超声萃取提取 30min，超声功率为 600～1000W，超声频率为 35kHz，提取液经过浓缩得到巴拉圭茶提取物。

所述木樨草提取物通过以下制备方法制得：将木樨草粉碎后加入其质量的 6～10 倍去离子水进行水蒸气蒸馏 5h，蒸馏结束后通过离心得到木樨草水提取液，提取液通过 $0.5\mu m$ 微滤膜，滤液浓缩得到木樨草提取物。

所述多元醇助剂为苯氧乙醇、乙基己基甘油、辛甘醇、1,2-戊二醇的混合物，其中苯氧乙醇、乙基己基甘油、辛甘醇、1,2-戊二醇的混合质量比例为 (1～2)：(1～2)：1：(6～8)。

产品特性

(1) 本品对紫外线具有很好的屏蔽作用，防晒效果好。

(2) 本品对天然植物中的有效成分进行提取，相对于现有技术具有制备方法流程简单、操作方便、防晒组合物色泽浅等优点。本品采用植物提取物做紫外吸收剂，大大降低了单纯使用化学紫外吸收剂引起的接触致敏作用和光接触致敏作用，能有效地防止强紫外线对皮肤辐射，达到较高 SPF 值，可大大减少化学防晒剂对皮肤的损伤，再辅以较少的多元醇助剂，能有效提高防晒剂的防腐效果及抗水性。

配方 39　含植物提取物的防晒组合物

原料配比

原料		配比（质量份）					
		1#	2#	3#	4#	5#	6#
汉麻秆芯粉		2	18	10	5	15	10
植物提取物	苦荞提取物	2	—	—	—	4	—
	甘草提取物	1	—	—	—	—	—
	槐花提取物	—	6	—	—	—	—
	枸杞子提取物	—	3	—	—	—	—
	薏苡仁提取物	—	2	—	3	—	—
	黄芩提取物	—	—	4	—	—	8
	芦丁	—	—	4	—	—	5
	牛至叶提取物	—	—	1	—	—	—
	曼杰提果仁提取物	—	—	—	2	—	5
	葡萄籽提取物	—	—	—	—	5	—
	黄连提取物	—	—	—	—	2	—
	卡兰贾种子提取物	—	—	—	—	—	5

原料		配比（质量份）					
		1#	2#	3#	4#	5#	6#
溶剂	乙醇	4	—	—	—	—	—
	1,3-丙二醇	—	36	—	—	—	—
	1,2-丙二醇	—	—	20	—	—	—
	乙二醇	—	—	—	4	—	—
	1,3-丁二醇	—	—	—	—	25	—
	甘油	—	—	—	—	—	20
乳化剂	蔗糖单硬脂酸酯	1	—	—	—	—	—
	鲸蜡硬脂醇和椰油基糖苷	—	4	—	—	—	—
	聚氧乙烯失水山梨醇脂肪酸酯	—	—	2	—	—	—
	聚甘油-3甲基葡萄糖二硬脂酸酯	—	—	—	2	—	—
	失水山梨醇脂肪酸酯	—	—	—	—	3	—
	聚乙二醇辛酸癸酸甘油酯	—	—	—	—	—	4
油脂	橄榄油	4	—	—	—	—	—
	甜杏仁油	—	15	—	—	—	—
	蓖麻油	—	—	8	—	—	—
	霍霍巴油	—	—	—	5	—	—
	椰子油	—	—	—	—	10	—
	向日葵籽油	—	—	—	—	—	15
去离子水		84	16	51	79	35	28

制备方法

（1）将汉麻秆芯粉、植物提取物与溶剂混合，用磁力搅拌器以400～600r/min的速度搅拌10～40min，得到体系均匀的A组分；

（2）将乳化剂与油脂混合作为油相加热至65～95℃，将溶剂作为水相加热至65～95℃；

（3）以5000～20000r/min的速度均质水相，缓慢加入油相，均质2～12min得乳液，即B组分；

（4）以400～600r/min的速度搅拌B组分，缓慢加入混合均匀的A组分，搅拌10～40min，得体系均匀的防晒组合物。

原料介绍

本品中的有效成分包括汉麻秆芯粉和植物提取物，汉麻秆芯粉的质量分数为2%～18%，植物提取物的质量分数为3%～25%。

所述的汉麻秆芯粉由汉麻的秆芯粉碎而得。天然植物提取物指采用适当的溶剂或方法，以天然植物（植物全部或者某一部分）为原料提取或加工而成的物质。

所述的汉麻秆芯粉的粒径为0.3～20μm。

产品特性

（1）本品以汉麻秆芯粉作为防晒成分，具有良好的防晒效果和安全性。

（2）本品能够良好地吸收全波段的紫外线，从而起到良好的防晒护肤作用。

（3）本品质地均匀，乳化体性质稳定，对人体皮肤无刺激，具有良好的安全性。

配方 40　含中药提取物的防晒化妆品

原料配比

原料		配比（质量份）			
		1#	2#	3#	4#
防晒组合物	黄芩	25	30	30	54
	牡丹根皮	20	18	23	36
	红景天	15	20	23	18
	青蒿	40	32	25	42
	0.9%～2.9%的乙酸溶液	适量	适量	适量	适量
	60%～95%的乙醇	适量	适量	适量	适量
丁二醇		4.2	4.4	5	4.2
甘油		5.5	5.1	5.5	4.5
甜菜碱		0.3	0.6	0.5	0.7
甘草酸二钾		0.3	0.8	1	0.6
透明质酸钠		0.07	0.1	0.14	0.17
防晒组合物		46	50	51	34
芦荟提取物		4.2	4.6	3.5	5
泛醇		1.1	2.1	1.1	2
水		加至 100	加至 100	加至 100	加至 100

制备方法

（1）将黄芩粉碎至 45～60 目，得到黄芩粉末。将黄芩粉末和 0.9%～2.9%的乙酸溶液按照质量比 1∶（15～25）混合后，在 38～49℃的温度和 40～60W 的功率下萃取 25～35min，对黄芩的萃取产物进行过滤得到第一滤液，使用活性炭对第一滤液脱色后得到第一提取液。

（2）将粉碎至 45～60 目的牡丹根皮、红景天和青蒿的混合物和 60%～95%的乙醇按照质量比为 1∶（15～25）混合后，在 38～49℃的温度和 60～80W 的功率下萃取 25～35min，对混合物的萃取产物进行过滤得到第二滤液，使用活性炭对第二滤液脱色后得到第二提取液。

（3）将第一提取液和第二提取液混合，即得防晒组合物。

（4）将丁二醇、甘油、甜菜碱、甘草酸二钾和透明质酸钠混合得到化妆品基质。

（5）将化妆品基质和温度为 60～80℃的水混合，在 95～100℃的温度下保持 30～40min 后得到基料。

（6）在40～50℃的温度下将防晒组合物、芦荟提取物、泛醇和基料混合均匀即可。

（7）使用二元包装进行包装。

产品特性

（1）本品是一种性质优良的天然防晒组合物，防晒效果和防光作用好，紫外线吸收强度大并在270～400nm的波长范围内皆有强吸收。同时，本品可消除紫外辐射使皮肤产生的自由基。

（2）本品以黄芩、牡丹根皮、红景天和青蒿的提取液作为防晒活性成分，具有不堵塞毛孔和不造成过敏等优点，是一种安全性高的防晒产品。本品具有刺激性低、副作用少和安全可靠等特点，能够有效解决皮炎、过敏或光毒反应等问题。

配方 41　防晒化妆品组合物

原料配比

原料		配比（质量份）					
		1#	2#	3#	4#	5#	6#
防晒组合物	混合表面活性剂处理的二氧化钛	0.03	—	—	—	—	—
	经十二烷基硫酸钠处理的二氧化钛	—	0.03	—	—	—	—
	经表面活性素处理的二氧化钛	—	—	0.03	—	—	—
	二氧化钛	—	—	—	0.03	—	—
	锐钛型二氧化钛	—	—	—	—	0.03	—
	金红石型二氧化钛	—	—	—	—	—	0.03
	丁基甲氧基二苯甲酰基甲烷	1	1	1	1	1	1
	混合表面活性剂处理的二氧化钛 金红石型二氧化钛	1					
	混合表面活性剂处理的二氧化钛 锐钛型二氧化钛	0.5					
	经十二烷基硫酸钠处理的二氧化钛	—	1	—	—	—	—
	经十二烷基硫酸钠处理的锐钛型二氧化钛	—	0.5	—	—	—	—
	经表面活性素处理的金红石型二氧化钛	—	—	1	—	—	—
	经表面活性素处理的锐钛型二氧化钛	—	0.5		—	—	—
	防晒组合物	12	12	12	12	12	12
成膜剂	VP/十六碳烯共聚物	1	1	1	1	1	1
	三甲基硅烷氧基硅酸酯	0.25	0.25	0.25	0.25	0.25	0.25
	丙烯酸（酯）类/辛基丙烯酰胺共聚物	0.5	0.5	0.5	0.5	0.5	0.5
	苯乙烯/丙烯酸（酯）类共聚物	3	3	3	3	3	3
增稠剂	二硬脂二甲铵锂蒙脱石	1	1	1	1	1	1
乳化剂	PEG-10 聚二甲基硅氧烷	0.5	0.5	0.5	0.5	0.5	0.5
	月桂基 PEG-9 聚二甲基硅氧乙基聚二甲基硅氧烷	2	2	2	2	2	2

续表

原料		配比（质量份）					
		1#	2#	3#	4#	5#	6#
润肤剂	癸二酸二异丙酯	4	4	4	4	4	4
	聚二甲基硅氧烷	35	35	35	35	35	35
	甘油三（乙基己酸）酯	3	3	3	3	3	3
保湿剂	甘油	2	2	2	2	2	2
	丁二醇	5	5	5	5	5	5
pH 调节剂	柠檬酸钠	0.1	0.1	0.1	0.1	0.1	0.1
螯合剂	乙二胺四乙酸二钠	0.1	0.1	0.1	0.1	0.1	0.1
防腐剂	苯氧乙醇	0.5	0.5	0.5	0.5	0.5	0.5
	水	加至100	加至100	加至100	加至100	加至100	加至100

制备方法

（1）取防晒组合物、VP/十六碳烯共聚物、三甲基硅烷氧基硅酸酯、丙烯酸（酯）类/辛基丙烯酰胺共聚物、苯乙烯/丙烯酸（酯）类共聚物、聚二甲基硅氧烷、二硬脂二甲铵锂蒙脱石、PEG-10 聚二甲基硅氧烷、月桂基 PEG-9 聚二甲基硅氧乙基聚二甲基硅氧烷、癸二酸二异丙酯和甘油三（乙基己酸）酯投入油相锅中，加热至80℃，充分搅拌溶解得油相混合物；

（2）取甘油、丁二醇、柠檬酸钠、乙二胺四乙酸二钠、苯氧乙醇以及余量的水，投入水相锅中，加热至80℃，充分搅拌得水相混合物；

（3）将油相混合物及水相混合物依次加入真空乳化锅中，低速均质10min，低速搅拌降温至45℃后出料，检测合格后灌装，即得成品。

原料介绍

所述防晒组合物是金红石型二氧化钛或锐钛型二氧化钛，或者是经表面活性素或十二烷基硫酸钠等处理的二氧化钛。

所述经混合表面活性剂处理的二氧化钛由以下步骤制得：称取 5～12g 二氧化钛，添加去离子水，搅拌分散，得到质量分数为 1%～5% 的二氧化钛混悬液；加入二氧化钛质量 5%～10% 的混合表面活性剂，搅拌，水浴加热，静置过夜，蒸发除去水分，烘干，即得。

所述成膜剂由 VP/十六碳烯共聚物、三甲基硅烷氧基硅酸酯、丙烯酸（酯）类/辛基丙烯酰胺共聚物及苯乙烯/丙烯酸（酯）类共聚物按质量比（1～1.5）：（0.25～0.5）：（0.5～1）：（3～5）组成。

所述保湿剂选自甘油、丙二醇、1,3-丙二醇、丁二醇和透明质酸钠中的一种或其组合。

所述润肤剂选自环五聚二甲基硅氧烷、聚二甲基硅氧烷、环己硅氧烷、癸二酸二异丙酯、甘油三（乙基己酸）酯、乙烯基聚二甲基硅氧烷/聚甲基硅氧烷硅倍半氧烷交联聚合物、异十二烷、异壬酸异壬酯、鲸蜡硬脂醇乙基己酸酯、霍霍巴油、角鲨烷和矿脂中的一种或其组合。

所述增稠剂选自丙烯酸酯类/C_{10}～C_{30}烷醇丙烯酸酯交联聚合物、糊精棕榈酸酯、二硬脂二甲铵锂蒙脱石、二氧化硅、硅酸铝镁和水辉石中的一种或其组合。

所述乳化剂选自甲基葡糖倍半硬脂酸酯、鲸蜡硬脂醇聚醚-6橄榄油酸酯、单硬脂酸甘油酯和聚乙二醇硬脂酸酯、甘油硬脂酸酯、鲸蜡硬脂基葡糖苷、PEG-10聚二甲基硅氧烷、月桂基PEG-9聚二甲基硅氧乙基聚二甲基硅氧烷和PEG-9聚二甲基硅氧烷中的一种或其组合。

所述防腐剂选自苯氧乙醇、羟苯甲酯、辛甘醇和羟苯丙酯中的一种或其组合物。

所述pH调节剂选自氨甲基丙醇、三乙醇、柠檬酸和柠檬酸钠中的一种或其组合。

所述螯合剂为乙二胺四乙酸二钠或乙二胺四乙酸四钠。

产品特性

（1）本品通过采用混合表面活性剂对二氧化钛进行预处理，将其与丁基甲氧基二苯甲酰基甲烷（BMDM）复配后，对BMDM具有强淬灭作用，能够显著提高BMDM的光稳定性，而这是其他表面活性剂不具有的效果。

（2）本品通过采用两种不用晶型结构的二氧化钛与BMDM复配，能够显著减少防晒剂的用量，克服了二氧化钛作为防晒剂时存在的过白、厚重和容易堵塞毛孔等问题，显著改善了肤感，提升了使用体验。

配方 42　防晒打底膏

原料配比

原料	配比（质量份）					
	1#	2#	3#	4#	5#	6#
巴西棕榈树蜡	5.16	4.5	3.97	2	6	4.5
聚乙烯	9.18	8	7.06	3	10	10
蜂蜡	4.59	4	3.53	5	2	5
微晶蜡	2.29	2	1.76	4	1	4
牛油果树果脂	5.74	5	4.41	8	2	5
二聚季戊四醇六羟基硬脂酸酯/六硬脂酸酯/六松脂酸酯	10.32	9	7.94	5	12	12
二异硬脂醇苹果酸酯	12.62	11	9.71	8	15	11
聚甘油-2三异硬脂酸酯	4.59	4	3.53	2	6	6
辛基十二醇	22.94	20	17.65	30	13.8	10
己二酸二异丙酯	15	20	25	20	20	20
甲氧基肉桂酸乙基己酯	5	8	10	8	8	8
水杨酸乙基己酯	2	4	5	4	4	4
辛甘醇	0.34	0.3	0.26	0.5	0.1	0.3
维生素E	0.23	0.2	0.18	0.5	0.1	0.2

制备方法　将巴西棕榈树蜡、聚乙烯、蜂蜡和微晶蜡加入容器中，开启搅拌器至转速为 400～500r/min，升温至 95～100℃，加热搅拌直至完全溶解，即溶液澄清透亮，然后降温至 80～85℃，保温搅拌 10～15min，再加入牛油果树果脂、二聚季戊四醇六羟基硬脂酸酯/六硬脂酸酯/六松脂酸酯、二异硬脂醇苹果酸酯、聚甘油-2 三异硬脂酸酯和辛基十二醇，保温搅拌至完全溶解，然后加入预先混合均匀的己二酸二异丙酯、甲氧基肉桂酸乙基己酯和水杨酸乙基己酯，调节搅拌转速为 800～1000r/min，然后保温搅拌直至均匀，之后降温至 75℃，加入辛甘醇和维生素 E，搅拌均匀后出料，即得所述打底膏。

原料介绍

防晒剂为己二酸二异丙酯、甲氧基肉桂酸乙基己酯和水杨酸乙基己酯。

柔润剂为牛油果树果脂、二聚季戊四醇六羟基硬脂酸酯/六硬脂酸酯/六松脂酸酯、二异硬脂醇苹果酸酯、聚甘油-2 二异硬脂酸酯和辛基十二醇。

增稠剂为巴西棕榈树蜡、聚乙烯和蜂蜡，黏合剂为微晶蜡，保湿剂为辛甘醇，抗氧化剂为维生素 E。

产品特性

（1）本品通过合理地将甲氧基肉桂酸乙基己酯、水杨酸乙基己酯和己二酸二异丙酯复配使用，不仅使得产品在甲氧基肉桂酸乙基己酯和水杨酸乙基己酯添加量比较低的条件下就能获得比较高的 SPF 值，避免了它们对人体的危害，还使得甲氧基肉桂酸乙基己酯和水杨酸乙基己酯能完全溶解于己二酸二异丙酯，避免了产品因防晒剂的结晶析出而不稳定。

（2）本品具有优异的稳定性和比较高的 SPF 值，能大大减少紫外线的伤害，有效呵护皮肤；通过添加清爽型油脂柔润剂，能使打底膏清爽、不油腻；此外，本品还不添加香精、色素和防腐剂，充分保证对人体的安全性。

配方 43　防晒用组合物

原料配比

原料	配比（质量份）					
	1#	2#	3#	4#	5#	6#
防晒剂 A	1	2	5	5	5	5
防晒剂 B	1	4	8	10	8	8
防晒剂 C	7	7	7	7	1	10
着色剂 A	4	4	4	4	4	4

原料		配比（质量份）					
		1#	2#	3#	4#	5#	6#
着色剂 B		0.7	0.7	0.7	0.7	0.7	0.7
着色剂 C		0.15	0.15	0.15	0.15	0.15	0.15
着色剂 D		0.06	0.06	0.06	0.06	0.06	0.06
活性功效成分		1	1	1	1	1	1
丁二醇二辛酸和二癸酸酯的混合物		4	4	4	4	4	4
苯基聚三甲基硅氧烷		3	3	3	3	3	3
环五聚二甲基硅氧烷		17	17	17	17	17	17
月桂基 PEG-9 聚二甲基硅氧乙基聚二甲基硅氧烷		2	2	2	2	2	2
PEG-10 聚二甲基硅氧烷		3	3	3	3	3	3
甲氧基肉桂酸乙基己酯		8	8	8	8	8	8
水杨酸乙基己酯		3	3	3	3	3	3
二硬脂二甲铵锂蒙脱石		0.8	0.8	0.8	0.8	0.8	0.8
聚甲基丙烯酸甲酯		4	4	4	4	4	4
防腐剂 A		0.1	0.1	0.1	0.1	0.1	0.1
防腐剂 B		0.4	0.4	0.4	0.4	0.4	0.4
丁二醇		6	6	6	6	6	6
氯化钠		1	1	1	1	1	1
乙醇		0.3	0.3	0.3	0.3	0.3	0.3
水		32.49	28.49	21.49	19.49	27.49	18.49
防晒剂 A	硬脂酰谷氨酸	2	2	2	2	2	2
	粒径约 5μm 的针状二氧化钛	98	98	98	98	98	98
防晒剂 B	$C_{12} \sim C_{15}$ 醇苯甲酸酯	32.5	32.5	32.5	32.5	32.5	32.5
	硅石	6	6	6	6	6	6
	聚二甲基硅氧烷	4	4	4	4	4	4
	聚羟基硬脂酸	9	9	9	9	9	9
	粒径约为 15nm 的球状二氧化钛	48.5	48.5	48.5	48.5	48.5	48.5
防晒剂 C	粒径为 15～35nm 的球状氧化锌	97	97	97	97	97	97
	三乙氧基辛基硅烷	3	3	3	3	3	3
着色剂 A	二氧化钛	94	94	94	94	94	94
	硬脂酰谷氨酸二钠	3	3	3	3	3	3
	氢氧化铝	3	3	3	3	3	3
着色剂 B	黄色氧化铁	96.5	96.5	96.5	96.5	96.5	96.5
	硬脂酰谷氨酸二钠	3	3	3	3	3	3
	氢氧化铝	0.5	0.5	0.5	0.5	0.5	0.5
着色剂 C	红色氧化铁	96.5	96.5	96.5	96.5	96.5	96.5
	硬脂酰谷氨酸二钠	3	3	3	3	3	3
	氢氧化铝	0.5	0.5	0.5	0.5	0.5	0.5
着色剂 D	黑色氧化铁	96.5	96.5	96.5	96.5	96.5	96.5
	硬脂酰谷氨酸二钠	3	3	3	3	3	3
	氢氧化铝	0.5	0.5	0.5	0.5	0.5	0.5

续表

原料		配比（质量份）					
		1#	2#	3#	4#	5#	6#
活性功效成分	刺阿干树仁油	80	80	80	80	80	80
	生育酚乙酸酯	10	10	10	10	10	10
	红没药醇	10	10	10	10	10	10
防腐剂A	辛甘醇	70	70	70	70	70	70
	乙基己基甘油	30	30	30	30	30	30
防腐剂B	苯氧乙醇	90	90	90	90	90	90
	乙基己基甘油	10	10	10	10	10	10

制备方法

（1）将丁二醇二辛酸/二癸酸酯、防晒剂A、防晒剂C、着色剂A、着色剂B、着色剂C、着色剂D混合后研磨，再加入防晒剂B、苯基聚三甲基硅氧烷、环五聚二甲基硅氧烷、月桂基PEG-9聚二甲基硅氧乙基聚二甲基硅氧烷、PEG-10聚二甲基硅氧烷、甲氧基肉桂酸乙基己酯、水杨酸乙基己酯、二硬脂二甲铵锂蒙脱石、活性功效成分以及聚甲基丙烯酸甲酯，均质，搅拌，得到油相；

（2）将防腐剂A、防腐剂B、丁二醇、水、氯化钠以及乙醇混合，并搅拌均匀，得到水相；

（3）将水相加入搅拌中的油相，均质，搅拌，得到所述防晒组合物。

产品特性

（1）本品组合物通过将含有针状二氧化钛的防晒剂A以及含有球状二氧化钛的防晒剂B复配使用，而具有协同抵抗UVB、可见光中至少一种光以及近红外光线。

（2）本品不仅对紫外线的抵抗能力很强，对可见光和红外光的抵抗能力也很强，实现了对日常阳光中对皮肤有害的全波段辐射（200～1500nm）的抵抗效果，同时所含的防晒剂透明度高，易于复配其他化妆品原料使用。

（3）本品通过刺阿干树仁油、生育酚乙酸酯和红没药醇的协同抗氧化、抗炎作用，提高了防晒值，减少了因防晒剂添加量过多对肤感和稳定性造成的影响。

配方 44　防晒化妆品用组合物

原料配比

原料	配比（质量份）						
	1#	2#	3#	4#	5#	6#	7#
甲氧基肉桂酸乙基己酯	5	6	9	10	5	5	5
烟酰胺	1.5	2	2.5	3	1.5	1.5	1.5

原料		配比（质量份）						
		1#	2#	3#	4#	5#	6#	7#
腺苷		0.4	0.8	1.2	1.6	0.4	0.4	0.4
丁二醇		0.4	0.6	1	1.2	0.4	0.4	0.4
水杨酸乙基己酯		3.5	4	5	5.5	3.5	3.5	3.5
花生提取物		4.5	5.5	6.5	7.5	4.5	4.5	4.5
乳化剂		1.1	1.3	1.5	1.8	1.1	1.1	1.1
防腐剂		0.4	0.6	0.9	1.2	0.4	0.4	0.4
成膜剂		2.5	3.5	4.5	5	2.5	2.5	2.5
保湿剂		—	—	—	—	1.3	1.8	2.3
抗皱护肤剂		—	—	—	—	1.5	2	2.5
成膜剂	改性凹凸棒土	3.5	4	5	5.5	3.5	3.5	3.5
	环五聚二甲基硅氧烷	1.3	1.7	2.1	2.5	1.3	1.3	1.3
	氢氧化铝	0.4	0.6	0.9	1.2	0.4	0.4	0.4
	氢化聚二甲基硅氧烷	0.3	0.6	0.9	1.1	0.3	0.3	0.3
	三乙氧基辛基硅烷	0.6	1	1.4	1.8	0.6	0.6	0.6
	聚二甲基硅氧烷/乙烯基聚二甲基硅氧烷交联聚合物	0.1	0.2	0.4	0.5	0.1	0.1	0.1
改性凹凸棒土	凹凸棒土	1	1	1	1	1	1	1
	葡萄籽油	0.5	0.6	0.6	0.5	0.5	0.5	0.5
	十六烷基三甲基氯化铵	0.2	0.3	0.3	0.2	0.2	0.2	0.2
	硅石	0.4	0.5	0.5	0.4	0.4	0.4	0.4
乳化剂	亲水疏水平衡值为4.5的PEG-10聚二甲基硅氧烷	1	1	1	1	1	1	1
	亲水疏水平衡值为8的鲸蜡基PEG/PPG-10/1聚二甲基硅氧烷	0.5	0.7	0.8	0.6	0.5	0.5	0.5
	亲水疏水平衡值为11的十六烷基磷酸酯钾	0.4	0.5	0.7	0.6	0.4	0.4	0.4
防腐剂	苯甲酸钠	1	1	1	1	1	1	1
	对羟基苯甲酸酯	1.2	1.3	1.5	1.4	1.2	1.2	1.2
	水杨酸	0.7	0.8	1	0.9	0.7	0.7	0.7
花生提取物	花生	1	3	3	1	1	1	1
	乙醇	5	12	12	5	5	5	5
	牛油果核粉末	0.4	0.6	0.6	0.4	0.4	0.4	0.4
	α-异甲基紫罗兰酮	1.3	1.7	1.7	1.3	1.3	1.3	1.3
	淀粉辛烯基琥珀酸铝	0.8	1.1	1.1	0.8	0.8	0.8	0.8
	茴香提取物	1.5	2	2	1.5	1.5	1.5	1.5
保湿剂	白茶提取物	—	—	—	—	0.4	0.6	0.8
	水解透明质酸	—	—	—	—	1.4	2	2.6
	卵磷脂	—	—	—	—	0.6	0.9	1.2
	乙酰基六肽-8	—	—	—	—	0.5	0.8	1.0
	孔雀石原液	—	—	—	—	1.1	1.3	1.5
抗皱护肤剂	花青素	—	—	—	—	0.8	1.2	1.6
	白柳树皮提取物	—	—	—	—	1.4	2	2.6
	香根鸢尾根提取物	—	—	—	—	0.5	0.9	1.2
	葡聚糖	—	—	—	—	1.6	2	2.4
	维生素E	—	—	—	—	0.5	0.8	1

制备方法　将甲氧基肉桂酸乙基己酯、水杨酸乙基己酯、烟酰胺和腺苷加热至80～85℃，加入丁二醇、花生提取物、乳化剂、防腐剂、成膜剂、保湿剂和抗皱护肤剂，混合均匀，冷却至室温，制得防晒组合物。

原料介绍

所述改性凹凸棒土的制备方法如下：

（1）将凹凸棒土粉碎，过20目筛，加入其质量6～10倍的盐酸溶液中，在80～90℃下恒温搅拌1～2h，以1500～1800r/min的转速离心10～15min，用去离子水洗涤至中性，在100～120℃下烘干；

（2）向凹凸棒土中加入葡萄籽油、十六烷基三甲基氯化铵和硅石，混合均匀，研磨成5～10μm的颗粒，制得改性凹凸棒土。

所述花生提取物由以下方法制成：将花生粉碎制得粒径为5～10μm的花生粉末，向花生粉末中加入乙醇，在50℃的水浴锅中恒温加热2～3h，并超声回流提取20～30min，再在3000～3500r/min的转速下离心5～10min，向离心所得液中加入牛油果核粉末、α-异甲基紫罗兰酮、淀粉辛烯基琥珀酸铝和茴香提取物，微波处理10～20min，制得花生提取物。

产品特性　本品能增加肌肤抗氧化、抗衰老能力，增强肌肤新生，使皮肤有光泽、有弹性，并能抵御紫外线的侵害，修复受损肌肤，防止细纹产生，使肌肤焕颜有活力。

配方 45　防水抗汗温水易卸除的防晒化妆品

原料配比

原料			配比（质量份）			
			1#	2#	3#	4#
油相	有机防晒剂	奥克立林	8	—	0.5	—
		甲氧基肉桂酸乙基己酯	—	5	—	9.5
		4-甲基苄亚基樟脑	—	—	—	3
		水杨酸乙基己酯	5	5	—	4
		乙基己基三嗪酮	—	3.5	0.2	—
		二乙氨羟苯甲酰基苯甲酸己酯	—	2	—	—
		聚硅氧烷-15	—	—	0.5	—
		丁基甲氧基二苯甲酰化甲烷	3	—	0.1	—
		胡莫柳酯	—	—	—	10
		双乙基己氧苯酚甲氧苯基三嗪	—	—	—	8.5
	润肤油脂	鲸蜡硬脂醇	—	1.5	—	—
		C_{12}～C_{15} 醇苯甲酸酯	2	—	1.5	—
		辛基聚甲基硅氧烷	—	1	1	—

原料			1#	2#	3#	4#
			配比（质量份）			
油相	润肤油脂	聚二甲基硅氧烷	3	—	1	—
		环五聚二甲基硅氧烷	5	6	—	1
	乳化剂	角鲨烷	—	—	—	0.5
		C_{14}～C_{22}醇和C_{12}～C_{20}烷基葡糖苷	2	—	2	5
		甘油硬脂酸酯和PEG-100硬脂酸酯	1.5	—	—	—
		PEG-100硬脂酸酯和硬脂酸甘油酯	—	—	0.5	—
		PEG-100硬脂酸酯	—	—	—	2
	无机防晒剂和润肤油脂	二氧化钛和聚二甲基硅氧烷	4.5	—	—	—
水相		水	52.7	56.7	79.3	38.45
	保湿剂	透明质酸钠	—	0.1	—	—
		丙二醇	—	8	—	0.5
		丁二醇	8	—	10	—
		聚谷氨酸钠	—	—	0.1	—
		甜菜碱	—	1.5	1.5	—
	乳化剂	聚山梨醇酯-20	—	0.5	—	1.5
		鲸蜡醇磷酸酯钾	—	0.8	0.2	—
		聚甘油-10肉豆蔻酸酯	—	0.5	—	—
	有机防晒剂	苯基苯并咪唑磺酸	3	—	—	—
	水溶性高分子聚合物	丙烯酸（酯）类共聚物和水	5	—	—	—
		丙烯酸（酯）类交联聚合物	—	—	18.5	—
		丙烯酸（酯）类/C_{10}～C_{30}烷醇丙烯酸酯交联聚合物	—	—	0.2	—
		苯乙烯/丙烯酸（酯）类共聚物和水	—	10	—	—
		苯乙烯/丙烯酸（酯）类共聚物	—	—	—	0.3
	添加剂	黄原胶	0.2	—	0.1	—
		乙二胺四乙酸四钠	0.05	—	0.05	—
		乙二胺四乙酸二钠	—	0.1	—	0.05
		丙烯酰二甲基牛磺酸铵/VP共聚物	—	0.6	—	—
		水、亚甲基双苯并三唑四甲基丁基酚、癸基葡糖苷和丙二醇	—	6	—	15
	无机防晒剂	氧化锌	—	—	0.5	—
添加剂		氨甲基丙醇	1.05	0.1	0.1	—
		黄原胶	—	0.15	—	0.05
		苯氧乙醇和乙基己基甘油	0.6	—	0.6	—
		苯氧乙醇、辛甘醇和氯苯甘醚	—	0.8	—	0.6
		1,3-丙二醇和辛甘醇	0.3	—	—	—
		香精	0.10	0.15	0.05	0.05

制备方法

（1）将属于油相的各组分加入油相锅中，边搅拌边加热至82～87℃，转速为10～50r/min，充分搅拌至均匀，得油相混合物；

（2）将属于水相的各组分加入水相锅中，边搅拌边加热至 82～87℃，转速为 10～50r/min，充分搅拌至均匀，得水相混合物；

（3）将油相混合物、水相混合物依次通过过滤阀抽入真空乳化锅中，以 30～35r/min 的转速进行搅拌，然后以 2500～3200r/min 的转速进行均质至乳化均匀，再将搅拌转速降至 10～30r/min，降温至 45℃，加入添加剂，继续搅拌至均匀后出料；

（4）检测合格后灌装，即得。

产品特性　本品将一种高玻璃转化温度（T_g）的水溶性高分子聚合物或组合物应用于水包油（O/W）型防晒组合物中，肤感清爽不油腻，防水抗汗，温水易清洗，省去烦琐的卸除过程，提高防晒剂的使用效率，降低配方成本及潜在的刺激。

配方 46　辅酶 Q10 防晒养护霜

原料配比

原料	配比（质量份）							
	1#	2#	3#	4#	5#	6#	7#	8#
辅酶 Q10	0.3～3.0	0.3～3.0	0.3～3.0	0.3～3.0	0.3～3.0	0.3～3.0	0.3～3.0	0.3～3.0
硫辛酸	0.1～2.0	0.1～2.0	0.1～2.0	0.1～2.0	0.1～2.0	0.1～2.0	0.1～2.0	0.1～2.0
甘草酸	0.5～3.0	0.5～3.0	0.5～3.0	0.5～3.0	0.5～3.0	0.5～3.0	0.5～3.0	0.5～3.0
维生素 E	0.5～3.0	0.5～3.0	0.5～3.0	0.5～3.0	0.5～3.0	0.5～3.0	0.5～3.0	0.5～3.0
维生素 C	0.1～1.0	0.1～1.0	0.1～1.0	0.1～1.0	0.1～1.0	0.1～1.0	0.1～1.0	0.1～1.0
人参皂苷	—	0.1～1.0	—	—	—	—	—	—
二氧化钛	—	—	2.0～20.0	—	—	—	—	—
甲氧基肉桂酸乙基己酯	—	—	—	5.0～8.0	—	—	—	—
2-羟基-4-甲氧基二苯甲酮	—	—	—	—	1.0～5.0	—	—	—
PEG-25 对氨基苯甲酸	—	—	—	—	—	1.0～5.0	—	—
丁基甲氧基二苯甲酰甲烷	—	—	—	—	—	—	1.0～5.0	—
水杨酸乙基己酯	—	—	—	—	—	—	—	1.0～5.0
矿物油	6～12	6～12	6～12	6～12	6～12	6～12	6～12	6～12
羊毛脂	10.0～15.0	10.0～15.0	10.0～15.0	10.0～15.0	10.0～15.0	10.0～15.0	10.0～15.0	10.0～15.0
硬脂酸	3.0～4.5	3.0～4.5	3.0～4.5	3.0～4.5	3.0～4.5	3.0～4.5	3.0～4.5	3.0～4.5
鲸蜡	5.4～6.5	5.4～6.5	5.4～6.5	5.4～6.5	5.4～6.5	5.4～6.5	5.4～6.5	5.4～6.5
鲸蜡醇	10.0～12.0	10.0～12.0	10.0～12.0	10.0～12.0	10.0～12.0	10.0～12.0	10.0～12.0	10.0～12.0
三乙醇胺	8.0～10.0	8.0～10.0	8.0～10.0	8.0～10.0	8.0～10.0	8.0～10.0	8.0～10.0	8.0～10.0
羟苯乙酯	0.1～0.2	0.1～0.2	0.1～0.2	0.1～0.2	0.1～0.2	0.1～0.2	0.1～0.2	0.1～0.2
香精	适量	适量	适量	适量	适量	适量	适量	适量
去离子水	30～40（体积份）	30～40（体积份）	30～40（体积份）	30～40（体积份）	30～40（体积份）	30～40（体积份）	30～40（体积份）	30～40（体积份）

制备方法

（1）称取配方量的辅酶 Q10、硫辛酸、甘草酸、人参皂苷、二氧化钛、甲氧基肉桂酸乙基己酯、2-羟基-4-甲氧基二苯甲酮、PEG-25 对氨基苯甲酸、丁基甲氧基二苯甲酰甲烷、水杨酸乙基己酯、矿物油、羊毛脂、硬脂酸、鲸蜡、鲸蜡醇混合熔融至 80℃，得油相。

（2）另取三乙醇胺、羟苯乙酯和去离子水加热溶解至 80℃ 得水相。

（3）将油相缓慢加入水相中，边加边搅拌。

（4）45℃ 以下加入维生素 C 及香精适量，放冷即得成品。

产品应用　本品是一组保护皮肤免受紫外线的光老化作用，修复光老化的皮肤损伤，延缓皮肤的衰老的含辅酶 Q10 防晒养护霜。

产品特性　本品对紫外线有强吸收作用，特别是在 290～320nm 范围内有稳定的强吸收作用，同时，对紫外线照射已经产生的皮肤细胞损伤，包括 DNA 损伤，也有强大的修复作用。

配方 47　负载成膜防晒化妆品

原料配比

原料			配比(质量份)					
			1#	2#	3#	4#	5#	6#
复合微粒	纳米无机紫外线屏蔽剂	纳米二氧化钛	13	—	—	8	—	—
		纳米氧化锌	—	5	—	—	17	—
		纳米氧化锡	—	—	20	—	—	12
	单层云母粉		7	5	10	7	9	8
	有机硅化合物	二甲基硅油	79	—	68	—	72	—
		正硅酸乙酯	—	89	—	84	—	79
	催化剂	有机锡催化剂	1	1	2	1	2	1
复合微粒			14	10	20	12	17	15
硬脂酸			2	2	3	2	3	2
单硬脂酸甘油酯			3	2	4	3	4	3
凡士林			3	2	4	2	3	3
三乙醇胺			7	5	8	6	7	6
乳化蜡			4	3	5	3	5	4
玫瑰露			3	2	5	3	4	4
去离子水			59	71	43	65	51	57
海藻糖			3	2	5	3	4	4
高分子透明质酸			2	1	3	1	2	2

制备方法

（1）将纳米无机紫外线屏蔽剂、单层云母粉分散在有机硅化合物中，然后加入催化剂进行缩合反应，制得分散纳米无机紫外线屏蔽剂和单层云母粉的有机硅缩合物。

（2）将步骤（1）制得的有机硅缩合物进行高压喷雾，制得复合微粒。

（3）将步骤（2）制得的复合微粒与硬脂酸、单硬脂酸甘油酯、凡士林进行捏合，然后加入三乙醇胺、乳化蜡、玫瑰露、去离子水、海藻糖、高分子透明质酸进行高速搅拌，制得膏状的防晒化妆品。所述捏合的真空度为－0.1～－0.05MPa，时间为20～30min；所述高速搅拌的转速为500～1000r/min，时间为10～50min。

产品特性

（1）本品通过将纳米无机紫外线屏蔽剂、单层云母粉分散有机硅中缩合形成复合物，由云母粉和有机硅良好负载纳米无机紫外线屏蔽剂，使纳米粒的紫外反射功能大幅提升，无需加入大量水包油乳液分散，具有良好的分散性和成膜性。

（2）本品易于涂抹，铺展良好，无油腻感，防晒性能好，实用性佳。

配方 48 复方牡蛎防晒霜

原料配比

原料	配比（质量份）				
	1#	2#	3#	4#	5#
牡蛎壳粉	10	12.5	12	—	12.5
白及提取液(0.4g/mL)	—	—	5	—	—
白及提取液（1g/mL）	—	—	—	10	—
白及提取液(10g/mL)	—	—	—	—	10
牡蛎体腔液冻干粉	1.2	1.2	1.2	1.2	1.2
硬脂酸	3	3	3	3	3
聚二甲基硅氧烷	2	2	2	2	2
硬脂醇（十八烷醇）	1	1	1	1	1
液体石蜡	13	13	13	13	13
甘油	3.5	3.5	3.5	3.5	3.5
卡波姆	0.35	0.35	0.35	0.35	0.35
乙二胺四乙酸二钠	0.05	0.05	0.05	0.05	0.05
司盘-60	5	5	5	5	5
吐温-80	0.72	0.72	0.72	0.72	0.72
山梨酸钠	0.3	0.3	0.3	0.3	0.3
维生素E	0.6	0.6	0.6	0.6	0.6
香精	适量	适量	适量	适量	适量
去离子水	加至100	加至100	加至100	加至100	加至100
三乙醇胺	适量	适量	适量	适量	适量

制备方法

（1）油相：先把液状油分（液体石蜡）加于油相溶解器，在不断搅拌的情况下，将半固状油（聚二甲基硅氧烷）和固状油（硬脂酸、硬脂醇、司盘-60、维生素 E、牡蛎壳粉、牡蛎体腔液冻干粉）分别加入其中，加热至 75～80℃使其完全溶解混合，并保持在 70℃。

（2）水相：把亲水性成分（甘油、吐温-80、山梨酸钠）加入去离子水中，加热至 75～80℃。

（3）水溶性聚合物：卡波姆在室温下与乙二胺四乙酸二钠单独配制，在室温下充分搅拌，使其充分均匀地溶胀，防止结团。

（4）乳化：

① 先将水相和水溶性聚合物分别加热至 70℃，后将水相倒入水溶性聚合物中，并搅拌均匀，温度保持 70～75℃；

② 在不断搅拌的情况下将水相缓慢加到油相中，乳化温度为 70～75℃，乳化时间为 25～30min，期间缓慢搅拌均质、脱气。搅拌 5min 后测其 pH，用三乙醇胺调 pH 值至 6.5；

③ 在 40～45℃下添加白及提取液、香精，搅拌均质 5～10min。

（5）冷却，装罐。

原料介绍

所述的牡蛎体腔液冻干粉按以下操作进行处理：

（1）收集牡蛎体腔原液；

（2）将牡蛎体腔原液按 1∶1 比例加入去离子水中搅拌至混合均匀；

（3）将混匀后的加水体腔液，置冷冻干燥仪干燥即得冻干粉。

所述的牡蛎壳粉按以下操作进行处理：

（1）用 0.5mol/L HCl 溶液浸泡牡蛎壳 5h，每隔 1h 搅拌一次；

（2）用 0.5mol/L NaOH 溶液浸泡牡蛎壳 5h，每隔 1h 搅拌一次；

（3）用 5％双氧水浸泡牡蛎壳 3h，每隔 1h 搅拌一次；

（4）牡蛎壳超声 30min，最后用清水浸泡 5min，搅拌后清洗备用；

（5）将清洁过的牡蛎壳粉碎；

（6）将粗粉碎的牡蛎壳研磨成粉末；

（7）牡蛎壳粉研磨过 300 目筛网。

所述的白及提取液按以下操作进行提取：称取 10g 药材粉，用 200mL 75％乙醇分成两次、每次 100mL，置于 250mL 圆底烧瓶回流提取 2 次，每次回流 1.5h，得到的提取液合并，滤液浓缩蒸发掉乙醇，最后浓缩至生药材含量为 1g/mL 或 0.4g/mL 或 10g/mL，备用。

产品特性 本品不添加化学防晒剂，仅通过在常规配方的防晒霜中，加入牡蛎壳粉、牡蛎体腔液冻干粉以及白及提取液，可达到抵挡紫外线、晒后修复、美白抗衰等功效，而且原料来源天然，将牡蛎壳及牡蛎体腔液变废为宝，是一款成本低、功效好的天然化妆品。

配方 49　复合植物提取物防晒霜

原料配比

原料		配比（质量份）		
		1#	2#	3#
复合植物提取物		3	3	3
甘油硬脂酸酯		5	5	5
PEG-60 氢化蓖麻油		4	4	4
PEG-10 聚二甲基硅氧烷		3	3	3
液体石蜡		5	5	5
角鲨烷		1	1	1
甘油		5	5	5
三乙醇胺		0.5	0.5	0.5
苯氧乙醇		0.1	0.1	0.1
香精		0.05	0.05	0.05
去离子水		加至 100	加至 100	加至 100
复合植物提取物	白羽扇豆籽提取物	3	1	1
	油橄榄树皮提取物	1	1	3

制备方法

（1）将原料分为以下三组：

组一：甘油硬脂酸酯、PEG-60 氢化蓖麻油、PEG-10 聚二甲基硅氧烷、液体石蜡、角鲨烷；

组二：甘油、三乙醇胺、去离子水；

组三：复合植物提取物、苯氧乙醇、香精。

（2）将组一所有组分混合后加入油相锅，升温到 85℃，转速 2500r/min，搅拌均匀，持续时间 20min。

（3）将组二所有组分混合后加入水相锅，升温到 85℃，转速 2500r/min，搅拌均匀，持续时间 20min。

（4）将步骤（1）、（2）的液体相互混合进行均质乳化，温度 80℃，转速 2000r/min，持续时间 20min。

（5）乳化后冷却至 45℃，加入组三所有组分，搅拌均匀，转速 2500r/min，持续时间 10min，最后冷却至室温出料即得成品。

原料介绍

所述白羽扇豆籽提取物通过 5～10 倍质量的体积分数为 10％～20％的乙醇回流提取 2～3h、过滤、回收溶剂后干燥得到。

所述油橄榄树皮提取物通过 5～10 倍质量的体积分数为 80％～90％的乙醇回流提取 2～3h、过滤、回收溶剂后干燥得到。

产品特性　本品采用白羽扇豆籽提取物、油橄榄树皮提取物按照特定质量配比作为防晒活性组分使用，在吸收紫外线、修复晒伤肌肤方面起到了明显的协同增效作用，取得了令人意想不到的技术效果。

配方 50　高保水复合防晒霜

原料配比

原料		配比（质量份）		
		1#	2#	3#
牡蛎多糖	牡蛎肉	20	25	30
	无水乙醇	150	225	300
	去离子水	200	250	300
脱胶松子油	松子油	20	25	30
	20％的柠檬酸溶液	40	50	60
脱胶松子油		30	35	40
牡蛎多糖		15	17.5	20
芦荟胶		12	14	16
黄原胶		6	7	8
液体石蜡		15	17.5	20
甘油		12	14	16
丁二醇		12	14	16
蔗糖硬脂酸酯		0.6	0.7	0.8
甘油硬脂酸酯		0.3	0.35	0.4
甲氧基肉桂酸辛酯		0.6	0.7	0.8
丁基甲氧基二苯甲酰基甲烷		0.3	0.35	0.4
去离子水		30	35	40

制备方法

（1）将蔗糖硬脂酸酯、甘油硬脂酸酯、甲氧基肉桂酸辛酯、丁基甲氧基二苯甲酰基甲烷加入去离子水中，常温下以 300～400r/min 的转速搅拌 30～40min，得乳化剂混合液。

（2）将液体石蜡、甘油、丁二醇加入脱胶松子油中，在 50～60℃的水浴条件下以 200～300r/min 的转速搅拌 20～30min，得混合液。

（3）将乳化剂混合液、牡蛎多糖、芦荟胶、黄原胶加入混合液中，置于高剪切乳化机内，在 50～60℃的水浴条件下以 10000～12000r/min 的转速搅拌乳化 20～30min，再置于超声波分散机内，常温下超声处理 20～30min，密封保存，得高保水复合防晒霜。超声处理的功率为 300～400W。

原料介绍

所述脱胶松子油的具体制备步骤为：

（1）按质量份数计，分别称量 20～30 份松子油、40～60 份柠檬酸溶液，柠檬酸溶液的质量分数为 20%；

（2）将松子油置于 40～60℃的水浴条件下以 200～300r/min 搅拌 10～20min，得预热松子油；

（3）将柠檬酸溶液预热至 40～60℃后加入预热松子油中，在 40～60℃的水浴条件下以 500～600r/min 搅拌 20～30min，得松子油混合液；

（4）将松子油混合液于 4～8℃的条件下静置 8～12h，再置于离心机中，常温下以 4000～6000r/min 的转速离心分离 20～30min，取上层油层，置于 60～80℃的真空干燥箱内干燥 2～4h，常温冷却，得脱胶松子油。

所述牡蛎多糖的具体制备步骤为：

（1）按质量份数计，分别称量 20～30 份牡蛎肉、150～300 份无水乙醇、200～300 份去离子水；

（2）将牡蛎肉加入去离子水中，在 100～120℃的条件下以 200～250r/min 的转速搅拌 2～4h，过滤，得滤液；

（3）将滤液置于旋转蒸发仪内，在 100～110℃的条件下旋转蒸发 30～40min，得浓缩液；

（4）将无水乙醇加入浓缩液中，在 2～4℃的冷藏条件下静置 8～12h，置于离心机中，常温下以 10000～12000r/min 的转速离心分离 10～20min，得沉淀；

（5）将沉淀用无水乙醇洗涤 3～5 次，再用石油醚洗涤 1～3 次，冷冻干燥，得牡蛎多糖。

产品特性　本品中的芦荟胶能在皮肤上形成一层无形的膜，从而阻止阳光中长波紫外线对表皮的伤害和氧化，保护表皮细胞的还原代谢，提高皮肤表层的抗辐射能力，可防止因日晒引起的红肿、灼热感，保护皮肤免遭灼伤；牡蛎多糖具有强吸水性、乳化性和良好的成膜性，将其加入防晒霜内，可以有效提高化妆品的保湿性能。

配方 51 高倍水包油型防晒化妆品

原料配比

原料			配比(质量份)						
			1#	2#	3#	4#	5#	6#	7#
A相	有机硅成膜剂	三甲基硅烷氧基硅酸酯	4	—	—	4	3	4	3
		丙烯酸(酯)类/聚二甲基硅氧烷共聚物	—	4	—	3	3	3	4
		聚甲基硅倍半氧烷	—	—	6	—	4	—	—
B相	紫外线散射剂	二氧化钛/氢氧化铝/硬脂酸	5.4	5	5	3	5	3	4
		氧化锌/三乙氧基辛基硅烷	—	5	5	5	5	5	5
		氧化锌/水合硅石/氢化聚二甲基硅氧烷	—	—	5	2	8	2	2
	紫外线吸收剂	乙基己基三嗪酮(5%)	3	3	2	—	1	—	—
		双乙基己氧苯酚甲氧苯基三嗪(10%)	7	3	2	4	2	4	3
		丁基甲氧基二苯甲酰基甲烷(5%)	2.6	3	2	—	1	—	—
		奥克立林(10%)	—	2	2	8	4	8	8
		甲氧基肉桂酸乙基己酯(10%)	—	—	2	8	4	8	5
C相	润肤剂	辛酸/癸酸甘油三酯	3	6	1	—	2	—	—
		癸二酸二异丙酯	3	4	3	2	2	—	2
		PPG-3苄基醚肉豆蔻酸酯	4	3	3	2	5	2	2
		异壬酸异壬酯	—	5	3	6	5	6	3
		己二酸二丁酯	—	—	2	5	5	5	5
	液态高级脂肪酸	异硬脂酸	—	—	—	0.2	0.5	0.2	0.2
		亚麻酸	—	—	—	—	0.5	—	—
D相	增稠剂	丙烯酸(酯)类/山嵛醇聚醚-25甲基丙烯酸酯共聚物	0.5	—	—	0.5	0.8	0.5	0.5
		卡波姆	—	0.8	—	0.3	0.8	0.3	0.3
		聚丙烯酰基二甲基牛磺酸铵	—	—	1	—	0.4	—	—
E相	非离子表面活性剂	PEG-150硬脂酸酯	3	—	—	1	1	1	1
		PEG-60氢化蓖麻油	—	1.5	—	1	1	1	1
		PEG-60甘油异硬脂酸酯	—	1.5	—	1	1	1	1.5
		聚山梨醇酯-20	—	—	1.5	1	1	1	1
		聚甘油-10肉豆蔻酸酯	—	—	1.5	1	1	1	1
		双-PEG/PPG-16/16PEG/PPG-16/16聚二甲基硅氧烷	—	—	2	—	1	—	—
F相	多元醇	丙二醇	5	—	—	4	3	4	4
		丁二醇	—	5	3	4	3	—	—
		甘油	—	—	5	—	4	—	—
	防腐剂	苯氧乙醇	—	—	—	—	—	0.5	0.1
		香精	—	—	—	—	—	0.3	0.5
	皮肤调理剂	库拉索芦荟叶提取物	—	—	—	—	—	0.02	—
		宁夏枸杞果提取物	—	—	—	—	—	0.02	—
		苦参根提取物	—	—	—	—	—	0.02	—
		紫松果菊提取物	—	—	—	—	—	0.02	—
		金钗石斛茎提取物	—	—	—	—	—	0.02	—

原料			配比（质量份）						
			1#	2#	3#	4#	5#	6#	7#
G相	成膜助剂	环五聚二甲基硅氧烷	5	—	—	5	3	5	5
		环己硅氧烷	—	4	3	5	2	5	5
		异十二烷	—	2	2	—	5		
		异十六烷	—	—	3	—	5		
去离子水			54.5	42.2	35	24	7	23.1	28.9

制备方法

（1）将 A 相和 G 相中的原料混合均匀，备用；

（2）将 B、C 相中原料加入油锅中加热至 80～90℃溶解，均质，加入步骤（1）的混合物混合均匀，备用；

（3）将部分去离子水、D 相搅拌混合均匀，备用；

（4）将部分去离子水和 E、F 相中的原料加入乳化锅中加热至 85～90℃溶解，均质分散均匀，备用；

（5）将剩余去离子水、步骤（2）中的混合物边搅拌边缓慢加入乳化锅，保温在 65～75℃，搅拌均质混合均匀；

（6）降温至 45℃后，加入步骤（3）中的混合物，混合均匀，降温至 42℃出料。

产品特性

（1）本品兼具触感好、耐水强、防晒指数高等特点，特别适合在紫外线较强、出汗较多的夏季使用。

（2）本品在减少化学防晒剂使用量的前提下，通过有机硅成膜剂、成膜助剂、紫外线防御剂、润肤剂等成分之间的合理组配，协同增效，在提高防晒化妆品整体防晒指数的同时，形成防水效果佳的化妆品。相比于传统配方，本品的配方更加温和，引起的负面效应更少。

配方 52　高防晒值的防晒乳

原料配比

原料		配比（质量份）
乳化剂	鲸蜡基 PEG/PPG-10/1 聚二甲基硅氧烷	3
	山梨醇酐异硬脂酸酯	1
	硬脂酸镁	0.2
润肤油脂	碳酸二辛酯	5
	辛基聚甲基硅氧烷	5
	异壬酸异壬酯	3

原料		配比（质量份）
化学防晒剂	聚硅氧烷-15	3
	二乙氨羟苯甲酰基苯甲酸己酯	4
	双乙基己氧苯酚甲氧苯基三嗪	2
	甲氧基肉桂酸乙基己酯	9.5
	对苯二亚基二樟脑磺酸	2
	苯基苯并咪唑磺酸	3
物理防晒剂	亲油纳米二氧化钛	3
防腐剂	羟苯丙酯	0.1
	羟苯甲酯	0.2
	苯氧乙醇	0.27
	乙基己基甘油	0.03
悬浮增稠剂	季铵盐-18膨润土	0.8
	蜂蜡	0.6
保湿成分	丙二醇	4
	甘油	4
	精氨酸	1.8
添加剂	生育酚乙酸酯	0.2
	红没药醇	0.2
螯合剂	乙二胺四乙酸二钠	0.05
肤感调节剂	聚甲基硅倍半氧烷	2
香精		0.2
去离子水		加至100

制备方法

（1）将鲸蜡基 PE/PPG-10/1 聚二甲基硅氧烷 3 份、山梨醇酐异硬脂酸酯 1 份、聚硅氧烷-15 3 份、碳酸二辛酯 5 份、辛基聚甲基硅氧烷 5 份、异壬酸异壬酯 3 份、聚甲基硅倍半氧烷 2 份、亲油纳米二氧化钛 3 份、甲氧基肉桂酸乙基己酯 9.5 份混合研磨均匀后得到 A 物质；

（2）再将二乙氨羟苯甲酰基苯甲酸己酯 4 份、蜂蜡 0.6 份、羟苯丙酯 0.1 份、双乙基己氧苯酚甲氧苯基三嗪 2 份、季铵盐-18 膨润土 0.8 份、硬脂酸镁 0.2 份投入 A 物质中，加热到 80～85℃后开启中速均质 10min，得到 B 物质；

（3）将丙二醇 4 份、甘油 4 份、对苯二亚基二樟脑磺酸 2 份、苯基苯并咪唑磺酸 3 份、精氨酸 1.8 份、乙二胺四乙酸二钠 0.05 份、羟苯甲酯 0.2 份、去离子水混合加热到 80℃，搅拌均匀后得到 C 物质；

（4）B 物质开启缓慢降温，开启搅拌，然后把 C 物质缓慢滴入 B 物质中，滴完以后开启中速均质 3min，得到 D 物质；

（5）等温度到达 45℃时再把苯氧乙醇 0.27 份、乙基己基甘油 0.03 份、维生素 E 醋酸酯 0.2 份、红没药醇 0.2 份、香精 0.2 份添加到 D 物质中，再开启高速均质 7min，得到高防晒值的防晒乳。

产品特性

（1）该防晒乳具有全面的防晒能力，由于采用防水抗汗的配方体系，可以有效地起到长效持久的作用。

（2）该防晒乳配方中采用聚甲基硅倍半氧烷这种肤感调节剂，让整个配方体系有良好的涂抹触感，不会有油腻质感活性更加持久，起到提高防晒值的作用。

配方 53 高原防晒化妆品

原料配比

原料	配比（质量份）		
	1#	2#	3#
接骨木提取物	45	40	50
蜂蜜	11	10	12
明胶	12	8	15
羊膜液	13	10	15
紫花苜蓿提取物	5	2	9
二苯甲酮衍生物	13	10	15
杜鹃花酸	14	10	18
杏仁油	5	3	7
肌氨酸钠	12	11	14
氢化大豆卵磷脂	7	5	10
燕麦多肽	13	10	15
甘蔗酸	6	4	7
乙二醇	5	2	8
野菊维素	10	6	14
润肤剂	5	4	6
稳定剂	5	3	6
助乳化剂	4	3	5
烃基安息香酸盐	6	5	8
去离子水	65	60	70

制备方法

（1）将接骨木提取物、蜂蜜、明胶、羊膜液、紫花苜蓿提取物及去离子水混合搅拌，加热至75～80℃，保温1～3h；

（2）当温度降至60～65℃时，加入杏仁油，搅拌均匀，然后将燕麦多肽、甘蔗酸、乙二醇、野菊维素加入水中搅拌均匀，加热至75～80℃，保温1～3h；

（3）当温度降至45～50℃时，加入剩余组分，搅拌均匀，冷却，包装，得产品。

原料介绍

所述助乳化剂为橄榄油 PEG-7 酯类、聚甘油-3-异硬脂酸酯、鲸蜡醇聚醚-6 中的一种或几种。

所述稳定剂为丁二醇、双丙甘醇、鲸蜡醇、丁羟甲苯中的一种或几种。

所述润肤剂包括鲸蜡硬脂醇异壬酸酯、鲸蜡硬脂醇或鲸蜡醇棕榈酸酯。

产品特性　本品具备高防晒指数，而且降低了防晒剂光活性造成的皮肤损伤，适用于高原强紫外线环境，满足了消费者更高的防晒护肤要求。

配方 54　隔离防晒化妆品

原料配比

原料		配比(质量份)	
		1#	2#
隔离防晒组合物	白茶提取物	28.4	28.4
	蜂花粉提取物	5.2	5.2
	海藻提取物	6.1	6.1
	去离子水	60.3	60.3
防晒霜	甘油硬脂酸酯/PEG-100 硬脂酸酯	3	—
	甘油硬脂酸酯	—	4
	羟基硬脂酸乙基己酯	—	15
	山梨醇酐油酸酯	—	3
	鲸蜡硬脂醇	2	—
	角鲨烷	6	—
	聚二甲基硅氧烷	2.5	—
	辛酸/癸酸甘油三酯	4	—
	聚丙烯酰胺	1.2	—
	羟苯甲酯	0.1	—
	羟苯丙酯	0.1	—
	隔离防晒组合物	10	15
	羟乙基脲	—	7
	黄原胶	—	0.4
	透明质酸钠	0.02	—
	甘油	8	—
	维生素 E	1.8	—
	卡波姆	0.5	—
	去离子水	55.78	55
	二氧化钛	5	—
	苯氧乙醇	—	0.4
	香精	—	0.2

制备方法

1#配方的制备：按配比将甘油硬脂酸酯/PEG-100 硬脂酸酯、鲸蜡硬脂醇、角鲨烷、聚二甲基硅氧烷、辛酸/癸酸甘油三酯、聚丙烯酰胺、羟苯甲酯、羟苯丙酯、隔离防晒组合物混合投入油相锅加热搅拌至85℃，搅拌至溶解完全；将透明质酸钠、甘油、维生素E、卡波姆、去离子水混合加入水相锅中加热搅拌至85℃，搅拌至溶解完全。将乳化锅预热至65℃，搅拌速度50r/min，先将水相抽入，再将油相抽入，85℃下保温搅拌30min，降温至45℃加入5％二氧化钛，保温搅拌10分钟，降温至40℃出料。

2♯配方的制备：按配比将甘油硬脂酸酯、羟基硬脂酸乙基己酯、山梨醇酐油酸酯和隔离防晒组合物加热至85℃，搅拌至完全溶解，将羟乙基脲、黄原胶、去离子水加热到85℃，搅拌至完全溶解，将油相和水相搅拌混匀，再加入苯氧乙醇和香精，搅拌混匀，即得防晒霜。

产品特性 本品安全、透气性好，不仅有良好的防晒效果，还能起到一定的隔离作用，更好地保护肌肤。

配方 55　广谱防晒霜

原料配比

原料	配比（质量份）						
	1♯	2♯	3♯	4♯	5♯	6♯	7♯
3-甲氧基肉桂酸(2-乙基)己酯	0.5	2.0	5.0	4.0	5.0	6.0	5.0
3,5-二甲氧基-4羟基肉桂酸(2-乙基)己酯	5.0	4.5	5.0	2.0	0.5	6.0	5.0
金盏花提取液	5.0	5.0	5.0	5.0	5.0	5.0	8.0
茶多酚	5.0	5.0	5.0	5.0	5.0	5.0	5.0
吐温-80	10.0	10.0	10.0	10.0	10.0	10.0	10.0
氧化锌	3	3	3	3	3	3	3
凡士林	3	3	3	3	3	3	3
甘油	3	3	3	3	3	3	2
去离子水	加至100	加至100	加至100	加至100	加至100	加至100	加至100

制备方法

（1）将氧化锌加入甘油中搅拌均匀得到混合物A；

（2）将吐温-80、金盏花提取液和茶多酚加入去离子水中，搅拌均匀得到混合物B；

（3）将混合物B加入混合物A中，再加入凡士林、3-甲氧基肉桂酸(2-乙基)己酯和3,5-二甲氧基-4羟基肉桂酸(2-乙基)己酯，搅拌均匀，得到混合物C；

（4）将步骤（3）的混合物C乳化，得到产品。

上述各步骤均是在常温和常压下进行的。

产品特性　本品具有极其理想的广谱防晒效果。本品主要通过对紫外线的反射和吸收，有效保护皮肤，使用效果较好。本产品的主要原料对皮肤刺激性小，不会造成皮肤过敏，也没有毒副作用，使用安全性较高。

配方 56　海藻保湿防晒霜

原料配比

原料	配比（质量份）		
	1#	2#	3#
紫苏籽油	14	13	15
M1 乳化剂	3	3.5	2.5
角鲨烷	1	0.5	1.5
硬脂酸镁	0.8	1	0.5
油溶纳米二氧化钛	5	4	6
氧化锌	2	3	1.5
铁红	0.08	0.09	0.1
1,3-丁二醇	5.91	6.5	5
食盐	0.8	0.5	1
海藻萃取液	5	6	4
去离子水	59.7	58	62
天然抗菌剂	1	1.2	0.8

制备方法

（1）按配方比例将紫苏籽油、M1 乳化剂、角鲨烷、硬脂酸镁、油溶纳米二氧化钛、氧化锌、铁红置于容器 1 中搅拌均匀得到 A 相；

（2）按配方比例将 1,3-丁二醇、食盐、海藻萃取液、去离子水、天然抗菌剂置于容器 2 中搅拌均匀得到 B 相；

（3）在搅拌作用下，将 B 相逐滴加入 A 相中混合均匀制成乳液既得产品。B相加入的速度为 20～40 滴/min。B 相完全加入 A 相混合均匀后继续搅拌，排出空气后将产品进行包装。

产品特性　本品能够有效隔绝紫外线与皮肤，减少紫外线对皮肤的损害，达到良好的防晒效果，减缓皮肤光老化的产生，也减少紫外线对皮肤的伤害，同时具有美白皮肤的效果。本品适合人群广，无论是干性或是油性还是混合性肌肤均适用。

配方 57　含大鲵低聚糖肽的防晒霜

原料配比

原料	配比(质量份)					
	1#	2#	3#	4#	5#	6#
大鲵低聚糖肽	12	12	12	15	18	18
辛癸酸甘油酯	20	20	20	23	26	26
维生素 E	6	6	6	8	10	—
葡萄籽油	—	4	4	5	6	6
硬脂醇醚	10	10	10	13	16	16
冰片	2	—	2	—	4	4
艾片	—	—	—	3	—	—
单硬脂酸甘油酯	6	6	6	9	12	12
红橘油	2	2	2	3	4	4
去离子水	10	10	10	13	16	16

制备方法

(1) 将辛癸酸甘油酯、维生素 E、葡萄籽油、红橘油和单硬脂酸甘油酯混合作为 A 相，加热至 60～70℃。

(2) 将去离子水、硬脂醇醚、冰片、艾片作为 B 相，加热至 80～90℃。

(3) 把 A 相加入 B 相中，进行均质，转速为 500～800r/min，均质时间为 10～20min；当温度回落至 30～40℃时，将大鲵低聚糖肽加入 A、B 相的混合物中，再次进行均质，转速为 1000～2000r/min，均质时间为 6～8min；冷却至室温，分装入瓶，即得到防晒霜。

原料介绍

所述的大鲵低聚糖肽由以下步骤制成：将大鲵黏液在 0～10℃下进行匀浆；向匀浆中加入 1～3 倍体积 pH 为 7～8 的 0.01～0.1mol/L 磷酸缓冲液及与匀浆质量比为 0.1%～1% 的混合酶（复海洋碱性蛋白酶、木瓜蛋白酶、胃蛋白酶和胰蛋白酶按活力单位比为 3∶3∶2∶2），酶解 12～48h，离心取上清液，采用截留分子量为 4000 以下的超滤膜分离器分离，取透过超滤膜的液体；通过 Sephadex LH-20 分子筛层析柱，收集 OD280nm 吸收峰；将所收集的液体通过大孔吸附树脂及活性炭后冷冻干燥，制得大鲵低聚糖肽。

产品特性

(1) 本品克服了大鲵低聚糖肽制备化妆品易于变性失活的技术问题，其抗紫外线效果显著，且制备工艺简单，非常适宜工业化生产。

（2）本品中的葡萄籽油和艾片不仅可与大鲵低聚糖肽协同作用，增强防紫外线功效，而且能改善膏霜对皮肤适应性，对皮肤无刺激性，使用后皮肤无紧绷感，清凉舒适，同时还具有清除自由基、抗氧化、消炎、保湿、养颜等功能。

配方 58 含天然防晒成分防晒霜

原料配比

原料			配比（质量份）		
			1#	2#	3#
复合物	干燥物	甘草粗粉	1	1	1
		去离子水	10	10	10
	磷脂酰胆碱		3	3	3
	干燥物		1	1	1
	无水乙醇		8	8	8
干燥物		乙醇	15	20	17.5
		去离子水	10	15	11
		纳米二氧化钛	1	2	1.5
		硅烷偶联剂/辛基三甲氧基硅烷	0.01	0.07	0.04
滤液		茶叶	1	1	1
		去离子水	7	8	7.5
烘干物		干燥物	1	1	1
		滤液	5	6	5.5
A相		天然茶籽油	4	5	4.5
		硬脂酸	4	5	4.5
		鲸蜡硬脂醇	3	4	3.5
		聚氧乙烯硬脂醇醚	2	3	2.5
		烘干物	0.5	1	0.75
		尼泊金乙酯	0.05	0.2	0.12
B相		去离子水	30	40	35
		透明质酸	15	20	17.5
		复合物	10	15	12.5
		丝胶蛋白	5	10	7.5
		亚硫酸氢钠	1	5	3
A相			1	1	1
B相			1	1	1

制备方法

（1）按质量份数计，取 15～20 份乙醇、10～15 份去离子水、1～2 份纳米二氧化钛、0.01～0.07 份硅烷偶联剂，混合均匀，调节 pH 值至 3～7，在 30～70℃下超声分散，过滤，得滤渣，将滤渣用水洗涤，减压干燥，得干燥物；

（2）按质量比 1:（7～8），将茶叶、去离子水进行混合，浸泡，再在温度90～95℃的水中煎煮，抽滤，得滤液，按质量比 1:（5～6），将干燥物、滤液进行混合，静置，过滤，得滤渣，将滤渣在温度 60～70℃下烘干，得烘干物；

（3）按质量份数计，取 4～5 份天然茶籽油、4～5 份硬脂酸、3～4 份鲸蜡硬脂醇、2～3 份聚氧乙烯硬脂醇醚、0.5～1.0 烘干物、0.05～0.2 份尼泊金乙酯，混合均匀，加热至 80～85℃，融化，作为 A 相；

（4）按质量份数计，取 30～40 份去离子水、15～20 份透明质酸、10～15 份复合物、5～10 份丝胶蛋白、1～5 份亚硫酸氢钠，将透明质酸、去离子水进行混合，加入复合物、亚硫酸氢钠、丝胶蛋白，并在 4～5℃下进行混合，搅拌均匀，作为 B 相；

（5）按质量比 1∶1，将 B 相加入 A 相中，加入速率为 20～30mL/min，用均质机均质 3～6min，控制温度在 75～80℃保温搅拌，待冷却至室温，出料，即得防晒霜。

原料介绍　所述复合物的制备方法：

（1）按质量比 1∶10，将甘草粗粉、去离子水进行混合，在 90～100℃下提取 1～2h，得提取液，将提取液进行浓缩，加入装有大孔树脂的柱子，再用体积分数为 70%的乙醇洗脱，回收洗脱液，浓缩，干燥，得干燥物；

（2）按质量比 3∶1∶8，将磷脂酰胆碱、干燥物、无水乙醇进行混合，在 40～45℃下搅拌 3～4h，再在 58～60℃下减压真空干燥，研磨，即得复合物。

产品特性　本品的防晒成分来源于天然植物，具有刺激性低、副作用少、更加安全可靠的优点，从而避免了对人体皮肤的刺激和过敏现象。

配方 59　含有 SOD 的脂质体防晒保湿喷雾剂

原料配比

原料	配比（质量份）		
	1#	2#	3#
SOD（超氧化物歧化酶）	0.3	0.6	0.02
β-葡聚糖	0.6	1	0.08
褐藻糖胶	0.8	1.2	0.08
γ-氨基丁酸	0.2	0.5	0.01
卵磷脂	3	6	1
胆固醇	0.5	1	0.05
维生素 C	0.2	0.5	0.05
冻干赋形剂	5	10	1.5
防腐剂	0.03	0.05	0.01
PBS 缓冲液	80	95	70
CO_2	5	10	1
N_2	5	10	1
无水乙醇	适量	适量	适量

制备方法

（1）将卵磷脂、胆固醇、褐藻糖胶、维生素 C 和 γ-氨基丁酸加入无水乙醇中，在 48～58℃下溶解，将溶解后的溶液进行旋转蒸发，使其形成均匀的薄膜；旋转蒸发仪的旋转速度为 35～45r/min，真空度为 0.008～0.05MPa，旋转蒸发时间为 10～25min，水浴温度为 18～48℃。

（2）将冻干赋形剂、防腐剂溶于 PBS 缓冲液中，然后加入 β-葡聚糖，在 40～60℃下搅拌均匀，得水合剂备用。

（3）将步骤（2）的水合剂加入步骤（1）的薄膜中搅拌，直至薄膜完全溶解，得到浅黄色乳浊液，然后将此乳浊液在 30～45℃的水浴条件下搅拌 20～40min 得混悬液，混悬液在 35～40℃水浴条件下超声处理 10～30min，得粗制脂质体。

（4）对粗制脂质体进行冻融处理后，向其中加入 SOD，在 20～25℃下进行超声处理得精制 SOD 脂质体混悬液；所述的冻融处理过程为：在 -60～-75℃环境中冷冻 30～60min，然后置于 20～25℃环境中融化。

（5）将所得的精制 SOD 脂质体混悬液灌装于容器中，再向容器中依次充入 CO_2 和 N_2，即得所述的含有 SOD 的脂质体防晒保湿喷雾剂。

原料介绍

所述的 SOD 选自动物提取 SOD、基因重组 SOD、月桂酸修饰 SOD 中的一种。

所述卵磷脂选自大豆卵磷脂、蛋黄卵磷脂、二硬脂酰磷脂酰胆碱、棕榈酰磷脂酰胆碱中的一种。

所述的冻干赋形剂为甘露醇和海藻糖的混合物。甘露醇与海藻糖的质量比为 $(0.5～1.5)$∶1。

所述的无水乙醇的用量是卵磷脂、胆固醇、褐藻糖胶、维生素 C 和 γ-氨基丁酸总质量的 4～6 倍。

产品特性

（1）本品利用脂质体将 SOD 等天然防晒保湿成分包裹到粒径为 100～200nm 的有防晒保湿抗皱效果的纳米脂质体中，易于活性成分透过皮肤被吸收，且防水、耐水效果好。

（2）本品制备的纳米脂质体，对 SOD、褐藻糖胶等天然防晒保湿成分包埋效果好，通过超声处理技术包封率可达 90％以上。SOD、褐藻糖胶作为囊芯材料，可避免褐藻糖胶等在使用时直接与皮肤接触，在达到防晒保湿目的的同时，不会对皮肤造成刺激和伤害。

（3）本品解决了现有防晒保湿喷雾中防晒保湿剂直接分散于喷雾中，使用时直接与皮肤接触，可能会引起皮肤刺激性反应、防晒保湿乳液易变质腐败以及防晒保湿喷雾剂防水、耐水效果差的问题。

（4）本品将包裹了 SOD 的纳米脂质体混悬液制备成喷雾剂，能使防晒保湿剂均匀地黏附于皮肤表面，使用方法简单、快速，质量轻巧，方便携带。

配方 60　含有海洋寡糖的美白防晒霜

原料配比

原料	配比（质量份）				
	1#	2#	3#	4#	5#
乳化剂	2	2	2	2	2
纯水	32	32	32	37	27
褐藻寡糖	5	10	15	5	10
橄榄油	10	10	10	10	10
甘油	7	7	7	7	7
丁二醇	10	10	10	10	10
壳寡糖	15	10	5	10	15
壳聚糖	3	3	3	3	3
胶原蛋白	10	10	10	10	10
维生素	5	5	5	5	5
抗菌剂	1	1	1	1	1

制备方法　将各组分原料混合均匀即可。

原料介绍

所述乳化剂为脂肪酸皂、烷基磷酸酯盐、脂肪醇聚氧乙烯醚、脂肪酸单甘油酯、失水山梨醇脂肪酸酯和聚氧乙烯失水山梨醇脂肪酸酯的一种或者两种以上的组合。

所述壳寡糖纯度≥90％，分子量为 500～1500，脱乙酰度≥90％。

所述褐藻寡糖纯度≥85％，分子量为 5000～10000。

所述壳聚糖黏度为 100～300mps；所述胶原蛋白分子量小于 2000。

所述纯水为去离子水；所述橄榄油为特级初榨橄榄油；所述甘油浓度大于98％；抗菌剂是苯甲酸酯类防腐剂。

所述维生素是维生素 A、维生素 B_3、维生素 B_5、维生素 C、维生素 E 中的一种或两种以上的组合。

产品特性　本品利用壳寡糖和壳聚糖所含有的羟基、氨基和其他极性基团可与水分子形成氢键结合大量水分。再者，壳寡糖和壳聚糖的糖链间还可相互交织成网，起到较强的保水作用。本品利用壳寡糖的抗菌、抗氧化功能和褐藻寡糖吸收紫外线功能，有效地起到了防晒和修复肌肤的功效。

配方 61 含有纳米纤维素的防晒乳液

原料配比

原料		配比（质量份）			
		1#	2#	3#	4#
纳米纤维素		40	50	20	30
丙二醇		6	6	5	5
橄榄油		1	3	2	1
硬脂酸		4	6	3	4
凡士林		5	4	2	4
甘油		3	3	4	3
氧化锌		0.2	0.5	0.4	0.2
乳化剂	大豆磷脂	3	—	—	—
	双乙酰酒石酸单甘油酯	—	4	—	—
	山梨糖醇脂	—	—	3	3
维生素衍生物	维生素 A 脂肪酸酯	0.1	—	—	—
	维生素 C 磷酸酯	—	0.1	—	—
	维生素 E 醋酸酯	—	—	0.2	0.3
丝胶蛋白		0.8	1.2	1.4	0.9
脂溶性杀菌剂	尼泊金甲酯	0.4	—	—	—
	尼泊金乙酯	—	0.3	—	—
	尼泊金丙酯	—	—	0.1	0.2
透明质酸		3	2	2	5
角鲨烷		4	5	6	6
香精		0.1	0.3	0.2	0.1
丁基化羟基甲苯		0.06	0.1	0.07	0.1
去离子水		29.34	14.5	50.63	37.2

制备方法

（1）水相的制备：将纳米纤维素、丙二醇、氧化锌、乳化剂、透明质酸、香精、丁基化羟基甲苯和去离子水混合，加热溶解，搅拌均匀，得到混合物 A；加热溶解的温度为 60～90℃。

（2）油相的制备：将橄榄油、硬脂酸、角鲨烷、凡士林、甘油、维生素衍生物、丝胶蛋白和脂溶性杀菌剂混合，加热溶解，搅拌均匀，得到混合物 B；加热溶解的温度为 50～80℃。

（3）防晒乳液的制备：将混合物 A 和混合物 B 混合，搅拌均匀，加热溶解，保温，再高压均质，冷却至室温，即得到所述的防晒乳液。加热溶解的温度为 60～80℃，保温的时长为 30～60min。高压均质采用高压均质机进行，压力为 10～30MPa，循环 1～3 次。

原料介绍

所述的纳米纤维素粒径为 20～100nm。

所述的氧化锌为纳米氧化锌，粒径为 10～40nm。

产品特性

（1）本品将纳米纤维素添加到防晒乳液中，可显著提升防晒乳液的防晒效果（SPF 值为 45～60），避免了传统物理防晒乳液中颗粒的脱落问题和化学防晒乳液引发的皮肤过敏问题。

（2）本品具有明显的防晒功效，可减少紫外线对皮肤的损伤，并对皮肤无刺激性，安全性高。

配方 62　含有诺丽果精油的美白防晒霜

原料配比

原料		配比（质量份）					
		1#	2#	3#	4#	5#	6#
A 相	霍霍巴油	1	1.2	1.2	1	1.2	1
	甾醇酯	0.8	1	1	0.8	1	1
	维生素 E	0.5	1	1	0.5	1	1
	尼泊金甲酯	0.1	0.3	0.2	0.1	0.3	0.2
	尼泊金乙酯	0.05	0.15	0.1	0.05	0.15	0.1
	硬脂酸甘油酯	—	—	—	1	1.5	1
	十六/十八天然脂肪醇	—	—	—	0.4	0.6	0.5
	辛酸/癸酸甘油三酯	—	—	—	2	3	2
	异壬酸异壬酯	—	—	—	3	5	3
	聚二甲基硅氧烷	—	—	—	0.5	1	1
B 相	氨基酸保湿剂	2	3	3	2	3	2
	尿囊素	0.2	0.4	0.3	0.2	0.4	0.3
	去离子水	90	110	100	90	110	100
	甘油	—	—	—	3	5	4
C 相	月桂醇醚	—	—	—	0.7	0.9	0.8
D 相	诺丽果精油	0.8	1.2	1.0	0.8	1.2	1

制备方法

（1）准备 A 相、B 相、C 相、D 相的原料。

（2）调配 A 相、B 相：分别配制 A 相、B 相，并分别加热搅拌至 80～90℃呈均相。

（3）混合调配：调节 B 相的温度高于 A 相的温度，且控制 A 相和 B 相的温度范围在 80～90℃之间，两相温差≤5℃，在转速为 800～1200r/min 的搅拌状态下，将 A 相缓慢加入 B 相中，至两相完全混合，开动均质机，使乳液稳定而有光泽；关闭均质机，降温，待温度为 60～70℃时，加入 C 相，再次开动均质机，直至乳液混合均匀；待温度降至 40～50℃时，加入 D 相，持续搅拌，乳液降至室温，停止搅拌，静置 18～24h，制得含有诺丽果精油的美白防晒霜。

原料介绍

所述诺丽果精油的制备方法：将切碎的新鲜诺丽果与去离子水混合，放入蒸馏器中，常压蒸馏回流 2～4h，将所得回流液静置，提取回流液上层液体，即得诺丽果精油。

所述去离子水的体积为每 100g 诺丽果加入 150mL 去离子水。

产品特性　本品具有显著的自由基清除能力，能有效抑制酪氨酸酶的活性，抑制黑色素生长，对紫外线吸收效果好，达到美白防晒护肤的效果。本品制备方法简单易操作，生产成本较低，其中利用减压蒸馏法和常压蒸馏法制得的诺丽果精油，品质优良，可直接应用于护肤美白，也可以应用于制备其他美白化妆品或护肤品产品。

配方 63　含有欧鼠李的防晒化妆品

原料配比

原料		配比（质量份）		
		1#	2#	3#
防晒草药组合物	荷叶	14	11	11
	欧鼠李	25	24	28
	天花粉	12	15	10
	鸡蛋果	7	6	10
	甘草	3	2	5
	半枝莲	6	8	4
防晒中药组合物		10	10	10
甘油		10	10	10
山梨醇三油酸酯		2	2	2
橄榄油		3	3	3
丁二醇		10	10	10
去离子水		65	65	65

制备方法

（1）将荷叶、欧鼠李、天花粉、鸡蛋果、甘草、半枝莲分别干燥后粉碎，进行提取并浓缩，得荷叶提取液、欧鼠李提取液、天花粉提取液、鸡蛋果提取液、甘草提取液、半枝莲提取液；

（2）将步骤（1）所得的荷叶提取液、欧鼠李提取液、天花粉提取液、鸡蛋果提取液、甘草提取液、半枝莲提取液分别进行熟化处理，冷却后进行过滤、提纯得各原料精华液，将各原料精华液混合均匀，并再次进行过滤、提纯，得混合精华液；

（3）将步骤（2）得到的混合精华液进行均质，得到防晒草药组合物；

（4）分别取配方量的防晒草药组合物、甘油、山梨醇三油酸酯、橄榄油、丁二醇、去离子水混合均匀，制成防晒霜。

产品特性

（1）本品通过优化原料的配伍，使原料药材之间产生协同增效作用，增加了组合物的防晒效果；原料由纯天然植物提取物组合而成，无毒副作用，适应性广，成本低廉。

（2）本品通过熟化工艺将大分子活性物质分解成小分子活性物质，对皮肤的渗透性更好，极易被皮肤吸收，能有效增加皮肤对紫外线的抵抗力。

（3）本品防晒指数高，对紫外线的吸收率大，并且药效平和，对皮肤不致敏，适合各类人群使用。

配方 64 含有天然防晒物质的化妆品

原料配比

原料	配比（质量份）		
	1#	2#	3#
角鲨烷	10	5	8
茶多酚	20	15	14
黄芩提取物	40	30	30
红没药醇	25	20	14
沙棘油	20	30	30
维生素 C	6	10	7
海藻提取物	40	20	35
氧化锌	30	40	35
防腐剂	6	10	8
乳化剂	26	50	36
pH 调节剂	适量	适量	适量
去离子水	50	40	50
甘油	10	20	30

制备方法 在反应容器中依次加入甘油、去离子水、角鲨烷、茶多酚、维生素 C、红没药醇、防腐剂、乳化剂，搅拌均匀，然后加入 pH 调节剂将混合物的 pH 值调节到 7.0 左右，将反应容器的温度加热到 35～50℃，快速加入黄芩提取

物、海藻提取物、沙棘油、氧化锌，然后高速搅拌均匀，再将反应容器的温度升至60～70℃，保温3～7h后，室温冷却，即制得所述含有天然防晒物质的化妆品。

原料介绍

所述黄芩提取物的制备方法为：将黄芩烘干研磨成黄芩粉；然后向黄芩粉中加入去离子水及纤维素酶，在温度为30～40℃下进行酶解，酶解时间为4～6h，酶解结束后灭酶，过滤得到沉淀物和过滤液，然后对过滤液进行浓缩，得到所述黄芩提取物。

所述海藻提取物的制备方法为：将新鲜海藻洗净烘干后研磨成海藻粉，利用石油醚对海藻粉进行脱脂处理得到脱脂海藻粉，然后向脱脂海藻粉中加入去离子水和纤维素酶，在温度为30～40℃下进行酶解，酶解时间为4～6h，酶解结束后灭酶，过滤得到沉淀物和过滤液，然后对过滤液进行浓缩，得到所述海藻提取物。

产品特性　本品通过添加天然的防晒物质使得化妆品具有低敏性的同时，还具有良好的防晒效果；本品制备方法简单，易于推广。

配方 65　基于改性贻贝壳骨架材料防晒霜

原料配比

原料		配比（质量份）			
		1#	2#	3#	4#
改性贻贝壳微纳米骨架材料		20	10	50	180
二氧化钛		1	0.5	8	7
硬脂酸		10	15	120	115
单硬脂酸甘油酯		5	1	30	35
甘油		15	10	130	125
维生素 E		3	0.5	20	18
山梨醇		0.5	1	8	10
香精	玫瑰香精	3	—	—	—
	柠檬香精	—	0.5	—	—
	茉莉香精	—	—	10	20
去离子水		42.5	61.5	524	490

制备方法

（1）首选将硬脂酸与单硬脂酸甘油酯采用水浴加热使其熔融成油相；然后将去离子水加热到90℃，把甘油加入去离子水中成为水相。

（2）在50℃时把水相加到油相中并不断搅拌，加入改性贻贝壳微纳米骨架材料、二氧化钛，并持续搅拌，待搅拌均匀后撤去水浴，接着不断搅拌，当温度降到45℃后加入维生素 E，搅拌待均匀后加入山梨醇与香精，搅拌均匀，冷却到室温，得防晒霜成品。

原料介绍　所述改性贻贝壳微纳米骨架材料的通过以下方法制备：

（1）贻贝壳微纳米骨架材料制备：贻贝壳用 1％HCl 浸泡贝壳 24～48h，清洗贝壳表面杂质，于 400～500℃煅烧活化，采用微纳米粉碎机粉碎处理，过 800～1000 目筛；1g 贻贝壳对应 2mL 的 1％HCl。

（2）改性贻贝壳微纳米骨架材料制备：将贝壳粉和葡萄糖以质量比 1∶（0.1～0.3）放在马弗炉中于 100～150℃煅烧 20～30min，得改性贻贝壳微纳米骨架材料。

所述的贻贝壳为紫贻贝壳、厚壳贻贝壳中的一种。

产品特性　本品对波长为 200～300nm 的紫外线具有很好的吸收效果，具有较强的保湿性和美白功效，是一种纯天然的海洋生物质防晒霜。

配方 66　兼具淡斑、保湿、防晒的中药化妆品

原料配比

原料	配比（质量份）		
	1#	2#	3#
人参提取物	5	9	10
天冬提取物	0.5	0.7	1
红花提取物	5	5	10
鸡冠花提取物	8	15	18
抗坏血酸	2	2	2.5
橄榄油	15	15	16
棕榈酸异丙酯	5	5	6
聚氧乙烯壬基酚醚	0.5	0.5	0.4
甘油	5	4	6
对羟基苯甲酸甲酯	0.1	0.1	0.11
乙醇	7	8	8
去离子水	加至 100	加至 100	加至 100

制备方法　将各组分原料混合均匀即可。

原料介绍

所述的人参提取物制备方法：人参用质量浓度为 50％的乙醇为溶剂（溶剂的用量为人参质量的 6～8 倍），加热回流提取 2 次，每次 1h，合并两次乙醇提取液，回收乙醇，浓缩至相对密度为 1.2～1.4 的浸膏，−80℃冷冻 24h，真空干燥得冻干粉，即为人参提取物。

所述的天冬提取物制备方法：天冬用质量浓度为 70％的乙醇为溶剂（溶剂的用量为天冬质量的 6～8 倍），加热回流提取 2 次，每次 1h，合并两次乙醇提取液，回收乙醇，浓缩至相对密度为 1.2～1.4 的浸膏，－80℃冷冻 24h，真空干燥得冻干粉，即成天冬提取物。

所述的红花提取物制备方法：红花用质量浓度为 50％的乙醇为溶剂（溶剂的用量为红花质量的 6～8 倍），加热回流提取 2 次，每次 1h，合并两次乙醇提取液，回收乙醇，浓缩至相对密度为 1.2～1.4 的浸膏，－80℃冷冻 24h，真空干燥得冻干粉，即成红花提取物。

所述的鸡冠花提取物制备方法：鸡冠花用质量浓度为 90％乙醇为溶剂（溶剂的用量为鸡冠花质量的 6～8 倍），加热回流提取 2 次，每次 1h，合并两次乙醇提取液，回收乙醇，浓缩至相对密度为 1.2～1.4 的浸膏，－80℃冷冻 24h，真空干燥得冻干粉，即成鸡冠花提取物。

产品特性　本品组方科学合理，具有补气养阴、活血祛瘀、保湿美白、强体防晒功效，能有效清除自由基、抑制酪氨酸酶的活性、加强皮肤新陈代谢、减少紫外线的对皮肤的伤害，天然无刺激。

配方 67　兼具防晒和晒后修复功能的液晶型乳液

原料配比

原料			配比（质量份）					
			1#	2#	3#	4#	5#	6#
A 相		角鲨烷	5	4	6	4.5	5.5	5
		儿茶素	0.7	0.5	1	0.6	0.8	0.8
		植物甾醇	1.6	1	2	1.2	1.8	1.5
		芦荟苷	1.7	1	2	1.3	1.7	1.5
		洋甘菊精油	1.5	1	2	1.3	1.8	1.5
	液晶乳化剂	山梨醇酐橄榄油酸酯	2.6	—	—	—	2.6	—
		蔗糖硬脂酸酯	—	2	—	—	—	—
		蔗糖油酸酯	—	—	3	—	—	2.5
		蔗糖棕榈酸酯	—	—	—	2.2	—	—
	助乳化剂	鲸蜡硬脂醇	1.5	—	—	—	1.3	—
		聚丙烯酰胺	—	1	—	—	—	1.5
		甘油硬脂酸酯	—	—	2	—	—	—
		月桂醇聚氧乙烯醚	—	—	—	1.2	—	—
B 相		黄原胶	0.8	0.5	1	0.7	0.9	0.7
		甘油	7	6.5	9	7	8.5	8
		透明质酸	0.7	0.5	1	0.6	0.8	0.8
		水	75.9	81	70	78.4	72.8	75.2

续表

原料			配比(质量份)					
			1#	2#	3#	4#	5#	6#
C相	防腐剂	苯甲醇	0.6	—	—	—	—	0.6
		苯甲酸	—	0.6	—	—	—	—
		水杨酸	—	—	0.6	—	—	—
		硼酸	—	—	—	0.6	—	—
		山梨酸	—	—	—	—	0.6	—
	香精		0.4	0.4	0.4	0.4	0.4	0.4

制备方法

(1) 将儿茶素、植物甾醇、芦荟苷加入角鲨烷中,在搅拌状态下加热至70~73℃,完全溶解后,加入洋甘菊精油、液晶乳化剂及助乳化剂,升温至86~88℃,制得A相。

(2) 将黄原胶加入甘油中,搅拌分散,然后加入水中,加热至86~88℃,再加入透明质酸,制得B相。

(3) 将防腐剂和香精混合为C相。

(4) 将A相加入B相中,维持温度为86~88℃,高速均质搅拌10~15min,然后降温至50~55℃,加入C相,继续低速均质搅拌3~5min,制得兼具防晒和晒后修复功能的多层次结构液晶型乳液。所述高速均质搅拌的速度为3000~4000r/min,低速均质搅拌的速度为1000~1500r/min。

产品特性

(1) 本品兼具防晒和晒后修复的双重功效。

(2) 本品具有良好的稳定性,可实现有效成分的缓释,延长防晒和晒后修复的时效。

(3) 本品兼具较好的防水性能和良好的水润肤感。

(4) 本品具有良好的亲肤性和安全性。

配方 68 兼具防晒及晒后修复功能的护肤品

原料配比

原料		配比(质量份)	
		1#	2#
细胞因子复合脂质体	白细胞介素-12	0.003	0.003
	表皮生长因子	0.001	0.001
	莜麦蛋白酶解物	10	10
	氢化卵磷脂	100	100
	胆酸钠	2	2
	胆固醇	25	25
	PBS缓冲液	适量	适量
	无水乙醇	适量	适量

原料		配比（质量份）	
		1#	2#
叶绿素铜钠盐		5	6
细胞因子复合脂质体		1	1.5
龙须菜提取物		3	4
山银花提取物		3	3
秦皮提取物		5	4
甘草酸二钾		0.1	0.12
乳木果油		6	8
丁二醇		6	6
β-葡聚糖		2	2
透明质酸钠		0.05	0.05
黄原胶		0.1	0.1
海藻糖		1	1
氢化霍霍巴油		4	4
角鲨烷		2	3
环五聚二甲基硅氧烷		4	3
鲸蜡硬脂基葡糖苷		2	2
鲸蜡硬脂醇		1	2
PEG-100 硬脂酸酯		1.5	2
生育酚乙酸酯		0.4	0.5
红没药醇		0.1	0.2
防腐剂		0.7	0.8
香精		0.01	0.01
去离子水		52.04	46.72
防腐剂	甘油辛酸酯	1	1
	1,2-戊二醇	1	2
	淡竹叶提取物	0.4	0.3

制备方法

（1）取乳木果油、氢化霍霍巴油、角鲨烷、环五聚二甲基硅氧烷、鲸蜡硬脂醇、PEG-100 硬脂酸酯、生育酚乙酸酯和红没药醇加入油锅中，加热升温至 80～85℃，恒温搅拌至完全溶解，得物料 A；

（2）取甘草酸二钾、丁二醇、透明质酸钠、黄原胶、海藻糖、鲸蜡硬脂基葡糖苷和去离子水加入水相锅中，加热升温至 80～85℃，恒温搅拌至完全溶解后抽入已预热的均质乳化锅中，开启搅拌，将物料 A 缓慢抽入乳化锅中，进行均质乳化，搅拌转速为 2500～3000r/min，均质乳化时间为 5～10min，真空脱泡，得乳化物Ⅰ；

（3）待乳化物Ⅰ冷却至 40～45℃时，加入叶绿素铜钠盐、细胞因子复合脂质体、β-葡聚糖、龙须菜提取物、山银花提取物、秦皮提取物、防腐剂和香精，进行第二次均质乳化，搅拌转速为 500～700r/min，均质乳化时间为 2～5min，真空脱泡，冷却至室温，抽样检测，合格出料，即得成品。

原料介绍

所述莜麦蛋白酶解物的制备方法包括如下步骤：

（1）取莜麦面粉，加入其质量 12～15 倍量的水，混匀后用浓度为 1～2mol/L 的 NaOH 溶液调节 pH 值至 10～12，在温度为 42～48℃、功率为 200～250W 的条件下超声处理 40～60min，3000～4000r/min 离心 20～25min，用 200 目滤布过滤，取滤液，加浓度为 0.5～1mol/L 的 HCl 溶液调节 pH 值至 4.0，静置 10～15min，3000～4000r/min 离心 20～25min，取沉淀，冷冻干燥，得莜麦蛋白；

（2）取莜麦蛋白，按 8～12g 莜麦蛋白对应 1L 水的比例加水，搅拌均匀后加入溶液总质量 8%～12% 的碱性蛋白酶，在温度为 58～65℃，pH 值为 8.5～9.0 的条件下酶解 4～6h，酶解过程保持溶液 pH 值不变，酶解结束后 100℃ 灭酶 5～8min，冷却后离心取上清液，减压浓缩，喷雾干燥，即得莜麦蛋白酶解物。

所述细胞因子复合脂质体的制备方法包括如下步骤：

（1）取氢化卵磷脂、胆酸钠和胆固醇，按固液比 2～5mg/mL 加入无水乙醇中，搅拌溶解，得溶液Ⅰ。

（2）取白细胞介素-12、表皮生长因子和莜麦蛋白酶解物，按固液比 2～5mg/mL 加入 PBS 缓冲液，搅拌溶解，得溶液Ⅱ。

（3）将步骤（1）所述溶液Ⅰ和步骤（2）所述溶液Ⅱ加入超临界高压釜，在温度为 30～40℃、压力为 20～28MPa、CO_2 流量为 12～16L/h 的条件下乳化 30～45min，减压分离乳化产物，得细胞因子复合物脂质体；其中，分离温度为 30～40℃，分离压力为 5～15MPa。

所述 PBS 缓冲液的 pH 为 6.8～7.0，浓度为 0.01～0.03mol/L。

产品特性

（1）本品不含物理防晒剂和化学防晒剂，作用温和，无皮肤刺激性，安全性高。此外，本品具有显著的美白保湿效果，对紫外线辐射引起的急性皮炎红斑具有显著的缓解作用。

（2）本品配方合理，性质稳定，通过各种有效成分的协同作用，具有显著的防晒和晒后修复等功效。

配方 69　含有植物组合物的防晒化妆品

原料配比

防晒喷雾剂

原料		配比(质量份)		
		1#	2#	3#
具有防晒作用的植物组合物	玫瑰提取物	2	3	4
	三七提取物	1.2	1.5	2.5
	绿茶提取物	2.5	2	2
	红茶提取物	0.5	1	1.5
	余甘子提取物	0.1	0.2	1
	香茅草提取物	1	1.5	2.5
化学防晒剂	二苯酮-3	2.5	1	3
	奥克立林	1.5	1	3
	甲氧基肉桂酸乙基己酯	3.5	2.5	4.5
	水杨酸乙基己酯	0.5	0.2	1
	胡莫柳酯	0.5	0.2	1
	丁基甲氧基二苯甲酰基甲烷	1.5	1	2
润肤剂	辛酸/癸酸甘油三酯	3	2	5
	鲸蜡硬脂醇异壬酸酯	3.5	2	5
	鲸蜡硬脂醇	2.5	1	5
	鲸蜡醇棕榈酸酯	3	2	4
乳化剂	PEG-40氢化蓖麻油	5	3	7
	鲸蜡硬脂醇聚醚-20	1.5	1	3
	甘油硬脂酸酯	2.5	1.5	3.5
	鲸蜡硬脂醇聚醚-12	1.5	1	3
保湿剂	甘油	3	2	4
防腐剂	苯氧乙醇	0.5	0.2	1
水		加至100	加至100	加至100

防晒霜

原料		配比(质量份)		
		1#	2#	3#
具有防晒作用的植物组合物	玫瑰提取物	0.5	0.5	0.5
	三七提取物	1.0	1	1
	绿茶提取物	2.5	2.5	2.5
	红茶提取物	1.5	1.5	1.5
	余甘子提取物	0.1	0.1	0.1
	香茅草提取物	2	2	2
化学防晒剂	奥克立林	3	2	4
	甲氧基肉桂酸乙基己酯	3	2	4
	水杨酸乙基己酯	2	1	3
	二苯酮-3	2	1	3
乳化剂	蔗糖多硬脂酸酯	1~1.5	2	2
	硬脂酰谷氨酸钠	0.5	0.3	1
	癸基葡糖苷	1	0.8	2
润肤剂	鲸蜡醇棕榈酸酯	1.5	1	2
	椰油醇-辛酸酯/癸酸酯	3	2	4
	碳酸二辛酯	2	1	3

续表

原料		配比（质量份）		
		1#	2#	3#
黏合剂	氢化二聚亚油醇碳酸酯/碳酸二甲酯共聚物	1	0.5	2
	聚丙烯酸钠	0.5	0.3	1
	乙二胺四乙酸二钠	0.05	0.03	0.1
	黄原胶	0.08	0.05	0.1
保湿剂	丁二醇	1	0.8	1.5
	乳酸	0.1	0.08	0.15
	丙二醇	5	3	6
防腐剂	苯氧乙醇	0.5	0.3	0.6
水		加至100	加至100	加至100

防晒凝胶

原料		配比（质量份）		
		1#	2#	3#
具有防晒作用的植物组合物	玫瑰提取物	3.5	4	5
	三七提取物	0.5	1	1.5
	绿茶提取物	5.5	6	5.5
	红茶提取物	3.5	4	3.5
	余甘子提取物	0.1	0.2	0.1
	香茅草提取物	1	1.5	1.5
化学防晒剂	二苯酮-3	1	0.5	1.5
	奥克立林	3.5	2.5	4
	甲氧基肉桂酸乙基己酯	1.5	1	2
	水杨酸乙基己酯	1	0.5	1.5
	胡莫柳酯	1.5	1	1.5
	丁基甲氧基二苯甲酰基甲烷	1.0	0.5	1.5
保湿剂	甘油	3	2	4
	透明质酸	1	0.5	2
	甘油聚丙烯酸酯	1.5	1	2
黏度控制剂	聚乙二醇-90M	0.5	0.3	1
	半乳糖阿拉伯聚糖	5	3	7
润肤剂	辛甘醇	0.5	0.3	0.8
	粉色西番莲籽油	1	0.8	1.2
防腐剂	氯苯甘醚	0.1	0.08	0.15
	苯氧乙醇	0.5	0.3	0.6
乳化剂	PEG-40氢化蓖麻油	3	2.5	3.5
水		加至100	加至100	加至100

制备方法

将玫瑰提取物、余甘子提取物、三七提取物、绿茶提取物、红茶提取物和香茅草提取物混合制得具有防晒作用的植物组合物。

防晒喷雾剂的制备方法：

（1）将油性物质（化学防晒剂、润肤剂和除 PEG-40 氢化蓖麻油的乳化剂）在 80～85℃下搅拌混合均匀，得到第一混合物；

（2）将 PEG-40 氢化蓖麻油加入第一混合物中搅拌均匀，得到第二混合物；

（3）将甘油和水在 60～65℃下搅拌均匀后加入第二混合物中搅拌均匀；

（4）降温至 39～41℃加入防腐剂和具有防晒作用的植物组合物，搅拌均匀即可。

防晒霜的制备方法：

（1）将蔗糖多硬脂酸酯、鲸蜡醇棕榈酸酯、氢化二聚亚油醇碳酸酯/碳酸二甲酯共聚物、碳酸二辛酯、椰油醇-辛酸酯/癸酸酯、聚丙烯酸钠在 80～85℃下搅拌混合均匀，得到第一混合物；

（2）将丁二醇、丙二醇、癸基葡糖苷、硬脂酰谷氨酸钠、乙二胺四乙酸二钠、黄原胶和乳酸在 80～85℃下溶解在水中，得到第二混合物；

（3）将第二混合物缓慢加入第一混合物中，均质 3～5min；

（4）降温至 44～46℃加入苯氧乙醇、化学防晒剂和植物组合物，搅拌均匀，过滤得到防晒霜。

防晒凝胶的制备方法：

（1）将水、甘油、透明质酸和聚乙二醇-90M 在 75～80℃下搅拌溶解均匀，得到第一混合溶液；

（2）将二苯酮-3、奥克立林、甲氧基肉桂酸乙基己酯、水杨酸乙基己酯、胡莫柳酯和丁基甲氧基二苯甲酰基甲烷在 75～80℃下搅拌溶解均匀，得到第二混合溶液，再加入粉色西番莲籽油和 PEG-40 氢化蓖麻油，得到第三混合溶液；

（3）将第一混合溶液和第三混合溶液混合后，再降温至 43～46℃后，依次加入甘油聚丙烯酸酯、半乳糖阿拉伯聚糖、辛甘醇和氯苯甘醚搅拌溶解均匀，加入苯氧乙醇和具有防晒作用的植物组合物搅拌均匀，抽真空至无泡沫后过滤得到防晒凝胶。

原料介绍

所述的玫瑰提取物由以下制备步骤得到：将玫瑰鲜花在水中浸泡后，加热至 55～65℃，保持 25～35min，过滤，对滤液进行真空浓缩或喷雾干燥或冷冻干燥，得到玫瑰提取物。浸泡前对玫瑰鲜花进行破碎，玫瑰鲜花和水的质量比为 1：（4～6）。制备玫瑰提取物的过程中，对滤液进行真空浓缩时使用减压蒸馏，温度为 60～70℃，压力为 100～120Pa；喷雾干燥时采用喷雾干燥机进行制备，热风进口温度为 180～200℃；冷冻干燥时在 −30～4℃的温度和 10～200Pa 的压力下进行。

所述的余甘子提取物由以下制备步骤得到：将余甘子依次破碎、榨汁、过滤后，通过真空浓缩或喷雾干燥或冷冻干燥，得到余甘子提取物。制备余甘子提取物的过程中，对滤液进行真空浓缩时使用减压蒸馏，温度为 60～70℃，压力为 100～120Pa；喷雾干燥时采用喷雾干燥机进行制备，热风进口温度为 180～

200℃；冷冻干燥时在－30～4℃的温度和10～200Pa的压力下进行。

所述的三七提取物、绿茶提取物、红茶提取物和香茅草提取物由以下步骤制备得到：将三七、绿茶、红茶和香茅草分别干燥后粉碎，再分别进行提取并浓缩，得到三七提取物、绿茶提取物、红茶提取物和香茅草提取物。

产品特性

（1）本品通过多种植物提取物的组合，能够降低化学防晒剂在产品中的使用量，以避免高剂量化学防晒剂对皮肤产生的刺激和不安全的问题。

（2）本品具有很好的防晒功能、储存稳定性、优越的防水抗汗性能和较好的使用肤感，并且对皮肤没有刺激性，不会造成皮肤过敏，也没有毒副作用，使用安全性较高。

配方 70　具有防水、改善皮肤弹性的水包油防晒产品

原料配比

原料		配比（质量份）				
		1#	2#	3#	4#	5#
鲸蜡硬脂醇		1	3	1	2	1
聚二甲基硅氧烷		1	5	4	4	2
环五聚二甲基硅氧烷/环己硅氧烷		1	5	4	4	3
己二酸二丁酯		3	8	5	5	5
丙二醇二辛酸酯/二癸酸酯		3	8	5	5	5
二氧化钛		3	10	10	10	8
甲氧基肉桂酸乙基己酯		5	10	10	10	9
二乙氨羟苯甲酰基苯甲酸己酯		1	4	4	3	3	2.5
乙基己基三嗪酮		1	4	3	3	2
双乙基己氧苯酚甲氧苯基三嗪		1	3	2	2	1
奥克立林		1	5	5	5	5
甘油		2	10	8	8	5
丁二醇		2	10	8	8	5
三乙醇胺		0.1	1	0.5	0.5	0.2
乙二胺四乙酸二钠		0.01	0.1	0.1	0.1	0.05
增稠剂	丙烯酸（酯）类/C$_{10}$～C$_{30}$烷醇丙烯酸酯交联聚合物	—	—	0.1	2	0.4
	黄原胶	0.01	2	0.1	—	—
防腐剂	苯氧乙醇	0.1				
	1,2-己二醇	—	—	0.2		1
	对羟基苯乙酮		2			
	防腐剂				2	
乳化剂	二(月桂酰胺谷氨酰胺)赖氨酸钠	0.375	1.5	0.375	1.125	0.9
	聚乙烯吡咯烷酮	0.125	0.5	0.125	0.375	0.3
水		46.5	63.7	49.5	56.2	53.6

制备方法

（1）按照配方，称取各组分备用。

（2）将甘油、丁二醇、乙二胺四乙酸二钠、奥克立林、增稠剂、防腐剂、乳化剂、水混合，以 600～800r/min 的速度搅拌加热到 82℃，均质 5min，得到混合水相，保温备用；均质速度为 1500～2500r/min。

（3）将鲸蜡硬脂醇、聚二甲基硅氧烷、环五聚二甲基硅氧烷/环己硅氧烷、己二酸二丁酯、丙二醇二辛酸酯/二癸酸酯、二氧化钛、甲氧基肉桂酸乙基己酯、二乙氨羟苯甲酰基苯甲酸己酯、乙基己基三嗪酮、双乙基己氧苯酚甲氧苯基三嗪混合，搅拌升温至 82℃，保温搅拌 10min，得到混合油相；搅拌速度为 600～800r/min。

（4）将步骤（3）得到的混合油相抽滤到步骤（2）得到的混合水相中，均质 5min，保温搅拌 20min，得到混合物料；均质速度为 2200～2800r/min。

（5）将步骤（4）得到的混合物料降温至 40℃，加入三乙醇胺，500～600r/min 搅拌 15min，出料，得到成品。

产品特性　本品中的各个组分相互配合，起到了相互增效和协同的作用，使得产品不仅保持了水包油防晒产品的清爽度，同时还兼具优异的防水能力，起到了意料之外的效果。同时，本品稳定性好，防晒效果好，使用后能够有效改善皮肤弹性。

配方 71　具有防水抗汗型全波段防晒护肤品

原料配比

	原料	配比（质量份）
A1 相	水	30～80
	EDTA	0.05～0.2
	苯氧乙醇	0.2～0.8
	乙基己基甘油	0.1～0.4
	己二醇	0.1～0.5
	对羟基苯乙酮	0.3～0.6
A2 相	黄原胶	0.1～0.4
A3 相	鲸蜡醇磷酸酯钾	0.4～2
B 相	水	1～10
	苯基苯并咪唑磺酸	1～5
	氨甲基丙醇	0.5～2.5
C1 相	C_{12}～C_{15} 醇苯甲酸酯/双丙甘醇二苯甲酸酯	1～5
	碳酸二辛酯	2～5
	鲸蜡硬脂醇	1～4
	聚甘油-3 甲基葡糖二硬脂酸酯	3～5
	红没药醇/姜根提取物	0.05～0.2
	牛油果树果脂	0.3～1.5
	VP/二十碳烯共聚物	0.5～2

	原料	配比(质量份)
C2 相	聚氨酯-11	0.1~4
	甘油	1~6
C3 相	甲氧基肉桂酸乙基己酯	2~10
	奥克立林	1~10
	胡莫柳酯	1~10
	双乙基己氧苯酚甲氧苯基三嗪	1~5
	二乙氨羟苯甲酰基苯甲酸己酯	1~10
D 相	异壬酸异壬酯	2~6
	丙烯酸羟乙酯/丙烯酰二甲基牛磺酸钠共聚物	0.1~1.0
E 相	二氧化钛	1~5
F 相	硅石	1.0~4.0
G 相	水	1.0~8.0
	亚甲基双苯并三唑基四甲基丁基酚	1.0~10
H 相	丙烯酸钠/丙烯酰二甲基牛磺酸钠共聚物	0.8~2.0
I 相	香精	0.01~0.2
	肌肽	0.01~0.2
	越橘果提取物	0.1~1

制备方法

(1) 将 A1 相原料依次加入乳化罐，开启搅拌，速度 25r/min，初步预分散后，将 A2 相的组分撒在 A1 相表面，继续搅拌，必要时开启均质 1500r/min，分散溶解均匀后，开始升温，温度控制在 80~85℃，保温 20min。

(2) 准确称取 A3 相组分，备用。

(3) 将 B 相原料依次称入小复配釜中，搅拌升温至 80℃，直至溶解均匀透明，备用。

(4) 称取 C1 相原料于第一油相釜中，加热至 80~85℃，搅拌分散均匀；称取 C2 相原料于第二油相釜中，搅拌分散均匀；称取 C3 相于第三油相釜中，加热溶解均匀透明后，加入 C2 相中，继续搅拌分散，形成多元醇-聚氨酯-防晒剂的复配组合后，将 C2 相、C3 相组合加入第一油相釜中的 C1 相，继续搅拌，保温 15min。

(5) 将 A3 相加入乳化罐中，保温搅拌，直至分散均匀。

(6) 将预配置好的 B 相组分加入乳化罐中，保温 80~85℃。

(7) 将 D 相称取在适合的容器中，分散均匀。

(8) 将分散好的油相组分（C1 相、C2 相、C3 相）抽到乳化罐内，开始抽真空乳化，均质速度 3000r/min，乳化均质 3min 后，加入 D 相，继续乳化 2min，再加入 E 相、F 相、乳化 5min 后，直至各相分散均匀。

(9) 均质乳化结束后，保温 80~85℃，搅拌 20min。

（10）将 G 相组分称取在合适的容器中，预分散均匀成流动性的液体。

（11）步骤（9）保温结束后，开始降温，降温速度为 1℃/min。

（12）降温至 55℃时，加入预分散好的 G 相，搅拌分散 10min。

（13）加入 H 相，均质速度为 3000 r/min，均质 3min；加入 I 相，搅拌分散均匀。

（14）降温至 38℃以下，200 目滤网过滤出料。

产品特性

（1）本品通过使用紫外线吸收剂抵抗紫外线、添加抗氧化成分抵御自由基、添加抗敏植物成分抑制炎症产生、添加生物肌肤成分抵御可见光和红外光伤害的这种组方设计，科学配比，消除太阳辐射产生的影响，达到全波段广谱防晒的目的。

（2）本品是一种水包油霜状产品，肤感清爽不厚重，却具有较好的隔水防汗性，具有较高的防晒指数和 PA 防护值，可长效保护皮肤。所用防晒剂光稳定性强，安全性高，对抗紫外线的同时，不容易产生自由基，可减少给皮肤造成的负担。添加植物抗敏抗炎成分和抵抗可见光、红外光的原料，可防御炎症和光老化，防止日晒引起的红斑和色沉，提高防晒产品的保护效率，真正达到全波段防晒。

（3）本品将化学防晒剂甲氧基肉桂酸乙基己酯、奥克立林、胡莫柳酯、二乙氨羟苯甲酰基苯甲酸己酯、双乙基己氧苯酚甲氧苯基三嗪与甘油和聚氨酯分散体进行复配组合，复配时以"多元醇-聚氨酯-防晒剂"的形式实现，防晒功效成分以被包裹的形式留存，由于具有较好的成膜抗水性，从而提升防晒化妆品的防晒效果。同时，在稳定防晒剂的同时，该聚合物的独特结构，能够和皮肤有较好的贴合性，带来清爽的肤感和天然的柔感。

配方 72　具有防水性的防晒化妆品

原料配比

原料			配比（质量份）					
			1#	2#	3#	4#	5#	6#
A 相		甲氧基肉桂酸异辛酯	2	1	3	3	2	2
		3-(4-甲基苯亚甲基)樟脑	2	1	3	3	3	2
		4-叔丁基-4-甲氧二苯甲酰甲烷	2	1	2.5	2.5	2	1.5
		二乙基己基丁酰胺基三嗪酮	2	1	2.5	2.5	2	1.5
		纳米多孔二氧化钛	5	4	8.5	8.5	6	6
		纳米多孔氧化锌	6	4	9	9	7	6
	抗氧剂	维生素 A	1.5	—	—	—	2	—
		维生素 C	—	1	—	—	—	1.5
		维生素 E	—	—	2	—	—	—
		β-胡萝卜素	—	—	—	2	—	—

续表

原料			配比（质量份）					
			1#	2#	3#	4#	5#	6#
A相	抗炎剂	甘草酸二钾	1	—	—	1.5	—	—
		甘草酸二铵	—	0.5	—	—	1	—
		尿囊素	—	—	1.5	—	—	1
	成膜剂	丙烯酸树脂改性酪蛋白成膜剂	3	—	5	5	—	4
		聚氨酯改性胶原蛋白成膜剂	—	2	—	—	4	—
	甘氨酸铝锆		3	1	4	4	3	2
	熊果苷		2	1	3	3	2	2
	二甲基硅油		2	1	2.5	2.5	2	1.5
B相	聚甘油硬脂酸酯		2	1	3	3	3	2
	聚甘油油酸酯		2	1	3	3	3	2
	甘油		3	1	4	4	3	3
	聚乙二醇		2	1	3	3	3	2
	透明质酸		0.3	0.2	0.5	0.5	0.4	0.4
	水		36	30	40	40	36	35

制备方法

（1）将纳米多孔氧化锌置于钛酸酯偶联剂的分散液中，搅拌30～40min，过滤、烘干，得到改性纳米多孔氧化锌，然后与甲氧基肉桂酸异辛酯、3-（4-甲基苯亚甲基）樟脑一起加入循环式气动混合机中，使甲氧基肉桂酸异辛酯、3-（4-甲基苯亚甲基）樟脑负载于改性纳米多孔氧化锌的表面和空隙内，制得复合防晒剂A；

（2）将纳米多孔二氧化钛置于硅烷偶联剂的分散液中，超声处理100～120min，过滤、干燥，得到改性纳米多孔二氧化钛，然后与4-叔丁基-4-甲氧基二苯甲酰甲烷、二乙基己基丁酰胺基三嗪酮一起加入循环式气动混合机中，使4-叔丁基-4-甲氧基二苯甲酰甲烷负载于改性纳米多孔二氧化钛的表面和空隙内，制得复合防晒剂B；

（3）将复合防晒剂A、复合防晒剂B与抗氧剂、抗炎剂、成膜剂、甘氨酸铝锆、熊果苷、二甲基硅油混合，并加热至65～70℃，得到A相；

（4）将聚甘油硬脂酸酯、聚甘油油酸酯、甘油、聚乙二醇、透明质酸、水混合，并加热至75～78℃，得到B相；

（5）将A相、B相分别冷却至室温，将B相加入A相中，在2000～3000r/min的速度下均质乳化10～15min，得到油包水型防晒乳液，即具有防水性的防晒化妆品。

原料介绍

所述钛酸酯偶联剂为异丙基三（二辛基焦磷酸酰氧基）钛酸酯、异丙基三（二辛基磷酸酰氧基）钛酸酯、异丙基二油酸酰氧基（二辛基磷酸酰氧基）钛酸酯中的至少一种。

所述硅烷偶联剂为γ-氨丙基三乙氧基硅烷、γ-(2,3-环氧丙氧)丙基三甲氧基硅烷、γ-甲基丙烯酰氧基丙基三甲氧基硅烷、γ-氨丙基三甲氧基硅烷、γ-巯丙基三甲氧基硅烷中的至少一种。

产品特性

（1）在复合防晒剂 A 中，甲氧基肉桂酸异辛酯与 3-（4-甲基苯亚甲基）樟脑主要吸收中波紫外线，纳米氧化锌主要反射屏蔽长波紫外线，将二者复合后，未被纳米氧化锌反射的中波紫外线可进一步被甲氧基肉桂酸异辛酯与 3-（4-甲基苯亚甲基）樟脑所吸收，从而实现对紫外线的全波段防护，防晒效果更好。同理，在复合防晒剂 B 中，4-叔丁基-4-甲氧基二苯甲酰甲烷与二乙基己基丁酰胺基三嗪酮主要吸收长波紫外线，纳米二氧化钛主要反射屏蔽中波紫外线，起到协同防晒的效果。同时，多孔状的无机粒子也能吸收部分紫外线，进一步提高防晒效果。

（2）本品创造性地将有机紫外线吸收剂负载于无机多孔紫外线屏蔽剂的表面及孔隙中。当有机紫外线吸收剂牢固负载于无机多孔颗粒时，可提高紫外线吸收剂的光稳定性，并减少有机物质与皮肤的直接接触，防止不良反应。而且，通过对无机防晒剂的表面改性，并吸附有机吸收剂，可明显促进无机多孔颗粒在基质中的均匀分散，紫外线遮挡及吸收能力也随之增强。

（3）本品在聚甘油硬脂酸酯及聚甘油油酸酯的促进下，可形成稳定的油包水乳液，且涂膜时可在成膜剂的作用下形成耐水保护膜，在防晒的同时赋予产品良好的防水性，可用于水下环境。

配方 73 具有抑汗作用的防晒水

原料配比

原料	配比（质量份）					
	1#	2#	3#	4#	5#	6#
氨基苯甲酸薄荷酯	5	20	10	8	12	15
乙二醇单水杨酸酯	45	65	60	50	55	63
山梨醇	70	40	50	55	60	65
酒精	500	900	600	550	800	750
吗啉	1	3	1	1	2	1
虫胶	7	21	7	7	14	7
十八酸钠	7	21	7	7	14	7
羧甲基纤维素	—	—	—	—	—	3
香精	10	15	12	11	14	14
乳酸	20	50	35	25	45	40
聚氧乙烯脂肪醇醚	1	5	2	1	4	3
去离子水	200	400	280	250	320	350

制备方法

（1）将液体混合均匀后加入固体并搅拌均匀；

（2）将步骤（1）所得的混合物陈储7~10d；

（3）将步骤（2）所得的混合物在0℃冷冻24h；

（4）将步骤（3）所得的混合物解冻并过滤后进行包装。

产品特性

（1）本品原料中的虫胶是成膜剂，与山梨醇结合作用可形成保护膜以帮助防晒剂黏附于皮肤上；吗啉在一定程度上会与有机酸会反应生成盐或酰胺，若生成少量的盐则对防晒水没有影响，若生成少量的酰胺则可增强防晒水中物质的溶解性，使得防晒水混合更为均匀、质地更为顺滑；聚氧乙烯脂肪醇醚是非离子表面活性剂，不仅可增加香精的溶解性能，使得防晒水形成均一的溶液，而且可减少酸性物质对皮肤的刺激性。

（2）在传统的防晒水配方的基础上增加了适量的有机酸——乳酸，在乳酸这种收敛剂的作用下可产生抑汗的作用，且由于其成本适量，防晒水整体pH不会偏低，对皮肤没有刺激作用，防晒效果好，涂敷清爽不油腻。同时，待防晒水涂敷于皮肤上一段时间后，部分吗啉会挥发，与加入的十八酸钠一起作用，可形成含少量肥皂的防晒膜，不仅使防晒水具有一定的抗水性，而且在需要清洗时，只需以适量温水涂敷于皮肤上，并以手指或化妆棉轻轻揉搓即可产生少量泡沫将防晒水清洗干净。

配方 74　抗衰老的防晒霜

原料配比

原料		配比（质量份）			
		1#	2#	3#	4#
固体油脂	乳木果油	1	—	—	—
	二乙氨基羟苯甲酰基苯甲酸己酯	—	5	—	—
	甘油硬脂酸酯	—	—	2	4
	PEG-100 硬脂酸酯	—	—	4	—
液体油脂	山梨醇酐硬脂酸酯	20	—	—	—
	蔗糖椰油酸酯	—	16	—	—
	羟基硬脂酸乙基己酯	—	—	4	15
	JPPG-2 肉豆蔻油醇聚醚-10 己二酸酯	—	—	3	—
乳化剂	卡波姆	0.5	—	—	—
	PEG-100 硬脂酸酯	—	3	—	—
	甘油硬脂酸酯	—	—	5	—
	山梨醇酐油酸酯	—	—	—	3

续表

原料		配比(质量份)			
		1#	2#	3#	4#
	液体石蜡	0.5	—	—	—
抗衰老剂	乳酸杆菌发酵溶胞产物	10	17	20	14
防晒剂	亚甲基双苯并三唑四甲基丁基苯酚	10	7	—	—
	二乙基己基丁酰胺基三嗪酮	—	8	—	—
	二氧化钛	—	—	5	—
	甲氧基肉桂酸辛酯	—	—	—	12
保湿剂	丙二醇	5	4	—	—
	PPG-30 磷酸酯	—	6	—	—
	PEG-26 磷酸酯	—	—	9	—
	羟乙基脲	—	—	—	7
防腐剂	苯氧乙醇	0.2	0.4	1.6	0.4
增稠剂	黄原胶	0.1	0.3	0.5	0.4
	香精	0.2	0.3	1.4	0.2
	去离子水	52.5	33	44.5	44

制备方法

(1) 将固体油脂、液体油脂、液体石蜡、乳化剂和防晒剂加热至 70～90℃，搅拌至完全溶解，即得油相。

(2) 将保湿剂、增稠剂、去离子水加热到 80～95℃，搅拌至完全溶解，即得水相。

(3) 将所得油相和水相搅拌混匀，即得乳化液；乳化液的 pH 值为 5～8。

(4) 在所得乳化液中加入抗衰老剂、防腐剂和香精，搅拌混匀，即得防晒霜。

产品特性

(1) 本品为一种微流动至非流动的不透明膏霜，肤感柔润、易吸收、铺展性好、抗衰老和防晒效果好、冷热稳定性优异。

(2) 本品具有多种营养成分和抗氧化的活性成分，使防晒霜具有抗衰老、改善皮肤弹性以及保湿效果。另外，本品的制备方法严格控制温度以及添加各种组分的顺序，使防晒霜的产品稳定性和一致性较好。

配方 75　抗衰老隔离防晒霜

原料配比

原料	配比(质量份)		
	1#	2#	3#
螺旋藻	12	16	20
芦荟提取液	12	15	18
木瓜提取液	12	15	18
蜂胶	4	5	6
β-葡聚糖	2	2.5	3
维生素 E	2	2.5	3
角鲨烯	1	1.5	2

原料	配比（质量份）		
	1#	2#	3#
黄原胶	1	1.5	2
霍霍巴油	1	1.5	2
L-苹果酸	1	1.5	2
壳寡糖	1	1.5	2
肌肽	1	1.5	2
水	50	35	20

制备方法

（1）先将螺旋藻放入水中浸泡 5～10h，然后煮沸，沸腾 3～5h 后冷却至室温然后过滤，得螺旋藻萃取液；

（2）向步骤（1）得到的螺旋藻萃取液中加入芦荟提取液、木瓜提取液、蜂胶、β-葡聚糖、维生素 E、角鲨烯、黄原胶、霍霍巴油、L-苹果酸、壳寡糖和肌肽混合均匀，冷却至室温，经消毒后装瓶即可。

原料介绍　本品中的螺旋藻由 18 种氨基酸组成，包含人体必需而又无法合成的氨基酸，其含量既高又全面，还含有丰富的维生素、多糖、不饱和脂肪酸及矿物质元素；增进人体免疫力防御功能及延缓衰老的 β-胡萝卜素；人体最需要的各种维生素，包括维生素 B_1、维生素 B_2、维生素 B_3、维生素 B_6、维生素 B_{12}、维生素 C、维生素 E 等；钙、铁、锌、硒、钾、镁、碘等多种矿物质。高含量的超氧化物歧化酶（SOD）既能防辐射损伤又能有效地抵抗过氧化阴离子自由基，具有抗衰老作用。由于螺旋藻含有较多的钾、钙、钠等碱性离子，因此能中和皮肤的酸性物质，促进新陈代谢，同时还具有抗氧化作用，可以捕获自由基，防止皮肤过氧化反应，从而延缓皱纹出现和皮肤衰老。

芦荟美容的应用几乎家喻户晓，芦荟中的天然蒽醌苷或蒽的衍生物，能吸收紫外线，防止皮肤红、褐斑产生，此外芦荟多糖和维生素对人体的皮肤有良好的营养、滋润、增白作用，芦荟对消除粉刺有很好的效果。

木瓜提取液中含有丰富的木瓜酶，维生素 C、维生素 B 及钙、磷等矿物质，还富含 β-胡萝卜素、蛋白质、钙盐、蛋白酶、柠檬酶等。木瓜酶有分解去除肌肤表面的老化角质层的作用，还是一种天然的抗氧化剂，能有效对抗全身细胞的氧化，破坏使人体加速衰老的氧自由基。

蜂胶是蜜蜂从植物的树芽、树皮等部位采集的树脂，再混以蜜蜂的舌腺、蜡腺等腺体分泌物，经蜜蜂加工而成的一种胶状物质，具有消炎、止痒、抗氧化、增强免疫等多种功能。

β-葡聚糖能调节血糖、提高免疫力、抗肿瘤、抗衰老等。

维生素 E 作为天然的抗氧化剂．能捕获由紫外线造成的自由基，保护皮肤细胞免受氧化损伤，从而帮助肌肤抵抗光老化。

角鲨烯是一种脂质不皂化物，最初是从鲨鱼的肝油中发现的，具有提高体内超氧化物歧化酶（SOD）活性、增强机体免疫力、抗衰老、抗疲劳等多种功能，是一种无毒性的具有防病治病效果的海洋生物活性物质。

黄原胶又称黄胶、汉生胶，是由糖类经黄单胞杆菌发酵，产生的胞外微生物多糖，由于它的大分子特殊结构和胶体特性，而具有多种功能，可作乳化剂、稳定剂、凝胶增稠剂等。

霍霍巴油含矿物质、维生素、蛋白质、胶原蛋白、植物蜡等，具有高度稳定性和良好的渗透性，而且分子排列和人的油脂非常相似，是稳定性极高、延展性特佳的基础油。

L-苹果酸含有天然的润肤成分，能够很容易地溶解黏结在干燥鳞片状的死细胞之间的"胶黏物"，从而可以清除皮肤皱纹，使皮肤变得嫩白、光洁而有弹性，因此在化妆品中备受青睐。

壳寡糖可消除人体氧自由基、活化肌体细胞、延缓衰老，抑制皮肤表面有害菌滋生，保湿性能优异。

肌肽是由 β-丙氨酸和 L-组氨酸组成的二肽。肌肽被证明是强效的抗氧化剂，能够有效淬灭活性氧自由基，保护细胞膜。肌肽作为良好的抗糖化剂能够抑制糖化反应，有效淬灭淡基自由基，还能防止胶原蛋白等大分子的交联，减少皱纹的产生，作为肌肤组成的一部分，天然、安全，能帮助受损肌肤组织修复，提高皮肤的免疫能力，对重金属离子具有络合作用，不仅可以起到排毒解毒的作用，用于化妆品体系中还有助于维持配方的稳定性。

产品特性

本品配伍合理、科学，富含多种营养成分，对皮肤温和无刺激，各组分相互配合、协同作用，共同起到抗衰老和防晒隔离的效果。

配方 76 具有降温效果的防晒霜

原料配比

原料		配比（质量份）		
		1#	2#	3#
保湿剂	甘油	8	—	—
	丁二醇	5	—	4
	甘油聚醚-26	—	—	2
	赤鲜醇	2	2	4
润肤剂	鲸蜡硬脂醇	2.5	2.5	1
	己二酸二丁酯	7	10	10
	$C_{12\sim15}$ 醇苯甲酸酯	—	7	3.5
	生育酚乙酸酯	0.5	0.5	0.5
防晒剂	双-乙基己氧苯酚甲氧苯基三嗪	2.8	3.5	2
	对甲氧基肉桂酸异戊酯	3.2	8	7
	亚甲基双-苯并三唑四甲基丁基酚	—	4.5	3
	乙基己基三嗪酮	2	4	2

续表

原料		配比（质量份）		
		1#	2#	3#
增稠剂	聚丙烯酸钠接枝淀粉	0.5	2	1.2
	卡波姆钠	0.3	1	0.3
乳化剂	鲸蜡硬脂基葡糖苷	0.5	1	0.5
	甘油硬脂酸酯、PEG-100 硬脂酸酯（商品名：Emulgade®165CN）	—	3.5	2
	硬脂酰谷氨酸钠	0.5	0.5	0.5
辅料	苯氧乙醇	0.8	0.8	0.8
	香精	0.2	0.2	0.2
	柠檬酸	0.059	0.059	0.059
	柠檬酸钠	0.506	0.506	0.506
溶剂	去离子水	加至100	加至100	加至100

制备方法

（1）将保湿剂、去离子水、增稠剂、柠檬酸和柠檬酸钠加入至乳化锅中，加热至75℃，搅拌均质至均匀，作为水相备用；

（2）将防晒剂、润肤剂和乳化剂加入至油相锅中，加热至75℃，适当搅拌至油相溶解透明均一，作为油相备用；

（3）将步骤（2）得到的油相缓慢抽入至步骤（1）的乳化锅中，以5000r/min进行高速均质乳化20min，并搅拌分散均匀；

（4）乳化结束后降温至45℃，再加入苯氧乙醇和香精，搅拌均质至均一，再降温至40℃，脱泡，检测理化指标合格后，出料，得到防晒霜。

原料介绍

聚丙烯酸钠接枝淀粉和卡波姆钠作为增稠剂，其中聚丙烯酸钠接枝淀粉吸收水分溶胀以后，在均质过程中还能够均匀吸附包裹一部分的油相粒子，在使用过程中能够均匀地将防晒剂平铺在皮肤上，提高防晒效果；同时通过与卡波姆钠搭配，共同作用，在涂抹过程中，能够较好地将防晒霜中的水分释放出来，达到降温效果。

所述润肤剂包括生育酚乙酸酯、己二酸二丁酯、$C_{12\sim15}$醇苯甲酸酯、碳酸二辛酯、辛酸/癸酸甘油三酯、异壬酸异壬酯、辛酸丙基庚酯、鲸蜡醇、鲸蜡硬脂醇和山嵛醇中的至少一种。本品采用的润肤剂为中等极性油脂，可以增加固体防晒剂在润肤剂中的溶解性，避免在产品中有防晒剂析出的现象发生。

所述乳化剂包括鲸蜡硬脂基葡糖苷、$C_{12\sim20}$烷基葡糖苷、甘油硬脂酸酯、PEG-100 硬脂酸酯、硬脂酰谷氨酸钠、椰油酰甲基牛磺酸牛磺酸钠和甲基硬脂酰基牛磺酸钠中的至少一种。

所述防晒剂包括双-乙基己氧苯酚甲氧苯基三嗪、二乙氨羟苯甲酰苯甲酸己酯、甲氧基肉桂酸乙基己酯、乙基己基三嗪酮、亚甲基双-苯并三唑基四甲基丁基酚和对甲氧基肉桂酸异戊酯中的至少一种。

产品应用　本品是一种具有降温效果的防晒霜。

产品特性

（1）本品在使用过程中不仅有明显的降温功效，而且清爽不油腻，使用后皮肤无油光，呈现哑光感，并具有良好的抵御紫外线的能力，其中 SPF 值高达45.1，本品温和且稳定性强。

（2）在制备过程中，无需对增稠剂进行额外预处理，只需区分油相、水相及低温投料即可，操作工艺简单，适合工业化大规模生产。

配方 77　控油防晒 BB 霜

原料配比

原料	配比（质量份）							
	1#	2#	3#	4#	5#	6#	7#	8#
钛白粉	11	11	10	12	11	10	12	11
聚甘油-2 二聚羟基硬脂酸酯	4	5	3	7	4	5	6	5
甘油	27	22	20	28	21	23	27	25
环五聚二甲基硅氧烷	23	18	12	35	13	15	34	17
玫瑰提取物	3	—	—	—	—	—	—	—
三甲基硅烷氧基硅酸酯	1.5	1.2	1	2	1.1	1.3	2	1.5
癸酸甘油三酯	1.4	0.9	0.8	1.6	0.9	1.5	1.4	1
防晒剂	8	7	3	12	11	11	11	8
球形二氧化硅	3	2.6	1.5	4.5	4.4	4.6	4.3	3
甲基丙烯酸甲酯交联聚合物	2	3	1.2	0.6	3.5	1.3	3.4	2
色粉	—	—	—	—	1.9	1.7	1.8	1.5
氧化铁黄	0.6	0.6	0.5	1	0.5	0.4	0.8	1
氧化铁红	1	0.6	0.5	1	0.5	0.7	0.6	0.6
增稠剂	1.3	0.8	0.5	1.5	1.4	0.8	0.6	1
保湿剂	20	15	10	25	24	12	11	22
苯氧乙醇	1.4	1.3	0.3	1.6	1.5	0.6	0.4	1.4
精油	5	3	2	7	6	5	3	5
珠光粉	18	—	—	—	—	—	—	—
去离子水	55	70	60	75	74	77	61	70

制备方法　将各组分原料混合均匀即可。

产品特性　本品控油防晒 BB 霜具非常好的防晒功能，同时兼具控油功能。

配方 78　美白防晒 BB 霜

原料配比

原料	配比（质量份）		
	1#	2#	3#
肉豆蔻酸异丙酯	45	44	48
聚甲基硅氧烷	4	3	5
矿油	7	6	8
聚甘油-3 二异硬脂酸酯	13	12	14
二硬脂二甲铵锂蒙脱石	0.4	0.3	0.5
防晒剂	18	16	20

续表

原料	配比（质量份）		
	1#	2#	3#
聚二甲基硅氧烷	1.5	1.3	1.8
辛基聚甲基硅氧烷	3	1	4
苯乙基间苯二酚	1.2	1.1	1.5
超疏水碳酸钙粉末	45	43	50
氧化锌	4	3	5
氧化铁红	0.5	0.4	0.8
辛酸甘油三酯	5	4	6
甘油	15	12	12
1,3-丙二醇	6	5	7
烟酰胺	3	3	4
氯化钠	1.5	1.5	1.8
去离子水	55	55	50
香精	4	5	4

制备方法

（1）称取肉豆蔻酸异丙酯、聚甲基硅氧烷、矿油、聚甘油-3-异硬脂酸酯、二硬脂二甲铵锂蒙脱石、防晒剂、聚二甲基硅氧烷、辛基聚甲基硅氧烷、苯乙基间苯二酚加入油相锅均质 1～2h，备用。

（2）向步骤（1）中油相锅内加入超疏水碳酸钙粉末、氧化锌、氧化铁红和辛酸甘油三酯，均质 5～10min，85～90℃保温搅拌，备用。搅拌转速为 35～55r/min。搅拌时间为 1.5～2.5h。

（3）称取甘油、1,3-丙二醇、烟酰胺、氯化钠和去离子水依次加入水相锅中，保温搅拌 0.5～1h，备用。

（4）将步骤（3）水相锅中的物料缓慢加入步骤（2）油相锅中，再将其抽入乳化锅，开启均质 5～10min，保温搅拌 1～2h，降温到 35～45℃，再加入香精，搅拌均匀即得成品。保温温度为 85～95℃。

产品特性　本品具非常好的防晒功能，同时兼具美白功能。

配方 79　美白防晒 W/O/W 多重乳液

原料配比

原料			配比（质量份）			
			1#	2#	3#	4#
内水相	美白抗氧化剂	维生素 C	4	2	—	—
		果酸	—	—	—	3
		烟酰胺	2	2	3	5
		熊果苷	—	—	2	—
	水溶性保湿剂	甘油	5	2	2	—
		去离子水	8	13	8	10

原料			配比（质量份）			
			1#	2#	3#	4#
油相	亲油性乳化剂	司盘-80	3	3.5	2.5	—
		司盘-20	—	—	—	4
	抗氧化剂	维生素E	0.8	—	0.5	1
		葡萄籽提取物	—	1	—	—
	脂质溶剂	液状石蜡油	10	—	15	10
		环状二甲基硅氧烷	—	10	—	6
		葵花籽油	3	3	2	3
		葡萄籽油	3	—	3	3
		甜杏仁油	3	3	2	3
	防晒剂	对苯二亚甲基二樟脑磺酸	5	5	6	10
		奥克立林	8	3	7	5
		4-甲氧基肉桂酸酯	4	3	4	3
外水相	亲水性乳化剂	吐温-80	3.5	3.5	3	—
		吐温-20	—	—	—	3
	水溶性保湿剂	甘油	8	8	8	8
		丙二醇	5	—	—	—
		海藻糖	—	—	0.5	0.5
		D-泛醇	—	0.3	—	0.2
		尿囊素	—	0.2	—	—
		透明质酸钠	2	4	2	—
		角鲨烷	2	—	2	—
	防腐剂	苯氧乙醇	0.8	0.8	0.8	0.8
	水溶性香精	玫瑰香精	0.08	—	—	0.08
		洋甘菊香精	—	0.08	0.08	—
	去离子水		20	32.7	26.7	21.5

制备方法

（1）将油相中的各个组分加入油锅中在40～50℃恒温水浴中加热至溶解均匀，同时将内水相的各个组分加入水锅中在40～50℃恒温水浴中加热至溶解完全；

（2）将内水相加入油相中，在40～50℃恒温水浴中均质10～15min后冷却至室温，得到W/O初乳；

（3）将外水相中各个组分加入水锅中搅拌至溶解完全，在室温下边搅拌边将制备的W/O初乳加入外水相中，搅拌15～20min，出料，得到所述美白防晒W/O/W多重乳液。

产品特性

（1）本品的多重乳液结构能减少在储存和使用过程中美白抗氧化原料的损失，缓慢而长效地释放活性物质，对皮肤刺激性小；本品具有美白和防晒双重功效，并且使用肤感更加良好，不会有油腻发黏感。

（2）本品将美白抗氧化原料包封在乳液内水相中，不仅克服了美白活性成分在储存和使用过程中对光、氧、热等极其敏感容易发生氧化和变色的缺点，还能在使用过中缓慢长效释放内水相中的活性物质，降低对皮肤的刺激性，提高生物利用率。

（3）W/O/W 多重乳液本身具有良好的使用肤感，不会因为化学防晒剂的加入而感到油腻和发黏，不仅能有效抵抗紫外线，还具有晒后修复、美白滋润、防皱抗老化等功效。

配方 80 美白防晒粉饼

原料配比

原料	配比（质量份）	
	1#	2#
滑石粉	5	8
高岭土	6	4
氧化锌	2	4
碳酸钙	7	2
硬脂酸镁	2	4
甜杏仁油	3	1
肉豆蔻酸辛基十二烷酯	20	25
乙酰化羊毛脂	7	5
爵床	2	4
毛叶三条筋	7	3
大叶骨牌草	2	6
去离子水	适量	适量
95％乙醇	适量	适量

制备方法 取爵床、毛叶三条筋、大叶骨牌草分别加 10 倍质量的去离子水煎煮 2h，煎煮 2 次，合并煎液，浓缩，加 95％乙醇，24h 后，取上清液，浓缩去除乙醇，喷雾干燥，分别得爵床提取物、毛叶三条筋提取物、大叶骨牌草提取物，混合，加滑石粉、高岭土、氧化锌、碳酸钙、硬脂酸镁、甜杏仁油、肉豆蔻酸辛基十二烷酯、乙酰化羊毛脂，混合，压粉，即得粉饼。

产品特性 本品设计合理，操作简单，能够节省大量的能源，同时保证了粉饼压制的均匀性，降低了人为因素的影响，保证了粉饼的品质。

配方 81 美白抗皱防晒霜

原料配比

原料	配比(质量份)		
	1#	2#	3#
甲氧基肉桂酸乙基己酯	13	12	15
海狗油	21	20	24
抗坏血酸磷酸酯钠	4.5	4	5
季戊四醇四异硬脂酸酯	7	6	8
翅果油	20	18	22
哈蟆油	4.5	4	5
昆布氨酸	3.2	3	4
海藻酸丙二醇酯	4.5	4	5
聚二甲基二烯丙基氯化铵	2.2	2	2.5
乙基麦芽酚	0.9	0.8	1
槐耳提取物	3.2	3	4
石油醚	适量	适量	适量

制备方法

(1) 将所述质量份数的甲氧基肉桂酸乙基己酯、海狗油、抗坏血酸磷酸酯钠、季戊四醇四异硬脂酸酯、翅果油,加入搅拌机中,在 62~70℃条件下,以 1200r/min 的转速搅拌 20min;

(2) 将所述质量份数的哈蟆油粉碎,然后加入 8 倍量的石油醚,在 50~58℃条件下,超声处理 3 次,每次 2h,过滤,合并滤液,浓缩干燥得到浸膏;

(3) 将所述质量份数的昆布氨酸、海藻酸丙二醇酯、聚二甲基二烯丙基氯化铵、乙基麦芽酚,加入步骤 (1) 中的混合物中,在 35~45℃条件下,以 1000r/min 的转速搅拌 15min;

(4) 将所述质量份数的槐耳提取物和步骤 (2) 中的浸膏,加入步骤 (3) 中的混合物中,在 48~55℃条件下,以 1200r/min 的转速搅拌 15min,然后加入超声波分散机处理 90min。

原料介绍

哈蟆油中的最主要成分为氨基酸,另含有 19 种微量元素,胡萝卜素,核糖核酸,维生素 A、B、C、D,胶原蛋白;含有丰富的蛋白质,只有 4% 的脂肪,而且还是不含胆固醇的优质的不饱和脂肪酸。

翅果油中的蛋白质由 17 种氨基酸组成。人体必需的 8 种氨基酸,翅果油中含有 7 种。翅果中 α-亚麻酸与亚油麻酸的含量之比为 1∶7。

海狗油具有滋阴补阳、养肝益肾、调节内分泌、养颜美肤、补血益气、降低血脂、改善血液循环等多种作用。

抗坏血酸磷酸酯钠可以清除皮肤内的自由基，促进胶原蛋白的合成，使皮肤润泽、丰满而富有弹性。

季戊四醇四异硬脂酸酯是一种大分子量液体油脂，不溶于水，清爽滋润不油腻，在个人护理品中，为头发提供湿润、平滑的手感，为皮肤提供非常滋润不油腻的肤感。

槐耳具有止血、止痢等作用。

昆布氨酸为甜菜碱型氨基酸，提取自藻类植物和海带中，无毒，具有良好的保湿能力，与透明质酸类似，多用于调理性护肤品中。

海藻酸丙二醇酯由天然海藻中提取的海藻酸深加工制成，外观为白色或淡黄色粉末，水溶后成黏稠状胶体。

聚二甲基二烯丙基氯化铵用作调节剂、抗静电剂、增湿剂、洗发剂和护肤用的润肤剂等。

乙基麦芽酚是一种安全无毒、用途广、效果好、用量少的理想食品添加剂，是烟草、食品、饮料、香精、果酒、日用化妆品等良好的香味增效剂。

甲氧基肉桂酸乙基己酯是紫外 UVB 区的良好吸收剂，能有效防止 $280\sim310nm$ 的紫外线，且吸收率高，对皮肤无刺激，安全性好，几乎是一种理想的防晒剂。

产品特性　本品含有多种营养元素，各营养元素配合，通过特殊的工艺，协同效应突出，形成良好的抗皱、美白效果。而且本品加工工艺简单，相对于一般的化妆品，在抗皱、美白方面的功效十分突出。

配方 82　敏感性肌肤专用的防晒霜

原料配比

原料	配比（质量份）					
	1#	2#	3#	4#	5#	6#
巴马矿泉水	30	33	38	40	42	45
仙人球提取物	5	6	7	7	7	8
松树叶提取物	10	11	12	13	13	15
维生素 C	1	2	2	1	2	1
芹菜素	2	2	1	3	3	1
金合欢素	1	1	3	4	4	2
谷胱甘肽	2	3	4	4	4	4
茄红素	3	4	5	3	5	4
苯氧基乙醇	2	3	3	4	4	5
维生素 E	2	3	3	4	4	5
甘油	2	3	2	5	6	5
橄榄油	2	2	3	3	4	4

制备方法　准确称量各原料，将巴马矿泉水、仙人球提取物、松树叶提取物、维生素 C、芹菜素、金合欢素、谷胱甘肽、茄红素和苯氧基乙醇加入烧杯中，在 75～95℃水浴条件下，以 200～800r/min 的速度搅拌 30～60min；降温到 70℃，边搅拌边缓慢加入维生素 E、甘油和橄榄油，搅拌 20～30min 后，放入真空干燥箱中，在压力为 0.15～0.4MPa，温度为 50～70℃下干燥 6～12h，得到敏感性肌肤专用的防晒霜。

原料介绍

所述的仙人球提取物由下述方法制备：取仙人球粉 20g 放入烧杯中，加入 100mL 的提取液，浸泡 5～12h，在 60～85℃水浴中热浸提 2～5h，自然冷却后，抽滤取滤液，放入真空干燥箱中在压力为 -0.05～0.1MPa，温度为 50～60℃下干燥浓缩 12～24h，然后将浓缩液取出，加入 150mL 质量分数为 60%～80% 的乙醇溶液，沉淀，然后在离心机以 2000～5000r/min 的速度离心 5～20min，取沉淀物用去离子水洗涤 2 次，用红外干燥箱在 50～70℃下干燥 6～12h，得到仙人球提取物。所述的提取液为水溶液、质量分数为 50% 的乙醇溶液、质量分数为 20% 的乙酸乙酯溶液和质量分数为 20% 的丙酮溶液中的一种。

所述的松树为马尾松、长白山落叶松、五针松、高山松、油松、樟子松、赤松和南欧黑松中的一种，优选为南欧黑松。

所述的松树叶提取物由下述方法制备：将干松树叶粉碎，过 10 目筛，取 20g 放入 100mL 圆底烧瓶中，加入提取溶剂预浸泡 1～3h，此后将圆底烧瓶移入超声波反应器中，在 10～30W 的超声波功率和 50～80℃的温度下进行提取 4～8h，用精密滤纸抽滤，取滤液，在真空干燥箱中在压力为 -0.05～0.1MPa，温度为 50～60℃下干燥浓缩 6～12h，取出浓缩液后，放入 50～100mL 质量分数为 10%～30% 的乙酸乙酯溶液在 60～85℃下萃取 12～24h，所得到的萃取液在真空干燥箱中压力为 -0.05～0.08MPa，温度为 55～65℃下干燥 6～12h，得到松树叶提取物。

产品特性

(1) 本品选用天然无刺激、无防腐剂和无致敏成分的原料，有效阻隔 UVB 及 UVA，还能抵御自由基对皮肤的侵袭，舒缓抗刺激，尤其适用于高度敏感及耐受性差的肌肤。

(2) 本品中所采用的松树叶提取物含有天然多酚和脱敏因子，可抑制组胺脱羟酶的活性，阻断活化剂的释放源，抑制组织胺的产生，阻止机体对反应源产生过敏反应，同时松树叶提取物能自动靶向寻找过敏源，修补受损的嗜碱性粒细胞和肥大细胞，恢复机体功能，改善过敏体质，改善细胞活力；仙人球提取物能调节抗复发免疫因子，可使过敏受损部位逐渐恢复正常；巴马矿泉水是少数天然形成的矿泉水之一，含有丰富的锰、锶、偏硅酸、锌、硒等矿物质和微量元素，具有抗老化功能，其中含量较高的二氧化硅、钙镁离子能够抵抗自由价，舒缓肌肤，增强肌肤耐受性，降低敏感度；这三者共同作用，使敏感性肌肤的敏感性得到很好的改善。

（3）本品中的松树叶提取物和巴马矿泉水中都含有的硒元素与维生素 E 相互作用，共同对抗体内的自由基，从而达到抗氧化、增强身体抵抗力免疫力、促进新陈代谢、恢复身体正常生理功能的效果。

（4）本品中的松树叶提取物含有的花青素、黄酮和仙人球提取物含有的黄酮都具有抗紫外线活性，可保护细胞免受紫外线引起的细胞内 DNA 损伤，抑制紫外线暴露后的胶原退化；橄榄油中的橄榄苦苷可减少活性氧诱发 DNA 损伤，防止皮肤癌的发生，这两者协同作用，提高了抗紫外线辐射的能力。

配方 83　纳米脂质体防晒乳液

原料配比

原料			配比（质量份）	
			1#	2#
油相	化妆品基质	鲸蜡硬脂醇	2	2
	脂质	大豆卵磷和胆固醇的混合物（质量比 4∶1）	20	20
		槐米/黄芩复合提取物	5	3
	增溶剂	丙二醇二辛酸/二癸酸酯	8	10
	保湿因子基料	辛酸/癸酸甘油三酯	2	2
	抗氧化剂	维生素 E 醋酸酯	0.05	0.1
水相	保湿剂	甘油、丙二醇混合物（质量比 1∶1）	15	20
		海藻提取物	2	3
		去离子水	46（体积）	40（体积）

制备方法

（1）称取配方量的鲸蜡硬脂醇、大豆卵磷脂和胆固醇的混合物、槐米/黄芩复合提取物、增溶剂、保湿因子基料、抗氧化剂，在 55～60℃温度条件下混合并充分搅拌至均匀油相，保温 5～15min；

（2）称取配方量的保湿剂、海藻提取物溶于去离子水中，升温至 55～60℃，搅拌为均匀水相，保温 5～15min；

（3）将步骤（1）制备的油相抽入步骤（2）制备的水相中进行预混，使用高速剪切机高速剪切 15～30min，在 55～60℃保温 5～15min，制成初乳液；

（4）将初乳液引入超高压微射流纳米分散均质机中，在 68.9～137.9MPa 压力下进行均质处理，均质处理后的分散液通过平均孔径 100nm 的滤膜挤压出，自然冷却至室温，即得纳米脂质体防晒乳液。

原料介绍

所述槐米/黄芩根复合提取物是由槐米提取物和黄芩提取物按照质量比 2∶1 混合得到，其中槐米提取物是由槐米经乙醇提取、冷却结晶、精制而得到，黄芩提取物是由黄芩根经纤维素酶酶解、乙醇提取、过滤、去除溶剂、干燥获得。

所述的脂质为大豆卵磷脂和胆固醇的混合物，优选混合物中大豆卵磷脂和胆固醇的质量比为 2~8∶1。

所述的海藻提取物是裂片石莼通过水提醇沉法制得，通过一定温度的热水将海藻中的活性多糖及水溶性活性物质溶出，醇沉后除杂脱蛋白纯化分离得到海藻提取物，优选使用 Sevage 试剂法进行除杂脱蛋白纯化分离。为了加速海藻中的多糖溶出，本品还可以采用酶解（例如纤维素酶酶解）或超声波、微波等物理手段进行辅助提取。

产品特性

（1）本品将槐米提取物和黄芩提取物复配，具有优异的抗氧化作用，对紫外区的吸收能够覆盖 UVA、UVB 波段，是一种天然、安全和有效的紫外吸收剂。而脂质体可使槐米/黄芩复合提取物等活性物质的生物利用率提高，亦可改善皮肤状态；槐米/黄芩复合提取物结合脂质体的缓释特性以及修复功能，可有效增强和延长美容修护的良好效果，使得本品具有优异的防晒效果。

（2）相比普通纳米脂质体乳液，本品添加的海藻提取物主要发挥脂质体增强作用，海藻多糖分子能够嵌入磷脂分子之间，使体系形成稳定粒子，核心直径比原来的磷脂体小，更加稳定。因其更小的直径可以较容易渗透角质层细胞间隙，到达脂质双层溶解释放出活性物质，故制备得到的纳米脂质体乳液能够更好地耐受表面活性剂的破坏，稳定性良好。

配方 84　轻薄贴肤的高效防晒 CC 霜

原料配比

原料			配比（质量份）					
			1#	2#	3#	4#	5#	6#
油相1	防晒剂	二氧化钛	6.5	6.5	6.5	6.5	6.5	6.5
	遮盖剂	CI 77891	1.5	1.5	1.5	1.5	1.5	1.5
	着色剂	CI 77491	0.04	0.04	0.04	0.04	0.04	0.04
		CI 77499	0.02	0.02	0.02	0.02	0.02	0.02
		CI 77492	0.15	0.15	0.15	0.15	0.15	0.15
	增稠剂	季铵盐-18 膨润土	1.5	1.5	1.5	1.5	1.5	1.5
	助乳化剂分散剂	环五聚二甲基硅氧烷、辛基聚二甲基硅氧烷乙氧基葡糖苷（80∶20）	6	2.5	3.5	4.5	7	8.5

原料			配比(质量份)					
			1#	2#	3#	4#	5#	6#
油相1	分散剂	聚羟基硬脂酸	0.8	0.8	0.8	0.8	0.8	0.8
	增稠剂	乙烯基聚二甲基硅氧烷/聚甲基硅氧烷硅倍半氧烷交联聚合物	2	2	2	2	2	2
	润滑剂	硬脂酸镁	0.8	0.8	0.8	0.8	0.8	0.8
	有机紫外吸收剂	甲氧基肉桂酸乙基己酯	8	8	8	8	8	8
		水杨酸乙基己酯	4	4	4	4	4	4
	润肤剂	环五聚二甲基硅氧烷	8.5	8.5	8.5	8.5	8.5	8.5
		辛基聚甲基硅氧烷	3.5	3.5	3.5	3.5	3.5	3.5
油相2	乳化剂	月桂基PEG-10三(三甲基硅氧基)硅乙基聚甲基硅氧烷	5.5	5.5	5.5	5.5	5.5	5.5
	增稠剂	环五聚二甲基硅氧烷、聚乙烯、PEG/PPG-20/15聚二甲基硅氧烷、苯基聚甲基硅氧烷	3	3	3	3	3	3
		环五聚二甲基硅氧烷、聚二甲基硅氧烷/乙烯基聚二甲基硅氧烷交联聚合物	6	6	6	6	6	6
		合成蜂蜡	1.2	1.2	1.2	1.2	1.2	1.2
	有机紫外吸收剂	二乙氨基羟苯甲酰基苯甲酸己酯	4	4	4	4	4	4
		4-甲基苄亚基樟脑	2.5	2.5	2.5	2.5	2.5	2.5
	防腐剂	羟苯甲酯	0.12	0.12	0.12	0.12	0.12	0.12
		羟苯丙酯	0.05	0.05	0.05	0.05	0.05	0.05
	成膜剂	VP/十六碳烯共聚物	0.35	0.35	0.35	0.35	0.35	0.35
	无机紫外阻隔剂	二氧化钛,C_{12}~C_{15}醇苯甲酸酯,铝、聚羟基硬脂酸	7.5	7.5	7.5	7.5	7.5	7.5
水相	溶剂	去离子水	加至100	加至100	加至100	加至100	加至100	加至100
	保湿剂	甘油	5	5	5	5	5	5
	螯合剂	乙二胺四乙酸二钠	0.05	0.05	0.05	0.05	0.05	0.05
	增稠剂	氯化钠	1.3	1.3	1.3	1.3	1.3	1.3
其它1	防腐剂	苯氧乙醇	0.4	0.4	0.4	0.4	0.4	0.4
		香精	0.15	0.15	0.15	0.15	0.15	0.15
	皮肤调理剂	去离子水、甘油、海藻糖、扭刺仙人掌茎提取物、木薯淀粉	1.5	1.5	1.5	1.5	1.5	1.5
其它2	保湿剂	丙二醇	6	6	6	6	6	6
	皮肤调理剂	淀粉辛烯基琥珀酸铝、丙烯酸(酯)类共聚物、水、碳酸镁	4.5	2	2	2.5	3.5	5
其它3	皮肤调理剂	乙醇	6	6	6	6	6	6

制备方法

(1) 将油相1于胶体磨中研磨均匀,其它2混合均匀,备用;

(2) 将油相1和油相2混合加热至78~83℃,搅拌均匀,完全溶解为止;

(3) 将水相混合加热至78~83℃,搅拌均匀,完全溶解为止;

（4）慢速搅拌下，将水相缓慢加入混合的油相，水相加入后 2000r/min 均质 2min，然后边搅拌边冷却；

（5）待降至 40℃时，加入其它 1、其它 2、其它 3 原料，搅拌均匀，降至 36℃即可出料。

产品应用　本品是一种具有高效防晒、修正肤色、改善皱纹、美白修护、多效护肤功效的轻薄贴肤 CC 霜组合物。

产品特性　本品柔软、清爽、滑而不腻，并具有优异的铺展性；粉体无聚集和沉降，清爽自然；能够持久地控油和吸油，清爽感较为持久；防晒性能较强。

配方 85　清爽的三相乳化型防晒化妆品

原料配比

原料		配比（质量份）						
		1#	2#	3#	4#	5#	6#	7#
油脂	碳酸二辛酯	9	—	9	9	9	9	9
	甘油三（乙基己酸）酯	—	9	—	—	—	—	—
表面活性剂	月桂基 PEG-9 聚二甲基硅氧乙基聚二甲基硅氧烷	0.8	0.8	—	0.8	0.8	0.8	0.8
	聚甘油-4-异硬脂酸酯	—	—	0.8	—	—	—	—
多元醇	双丙甘醇	15	15	15	15	—	15	15
化学防晒剂	二乙氨羟苯甲酰基苯甲酸己酯	3	3	3	3	3	3	5
物理防晒剂	二氧化钛	9	9	9	9	9	11	9
增稠剂	聚丙烯酸钠	0.2	0.2	0.2	—	0.2	0.2	0.2
	水	加至 100	加至 100	加至 100	加至 100	加至 100	加至 100	加至 100

制备方法

（1）在容器中将表面活性剂和防晒剂分散于油脂中，并加热至 80～85℃，保温搅拌 10～15min 至其混合均匀，再搅拌冷却至 40～42℃，保温备用；

（2）另取容器将多元醇、增稠剂分散在水中，加热至 80～90℃，保温搅拌 20～30min 至其混合均匀，再搅拌冷却至 40～42℃，保温备用；

（3）对步骤（2）中制备的水相混合物高速搅拌，再将步骤（1）中制备的油相混合物缓慢过滤抽入水相混合物中，随后均质 5～10min，刮下不均匀料体，再搅拌均质 5～10min，冷却至 30～35℃后出料。

产品特性

（1）防晒效果：本产品通过组合使用物理和化学防晒剂，有效扩大了可防御的紫外线波段范围，使产品在范围宽泛的紫外线区域内都具有优异的紫外线防御效果，可避免皮肤晒黑和晒伤。本产品内油包水相中油相为连续相，与普通水包油型乳化类型相比，可以混合更多油溶性防晒剂，得到更高的紫外线防御能力。同时，在涂抹时外水相破乳后，在皮肤表面残留透水性低的油膜，即使因洗涤、出汗等与水接触，也很难发生再乳化，达到优异的耐汗、耐水效果，从而实现优异的防晒功能。

（2）清爽感：本品使用肤感较清爽的乳化剂及油脂，形成不黏腻的内油包水相，克服因混合大量油分产生的发黏感。另外，在外水相中使用不耐离子的增稠剂，使产品涂抹于皮肤表面与皮肤上的离子相接触时，破乳更快，清爽感更明显。

（3）稳定性：多元醇由于其本身的多羟基结构容易发生水合作用使内水相的凝固点降低，增强产品在低温下的稳定性。

配方 86　清爽控油的防晒组合物

原料配比

原料			配比（质量份）			
			1#	2#	3#	4#
油相	乳化剂	鲸蜡硬脂醇和鲸蜡硬脂基葡糖苷	2.5	2.5	2.5	2.5
	助乳化剂	甘油硬脂酸酯	0.5	0.5	0.5	0.5
	润肤剂	$C_{12} \sim C_{15}$ 醇苯甲酸酯	5	5	5	5
		聚二甲基硅氧烷	3	3	3	3
	分散剂	聚羟基硬脂酸	1	1.2	0.8	1.5
	有机紫外吸收剂	甲氧基肉桂酸乙基己酯	9	9	9	9
		乙基己基三嗪酮	2	2	2	2
		双乙基己氧苯酚甲氧苯基三嗪	1.5	1.5	1.5	1.5
		二乙氨基羟苯甲酰基苯甲酸己酯	2	2	2	2
	无机紫外阻隔剂	二氧化钛	4	4	4	4
		氧化锌	2	2	2	2
水相	溶剂	去离子水	加至100	加至100	加至100	加至100
	保湿剂	甘油	5	5	5	5
		丙二醇	2	2	2	2
		海藻糖	0.5	0.5	0.5	0.5
		透明质酸钠	0.1	0.1	0.1	0.1
	增稠剂	丙烯酸（酯）类/$C_{10} \sim C_{30}$ 烷醇丙烯酸酯交联聚合物	0.3	0.3	0.3	0.3
	pH调节剂	氨甲基丙醇	0.2	0.2	0.2	0.2
其它	填充剂	淀粉辛烯基琥珀酸铝	2	2.2	2	2
		香精	0.2	0.2	0.2	0.2
		防腐剂	0.8	0.8	0.8	0.8

制备方法

（1）将油相混合加热至 75～85℃，完全溶解为止；

（2）将水相混合加热至 75～85℃，完全溶解为止；

（3）将油相加入水相，2000r/min 均质 10min，然后边搅拌边冷却；

（4）冷却至 40℃，加入其他原料，搅拌冷却至 30℃ 以下即可。

产品特性　本品清爽不油腻，能持久吸油控油，即使在湿度较高的环境中，也具有清爽的肤感；使用时不会出现泛白，易于涂抹均匀，防晒性能强。

配方 87　天然草本防晒乳

原料配比

天然草本松针提取物防晒乳

原料	配比（质量份）	原料	配比（质量份）
松针提取物纳米粉	5～15	三乙醇胺	0.5～1.5
酵素	1～3	保湿剂	2～6
芦荟胶	5～15	水溶性高分子化合物	0.05～0.15
硬脂酸	1～3	香精	0.1～0.3
高级脂肪醇	0.1～0.3	尼泊金甲酯	0.05～0.15
羊毛脂	0.25～0.75	去离子水	加至 100
肉豆蔻酸异丙酯	2～6		

天然草本芦荟提取物防晒乳

原料	配比（质量份）	原料	配比（质量份）
芦荟凝胶	6～18	云母粉	0.3～0.9
金属硫蛋白	1～3	钛白粉	0.3～0.9
丙二醇	1～3	2-羟基-4-甲氧基-二苯甲酮	1～3
乙酰化羊毛脂	0.5～1.5	增稠剂 BC-2	0.05～0.15
医用白凡士林	0.5～1.5	尼泊金甲酯	0.05～0.15
棕榈酸异丙酯	0.7～2.1	香精	0.1～0.3
三乙醇胺	0.4～1.2	去离子水	加至 100
蜂蜡	0.5～1.5		

天然草本黄芩提取物防晒乳

原料	配比（质量份）	原料	配比（质量份）
二甲基对羟基苯甲酸辛酯	2～6	羟乙基纤维素	0.1～0.3
甲氧基肉桂酸辛酯	3～9	尼泊金甲酯	0.05～0.15
辛三嗪	0.5～1.5	乙二胺四乙酸二钠	0.1～0.3
微米级二氧化钛	2～4	氢氧化钾	0.04～0.12
丙烯酸酯 C_{10}～C_{30} 烷基丙烯酸酯交联聚合物	0.2～0.6	香精	0.2～0.6
		PEG-25 对羟基苯甲酸酯	2～6
黄芩提取物	1.5～4.5	去离子水	加至 100

天然草本螺旋藻提取物防晒乳

原料		配比(质量份)
组分 A	硬质酸甘油酯	2~6
	聚氧乙烯(20)硬脂酸酯	1.0~3.0
	乳酸十六烷酯	1~3
	乳酸 C_{12}~C_{15} 烷基酯	0.5~1.5
	肉豆蔻酸肉豆蔻酯	2~6
	甲氧基肉桂酸辛酯	3~9
	二苯甲酮-3	1.5~4.5
	水杨酸辛酯	1.5~4.5
	丙二醇	2~6
组分 B	螺旋藻	2~6
	黄原胶	0.4~1.2
	超细二氧化钛	2~6
组分 C	硬脂酰硬脂异鲸蜡醇酯	1~3
	马来大豆油	1~3
组分 D	尼泊金甲酯	0.2~0.6
组分 E	香精	0.2~0.6
去离子水		加至 100

天然草本芦根芦丁提取物防晒乳

原料	配比(质量份)	原料	配比(质量份)
白油、羊毛脂	4~14	芦根芦丁混合提取物	5~15
硬脂酸	1~3	松树精油	0.1~0.3
辛基二甲基对氨基苯甲酸酯	2~6	黄原胶	0.1~0.3
4-羟基-4′-甲氧基二苯甲酮	1.2~3.6	三乙醇胺(99%)	0.2~0.6
可可脂	1~3	香精	0.1~0.3
肉豆蔻酸异丙酯	2~6	尼泊金甲酯	0.05~0.15
月桂醇醚-23	0.5~1.5	去离子水	加至 100
维生素 E 醋酸酯	0.2~0.6		

制备方法

天然草本松针提取物防晒乳制备方法：将水溶性高分子化合物先溶解于去离子水中，加热至75℃时加入松针提取物纳米粉、酵素、芦荟胶、三乙醇胺和保湿剂得到水相；将硬脂酸、高级脂肪酸、羊毛脂、肉豆蔻酸异丙酯混合加热至75℃得到油相。在搅拌下把水相加到油相中乳化，搅拌冷却至45℃时加入尼泊金甲酯、香精，混合均匀即可。

天然草本芦荟提取物防晒乳制备方法：在带搅拌器的玻璃或搪瓷容器中加入乙酰化羊毛脂、医用白凡士林、棕榈酸异丙酯、蜂蜡、2-羟基-4-甲氧基-二苯甲酮及尼泊金甲酯，加热至70~75℃，使各组分全部溶解。在另一带搅拌器的容器中加入去离子水、丙二醇、芦荟凝胶、金属硫蛋白、三乙醇胺及增稠剂 BC-2，在搅拌下加热至70℃。再将云母粉、钛白粉及上面制得的液体一起加至乳化器中进行充分乳化，乳化结束后加入香精搅匀，即可出料包装。

天然草本黄芩提取物防晒乳制备方法：将各组分原料混合均匀即可。

天然草本螺旋藻提取物防晒乳生产工艺为：将油相组分 A 中成分搅拌加热至 80℃，将水相组分 B 中成分在高速搅拌下分散，加热至 80℃，将组分 C 中成分在胶体磨中磨细，备用。分别将油相和水相经过滤后真空抽进乳化罐，搅拌，加入组分 C 后，再搅拌约 10min，维持 70℃，均质，40℃时加入组分 D 和组分 E。

天然草本芦根芦丁提取物防晒乳制备方法：将各组分原料混合均匀即可。

产品应用　在皮肤未暴晒前，将本品涂抹在暴露的皮肤部位，即能起到防晒和护肤作用。

产品特性　本系列产品是由天然草本松针提取物、芦荟凝胶、黄芩提取物、螺旋藻、芦根芦丁混合提取物分别和日化原料制成的乳液，能加速细胞生长，促进组织修复、再生、创伤愈合，营养滋润肌肤，保湿、抗过敏、抗日晒，防止紫外线对皮肤的灼伤，防止日光性皮炎、面部螨虫及细菌感染，可促进皮肤新陈代谢，减少皮肤皱纹，增强皮肤弹性和光泽，有效地发挥天然植物自然的防日晒、防紫外线的护肤美容作用。

配方 88　天然防晒霜

原料配比

原料		配比（质量份）		
		1#	2#	3#
上清液	去离子水	27	30	32
	红薯叶	28	30	32
	南瓜叶	24	25	26
	油菜叶	21	22	23
	胡萝卜	18	18.5	19
	豆腐渣	10	11	12
	八宝景天叶	13	15	17
	酵母粉	3	4	5
上清液		30	33	35
黄芩		18	19	20
玫瑰茄		10	13	16
碳酸氢钠		11	12	13
茄子叶		7	8	9
新鲜螺旋藻		13	15	17

制备方法

(1) 按质量份数计，取 27～32 份去离子水、28～32 份红薯叶、24～26 份南瓜叶、21～23 份油菜叶、18～19 份胡萝卜、10～12 份豆腐渣、13～17 份八宝景天叶及 3～5 份酵母粉，放入榨汁机中进行榨汁，收集汁液，使用质量分数为 10％的磷酸溶液调节 pH 至 5.5～6.0，取厚度为 3～4cm 的海绵完全浸泡于汁液中，静置 30～40min；

(2) 在上述静置结束后将海绵取出，自然晾晒，待海绵含水量为 40％～45％时，将海绵放入培养池内，按每平方米 140～150 只，将白玉蜗牛放置于海绵表面，保持容器内的温度为 22～26℃，保持海绵含水量为 40％～45％，培养白玉蜗牛 3～5 天，随后将白玉蜗牛取出，再将海绵置于挤压机中进行挤压，收集挤出液；

(3) 将上述的挤出液放入离心机中，以 3000r/min 离心 10～15min，收集上清液，按质量份数计，取 30～35 份上清液、18～20 份黄芩、10～16 份玫瑰茄、11～13 份碳酸氢钠、7～9 份茄子叶及 13～17 份新鲜螺旋藻，放入玻璃发酵罐中，使用质量分数为 30％的氢氧化钠溶液调节 pH 至 8.5～9.0；

(4) 在上述调节 pH 后，设定上述玻璃发酵罐温度为 28～33℃，使用植物生长灯照射玻璃发酵罐，发酵 3～4 天，每 5～7h 以 120r/min 搅拌 5～10min，发酵结束后，将发酵罐中的发酵混合物与其质量 15％～20％的 1.8mol/L 乙醇溶液放入容器中，混合均匀，对容器加热至 55～70℃，保温 2～4h，随后升温至 80～85℃，保温 1～2h；

(5) 在上述保温结束后，趁热将容器移至超声振荡器中，以 45～55kHz 振荡 20～30min，随后将容器内的混合物放入离心机中，以 4000r/min 离心 12～16min，收集上清液，按质量比 3∶1，将上清液与活性白土混合均匀，搅拌脱色 20～30min，再过滤，收集滤液，并真空浓缩至原体积的 50％～60％，收集浓缩液，杀菌消毒，即可得天然防晒霜。

产品特性

(1) 本品利用白玉蜗牛分泌的原液作为防晒霜的添加物，可以激发胶原蛋白和弹力蛋白的合成，增加皮肤弹性，还可以修复皮肤受损的区域，弥补了传统霜修复效果不明显的缺陷，且各组分间相容性较好，性质稳定，适合长期使用。

(2) 本品体系稳定，不会出现水油分离、不易涂抹等问题，具有稳定的性质。

(3) 本品具有晒后修复功效，不会受外界环境中光、热、氧气等过多的影响，有效保证了活性物质的活性不被破坏，延长了产品的功效保持期。

配方 89　天然植物防晒纳米乳液

原料配比

芦荟防晒乳液

原料	配比（质量份）	原料	配比（质量份）
芦荟凝胶	6～18	三乙醇胺	0.4～1.2
金属硫蛋白	1～3	蜂蜡	0.5～1.5
丙二醇	1～3	云母粉	0.3～0.9
鲸蜡醇	1～3	钛白粉	0.3～0.9
硬脂酸	2～6	增稠剂 BC-2	0.05～0.15
乙酰化羊毛脂	0.5～1.5	尼泊金甲酯	0.05～0.15
医用白凡士林	0.5～1.5	香精	0.2～0.6
棕榈酸异丙酯	0.7～2.1	去离子水	加至 100

红景天防晒乳液

原料	配比（质量份）	原料	配比（质量份）
黄芩提取物	2～6	聚氧乙烯失水山梨醇单油酸酯	3～5
液体石蜡	5～15	维生素 E 乙酸酯	0.1～0.2
硬脂酸	2～6	甘油	3～5
十八烷醇	2～6	丙二醇	3～5
红景天提取物	1～3	香精	0.5～1.5
二甲基硅油	2～4	尼泊金乙酯	0.2～0.4
三乙醇胺	0.5～1.5	去离子水	加至 100

螺旋藻防晒乳液

原料		配比（质量份）
组分 A	硬质酸甘油酯	2～6
	聚氧乙烯-20 硬脂酸酯	1.0～3.0
	乳酸十六烷酯	1～3
	乳酸 C_{12}～C_{15} 烷基酯	0.5～1.5
	肉豆蔻酸肉豆蔻酯	2～6
	甲氧基肉桂酸辛酯	3～9
	狸獭油	1.5～4.5
	水杨酸辛酯	1.5～4.5
	丙二醇	2～6
组分 B	螺旋藻	2～6
	黄原胶	0.4～1.2
	茶皂素	2～6
组分 C	硬脂酰硬脂异鲸蜡醇酯	1～3
	马来大豆油	1～3
组分 D	尼泊金甲酯	0.2～0.6
组分 E	香精	0.2～0.6
去离子水		加至 100

芦根芦丁防晒乳液

原料		配比（质量份）
组分 A	白油	2～6
	羊毛脂	3～9
	硬脂酸	1～3
	辛基二甲基对氨基苯甲酸酯	2～6
	蜂蜡	2～6
	可可脂	1～3
	肉豆蔻酸异丙酯	2～6
组分 B	月桂醇醚-23	0.5～1.5
	维生素 E 醋酸酯	0.2～0.6
	芦根芦丁混合提取物	5～15
	柏树精油	0.1～0.3
	黄原胶	0.1～0.3
	三乙醇胺	0.2～0.6
组分 C	香精	0.1～0.3
组分 D	防腐剂	0.1～0.3
去离子水		加至 100

制备方法

芦荟防晒乳液制备方法：在带搅拌器的玻璃或搪瓷容器中加入乙酰化羊毛脂、医用白凡士林、棕榈酸异丙酯、蜂蜡、硬脂酸、尼泊金甲酯，加热至 70～75℃，使各组分全部溶解。在另一带搅拌器的容器中加入去离子水、丙二醇、鲸蜡醇、芦荟凝胶、金属硫蛋白、三乙醇胺及增稠剂 BC-2，在搅拌下加热至 70℃。再将云母粉、钛白粉及上面制得的液体一起加至乳化器中进行充分乳化，乳化结束后加入香精搅匀，即可出料包装。

红景天防晒乳液制备方法：

（1）硬脂酸、液体石蜡、十八烷醇、二甲基硅油、聚氧乙烯失水山梨醇单油酸酯和黄芩提取物、红景天提取物混合后，加热到 90℃搅拌溶解，作为 A 相；

（2）将甘油、丙二醇、三乙醇胺溶于去离子水中，升温至 90℃，保温 20min，作为 B 相；

（3）将 B 相冷却至 75℃，然后缓慢地加入 A 相中，搅拌均匀后将混合物降温至 45℃，加入尼泊金乙酯、维生素 E 乙酸酯和香精，搅拌均匀，降温至室温时出料。

螺旋藻防晒乳液制备方法：将油相组分 A 中成分搅拌加热至 80℃，将水相组分 B 中成分在高速搅拌下分散，加热至 80℃，将组分 C 中成分在胶体磨中磨细，备用。分别将油相和水相经过滤后真空抽进乳化罐，搅拌，加入组分 C 后，再搅拌约 10min，维持 70℃，均质，40℃时加入组分 D 和组分 E。

芦根芦丁防晒乳液制备方法：将组分 A 中成分搅拌加热至 80℃；将组分 B 加热至 80℃；然后分别将组分 A、B 经过滤后真空抽进乳化罐，搅拌 10min，70℃下均质；然后冷却至 40℃，加入组分 C、D 和水，混合均匀。

产品特性　本系列产品具有很强的紫外线吸收能力，安全性高、活性高，防晒效果显著，用后感觉舒适；制备方法利用了乳剂类化妆品的常规工艺，简单易行。

配方 90　天然植物防晒组合物

原料配比

原料			配比（质量份）		
			1#	2#	3#
A	分散剂、溶剂	甘油、1,3-丁二醇	8	—	—
		甘油、1,3-丙二醇	—	10	—
		木糖醇、1,3-丙二醇	—	—	9
		乙醇	25	26	30
	防晒剂、调节剂	纳米汉麻秆芯粉	8	10	12
B	保湿剂	甜菜碱、海藻糖、透明质酸	3.1	—	—
		甜菜碱、葡聚糖	—	4.6	—
		海藻糖、葡聚糖	—	—	1.4
	流变改性剂	黄原胶、海藻酸钠	0.28	—	—
		卡拉胶、海藻酸钠	—	0.22	—
		小核菌胶、黄原胶	—	—	0.5
C		去离子水	加至100	加至100	加至100
D	功效活性物	复合植物提取物	3.2	5	8
E	pH 值调节剂	精氨酸	适量	适量	适量

制备方法　纳米汉麻秆芯粉用醇分散均匀，接着加入保湿剂、流变改性剂，充分搅拌分散均匀；然后加入去离子水，搅拌溶解分散均匀；接着加入复合植物提取物，搅拌溶解均匀；最后调节体系 pH 值为 5.5～6.5，出料；所述的分散均匀，是指 2000～20000r/min 均质分散 1～10min。

原料介绍

所述的复合植物提取物由苦丁茶提取物、黄芩提取物、刺梨果提取物、胡枝子提取物、藏红花提取物和槐米提取物组成。

所述的纳米汉麻秆芯粉粒径为 100～500nm。

产品特性　本品所有组分源于天然植物，安全、温和，且对紫外线具有有效防护作用，具有提高皮肤修复以及抗光老化作用，肤感水润滑爽、滋润不油腻。

配方 91 天然植物酵素酶防晒霜

原料配比

天然植物槐米金银花桂花香体防晒霜

原料		配比（质量份）
A 相	液体石蜡	2～6
	十八烷醇	1.7～5.1
	硬脂酸	1.2～3.6
	月桂醇硫酸酯钠	0.4～1.2
	尼泊金乙酯	0.1～0.3
B 相	甘油	3～9
	香精	0.1～0.3
	尼泊金丙脂	0.1～0.3
草药成分	槐米	0.5～1.5
	金银花	0.5～1.5
	牡丹	0.2～0.6
	桂花	0.3～0.9
去离子水		加至 100

天然植物人参芦根芦丁酵素酶防晒霜

原料	配比（质量份）	原料	配比（质量份）
单硬脂酸甘油酯	3～9	金属硫蛋白 MT	0.05～0.08
十八烷醇	4～12	维生素 C 衍生物纳米粉	0.3
硬脂酸	7～21	甘油	2～6
医用白凡士林	1～3	十二烷基硫酸钠	0.5～1.5
人参提取物纳米粉	0.3～0.9	纳米氧化锌	1～3
芦根提取物纳米粉	5～15	硼砂	1～3
酵素酶纳米粉	1～3	防腐剂	0.1～0.3
芦丁纳米粉	0.5～1.5	香精	0.15～0.45
维生素 E 醋酸酯纳米粉	1～3	去离子水	加至 100

天然植物灵芝芦荟紫草酵素酶防晒霜

原料	配比（质量份）	原料	配比（质量份）
白油	13～39	对氨基苯甲酸薄荷酯	1.5～4.5
蜂蜡	5～15	紫草纳米粉	0.3～0.9
蛇油	1～3	灵芝提取物纳米粉	0.3～0.9
地蜡	1～3	黄芩纳米粉	0.2～0.6
医用白凡士林	4～12	防腐剂	0.1～0.3
硼砂	0.5～1.5	酵素酶	0.5～1.5
单硬脂酸甘油酯	2～6	玫瑰香精	0.15～0.45
芦荟纳米粉	0.3～0.9	去离子水	加至 100

天然植物金银花红景天黄芩酵素酶防晒霜

原料	配比（质量份）	原料	配比（质量份）
肉豆蔻酸异丙酯	3～9	红景天纳米粉	0.5～1.5
橄榄油	1.5～4.5	对羟基苯甲酸甲酯	0.2～0.6
硬脂酸	3～9	黄芩纳米粉	0.2～0.6
鲸蜡醇	1.5～4.5	金银花提取物纳米粉	0.2～0.6
失水山梨醇单硬脂酸酯	2～6	酵素酶纳米粉	0.4～1.2
羊毛脂	1.5～4.5	茉莉香精	0.15～0.45
丙二醇	2.5～7.5	去离子水	加至100

天然植物当归薏苡仁牡丹皮酵素酶防晒霜

原料	配比（质量份）	原料	配比（质量份）
硬脂酸	1～3	薏苡仁提取物纳米粉	1～3
甘油单硬脂酸酯	1～3	当归提取物纳米粉	0.3～0.9
十八烷醇	3～9	牡丹皮提取物纳米粉	0.25～0.75
硫胺素	0.05～0.05	酵素酶纳米粉	2～6
还原羊毛脂	1～3	防腐剂	0.1～0.3
丙二醇	2～6	香精	0.15～0.45
角鲨烷	2～6	抗氧剂	0.1～0.3
辛基十二醇	2.5～7.5	去离子水	加至100
十六烷基聚氧乙醚	1.3～3.9		

天然植物灵芝黄柏黄芪酵素酶防晒霜

原料	配比（质量份）	原料	配比（质量份）
鲸蜡硬脂醇	0.5～1.5	酵素酶纳米粉	1.5～4.5
鲸蜡硬脂醇醚	0.5～1.5	黄原胶	0.1～0.3
鲸蜡醇	0.5～1.5	黄芪提取物纳米粉	1～3
棕榈酸辛酯	4～12	黄柏提取物纳米粉	1～3
对甲氧基肉桂酸二乙醇胺	3～9	羟乙基纤维素纳米粉	0.05～0.15
甘油	2～6	香精	0.1～0.3
二氧化钛纳米粉	1.5～4.5	防腐剂	0.1～0.3
灵芝提取物纳米粉	0.3～0.9	去离子水	加至100

制备方法

所述天然植物槐米金银花桂花香体防晒霜制备方法：

（1）首先由槐米、金银花、牡丹、桂花碎成60目的粗粉，加入8倍的去离子水，制成混悬液，在胶体磨中混匀进行细化处理，细化液再置于均质机中进行混匀细化，进行纳米化粉碎，制成粒径在0.5～10μm的天然植物纳米化液，即草药成分，待用。

（2）将A相和B相组分分别加热至90℃左右溶解；边搅拌边将B组分加入至A组分中，再搅拌加入去离子水。

（3）继续快速搅拌至完全乳化；冷却后即得天然植物槐米金银花桂花香体防晒霜。

（4）防晒霜为乳黄色细腻膏状，其防晒指数为8～17。

其余防晒霜制备方法为将各组分原料混合均匀即可。

原料介绍　所述酵素酶纳米粉制备方法：取新鲜瓜果蔬菜，洗净切碎像腌制咸菜方法进行腌制，所不同的是腌制酵素酶用白糖而不用盐。

产品特性　本品具有显著的抗氧化作用，能抑制过氧化脂质的生成，清除自由基，保护皮肤细胞不受氧自由基过度氧化的影响，因此具有抗菌、消炎和抗辐射作用；还可调节毛细血管壁的渗透作用，降低血管的脆性，从而延长皮肤细胞寿命，增强抗衰老的能力。金银花能提高机体内抗氧化酶的活性，减少自由基对机体的损伤，减少脂质过氧化物和丙二醛的产生，防止脂褐素的形成。

配方 92　添加甲氧基肉桂酸乙基己酯脂质体包裹物的防晒霜

原料配比

原料		配比（质量份）					
		1#	2#	3#	4#	5#	6#
A相	椰油基葡糖苷	1.5	2	2.5	3	3.5	4
	鲸蜡硬脂醇	4	3.5	3	2.5	2.2	2
	鲸蜡醇磷酸酯钾	1	0.9	0.8	0.7	6.6	0.5
	碳酸二辛酯	5	5.5	6	6.5	7	8
	甲氧基肉桂酸乙基己酯脂质体包裹物	5	5.5	6	6.5	7	8
	二氧化钛	2	2.5	2.8	3.0	3.5	4
	硅石	0.06	0.07	0.08	0.09	0.1	0.12
	三乙氧基辛基硅烷	0.2	0.25	0.3	0.35	0.38	0.4
	二乙氨基羟苯甲酰基苯甲酸己酯	1	1.2	1.5	2.0	2.5	3
	奥克立林	4	3.8	3.5	3.0	2.5	2
	二乙基己基丁酰胺基三嗪酮	2	1.8	1.5	1.2	1	0.8
	生育酚乙酸酯	0.5	0.6	0.8	1.0	1.5	2
	辛酸/癸酸甘油三酯	4	2.8	3.5	3	2.5	2
	鲸蜡基聚二甲基硅氧烷	1	1.5	2.0	2.5	2.8	3
B相	丁二醇	5	6	7	8	9	10
	珍珠水解液脂质体	10	9	8	7	6	5
	阿拉伯胶树胶	0.2	0.25	0.3	0.35	0.38	0.4
	黄原胶	0.4	0.38	0.35	0.3	0.35	0.2
	硅酸铝镁	0.2	0.25	0.3	0.35	0.38	0.4
	甜菜碱	2	2.5	3	3.5	3.8	4
	苯基苯并咪唑磺酸	4	3.8	3.5	3	2.5	2
	精氨酸	2	1.8	1.6	1.5	1.3	1.2
	乙二胺四乙酸二钠	0.05	0.06	0.08	0.1	0.12	0.15
	丙烯酸羟乙酯/丙烯酰二甲基牛磺酸钠共聚物	2	1.8	1.5	1.2	1	0.8
	角鲨烷	0.2	0.25	0.3	0.35	0.38	0.4
	聚山梨醇酯-60	0.03	0.035	0.04	0.045	0.048	0.05
	山梨醇酐异硬脂酸酯	0.015	0.02	0.025	0.026	0.028	0.03
	纯水	37.195	35.185	31.595	29.289	26.809	23.27

续表

原料		配比（质量份）					
		1#	2#	3#	4#	5#	6#
C相	亚甲基双苯并三唑基四甲基丁基酚	2	3.5	3	3.5	3.8	4
	癸基葡糖苷	0.8	1	1.2	1.5	1.8	2
	木糖醇基葡糖苷	0.2	0.3	0.4	0.5	0.6	0.8
	脱水木糖醇	0.1	0.2	0.3	0.4	0.45	0.5
	木糖醇	0.15	0.2	0.22	0.25	0.28	0.3
	葡萄糖	0.05	0.06	0.07	0.08	0.09	0.1
	红没药醇	0.16	0.18	0.2	0.25	0.28	0.3
	金合欢醇	0.04	0.05	0.06	0.07	0.075	0.08
	泛醇	0.4	0.6	0.8	1	1.2	1.5
	PEG/PPC-17/6共聚物	1.5	1.6	1.8	2	2.2	2.5
D相	香精	0.05	0.06	0.08	0.1	0.15	0.2

制备方法

（1）将 B 相加入乳化锅中，加热至 80～85℃，低速均质 2～5min，保温 25～40min。

（2）将 A 相加入油锅中，加热至 80～85℃，保温 25～40min。

（3）将 A 相抽入乳化锅中，高速均质 5～8min，冷却至 55～60℃加入 C 相搅拌均匀，冷却至 28～35℃加入 D 相，搅拌均匀。

（4）理化指标检验合格后，出料得防晒霜。

产品特性

（1）本品将化学防晒剂与物理防晒剂相结合，解决现有物理防晒和化学防晒的不良影响，不仅能达到防晒效果，而且能够增加产品的安全性，降低刺激性，满足消费者日益增长的防晒需求，具有更强的安全性，是一款夏季防晒佳品。

（2）使用本品防止皮肤晒黑晒伤有效率达 100%，且没有产生过敏。既有效避免了皮肤因紫外线照射导致的晒黑晒伤，又能避免因添加大量的甲氧基肉桂酸乙基己酯化学防晒剂导致的皮肤过敏，提高了防晒产品的安全性。

配方 93　防晒抗氧化美白化妆品

原料配比

原料	配比（质量份）		
	1#	2#	3#
阿魏酸及其衍生物	2	3	0.1
甘油	4.5	3	6
黄原胶	0.15	0.2	0.1

续表

原料	配比（质量份）		
	1#	2#	3#
保湿剂	0.03	0.01	0.05
乙二胺四乙酸二钠	0.1	0.15	0.01
乳化剂	4.5	3	3
$C_{16} \sim C_{18}$ 醇	2	1	3
增稠剂	2	3	3
植物油	4.5	3	3
动物油	4.5	6	3
丙二醇	4.5	3	3
聚乙二醇	1.5	0.1	3
清凉剂	1	0.1	2
促透剂	0.8	1	1
防腐剂	0.8	0.2	1
香精	0.3	0.5	0.1
去离子水	加至 100	加至 100	加至 100

制备方法

（1）将乳化剂、$C_{16} \sim C_{18}$ 醇、植物油、动物油、增稠剂投入油相锅，加热至 70～85℃，等所有组分溶解后，保温待用；

（2）将甘油、黄原胶、乙二胺四乙酸二钠、保湿剂、去离子水投入水相锅，加热至 70～85℃，保温 15～30min，待用；

（3）60℃温度下，预溶解阿魏酸及其衍生物、丙二醇、聚乙二醇，搅拌混匀，备用；

（4）将步骤（3）得到的混合物加入步骤（1）油相锅中，混匀；

（5）将步骤（1）油相锅和（2）水相锅中的混合物抽入乳化均质锅，均质 3～5min，均质速度为 3000r/min，保温搅拌 15～45min，搅拌速度为 30r/min，得乳液；

（6）将步骤（5）中的乳液冷却至 50～55℃，加入促透剂、清凉剂、防腐剂、香精，搅匀，陈化 24h，出料。

原料介绍

所述的阿魏酸衍生物为阿魏酸乙酯和阿魏酸乙基己酯。

所述的保湿剂为氨基酸、吡咯烷酮羧酸、乳酸、透明质酸钠的一种或多种。

所述的乳化剂为阴离子乳化剂、非离子乳化剂的一种或多种。可以为十二烷基硫酸钠、吐温类、硬脂酸甘油酯、平平加 O、司盘类。

所述的增稠剂为卡波类、黄原胶、羟乙基纤维素的一种或多种。

所述的植物油为甜杏仁油、鳄梨油、乳木果油、澳洲坚果油的一种或多种。

所述的促渗剂为月桂氮卓酮、1,2-戊二醇、胡椒碱的一种或多种。

所述的清凉剂为薄荷脑、乳酸薄荷酯、薄荷甘油缩酮的一种或多种。

所述的防腐剂为双咪唑烷基脲、氯苯甘醚、苯氧乙醇、甲基异噻唑啉酮、1,3-羟甲基-5,5-二甲基海因、碘丙炔正丁胺甲酸酯的一种或多种。

产品特性 本品安全性能高，防晒效果好，对紫外线的防护几乎涵盖所有波段，对身体没有毒副作用，同时有清除自由基、抑制酪氨酸酶的作用。

配方 94　叶绿素防晒护肤品

原料配比

原料		配比（质量份）	
		1#	2#
叶绿素醇质体	叶绿素	4	4
	水龙骨提取物	6	6
	大豆卵磷脂	75	75
	氢化蓖麻油聚氧乙烯醚	25	25
	胆固醇	1	1
叶绿素醇质体		6	8
黄蜀葵提取物		6	5
香椿提取物		2	2
烟酰胺		1	2
卡波姆940		2	1.8
丙二醇		6	8
尿囊素		0.2	0.15
壳聚糖		0.1	0.3
PEG-40氢化蓖麻油		0.02	0.03
防腐剂		1.2	0.8
香精		0.01	0.01
去离子水		75.47	71.91
防腐剂	甘油辛酸酯	1	1
	1,2-己二醇	3	1.5
	四季青叶提取物	0.3	0.6
三乙醇胺		适量	适量

制备方法

（1）取卡波姆940，加入去离子水，搅拌均匀，静置使之溶胀后与丙二醇、尿囊素和壳聚糖一起加入乳化锅中，加热升温至80 85℃，恒温搅拌至完全溶解，保温15～20min，真空脱泡，开始降温；

（2）降温至40～45℃时，加三乙醇胺调节pH值为7.0～8.0，加入叶绿素醇质体、黄蜀葵提取物、香椿提取物、烟酰胺、PEG-40氢化蓖麻油、防腐剂和香精，搅拌混匀后冷却至室温，抽样检测，合格出料，即得成品。

产品特性

（1）本品以叶绿素醇质体、黄蜀葵提取物、香椿提取物和烟酰胺为主要功效成分，配方合理，产品性质稳定，作用温和，无皮肤刺激性，且通过各有效成分的协同作用，不仅具有显著的防晒效果，同时还具有显著的晒后修复和保湿美白效果。

（2）本品制备方法简单，工艺稳定，便于实施，可工业化生产，有利于推广应用。

配方 95 叶绿素防晒及晒后修复护肤品

原料配比

原料		配比（质量份）		
		1#	2#	3#
叶绿素复合脂质体	卵磷脂	70	70	60
	胆固醇	14	14	12
	吐温-80	21	21	18
	叶绿素	6	6	8
	芳樟叶提取物	8	8	10
氢化霍霍巴油		4	2	6
长柄扁桃油		4	2	6
角鲨烷		3	5	5
环五聚二甲基硅氧烷		3	3	3
鲸蜡硬脂醇		2	1	1.5
PEG-100 硬脂酸酯		1.5	2	1.5
生育酚乙酸酯		0.8	0.5	1
红没药醇		0.2	0.3	0.1
鲸蜡硬脂基葡糖苷		3	3	4
丁二醇		6	5	7
透明质酸钠		0.05	0.05	0.2
卡波姆		0.2	0.4	0.1
海藻糖		2	0.5	3
维生素 C 乙基醚		0.6	0.2	0.6
水		57.94	67.89	44.69
叶绿素复合脂质体		7	5	10
β-葡聚糖		0.3	0.4	0.5
防腐剂		1.2	0.6	1.5
辣木叶提取物		3	1	4
三乙醇胺		0.2	0.15	0.3
香精		0.01	0.01	0.01
防腐剂	甘油辛酸酯	1	1	1
	1,2-己二醇	3	5	2
	芳樟叶提取物	0.2	0.1	0.3

制备方法

（1）取氢化霍霍巴油、长柄扁桃油、角鲨烷、环五聚二甲基硅氧烷、鲸蜡硬脂醇、PEG-100硬脂酸酯、生育酚乙酸酯、红没药醇和鲸蜡硬脂基葡糖苷加入油锅中，加热升温至80～85℃，恒温搅拌至完全溶解，得物料A；

（2）取丁二醇、透明质酸钠、卡波姆、海藻糖、维生素C乙基醚和水加入水相锅中，加热升温至80～85℃，恒温搅拌至完全溶解后抽入已预热的均质乳化锅中，开启搅拌，将物料A缓慢抽入乳化锅中，进行均质乳化，搅拌转速为2500～3000r/min，均质乳化时间为5～10min，真空脱泡，开始降温；

（3）降温至40～45℃时，加入叶绿素复合脂质体、β-葡聚糖、防腐剂、辣木叶提取物、三乙醇胺和香精，进行第二次均质乳化，搅拌转速为500～700r/min，均质乳化时间为2～5min，真空脱泡，降至室温，抽样检测，合格出料，即得成品。

产品特性

（1）本品安全性高，对不同波段的紫外线都能够有效防御，同时还具有良好的抗光老化功能，能防止日晒引起的皮肤老化、斑点、脱皮等症状，促进皮肤的晒后修复。

（2）本品配方合理，产品性质稳定，作用温和，无皮肤刺激性，使用舒适性好。

（3）本品制备方法简单，工艺稳定，便于实施，可工业化生产，有利于推广应用。

配方 96 以天然植物提取物为活性成分的防晒护肤品

原料配比

原料		配比（质量份）		
		1#	2#	3#
防晒活性成分	玫瑰花油	5	3	0.5
	金钟柏叶油	1	0.5	1.5
	滇山茶籽油	0.5	2	1
化妆品常规成分	聚硅氧烷-15	3	3	3
	丙烯酸酯/C_{10}～C_{30}烷醇丙烯酸酯交联聚合物	5	5	5
	PEG-11甲醚聚二甲基硅氧烷	8	8	8
	精氨酸	2	2	2
	聚甘油-10	3	3	3
	1,4-丁二醇	1	1	1
	三乙醇胺	0.3	0.3	0.3
	苯氧乙醇	0.02	0.02	0.02
	香精	0.03	0.03	0.03
	去离子水	加至100	加至100	加至100

制备方法

（1）将原料分为以下三组：

组一：玫瑰花油、金钟柏叶油、滇山茶籽油、聚硅氧烷-15、丙烯酸酯/C_{10}～C_{30}烷醇丙烯酸酯交联聚合物、PEG-11甲醚聚二甲基硅氧烷、聚甘油-10；

组二：精氨酸、1,4-丁二醇、三乙醇胺、去离子水；

组三：苯氧乙醇、香精。

（2）将组一所有组分混合后加入油相锅，升温到80～90℃，搅拌均匀，持续时间20～30min。

（3）将组二所有组分混合后加入水相锅，升温到80～90℃，搅拌均匀，持续时间20～30min。

（4）将步骤（1）、（2）的液体相互混合进行均质乳化，持续时间10～20min，乳化后冷却至45～55℃，加入组三所有组分，搅拌均匀，持续时间5～10min，最后冷却至室温即得成品。

产品特性　本品通过选择特定的植物油提取物进行复配，并选择特定的用量配比、特定的制备工艺及参数，得到了稳定性高的防晒护肤品，同时在防晒功效方面取得了协同增效作用。

配方 97　油茶籽油防晒护肤产品

原料配比

原料		配比（质量份）	
		1#	2#
油相基底	低温连续相变油茶籽油	4	5
	鲸蜡醇	1	1.5
	鲸蜡硬脂醇	1.5	2
	凡士林	1	1.5
	单硬脂酸甘油酯	1.5	2
	十八烷醇	1.5	1.2
	无水羊毛脂	1.5	2
	聚氧乙烯氢化蓖麻油	1.5	2
水相基底	三乙醇胺	3	3.5
	甘油	2	2.5
	去离子水	29	30
油凝胶	低温连续相变油茶籽油	20	40
	维生素E	0.5	1
	蜂蜡	5	7.5
香精	山茶花香精	0.1	0.2

制备方法

（1）油凝胶配制：按配方称取油凝胶各组分的原料，在70～80℃下搅拌

20～30min 后进行淬火，得到油凝胶；所述的搅拌的速率为 700～800r/min。所述的淬火的具体操作为在 2～8℃下冷却至 20～25℃；所述的油凝胶在 5℃下保存 24h。

（2）水相基底配制：按配方称取水相基底各组分的原料，在 70～80℃恒温水浴下搅拌至完全混匀，得到水相基底。

（3）油相基底配制：按配方称取油相基底各组分的原料，在 70～80℃恒温水浴下搅拌直至完全溶解，得到油相基底。

（4）混合水相基底、油相基底：在 70～80℃下，把水相基底加入油相基底中，并在加入过程中不断搅拌，获得乳液体系。

（5）混合乳液体系和油凝胶：在室温下，混合乳液体系和油凝胶。所述的混合为以 700～800r/min 的速度搅拌 5～10min。

（6）加入香精，完全冷却后，即得所述的油茶籽油防晒护肤产品。

原料介绍　所述的低温连续相变油茶籽油优选通过如下方法制备得到：

（1）将原料筛选除杂后进行粉碎处理，过筛至 20 目，然后将油茶籽放在烘箱中干燥至含水率为 3%以下；

（2）将上述干燥后的油茶籽进行连续相变萃取，其中原料堆密度 0.7kg/L，萃取温度 30～38℃，萃取压力 1.0～1.5MPa，萃取时间 160～180min，流速 80～110L/h。

产品特性

（1）本品将油凝胶与传统化妆品基质的乳液体系进行有机的结合，改变油相的力学性能（凝胶化），使其转变为更复杂的水相-凝胶双相体系；由于液滴很难通过凝胶的三维网络轻易移动，液滴减少了聚集或絮凝，使得本品具有更好的稳定性、乳液铺展性、光滑性，同时防晒性能及感官性能也获得较大提高。

（2）本品不仅储藏稳定性得到了显著改善，防晒性能也有了进一步的提高，感官性能也得到了明显改善，获得了更好的保湿效果及更为滋润的肤感。

（3）本品的制备方法操作简便，适合产业化推广。

配方 98　鸢尾苷防晒护肤品

原料配比

鸢尾苷

原料			配比（质量份）	
			1#	2#
鸢尾苷的提取	植物固体成分	射干根茎	17	15
		番红花	12	10
		黄菖蒲	10	8
		葛花	15	13
		薄叶鸢尾	5	3
		薄荷	3	1
		甘草	5	2
	植物固体成分		1	1
	体积分数为50%的乙醇		8	12～14

鸢尾苷防晒护肤品

原料		配比（质量份）	
		1#	2#
甲组	甘油	20	22
	十二烷基硫酸钠	0.2	0.18
	三乙醇胺	0.41	0.43
	焦亚硫酸钠	0.092	0.08
	羟苯乙酯	0.102	0.086
	丙二醇	7.5	6.5
	水	加至100	加至100
乙组	二甲硅油	3	2.64
	单硬脂酸甘油酯	4.9	4.6
	硬脂酸	7.95	8
	液体石蜡	11.2	11
	氮酮	1.02	0.87
	白凡士林	1.2	1.21
丙组	鸢尾苷	0.2	0.4
	维生素C磷酸酯镁	0.7	0.6
	35～65℃的热水	适量	适量
丁组	透明质酸	0.9	0.84
	柠檬酸	0.25	0.4
	精油	0.13	0.23

制备方法　用35～65℃的热水将丙组原料溶解，待用；将甲组原料与乙组原料分别加热至75℃使之完全溶解，在此温度下充分搅拌并将乙组原料缓慢加入甲组中，使之乳化完全；待其冷却至50℃以下后加入丙组、丁组原料，继续充分搅拌使其混合均匀并自然冷却至室温，得到鸢尾苷防晒护肤品。

原料介绍　所述鸢尾苷制备方法为取植物固体成分物质，经清洗后，粉碎，加入体积分数为50%的乙醇提取，分离提纯，得到鸢尾苷。

产品特性

（1）本品所含的鸢尾苷成分是天然植物中的提取物，具有性质温和、安全性高、对皮肤无明显刺激性的特点，并且原料易得，其对紫外吸收强度大，能有效吸收太阳辐射中的紫外线，从而起到保护作用。

（2）本品不油腻，其防晒系数（SPF）达到15～20。

（3）本品还具有良好的保湿功效。

配方 99　鸢尾黄素防晒护肤品

原料配比

原料		配比(质量份)		
		1#	2#	3#
A相	甘油	19.4	20	18
	十二烷基硫酸钠	0.194	0.17	0.24
	三乙醇胺	0.39	0.31	0.4
	焦亚硫酸钠	0.097	0.11	0.08
	羟苯乙酯	0.097	0.12	0.08
	丙二醇	7.75	8.2	6.5
	水	加至100	加至100	加至100
B相	二甲硅油	2.9	2.5	2.4
	单硬脂酸甘油酯	4.85	4.4	5.1
	硬脂酸	7.75	7.1	9
	液体石蜡	11.63	12	10
	氮酮	0.97	1.3	0.82
	白凡士林	1.45	1.6	1.3
C相	纳米硒	1.3	1.24	1.4
	鸢尾黄素	0.1	0.2	0.3
	纳米珍珠粉	15	13	12
D相	芦荟胶	30	28	26

制备方法

（1）称取上述组分，将C相加入B相中混合，升温至75～85℃，均质乳化5～15min；将A相各组分混合升温至75～85℃；

（2）将A相与B、C相混合，均质乳化5～15min；

（3）冷却至40～45℃，加入D相，均质乳化3～5min，冷却至35℃，过滤出乳化料体，制得鸢尾黄素防晒护肤品。

产品应用　本品可以直接涂于面部、颈部或手部等易暴露部分。

产品特性

（1）本品采用天然草本植物，性质较稳定，不但对皮肤无任何刺激，还可以最大限度地提供给肌肤最有效的防护。

（2）本品防晒系数（SPF）达到15～30，具有良好的防晒、防紫外线以及保湿功效，且肤感自然，不油腻。

配方 100 长效保湿防晒化妆品

原料配比

原料		配比（质量份）					
		1#	2#	3#	4#	5#	6#
亲水亲油改性壳聚糖	壳聚糖	48	60	40	55	44	50
	胶酸酐	16	10	20	12	18	15
	甲基脂肪酰氯	36	30	40	33	38	35
壳聚糖气凝胶	纯化金缕梅单宁	23	22	25	23	24	24
	沙棘总黄酮	27	25	28	26	27	26
	纳米二氧化钛	17	15	20	16	18	18
	亲水亲油改性壳聚糖	33	38	27	35	31	32
壳聚糖气凝胶		26	20	30	22	27	25
透明质酸		0.3	0.2	0.5	0.3	0.4	0.4
1,3-丁二醇		7	5	10	6	9	8
胶原蛋白		7	5	8	6	7	6
霍霍巴油		7	5.5	9	6	8	7
茉莉精油		0.4	0.3	0.5	0.3	0.5	0.4
去离子水		52.3	64	42	59.4	48.1	53.2

制备方法

（1）取新鲜的金缕梅枝条，在植物粉碎机中进行粉碎，然后在超临界 CO_2 中进行萃取，得到单宁粗提取物，将粗提取物加入水中，配成质量分数为16％～20％的料液，然后通过中空磺化聚砜纤维膜进行膜分离，制得纯化金缕梅单宁；所述超临界萃取的压力为28～32MPa，温度为40～45℃，超临界 CO_2 的流速为8～12mL/min，萃取时间为60～80min；所述膜分离的跨膜压差为0.1～0.15MPa，温度为36～42℃，料液在膜面的流速为2.2～2.5m/s。

（2）将壳聚糖溶于质量浓度为2％的醋酸溶液中，加入胶酸酐粉末，调节pH值至7.5～8.5，反应6～7h，沉淀、过滤、干燥，制得亲水改性壳聚糖，然后将亲水改性壳聚糖溶于水中，加入甲基脂肪酰氯，调节pH值至8～9，反应5～6h，沉淀、过滤、干燥，制得亲水亲油改性壳聚糖。

（3）将亲水亲油改性壳聚糖加入水中，然后加入纯化金缕梅单宁、沙棘总黄酮、纳米二氧化钛，加热浓缩至含水率为30％～40％，再冷冻干燥，制得携载单宁、总黄酮及纳米二氧化钛的壳聚糖气凝胶；所述冷冻干燥的温度为－60～－30℃，时间为 30～50min。

（4）将步骤（3）制得的壳聚糖气凝胶与透明质酸、1,3-丁二醇、胶原蛋白、霍霍巴油、茉莉精油、去离子水混合均质，制得长效保湿防晒化妆品。所述均质的速度为 1500～2000r/min，时间为 3～10min。

产品特性

（1）本品通过对壳聚糖进行双亲改性，在分子上接枝了脂肪长链，使得化妆品涂抹于皮肤表面时，携载单宁、总黄酮及纳米二氧化钛的壳聚糖气凝胶易在涂层表面形成防晒膜。单宁、总黄酮及纳米二氧化钛起到协同防晒的作用。其中，单宁与黄酮之间以疏水键及氢键形成分子复合体，一方面互为辅色素发生共色效应，提高吸光度，另一方面提高了水溶性，有利于协同效应的发挥。当涂层表面形成壳聚糖气凝胶膜后，可防止水分散失，促进透明质酸、1,3-丁二醇、胶原蛋白的锁水作用，起到长效保湿效果，并在霍霍巴油及茉莉精油的渗透促进下，实现对皮肤的深层补水。

（2）本品的制备方法简单，原料易得，过程易控制，可实现规模化生产。

配方 101　遮瑕防晒膏

原料配比

原料	配比（质量份）		
	1#	2#	3#
聚甘油单硬脂酸酯	14	20	10
棕榈酸乙基己酯	12	10	15
异壬酸异壬酯	8	5	10
乙基纤维素	6	8	4
可可粉	7	5	10
海藻酸钠	3	5	2
透明质酸	4	3	7
二氧化钛	8	12	5
对苯二亚甲基二樟脑磺酸	9	7	12
维生素 E	4	5	3
苹果酸	8	5	10
丙酸钙	1	1.5	0.5
水	16	13.5	11.5

制备方法

（1）将聚甘油单硬脂酸酯、棕榈酸乙基己酯、异壬酸异壬酯、维生素 E 和苹果酸加热搅拌，温度为 70～80℃，搅拌均匀，得油相 A；搅拌速度为 400r/min。

（2）将透明质酸和水混合，加热搅拌，温度为 80～90℃，搅拌至完全溶解，得水相 B；搅拌速度为 400r/min。

（3）将乙基纤维素、海藻酸钠、可可粉、二氧化钛、对苯二亚甲基二樟脑磺酸常温下混合，搅拌均匀，得到黏稠物质 C；搅拌速度为 400r/min。

（4）将步骤（3）中得到的黏稠物质 C 加入水相 B 中，混合均匀后，再将步骤（1）得到的油相 A 倒入水相 B 中，搅拌均匀，得膏体 D；搅拌速度为 400r/min。

（5）将步骤（4）得到的膏体 D 降温至 45～55℃，加入丙酸钙，搅拌均匀，冷却至 30～40℃，出料，即得成品。搅拌速度为 400r/min。

产品特性

（1）本品接近于面部自然肤色，并且安全性高，使用后对皮肤负担小，还具有良好的附着性与防晒性。

（2）安全性高：本品成分安全，其功效成分的皮肤吸收率低，避免了刺激原。

（3）良好的附着力：本品添加的乙基纤维素、海藻酸钠，可以增加产品的附着力，使化妆品中不易呈现浮在脸上的状态。

（4）遮瑕效果好：本品添加的二氧化钛具有良好的遮瑕效果，配合使用可可粉，使用后更贴近于肤色。

（5）防晒效果好：本品二氧化钛与对苯二亚甲基二樟脑磺酸配合使用，相辅相成，促进了遮瑕防晒膏的防晒效果。

配方 102　植物基光修复防晒霜

原料配比

原料		配比（质量份）		
		1#	2#	3#
植物提取液	黄芩粉末	100	150	200
	合耳菊粉末	100	150	200
	南极冰藻粉末	50	75	100
	质量分数为 70% 的乙醇溶液	1000（体积）	1000（体积）	2000（体积）
植物混合液	钛酸四丁酯	10	15	20
	植物提取液	100	150	200
兔毛角蛋白溶液	兔毛	1000	1000	2000
	质量分数为 2% 的氢氧化钠溶液	10000	15000	20000
A 相	植物混合液	100	150	200
	兔毛角蛋白溶液	200	300	400
	氯化钠	5	6	8
	丁二醇	30	35	40
	甘油	50	65	80
	黄原胶	0.5	0.65	0.8

原料		配比（质量份）		
		1#	2#	3#
B相	司盘-60	3	4	5
	聚二甲基硅氧烷	25	27	30
	液体石蜡	150	175	200
	碳酸二辛酯	100	125	150
	蜂蜡	15	17	20
防腐剂		5	7	8
香精		0.5	0.65	0.8

制备方法

（1）将黄芩自然晾干后装入超微粉碎机中粉碎，过300目筛，得黄芩粉末；

（2）将合耳菊自然晾干后装入超微粉碎机中粉碎，过300目筛，得合耳菊粉末；

（3）将南极冰藻自然晾干后装入超微粉碎机中粉碎，过300目筛，得南极冰藻粉末；

（4）取100～200g黄芩粉末，100～200g合耳菊粉末，50～100g南极冰藻粉末，加入1～2L质量分数为70%的乙醇溶液中，在60～80℃下加热回流提取2～3h，得粗提液；

（5）将粗提液减压蒸馏浓缩至无乙醇，并通过大孔树脂柱吸附至无色，再用质量分数为50%的乙醇溶液洗脱至洗液无色，收集乙醇洗脱液，并减压蒸馏浓缩至无乙醇，得植物提取液；

（6）取10～20g钛酸四丁酯，加入100～200g植物提取液中，以300～400r/min搅拌20～30min，静置2～3h，得植物混合液；

（7）取1～2kg兔毛，用去离子水洗涤干净并装入烘箱中，在50～55℃下干燥2～3h，再将其转入粉碎机中粉碎至1～5mm碎段，将兔毛碎段加入10～20kg质量分数为2%的氢氧化钠溶液中，在80～85℃恒温水浴下，反应3～5h，过滤得滤液，得兔毛角蛋白溶液；

（8）将100～200g植物混合液以1～2g/min滴加入200～400g兔毛角蛋白溶液中，以200～300r/min持续搅拌至滴加完毕，再加入5～8g氯化钠，30～40g丁二醇，50～80g甘油，0.5～0.8g黄原胶，在70～80℃下继续搅拌30～40min，得A相；

（9）取3～5g司盘-60，25～30g聚二甲基硅氧烷，150～200g液体石蜡，100～150g碳酸二辛酯，15～20g蜂蜡，在70～80℃下以300～400r/min搅拌20～30min，得B相；

（10）将A相加入B相中，以3000～4000r/min均质乳化20～30min，乳化结束后降温至40～50℃，再加入5～8g防腐剂，0.5～0.8g香精，搅拌均匀后真空脱泡,得所述植物基光修复防晒霜。

产品特性

(1) 本品中的黄芩含有有效成分黄酮类化合物,其结构具有共轭双键,对紫外线有强吸收性,尤其是在 UVB 区的平均紫外线吸收率最高,从而达到较好的防晒效果。黄芩还兼具抗菌、抗炎、清热解毒等功效,而合耳菊中的有效成分含有较多的带共轭双键体系化合物,这些化合物分别是 3-亚甲基-6-(1-甲基乙基)环己烯、蒎烯、环己烯等,带有共轭双键体系的化合物具有较强的紫外吸收效果,可以抑制酪氨酸酶活性从而阻断黑色素生成,同时结合南极冰藻中的光修复酶,可以有效地缓解由紫外辐射引起的皮肤过敏反应,主动修复皮肤细胞内因紫外辐射而产生的嘧啶二聚体,从而保护皮肤,防治黑色素瘤和皮肤癌等紫外线损伤所引起的恶性疾病,修复受损细胞。

(2) 本品通过兔毛角蛋白包覆二氧化钛,利用兔毛角蛋白具有良好的亲肤性、无毒性和吸附性的特点,既能增强对紫外线的散射作用,又易于皮肤毛孔将其分散吸收,避免了由于颗粒粒径大而堵塞毛孔的问题,且温和、无刺激、稳定性好,兼具抗衰老、美白等美容功效。

(3) 本品防晒指数高,透光率低,不会发生团聚现象,不会堵塞毛孔,具有极好的防晒性能。

配方 103　植物精华防晒霜

原料配比

原料	配比(质量份)		
	1#	2#	3#
小米草提取物	2	1	5
海巴戟果提取物	3	5	1
甲氧基肉桂酸乙基己酯	1	0.5	1.5
$C_{12} \sim C_{15}$ 醇苯甲酸酯	3	5	2
霍霍巴油	4	2	6
丙二醇	4	6	2
甘油硬脂酸酯	4	3	5
椰油基葡糖苷	2	3	1
鲸蜡硬脂醇	2	1	3
黄原胶	3	5	2
红没药醇	1.5	1	2
苯氧乙醇	0.3	0.5	0.1
乙二胺四乙酸二钠	0.1	0.05	0.15
去离子水	加至 100	加至 100	加至 100

制备方法

（1）称取甲氧基肉桂酸乙基己酯、$C_{12}\sim C_{15}$ 醇苯甲酸酯、霍霍巴油、甘油硬脂酸酯、椰油基葡糖苷、鲸蜡硬脂醇、红没药醇加入油相锅中，加热至 85 ± 2℃，搅拌熔解均匀；

（2）称取去离子水、乙二胺四乙酸二钠、丙二醇、黄原胶混合均匀，加入水相锅中，加热至 85 ± 2℃，搅拌溶解均匀；

（3）将水相锅、油相锅中的原料依次抽入反应锅，均质乳化；

（4）冷却至 40℃，加入小米草提取物、海巴戟果提取物、苯氧乙醇，搅拌均匀，出料，包装即可。

产品特性　本品通过选择特定的植物提取物与甲氧基肉桂酸乙基己酯进行复配，并选择特定的用量配比，在防晒功效方面取得了协同增效作用，大大降低了甲氧基肉桂酸乙基己酯在化妆品中的用量，提高了长期使用化妆品的安全性，并且确保了化妆品体系的稳定性。

配方 104　植物来源的防晒组合物

原料配比

包合有防晒组合物的 β-环糊精包合物

原料		配比（质量份）					
		1#	2#	3#	4#	5#	6#
油相	谷维素	0.1	1	5	5	5	5
	姜黄素	10	0.1	5	5	5	5
	羌活醇	—	—	—	0.1	1	1
	BHT	—	—	—	—	—	0.05
	丁香酚	—	—	—	1	0.1	0.1
	维生素 E	—	—	—	—	0.01	
	$C_{12}\sim C_{15}$ 醇苯甲酸酯	20	20	15	15	15	—
	辣木籽油	—	—	—	—	—	15
油相		1	1	1	1	1	1
β-环糊精		5	10	8	8	8	8

具有防晒功能的护肤霜

原料	配比（质量份）					
	1#	2#	3#	4#	5#	6#
包合有防晒组合物的 β-环糊精包合物	8	8	8	8	8	8
姜黄素	0.5	2	—	—	—	—
谷维素	0.5	2	—	—	—	—
羌活醇	—	0.5	—	—	—	—

续表

原料	配比(质量份)					
	1#	2#	3#	4#	5#	6#
丁香酚	—	0.5	—	—	—	—
甘油	8	3	8	8	5	5
丙二醇	3	8	5	5	5	5
羧甲基β-葡聚糖钠	3	0.5	2	2	2	2
甜菜碱	0.5	3	2	2	2	2
丙烯酸(酯)类/C_{10}~C_{30}烷醇丙烯酸酯交联聚合物	1	0.1	0.5	0.5	0.5	0.5
丙烯酸羟乙酯/丙烯酰二甲基牛磺酸钠共聚物	0.1	1	0.5	0.5	0.5	0.5
异壬酸异壬酯	5	3	4	4	4	4
环己硅氧烷	3	5	4	4	4	4
环聚二甲基硅氧烷	5	3	4	4	4	4
植物甾醇异硬脂酸酯	1	2	1.5	1.5	1.5	1.5
鲸蜡硬脂醇	2	1	1.5	1.5	1.5	1.5
鲸蜡硬脂基葡糖苷	1	2	1.5	1.5	1.5	1.5
PEG-100 硬脂酸酯	2	1	1.5	1.5	1.5	1.5
甘油硬脂酸酯	1	2	1.5	1.5	1.5	1.5
铁皮石斛提取物	1	0.1	0.6	0.6	0.6	0.6
马齿苋提取物	0.1	1	0.5	0.5	0.5	0.5
银耳多糖	1	0.1	0.5	0.5	0.5	0.5
积雪草提取物	0.1	1	0.5	0.5	0.5	0.5
羟苯甲酯	0.25	0.15	0.2	0.2	0.2	0.2
苯氧乙醇	0.1	0.3	0.2	0.2	0.2	0.2
水	加至100	加至100	加至100	加至100	加至100	加至100

制备方法 将各组分原料混合均匀即可。

原料介绍 所述的β-环糊精包合物的制备方法,包括以下步骤:

(1) 将谷维素、姜黄素、BHT、维生素 E、C_{12}~C_{15} 醇苯甲酸酯、羌活醇、丁香酚和辣木籽油混合,加热溶解制得油相;

(2) 在搅拌下将油相缓缓加入饱和 β-环糊精水溶液,其中油相与 β-环糊精的质量比为 (1:5)~(1:10),然后开启 240W 超声波处理 3~5min,保温搅拌 1~2h;

(3) 冷却,室温贮藏 1~5h,真空冷冻干燥为粉末即可。

产品特性 本品富含的多种功效成分互相调和、协同作用,具有良好的紫外线吸收能力,能够有效抵御紫外线引起的对物体/人体的劣化或伤害,防晒效果明显。除具有防晒功效外,本品还具有调理营养肌肤的护肤功效,且没有发现对人体皮肤有刺激作用。

参考文献

中国专利公告

CN－201810923564. 0

CN－201810375596. 1

CN－201811467259. 1

CN－201611261929. 5

CN－201910221881. 2

CN－201610532785. 6

CN－201711499470. 7

CN－201810697771. 9

CN－201610349636. 6

CN－201610555531. 6

CN－201811300973. 1

CN－201810648619. 1

CN－201710164047. 5

CN－201910051107. 1

CN－201611138112. 9

CN－201810742923. 2

CN－201811511622. 5

CN－201811242682. 1

CN－201710165312. 1

CN－201611083380. 5

CN－201811071834. 6

CN－201610768303. 7

CN－201910221860. 0

CN－201710545002. 2

CN－201810841744. 4

CN－201610870293. 8

CN－201910110918. 4

CN－201810008934. 8

CN－201710165263. 1

CN－201610252065. 4

CN－201810428169. 5

CN－201710319558. X

CN－201710467388. X

CN－201910045460. 9

CN－201811091019. 6

CN－201910458980. 2

CN－201811447318. 9

CN－201710164526. 7

CN－201610416398. 6

CN－201510235434. 4

CN－201810521030. 5

CN－201510235441. 4

CN－201810223063. 1

CN－201610121900. 0

CN－201710478746. 7

CN－201910971079. 5

CN－201610960400. 6

CN－201510420900. 6

CN－201810634702. 3

CN－201510861380. 2

CN－201611250583. 9

CN－201710302374. 2

CN－201711022758. 5

CN－201611014613. 6

CN－201611014590. 9

CN－201711383144. X

CN－201810463222. 5

CN－201810292260. 9

CN－201810757847. 2

CN－201710455211. 8

CN－201811385315. 7

CN－201910246891. 1

CN－201910611712. X

CN－201910615041. 4

CN－201910634462. 1

CN－201910515423. X

CN－01910753438. 0X

CN－201910448134. 2

CN－201610148113. 5

CN－201910194647. 5

CN－201710886497. 5

CN－201510689973. 5

CN－201710538852. X

CN－201710342563. 2

CN－201610593429. 5

CN－201611014614. 0

CN－201810448167. 2

CN－201810448136. 7

CN－201910098122. 1

CN－201711093099. 4

CN－201910138782. 8

CN－201710305242. 5

CN－201510635381. 5

CN－201910194639. 0

CN－201710145621. 2

CN－201910099950. 7

CN－201710790746. 0

CN－201810830528. X

CN－201710631520. 6

CN－201910391131. X

CN－201510010541. 7

CN－201711430370. 9

CN－201711303378. 9

CN－201910556001. 7

CN－201710284640. 3

CN－201510868899. 3

CN－201510930730. 6

CN－201510875329. 7

CN－201511024507. 1

CN－201511024540. 4

CN－201610561138. 8

CN－201610641146. 3

CN－201510971056.6 CN－202010402085.1 CN－201811578861.2

CN－201510932122.9 CN－202010527680.8 CN－201510293479.7

CN－201510851546.2 CN－202010467591.9 CN－201911217681.6

CN－201510543189.3 CN－202110185984.5 CN－201610870432.7

CN－201610882480.8 CN－202010807522.8 CN－201910895715.0

CN－202010120667.0 CN－202011295923.6 CN－201610784346.4

CN－202011171069.2 CN－202010411538.7 CN－201710248679.X

CN－202010810723.3 CN－202011171979.0 CN－201810413433.8

CN－202110019466.6 CN－201911396250.0 CN－201710032076.6

CN－202010466875.6 CN－202010739398.6 CN－201710035340.1

CN－202010689541.5 CN－202010456285.5 CN－201710039200.1

CN－202010526796.X CN－202010945518.8 CN－201710031791.8

CN－202010633519.9 CN－202010968332.4 CN－201810991551.7

CN－202011352722.5 CN－202110222729.3 CN－201610399690.1

CN－202010718745.7 CN－202011236597.1 CN－201611102241.2

CN－202011074163.6 CN－202010606660.X CN－201810785668.X

CN－202010528805.9 CN－202011089026.X CN－201611107969.4

CN－202011155610.0 CN－202011585517.3 CN－201810785627.0

CN－202110262722.4 CN－202010359927.X CN－201611098398.2

CN－202110198496.8 CN－202010018105.5 CN－201710083243.X

CN－202010608095.0 CN－202010411536.8 CN－201611122370.8

CN－202010604209.4 CN－202011575895.3 CN－201610784013.1

CN－202110067835.9 CN－202010411537.2 CN－201610736104.8

CN－202010989610.4 CN－202010838928.2 CN－201911131153.9

CN－202010805476.8 CN－202010017757.7 CN－201610770271.4

CN－202010885894.2 CN－202010311404.8 CN－201710260915.X

CN－202010271850.0 CN－202010531035.3 CN－201810265520.3

CN－202010435659.5 CN－202010861198.8 CN－201610781172.6

CN－202011118208.5 CN－202010675217.8 CN－201711370990.8

CN－202010599999.1 CN－202011624441.0 CN－201510574437.0

CN－202011037936.3 CN－202010050019.2 CN－201610911820.5

CN－202010062610.X CN－202011351901.7 CN－201910895708.0

CN－202011610626.6 CN－202011375170.X CN－201610579485.3

CN－202011532685.6 CN－202110049070.6 CN－201810540575.0

CN－202010675138.7 CN－202011198305.X CN－201611115539.7

CN－202110185985.X CN－201611099098.6 CN－201810794067.5

CN－202010821862.6 CN－201611117698.0 CN－201710773596.2

CN−201510292518.1

CN−201710031758.5

CN−201710035336.5

CN−201710039558.4

CN−201710032095.9

CN−201710281515.7

CN−201510502887.9

CN−201610511290.5

CN−201610556586.9

CN−201611237633.X

CN−201710083242.5

CN−201510632179.7

CN−201611123433.1

CN−201611133700.3

CN−201610589977.0

CN−201710256425.2

CN−201511034769.6

CN−201811481348.1

CN−201610335988.6

CN−201611134328.8

CN−201510959486.6

CN−201510257940.3

CN−201610668304.4

CN−201611056854.7

CN−201811249731.4

CN−201810029258.2

CN−201810327093.7

CN−201710990732.3

CN−201810549244.3

CN−201611210568.1

CN−201710415910.X

CN−201811637595.6

CN−201611240131.2

CN−201711065081.3

CN−201711161809.2

CN−201910330962.6

CN−201911022693.3

CN−201610768736.2

CN−201610773211.8

CN−201710889981.3

CN−201710007111.9

CN−201811435669.8

CN−201510512996.9

CN−201810544768.3

CN−201811146227.1

CN−201510104419.6

CN−201610777398.9

CN−201710335725.X

CN−201510725054.9

CN−201611043732.4

CN−201910883442.8

CN−201810849434.7

CN−201611210901.9

CN−201710763573.3

CN−201611138005.6

CN−201810202659.3

CN−201711065247.1

CN−201711424253.1

CN−201611209557.1

CN−201711296447.8

CN−201610065853.2

CN−201610557025.0

CN−201610008330.4

CN−201710673312.2

CN−201910095142.3

CN−201910540902.7

CN−201911210237.1

CN−201911275672.2

CN−201811504345.5

CN−201510430436.9

CN−201811091524.0

CN−201910385588.X

CN−201810057730.3

CN−201911291231.1

CN−201910252487.5

CN−201910395320.4

CN−201810544755.6

CN−201711243544.0

CN−201811081516.8

CN−201510928239.X

CN−201710294468.X

CN−201810479281.1

CN−201610571035.X

CN−201610768968.8

CN−201811440021.X

CN−201610783591.3

CN−201610400553.5

CN−201910462250.X

CN−201711243782.1

CN−201510258481.0

CN−201810783901.0

CN−201610929941.2

CN−201711315061.7

CN−201910489339.5

CN−201810978341.4

CN−201810783902.5

CN−201810234497.1

CN−201710046314.9

CN−201611209653.6

CN−201910267921.7

CN−201711231072.7

CN−201711231073.1

CN−201811121559.4

CN−201810303838.6

CN−201510666903.8

CN−201610571160.0

CN−201710223888.9

CN−201610898240.7

CN−201811516549.0

CN−201511034265.4

CN−201810290402.8

CN－201610721857.1	CN－201610790715.0	CN－201810783875.1
CN－201710164527.1	CN－201610930673.6	CN－201611239699.2
CN－201811546479.3	CN－201810026128.3	CN－201711488827.1
CN－201710215435.1	CN－201811456060.9	CN－201810050952.2
CN－201710314056.8	CN－201610080551.2	CN－201611105233.3
CN－201610557414.3	CN－201610080216.2	